信息管理
新视野论丛

XIN WEN KE SHI JIAO XIA DE
新文科视角下的数据驱动研究
SHU JU QU DONG YAN JIU

许 鑫 邓璐芗 叶丁菱 著

上海科学技术文献出版社
Shanghai Scientific and Technological Literature Press

图书在版编目（CIP）数据

新文科视角下的数据驱动研究／许鑫，邓璐芗，叶丁菱著．—上海：上海科学技术文献出版社，2025.—ISBN 978-7-5439-9243-6

Ⅰ．TP274

中国国家版本馆CIP数据核字第2024RS0589号

责任编辑：栾　鑫
封面设计：袁　力

新文科视角下的数据驱动研究
XINWENKE SHIJIAO XIA DE SHUJU QUDONG YANJIU
许　鑫　邓璐芗　叶丁菱　著
出版发行：上海科学技术文献出版社
地　　址：上海市淮海中路1329号4楼
邮政编码：200031
经　　销：全国新华书店
印　　刷：常熟市人民印刷有限公司
开　　本：787mm×1092mm　1/16
印　　张：16.75
字　　数：407 000
版　　次：2025年5月第1版　2025年5月第1次印刷
书　　号：ISBN 978-7-5439-9243-6
定　　价：88.00元
http://www.sstlp.com

前　言

伴随大数据、云计算、人工智能等新一代信息技术的发展,数智时代已然到来。新工具、新方法的出现与计算能力的提升对人文社会科学产生了深刻影响,数据密集型研究范式应运而生并极大地促进了传统人文研究的转型与嬗变。新范式的出现为复杂科学问题带来新技术和新思路,学科交叉融合成为必然趋势。在此背景下,主动融入新信息技术、打破学科专业壁垒、促进文理工农医深度融通成为我国重要的学科发展战略目标。当前,新文科建设成为构建中国特色哲学社会科学自主知识体系的重要落脚点,以及推进我国学科体系、学术体系和话语体系建设的战略手段。2019年4月29日,教育部、中央政法委、科技部等13个部门联合启动"六卓越一拔尖"计划2.0,全面推进新工科、新医科、新农科、新文科建设。2020年11月3日,教育部新文科建设工作组发布《新文科建设宣言》,对新文科建设作出全面部署,提出新文科建设要遵循守正创新、价值引领、分类推进的原则,紧扣国家软实力建设和文化繁荣发展新需求,紧跟新一轮科技革命和产业变革新趋势,积极推动人工智能、大数据等现代信息技术与文科专业深入融合,积极发展文科类新兴专业,推动原有文科专业改造升级,实现文科与理工农医的深度交叉融合,打造文科"金专",不断优化文科专业结构,引领带动文科专业建设整体水平提升。

数据作为对社会生活与社会发展的具象表征,逐渐成为社会经济发展的关键生产要素和重要战略资源。研究数据作为人文与社会科学研究人员认识研究问题的新逻辑起点,同样成为触发科学研究和活跃科学活动的重要生产资料,是新文科建设的重要研究对象和可供开发利用的重要资源。一方面,从传统人文研究范式到数据密集型研究范式转变的过程中,数据思维和数据资源的引入,促使新视角、新议题不断产生,为新文科下相关研究注入了新活力,带来理念的变革。基于数据密集型科学研究范式为新文科建设带来的发展机遇,产出了众多优秀、突破性的研究成果。另一方面,数据驱动模式不断冲击传统文科的思维模式,拓展其内涵边界,以数据相关技术或方法建成知识发现平台、开发知识利用工具,构成了新文科建设下的数据生态体系,以系统化的服务促进新文科建设中数据研究的智慧化发展。

新一代信息技术赋能新文科建设,以数据为驱动突破传统文科的思维桎梏,推动文科与理工农医跨越学科藩篱,实现自我的革故鼎新。Ganter 2019—2022年的战略性技术趋势基本以超级自动化、数字体验、分布式云、区块链、数据安全等为主要发展趋势。通过人工智能和机器学习等技术,加强流程自动化和机器自主性;通过拓扑结构的数据收集与处理,映射物理世界,增强虚拟感知与交互;通过5G网络布局构成分布式移动边缘云,增强智能驱动,推进区块链实用发展;注重数据安全与隐私,加强数据信任。针对数智技术发展的新趋势,简单的跟踪技术或技术应用,已不足以支撑和解决学科发展中所面临的复杂问题。新文科建设的提出正是因时而进、因势而优。因此,融入现代信息技术,关注社会需求,深入梳理新文科建设下尤其是人文社科领域数据问题的认知、困境、需求、方法和手段,揭示数据融于新文科建设的共性问题,有效发挥研究数据服务现实科研需要的作用,显得至关重要。

本书共9章,以新文科建设下的人文社科研究为切入点,贯穿"方法—数据—实践"的逻辑,从人文社科数据技术方法集成到人文社科数据开放共享,再到人文社科典型学科交叉的数字人文构成本书。人文社科数据技术方法集成为数据开放共享和典型交叉的数字人文提供技术理论基础与技术应用实践,人文社科数据开放共享是数据技术方法和数字人文的数据基础支撑,而数字人文则是数据技术方法和数据开放共享的融通体现。

本书的具体篇章结构如下。

(1) 人文社科专题数据建设(上编)

人文社科专题数据建设是在集成人文社科数据技术方法的基础上,把握新文科建设背景下人文社科领域的数字学术需求。人文社科专题数据建设注重层次化、语义化、关联化的知识型数据体系构成,是对人文社科数据技术方法的应用、凸显和发挥。既能为人文社科数据开放共享提供数据汇总路径和方法,又能为融通人文社科数据和信息技术的跨学科式研究与实践提供技术理论基础和技术应用实践。

基础研究。第1章聚焦人文社科专题数据库建设的现实情境,介绍了人文社科专题数据库的建设内涵、意义和类别,梳理了专题数据建设中存在的数据问题、制度问题、管理问题和服务问题,探讨了专题数据库的规范化管理路径。在厘清人文社科专题数据库建设现状后,为体现和引导数据时代人文社科专题数据的规范化建设和智慧化升级。第2章探讨了人文社科专题数据从数据库到知识库的提升方法,分析了在数字化的异构性、多源性、活态性特征下,如何利用传统的元数据组织、深层语义挖掘和智慧语义出版对人文社科数据资源进行组织和描述;探讨了如何基于XML的数字资源聚合、基于元数据的数字资源聚合、基于本体的数字资源聚合和基于关联数据的数字资源聚合,构建数据内容相互关联、多维度、多层次的人文社科数据资源体系;阐明了文本语义检索、图像语义检索、视频语义检索的智能化数据资源语义检索方式。在此基础上,面向智慧数据的新场景,构建了对人文社科特定主题或领域的知识进行智慧化组织、展现和管理的知识应用系统,以支撑人文社科数据资源智慧服务的实现。

应用研究。第3章响应新文科建设目标,融汇人文社科专题数据建设的技术方法,介绍人才与产业数据云平台的建设机理和实践应用。以实例的形式展现了如何碰撞科创人才大数据、科研成果大数据和重点产业大数据,挖掘和识别产业创新人才,支持产业创新发展。人才与产业数据云平台利用大数据、人工智能等新一代信息技术,结合哲学社会科学专业体系研究,实现了"精细人才洞察、共同体识别、智能人才评价、知识供给分析、产业流动研判、三链协同驱动";基于人才与产业数据云平台,构成了融合主题相似度与合著网络的学者标签扩展,健全以创新能力、质量、贡献为导向的人才评价体系;依托人才与产业数据云平台,完成了集成电路产业设计环节人才需求的识别和集成电路EDA领域科创人才的挖掘。以数据技术方法为基、人文社科数据为源、产业创新人才为实,重塑人才驱动力和产业孵化力。

(2) 人文社科研究数据管理(中编)

在人文社科数据的技术方法应用和规范化管理中,研究数据管理是其中倍受关注的方向之一。研究数据管理是支撑数据密集型科学发现的重要保障,推动研究数据的共享和增值、提升研究数据的共享协作效率,具有重要价值。同时,研究数据开放共享既是对数据技术方法的外化实践,也为数字人文研究和应用提供了必要的基础数据来源。

基础研究。第 4 章系统介绍了人文社科研究数据管理的内涵、政策和实践;阐明研究数据规划与采集、组织与处理、存储与发现、共享与利用、引证与评价等方面的全生命周期管理过程;分析研究数据管理工具、监管服务和隐私保护的保障性管理路径。在此基础上,形成对研究数据的周期性和系统性维护,保障研究数据管理的服务供给,提升基于数据的细粒度管理与协作效能。第 5 章在明确研究数据管理理念和实践的基础上,以"共享动能—共享模式—共享机制—共享评价"的层进逻辑,关注研究数据的价值释放。围绕包含数据题录和数据文件的数据开放共享,包含专业挖掘、个性探索和智能分析的自助数据探索模式,包含主题数据聚合、数据内容挖掘与数据模式发现的数据增值利用,探讨研究数据共享动能的产生路径;分析由松到紧、层层递进的开放数据、分级授权、联盟上链、数据沙箱、联邦学习、数据密室等研究数据共享模式,促进研究数据有序、有规则、有层次的开放,以面向多元的现实需求;探讨研究数据开放共享的多层级影响机制,实现从数据要素到科研生产力的价值再造路径探索;以开放数据集、数据论文、数据富媒体、高被引研究数据集等数据出版形式为例,分析和构建研究数据共享影响力评价机制,提高研究数据配置效率和再利用效能。

应用研究。第 6 章聚焦研究数据管理实践,系统介绍华东师范大学构建的系列研究数据管理平台。华东师范大学系列研究数据管理平台是研究数据管理和共享理念与机制的落地,一方面实现对校内机构知识资源和个性化成果的有效管理,另一方面为促进学校人文社科教学与科研的快速发展提供基础设施保障。其中,人文社科大数据平台实现了对人文社科院系各类研究数据的科学管理,支持研究数据资源的存储与学术价值的再开发利用;研究数据中台实现了文科数据的跨学科、跨领域安全高效应用,打造数据创建、发布、计算、引用、追溯等闭环的创新生态,支持研究数据的在线不落地分析和出版;文科实验室数据平台提供了专题研究数据的归集、可视化和实验平台,鼓励文科内部融通、文理学科交叉,提供数据处理分析和实验平台,打造促进、激发跨学科跨领域的数据驱动研究的通道。

(3) 数字人文技术方法与基础设施(下编)

数字人文作为人文社会科学领域最具代表性的交叉领域之一,扩展了人文社科的研究对象,丰富了人文社科的研究方法,是有效融通现代信息技术和人文社科数据的典型落地实践,也是新文科建设创新性研究工具与方法运用的必然要求。

基础研究。第 7 章聚焦数字人文技术与方法,系统介绍了人文社科实体资料到人文社科数字资料再到人文社科数据资料的技术方法应用过程。阐明集成数字化技术、数据管理技术、数据可视化技术、虚拟交互技术和人工智能技术的数字人文技术方法体系;探讨数据采集、数据描述、数据处理与保存、数据分析与呈现下的数字人文通用方法;剖析了基于文化数字资源的技术应用、基于数字图像资源的技术应用、基于非物质文化遗产的技术应用的数字人文应用实践。

应用研究。第 8 章聚焦数字人文的基础设施,详细介绍了数字人文平台的内涵、现状、应用。在此基础上,以华东师范大学近年建成的数字人文系列平台及应用工具为例,介绍典型数字人文基础设施的建设思路及应用。其中,数字人文语义支撑平台聚焦关联数据转换服务、检索服务、发布服务、推理服务、知识服务和计算服务,采用 IIIF、关联技术和知识图谱等技术,建成数字人文语义及图像基础设施,支持数字人文资源的语义化建设和知识研究;

数字人文人工智能平台关注古籍抄本/刻本自动识别和古籍内容自动句读，实现数字人文研究从内容创作、工具使用、智慧拓展的无缝链接；InBooks、近代工业文脉电子地图等数字人文工具的开发及应用，辅助数字人文文本的语义发现。第9章在数字人文的技术方法范畴下，以中国特色哲学社会科学话语体系构建为目标，构建贯穿古今中外的学术共同体研究基础设施，研究全球范围内的中国特色文化知识，显现具有中国特色、中国风格、中国气派的文化软实力。老子思想专题研究平台提供对老子思想源头、内涵、未来和域外影响的相关研究数据的搜集、管理、分析、应用和发布，集成了老子专家学者库，为老子思想体系、老子思想现代传播等研究提供数据支撑；民国学人专题数据库汇集了民国时期重要学人和学术社群的组织机构、学术成果、合著与引证等多维数据，提供对民国时期影响深远的学者及其著作、学术共同体、学术思想及其相关关系和影响力的分析；世界中国学专题数据库对全球范围内开展中国问题研究的人物及其研究成果进行收集、分析、处理、存储和展示，绘制人物之间的关联关系，助力域外中国问题研究关键人物的识别和规划中国声音的传递路径。

  全书由许鑫拟定写作思路与框架，许鑫、邓璐芗、叶丁菱撰写、统稿、修订和校对，华东师范大学 iLab 实验室团队中的姚占雷、毛璐、饶梓欣、马元茜、李丹丹、陈巧妃、盛嘉祺、鲍小春、霍佳婧、江燕青、牟丽君、王伟、杨佳颖、于霜、余华、张悦悦等老师和同学参与了前期研究，华东师范大学调查与数据中心开发了相关案例并进行了解析。

  在本书的编写过程中，我们感谢各位作者的辛勤付出，是他们的知识和智慧促成了本书的形成。他山之石给我们深深的启迪，我们还参阅了众多学者的研究成果，在书中和书后予以标引，在此表示衷心的感谢。衷心感谢上海科学技术文献出版社的徐静编辑对本书倾注的心血，其高效、专业的工作方式使本书得到更好的完善。此外，本书写作过程中也得到很多个人和单位的指导和支持，同样深表谢意。囿于学识水平，本书定有不足之处，敬请读者批评指正。

许鑫
2023 年 6 月于丽娃河畔

目 录

上编　人文社科专题数据建设

1　人文社科专题数据库建设 …………………………………………… 3
 1.1　专题数据库建设现状 …………………………………………… 3
 1.2　专题数据库建设制约 …………………………………………… 7
 1.3　专题数据库建设规范管理 ……………………………………… 9

2　从数据库到知识库的提升 …………………………………………… 12
 2.1　人文社科数据资源的智慧化开发 ……………………………… 12
 2.2　人文社科数据资源的语义聚合 ………………………………… 14
 2.3　人文社科数据资源的语义检索 ………………………………… 18
 2.4　人文社科数据资源的智慧服务 ………………………………… 21

3　人才与产业数据云的创新实践 ……………………………………… 36
 3.1　人文社科数据驱动的人才与产业融通 ………………………… 36
 3.2　人才与产业数据云平台设计 …………………………………… 39
 3.3　人才与产业数据云平台服务 …………………………………… 44

中编　人文社科研究数据管理

4　人文社科研究数据管理 ……………………………………………… 73
 4.1　研究数据管理概述 ……………………………………………… 73
 4.2　研究数据全生命周期管理 ……………………………………… 76
 4.3　研究数据保障管理 ……………………………………………… 83

5 研究数据共享与评价 ... 90
- 5.1 研究数据共享动能 ... 90
- 5.2 研究数据共享模式 ... 93
- 5.3 研究数据共享机制 ... 96
- 5.4 研究数据共享评价 ... 107

6 研究数据管理平台建设 ... 141
- 6.1 人文社科大数据平台 ... 141
- 6.2 研究数据中台 ... 146
- 6.3 文科实验室数据平台 ... 149

下编 数字人文技术方法与基础设施

7 数字人文技术与方法 ... 157
- 7.1 数字人文技术体系 ... 157
- 7.2 数字人文通用方法 ... 163
- 7.3 数字人文应用实践剖析 ... 171

8 数字人文基础设施 ... 183
- 8.1 数字人文基础设施概述 ... 183
- 8.2 数字人文语义支撑平台 ... 193
- 8.3 数字人文人工智能平台 ... 203
- 8.4 数字人文辅助工具应用 ... 211

9 基于学术共同体的研究平台搭建与知识发现 ... 221
- 9.1 老子思想专题研究平台 ... 221
- 9.2 民国学人专题数据库 ... 225
- 9.3 世界中国学专题数据资源 ... 237

结束语 ... 247

参考文献 ... 248

上编

人文社科专题数据建设

在新文科建设的背景和契机下,把握人文社科领域的数字学术需求,展开相关专题数据库的建设、共享与发展的规范化管理,是深化人文社科专题数据建设、推动人文社科学术范式转型的重要路径。

第1章"人文社科专题数据库建设",介绍了人文社科专题数据库的建设现状、建设制约和规范管理,梳理了人文社科专题数据库建设的内涵、意义和类别,阐述专题数据库建设的数据问题、制度问题、管理问题和服务问题,探讨专题数据库建设的标准规范、内容控制和协同管理。

第2章"从数据库到知识库的提升",探讨了人文社科专题数据从数据库到知识库的智慧化提升。通过利用新一代信息技术,对人文社科数据资源进行元数据组织、深层语义挖掘和智慧语义出版,以实现智慧化开发;基于XML、元数据、本体和关联数据实现人文社科数据资源的语义聚合;通过文本语义、图像语义和视频语义进行人文社科数据资源的语义检索。在此基础上,构建对人文社科特定主题或领域的知识进行智慧化组织、展现和管理的知识应用系统,支持基于人文社科数据资源的智慧服务的实现与开展。

第3章"人才与产业数据云的创新实践",在系统梳理人文社科专题数据建设的基础研究上,响应新文科建设目标,以人文社科数据为驱动,落地人才与产业融通,介绍人才与产业数据云平台的建设路径,利用科创人才大数据、科研成果大数据和重点产业大数据,实现人才和产业数据的碰撞,挖掘和识别产业创新人才,服务产业创新发展需要。人才与产业数据云平台站在全球人才产学研洞察的视角,利用大数据、人工智能等新一代信息技术,结合哲学社会科学专业体系研究,实现"精细人才洞察、共同体识别、智能人才评价、知识供给分析、产业流动研判、人才/产业/创新三链协同驱动"。通过人才与产业数据云平台,开发了服务科研机构和产业领域的多租户应用,识别人才需求,挖掘领域科创人才。从而以人文社科数据为基、产业创新人才为实,优化人力资源配置,提高产业要素生产率,重塑人才驱动力和产业孵化力。

1 人文社科专题数据库建设

大数据时代,数据密集型科学已然崛起,人文社科的研究范式正在发生剧烈转变。在这样的时代背景下,人文社科专题数据库逐渐发展为新时期展开相关研究的核心基础设施。在新文科建设的契机下,把握人文社科领域的数字学术需求,展开相关专题数据库的建设、共享与发展的规范化管理,推动人文社科的学术范式转型,是实现中国特色哲学社会科学高速发展与实现"弯道超车"的重要一步。本章主要介绍人文社科专题数据库建设的基础现状、特征规范和制约要因。

1.1 专题数据库建设现状

人文社科专题数据库的建设,集成了大规模、深度组织关联与共享的人文社会科学数据资源,有助于改变传统人文社科研究的范式,为人文社科研究提供新的研究问题、研究视角,丰富其研究素材、拓展其研究空间。本节将从专题数据库建设的现状出发,梳理人文社科专题数据库的内涵、意义和主要类别。

1.1.1 专题数据库内涵

专题数据库,是指以特定地域、特殊行业、特定主题为基本内容的数据库。这类小型、专门化数据库常为特定服务对象所需求[1]。专题数据库具有馆藏特色、专业特点、专一性、地域特征、服务专长、完整性、有效性和可用性、可发展性、局限性等特征[2]。在学科领域上,专题数据库覆盖了人文社会科学、自然科学、工程技术等不同学科领域。顾名思义,人文社科专题数据库,即其数据内容偏重于人文社会科学领域、服务于人文社会科学及相关领域的专题数据库。专题数据库学科或主题的不同,所形成的资源或服务的重点也有差异,而专题数据库的内容形式差异则更大,包括文本型专题数据库、数据型专题数据库、音频视频型专题数据库、图像型专题数据库等多种类型。

目前,人文社科专题数据库的建设与服务在多个国家备受关注,逐渐成为国际人文社会科学界的潮流。"二战"前后,信息技术的发展以及社会各界尤其是学术研究、工商业等领域对信息资源的迫切需求,促进了国际范围内人文社科数据库建设浪潮的兴起。1964年,美国教育办公室建成"教育资源信息中心(Educational Resources Information

---

[1] 周晓晴,曾英姿.专题数据库建设探析[J].四川图书馆学报,2000(2):71-74.
[2] 于中.开发建设图书馆专题数据库[J].新世纪图书馆,2000(3):42-42.

Center, ERIC)"①。1967 年,美国联机计算机图书馆中心(Online Computer Library Center, OCLC)成立,大力进行图书馆书目信息数据库建设,其中也包括大量人文社会科学数据②。20 世纪 70 年代,法国开始进行人文社科数据库的开发与研制。20 世纪 90 年代,丹麦、瑞典、挪威等国家的研究人员与档案工作者已经建立起一些历史档案方面的专题数据库③。从国内范围看,1984 年,深圳大学建成《红楼梦》多功能检索系统。20 世纪 90 年代,中国高等教育文献保障系统(China academic library & information system, CALIS)项目启动,其中,高校专题特色数据库建设是 CALIS 的重要内容,促进了高校图书馆文献资源尤其是人文社科专题数据库的建设④。2009 年以来,我国人文社科领域数据资源建设开始加速,人文社科类基金资助的数据资源建设类科研项目数量直线增长⑤。可以说,国内外日益兴盛的人文社科专题数据库建设,既受到全球范围内大数据、云计算、人工智能等数字革命浪潮的推动,同时又成为人文社会科学界数字革命的典型特征。

1.1.2 专题数据库意义

专题数据库建设对于促进人文社科学术研究范式转型、加快构建中国特色的哲学社会科学体系、支撑政府公共部门科学决策、提高社会公众人文素养与知识水平都具有重要的现实意义。除了在科学研究与决策、文化普及方面的价值外,从国家文化战略的角度来看,加快人文社科专题数据库及相关数据资源的建设与规范管理,将成为彰显和提升我国文化软实力、增进文化自信、促进中国文化对外传播的重要举措。

在学术价值方面,人文社科专题数据库能满足当代人文社科研究对于数据资源的需求,促进"数据—技术—学术"三者的共融,推动人文社科研究范式的转型。在传统人文社会科学的学术研究中,尤其是考古学、历史学、文学、经济学、社会学、法学、政治学等学科的学科史研究,以及依赖大量数据的实证研究,对于研究资料具有较强的依赖性,致使这些学科的学术研究过程中需要花费大量时间用于搜集、获取研究相关的一手资料或者研究数据。随着专题数据库建设的兴起,正在、并将会逐渐改变这种"上穷碧落下黄泉、动手动脚找东西"的研究局面,进而将人文社会科学研究人员从大量的资料工作中解放出来,使其能够将有限的时间用于更加具有创造性的研究工作上面。

在应用价值方面,建立人文社科专题数据库建设、服务、共享与应用的规范化管理体系与完备的解决方案,能有效促进人文社科专题数据库建设与应用的标准化、规范化与制度化。对于人文社科专题数据库的建设与应用来说,规范化管理是实现数据库建设标准化、应用服务规范化的前提,也是使这些专题数据库的功用得到最大化发挥的基础和保障。通过梳理人文社科专题数据库建设、服务、共享中存在的重要及疑难问题,以及明确和识别治理者、建设主体、用户、建设模式等不同视角下的人文社科专题数据库规范化管理需求,能为专题数据库建设标准与管理规范、数据资源的语义应用与知识服务规范化、区块链技术下的人

---

① TRESTER D J. ERIC-The first 15 years. a history of the Educational Resources Information Center [EB/OL]. [2022-07-20]. https://files.eric.ed.gov/fulltext/ED195289.pdf.
② KILGOUR FG. A personalized prehistory of OCLC [J]. Journal of the American Society for Information Science & Technology, 1987,38(5):381-384.
③ THORVALDSEN G. Historical databases in Scandinavia [J]. The History of the Family, 1998,3(3):371-383.
④ 周明华. CALIS"十五"全国高校专题特色库建设情况综述[J]. 大学图书馆学报,2006,24(4):36-41.
⑤ 王晓光. 加强人文社科数据资源建设与管理[N]. 光明日报,2018-07-05(11).

文社科数据共享规范化提供现实基础,从而为建立专题数据库建设、服务、共享的规范化标准、对策与解决方案探索应用思路。最终,通过人文社科专题数据库规范化管理实现路径的应用研究,从管理政策法规、组织人员保障、推进策略等方面推进专题数据库建设的标准、对策、解决方案在宏观、中观、微观层面的实施和应用。

在社会价值方面,人文社科专题数据库服务于构建中国特色哲学社会科学的文化战略与大数据战略,可提高社会公众文化素养与国家文化软实力。首先,人文社科专题数据库的规范化管理与中国特色哲学社会科学的构建密切相关。2016年5月17日,习近平总书记在哲学社会科学工作座谈会上强调,一个没有繁荣的哲学社会科学的国家不可能走在世界前列,要加快构建中国特色哲学社会科学,在指导思想、学科体系、学术体系、话语体系等方面充分体现中国特色、中国风格、中国气派。加快建设规范化的人文社科专题数据库,是构建中国特色哲学社会科学的基础设施和资源,对于构建中国特色哲学社会科学的学科体系、学术体系和话语体系都具有基础性的意义。同时,中国特色哲学社会科学的构建又是文化自信的重要体现。因此,从这个意义来看,对于人文社科专题数据库建设规范化管理的研究又被赋予了国家宏观文化战略层面的社会意义。其次,人文社科专题数据库的建设是我国实施国家大数据战略与数字中国建设工程的关键组成部分。尤其应该注意到,科学研究领域的数据库规范与标准对于其他领域的相关工作具有重要的借鉴价值与参考意义。最后,从具体应用层面来看,日益丰富的人文社科专题数据库资源不仅能够为人文社科及其他专业的研究人员提供研究数据与工具,而且也将在广大社会公众的自我教育与继续学习、人文社会科学知识普及、公众科学的发展、促进中国文化对内与对外的传播等方面发挥不可替代的社会价值。

1.1.3 专题数据库建设类别

总体来看,现有人文社科专题数据库的建设呈现出学科分布、建设主体、建设模式多样化等特点。

从学科分布来看,现有专题数据库几乎涵盖所有的传统与新兴人文社会科学学科领域,包括文学、语言学、历史学、哲学、经济学、管理学、社会学、教育学、心理学、法学、政治学、国际关系学、图书情报学、文献学、新闻传播学、艺术学、军事学、体育学、民族学、宗教学以及交叉学科、跨学科等多学科领域。

从建设主体来看,当前人文社科数据库的建设主体主要有以下七类别。

(1) 政府部门与国际组织。在国内,如全国哲学社会科学规划办公室所建的"国家社科基金项目数据库"和"国家哲学社会科学学术期刊数据库",国家统计局网站人口、经济、农业、工业等在线普查数据库,最高人民法院裁判文书数据库;在国外,如日本总务省统计局所建之"日本历史统计资料库(Historical Statistics of Japan)",美国联邦人口普查局各类调查数据库,美国教育部"国家教育统计数据中心"(National Center of Education Statistics),联合国"人口普查数据库""残障统计数据库",经济合作与发展组织(Organization for Economic Co-operation and Development, OECD)所建"社会保障与福利"等数据库。这类数据库有时会由政府部门或国际组织所属信息中心或图书馆承担具体建设工作。

(2) 高等院校。高等院校是人文社会科学研究的重镇,也是人文社科专题数据库的重要建设者和参与者。许多高校专题数据库的建设往往得到国家社会科学基金、国家自然科学基金、教育部人文社会科学基金等国家科研基金的资助。国内方面,如北京大学"中国调查数据资料库"、"中国家庭追踪调查"(China family panel studies, CFPS)与"中国健康与养老追踪调查"(China health and retirement longitudinal study, CHARLS),复旦大学"中国历史地理信息系统"(China historical GIS, CHGIS)、"长三角地区社会变迁调查"与"能源流向与碳排放因子数据库",华东师范大学"民国学人专题数据库""世界中国学专题数据库""中国书画近现代印本集成数据库""上海高新技术企业数据库",南京师范大学"抗战老兵口述资料中心数据库",香港科技大学"辽宁农村1749—1909年移民微观数据库";国外方面,如美国哈佛大学等高校合作开发的"中国历代人物传记资料库"(China biographical database, CBDB),美国华盛顿大学"全球健康数据交流中心"(global health data exchange, GHDx),美国密歇根大学"中国数据中心"(China data center, CDC)的中国统计、普查、地理信息系统等数据产品,瑞典乌普萨拉大学"乌普萨拉冲突数据项目"(Uppsala conflict data program)[①]。

(3)研究(院)所。如敦煌研究院"敦煌学文献资源专题数据库""敦煌石窟专题数据库""敦煌莫高窟供养人及其服饰数据库"等敦煌学数据资源,中国社会科学院、国家图书馆、国家档案局合作建设"抗日战争与近代中日关系文献数据平台",文化和旅游部民族民间文艺发展中心所建"中国戏曲多媒体数据库""中国古琴文化数据库""中国传统节日史志文献数据库"等专题数据库,台北故宫博物院的"清代宫中档奏折及军机处档折件资料库"。

(4)学术组织。美国历史学会(American Historical Association, AHA)、美国经济学会(American Economic Association, AEA)、美国心理学会(American Psychological Association, APA)、美国图书馆协会(American Library Association, ALA)、美国亚洲研究学会(Association for Asian Studies, AAS)以及许多其他国家各行业专业学(协)会都不同程度地开展了专题数据库建设工作,如威斯康星历史学会所建"威斯康星音频档案资料库(Wisconsin sound archive)""威斯康星女性史数据库(Wisconsin women's history)"[②],美国亚洲研究学会"亚洲研究书目数据库(bibliography of Asian studies, BAS)",美国心理学会"APA格式数据库(APA style central)"。

(5)公共文化机构。公共文化机构包括图书馆、博物馆、档案馆等机构。国内方面,如中国国家图书馆"馆藏甲骨实物与拓片数字化资源库""民国法律数字化资源库""中国学汉学家"等专题库,上海图书馆"盛宣怀档案知识库""中国家谱知识服务平台",中国社会科学院各所图书馆建设的"中国民族研究文献数据库""民族文学研究在线题录数据库",北京大学图书馆"西南联大史料数据库",汕头大学图书馆"潮汕文献数据库",三明学院图书馆"客家文献数据库",吉首大学图书馆"土家族口述史料数据库",上海博物馆"数字文物库",浙江省档案馆"浙江省历任劳动模范""之江大学校友录""黄埔军校同学录"等数据库;国外方面,如美国哥伦比亚大学图书馆所建"中国纸马(Chinese paper gods)""女性杂志《玲珑》(Ling Long women's magazine)"专题数据库。

(6)企业。国内方面,如社会科学文献出版社建设的"一带一路"数据库,人民出版社开

[①] SURHONE LM, TENNOE MT, HENSSONOW SF. Uppsala conflict data program [EB/OL]. [2022-07-20]. https://ucdp.uu.se/.

[②] WISCONSIN HISTORICAL SOCIETY. Online collections [EB/OL]. [2022-07-20]. https://www.wisconsinhistory.org/Records/Article/CS15310.

发建设的"中国共产党思想理论资源数据库",北京智悦信息技术有限公司所建"中华人民共和国国史数据库",北京书同文数字化技术有限公司所建"清末陆海军文献""清代法律法规各部则例""清宫避暑山庄档案"等专题库;国外方面,如 ProQuest 所建"美国军事情报报告,1911—1944"等 History Vault 专题数据库,Readex 公司所建"美国国会文献集(U. S. Congressional serial set)"等"美国历史文档"系列子库[1],EBSCO 公司所建"内战原始档案数据库"[2],BvD 公司所建"泛欧企业财务分析库(Amadeus)",兰德公司建有 350 多个涵盖美国各州社会科学领域的数据库[3]。此外,GALE、LexisNexis 等数据库商也建有大量专题数据库[4]。

(7) 个人、基金会、非政府组织及其他建设主体。例如,由英明泰思基金会(Intetix Foundation)具体运作、浙江敦和基金会资助的"中国基金会研究基础数据库"(research infrastructure of Chinese foundation, RICF)[5],以及邵泽浩自建的"中文梗博物馆"(2022 年中国数字人文年会唯一一个人身份完成的优秀项目)。

从建设模式来看,当前人文社科专题数据库建设又可分为自建(如具有信息系统建设能力的图书馆、档案馆、信息中心)、委托建设(如委托商业公司代为建设)、联合建设(如数据库公司与大学、研究所等联合研发专深主题的研究型数据库,或不同图书馆之间联合开发)等方式。

此外,当前人文社科专题数据库还呈现出数据内容多样化(档案、图书、期刊、图片、照片、口述史访谈、调查数据、音视频)、平台多样化,越来越重视服务利用、提升功能以满足多样化需求等特点。

1.2 专题数据库建设制约

当前人文社科专题数据库在建设管理流程、数据平台、数据资源质量、流通共享与数据融合、检索与使用功能、政策与制度建设等方面存在着诸多问题,影响到专题数据库的高效利用,从而限制了专题数据库在人文社会科学研究中效用的发挥。本节将从数据问题、制度问题、管理问题和服务问题四个方面梳理和阐述人文社科专题数据库的建设制约,为人文社科专题数据库的规范化管理提供建设依据。

1.2.1 专题数据库建设的数据问题

在数据方面,人文社科专题数据库存在定位不清、研究数据庞杂无序的问题。目前,国内外对人文社科专题数据库的定义、内涵与外延的明确解释说明尚不统一,如果要保质保量地规范管理人文社科专题数据库,则必须深刻理解和认识人文社科专题数据库的内涵、建设

---

[1] READEX. U.S. Congressional Serial Set 1817-1994[EB/OL]. [2022-07-20]. https://www.readex.com/content/us-congressional-serial-set-1817-1994.
[2] EBSCO. Civil War Primary Source Documents [EB/OL]. [2022-07-20]. https://www.ebscohost.com/archives/featured-archives/civil-war-primary-source-documents.
[3] Rand Corporation. Information for Libraries [EB/OL]. [2022-07-20]. https://www.rand.org/pubs/library.html.
[4] 华薇娜. 国外人文、社会科学类学术性专题数据库及其发展趋势[J]. 图书情报工作,2004,48(6):59-63.
[5] MA J, WANG Q, DONG C, et al. The research infrastructure of Chinese foundations, a database for Chinese civil society studies [J]. Scientific Data, 2017, 4:170094.

过程、管理过程、规范化实施步骤等。深刻理解并把握规范化管理的内涵,首先需要深入分析针对人文社科专题数据库规范化管理的政策理念与运行本质。正确定位人文社科专题数据库规范化管理的政策颁布与实施方向,不仅有利于突出人文社科专题数据库的建设特点,有利于建设数据库的各级单位和组织弄清自身定位与工作性质、高效分工合作,而且还有利于政策的执行与完善,使其适用于我国人文社科各学科的建设和发展需要。同时,学科间的差异、学者研究习惯的不同等,也造成了人文社科数据的多源异构、纷繁复杂,这为数据的汇聚、保存、共享与利用带来了新的挑战。探索并建构一套科学有效的范式以实现对人文社科数据的跨学科高效关联、学科内解构重组,成为专题数据建设的关键问题之一。

1.2.2 专题数据库建设的制度问题

在制度方面,当前,人文社科专题数据库规范化管理的政策机制尚不健全,缺乏全面系统的评估体系。通过调研发现,围绕人文社科专题数据库建设的标准与规范参差不齐,人文社科专题数据库的管理规范缺乏,尤其是人文社科专题数据库建设的一整套体系和规范。如上文所述,数据资源建设时需要对数据资源类型、格式、建设组织与人员、内容进行管理与规范,数据资源发布时需要对管理技术、发布标准有所规范,因此,我国人文社科专题数据库建设亟需一套自下而上的建设标准与一套自上而下的管理规范。同时,调研发现另一个严峻问题,即人文社科专题数据库的建设与管理尚无完整的评估机制,虽已有研究介绍了建设的标准与原则,但没有具体对专题数据库的建设过程和建成效果进行评价。一方面,没有评估数据库建设本身的机制,评估数据库建设的标准即是数据库建设的标准,因此,只要制定了有效的人文社科专题数据库建设标准,评价数据库的建设便有据可依;另一方面,没有数据库管理的效果评估机制,人文社科专题数据库的单独建设有了标准,进一步的评估就是针对建成数据库的管理效果。因此,人文社科专题数据库的规范化管理还亟需一套完整的评价机制。

1.2.3 专题数据库建设的管理问题

在管理方面,专题数据库缺乏统一协作性指导方案,管理的技术手段有待创新。人文社科专题数据库的规范化管理是专题数据库建设的重要挑战之一,目前处于"万人皆可建设,万人皆可管理,而又无人管理"的局面,这个局面是由专题数据库建设的整个流程的每一个步骤所导致的。在数据库开发和加工的过程中,数据资源类型多、来源广、结构不一,处理数据资源的方法更是千变万化,因此数据库的开发成果种类、内容也更多样化;在数据存储的过程中,数据资源处理前、处理中、处理后的种类和结构各异,数据存储难度大,不同数据资源的安全性、隐秘性在存储时也需要差异化考虑,增加了存储难度;在数据库发布的过程中,发布自由度高、标准不一、语义化程度低,给数据的共享和利用带来困难。这一系列的问题和挑战,都是由于缺乏统一的人文社科专题数据库建设标准和管理规范导致,如果建设时有了开发和加工手册、存储标准、发布指南,管理时有了人员规范、使用规范等,专题数据库的建设和管理将迎来新的局面。同时,目前的管理技术手段多仅限于对数据库本身的管理,对项目级成员的管理多呈流线型方式,以中心化方式管理为主。这种传统的管理手段已经不再适应大数据时代超大数据量、超大运算量的要求了。因此,专题数据库的管理也亟需新型的管理手段。

1.2.4 专题数据库建设的服务问题

在服务方面,人文社科专题数据库存在组织人员定位不清、管理服务形式单一的问题。目前,人文社科专题数据库的建设通常以直接需求为导向、以研究人员为主导。这就导致了如下问题:一是数据库建设的需求未经深入理解加工,数据的建设结构呈现多元化,即上文所述的数据问题;二是建设人员以达到直接需求为目标,并未有专业数据库建设或专业知识体系的培训,同时建设人员和管理人员也存在功能定位混杂的问题。只有系统地确定参与建设与参与管理的人员的定位、分工、责任,才会促使人文社科专题数据库建设工程和管理流程顺利和谐。同时,正是由于人员组织结构的不明确,也导致了下列问题:一是服务模式单一,专题数据库的服务多为字面检索服务,非语义检索是基础检索,使用的物力人力成本较低,当组织人员结构零散或不清时,往往仅能提供最低保障的基础服务;二是服务流程单一,专题数据库的基础服务模式多为流水模式,只有人员组织结构更加丰富,人员专业素养得到提升,才能开发更多线条的服务方式和服务产品。

1.3 专题数据库建设规范管理

通过对人文社科专题数据库建设现状和建设制约的梳理发现,当前人文社科专题数据库的建设与管理无法充分满足学科领域研究对于高质量数据资源和多元数据服务的多方面需求。人文社科专题数据库建设与管理的标准和规范缺乏普遍性共识,是造成此种无奈局面的重要因素。本节将从标准规范、内容控制和协同管理三个方面探讨专题数据库建设的规范化管理路径。

1.3.1 专题数据库的标准规范

标准规范是人文社科专题数据库建设的首要问题,也是人文社科专题数据库深度开发利用的前提和基础。人文社科专题数据库建设涉及系统平台搭建、数据导入、数据加工、数据著录和标引、数据存储、数据备份、数据服务开发与应用等多个方面。但长期以来,人文社科领域专题数据库建设普遍存在各自为政、条块分割的现象,各类专题数据库结构散乱、数据格式不同、数据标准不一等现实问题持续存在。为此,有必要构建系统化的人文社科专题数据库建设标准和技术规范,以支持人文社科专题数据库的规范建设、集成共享与开发利用。

从系统平台本身来看,很多人文社科专题数据库的建设过程和平台可用性缺少标准化规范[①]。在人文社科领域,受经费支持、学理为"核"等因素影响,很多专题数据库建设多以项目结题、利益协调等作为主要考量因素,大多数专题数据库系统选型落后混乱,数据服务平台功能单一,检索效率低下,很多都不支持机器读取和原始下载,整体系统平台可用性较差[①②]。为此,有必要根据不同领域、不同方向或相关建库联盟等需要,对人文社科专题数据库的系统选型标准、系统架构标准、专题数据库门户建设规范、功能规范等问题进行约束[①]。

---

① 李阳,孙建军.人文社科专题数据库建设规范化管理的若干问题[J].现代情报,2019,39(12):4-10.
② 王晓光.加强人文社科数据资源建设与管理[N].光明日报,2018-07-05(11).

从数据资源角度来看,缺少完善的专题数据库数据标准与规范体系。目前,很多人文社科专题数据库建设大多出于各自需要建立了相关数据标准与规范,但整体呈模糊化特点且具有领域局限性。实际上,数据资源层面的标准化应具有规划性、统一性、细化性、普适性等特点,即建设标准的制定和实施应该是面向整个人文社科领域来统筹,其内容是针对整个数据资源处理流程的规范化管理,涉及从数据采存、数据处理、数据组织到资源服务的全部过程[①]。

总体来看,人文社科专题数据库建设的标准规范问题是一个非常复杂的历史问题和战略发展问题。虽然部分领域已有从系统平台、数据著录标准、元数据规范等方面作了一些区域或联盟的标准规范研究与实践,但总体来看仍然缺乏统一有效的标准规范体系,人文社科专题数据库建设的标准规范尚处于无"章"可循的分散自我建构阶段。从目标上看,必须构建起集专题数据库系统平台、元数据标准、数据内容规范、数据管理规范等内容在内的一整套人文社科专题数据库标准规范体系,从底层支持人文社科专题数据库的智慧化建设、管理与服务。

1.3.2 专题数据库的内容控制

内容控制是人文社科专题数据库建设的核心内容,既关系到专题数据库本身的竞争力和生命力,也会影响知识服务层面的专题数据库深度开发利用的效果。与一般数据库相比,专题数据库建设更强调"专题"性,表现为主题层面的特色性、内容层面的专指性、知识层面的关联性等特征的综合,这就对其质量提出了更高的要求。尤其是在人文社科领域,专题数据库建设具有连续性强、年代跨度长、人文气息浓厚、后世利用价值更高等特点,因此对内容质量的要求更高。

随着大数据、智慧数据等新思维和新范式的涌现,构建适应新时代人文社科特点的层次化、完整可用的专题数据库建设内容质量控制体系显得尤为重要。从总体上看,需要立足人文社科研究和服务的特征,从统建方的战略导向、建库方的内容质量控制能力以及用户方的需求等角度综合出发,不断强化质量控制意识,拓展质量控制手段,狠抓质量控制行动,形成全面化、工程化的人文社科专题数据库质量治理格局[①②]。从具体内容层面出发,应考虑建库前、建库中、建库后的质量控制节点和目标,从质量控制主体、质量控制机制、质量控制流程、质量控制技术、质量跟踪评估等方面出发,构建贯穿于专题数据库全生命周期的多层次的质量控制体系。比如,在内容质量控制主体方面,可以根据不同领域、联盟等特点,设置专门的专题数据库选题规划组织、审批备案机构、质量管理部门、质量监督机构等,支持人文社科专题数据库建设质量控制的制度化、正规化、规范化等。还可以通过数据技术创新和推广,满足人文社科专题数据库建设在不同情境下对于质量控制关键技术的需求。

总之,人文社科专题数据库建设的内容质量控制是一个需要深入且持续研究的现实问题,全面的质量控制需要有整体意识、竞争意识、创新意识、品质意识。因此,需要从政策、制度、技术、评估等多个方向入手,保障专题数据库的高质量建设与运营,促进人文社科数据资产管理文化的形成。

---

① 李阳,孙建军. 人文社科专题数据库建设规范化管理的若干问题[J]. 现代情报,2019,39(12):4-10.
② 喻丽. 我国高校特色文献资源建设与共享:现状、问题及对策[J]. 图书情报工作,2014,58(14):63-70.

1.3.3 专题数据库的协同管理

随着知识共享、开放数据氛围的逐步形成,开放协同成为人文社科专题数据库建设的重要抓手,也是面向未来的人文社科专题数据库建设的发展动力和发展趋势。然而,从现实来看,人文社科领域的专题数据库建设尚存在资源建设各自为政、数据开放共享程度低、互联互通机制缺失、资源闲散且利用率低下等问题。很多专题数据库由于各种原因成为"封闭式"资源并最终沦为"死库""信息孤岛",总体开放协同的力度和效能不足。当前,在顶层设计层面,缺少专门针对人文社科专题数据库建设的开放协同体制和机制,严重阻碍了人文社科专题数据库的协同化培育与综合化发展。

从战略角度看,人文社科专题数据库建设应是一个共建、共治、共享的系统性的知识工程,它不仅涉及相关标准规范、质量控制问题,还涉及多类资源链接、语义知识关联、跨域知识流动等内容,而这依赖于相关部门和组织之间的资源共享与统筹协作。在人文社科知识服务创新变革的当下,开放协同已经成为人文社科专题数据库规范化管理绕不开的核心问题之一。目前来看,亟需从宏观上的统筹规划、体制保障、机制创新等方面着力,提高人文社科专题数据库建设的开放共享与协同开发能力。从统筹规划层面看,鉴于不同类型人文社科专题数据库的数据资源拥有量、专题建库方向、知识分工等方面存在差异,专题知识内容之间存在知识缺口。因此,首先需要对不同领域、不同方向的人文社科专题数据库建设的现实运行状态、数据资源情况、服务功能、协同需求等进行系统性的摸底、评估、分析与整理,了解专题数据库资源的整体结构与分布。随后,在协同保障体制层面,需要积极推动人文社科专题数据库建设的保障体制构建,从组织管理层面落实人文社科专题数据库建设的共建共享与整合开发。最后,在协同保障机制方面,应积极通过具体的运行机制的构建,推动不同建库主体间的数据资源互补和整合。

总体来看,人文社科专题数据库建设的开放协同本质上是一个整体性、空间性的人文社科知识建构、知识发现、知识开发和知识应用的过程。在更加开放的新时代环境下,需要立足产学研用的深度融合,进一步探索基于服务互联的人文社科专题数据库建设价值链体系,构建开放协作式专题数据资源价值链网,推动人文社科基础知识工程建设。

2 从数据库到知识库的提升

伴随信息的指数级激增,人文社科学者对高效组织与获取领域知识提出了更高的要求,仅具有合理组织的简单专题库已无法满足人文社科学者开展数据驱动型研究的需求。然而,依据传统数据库构建方式建成的专题知识库实质只是一种资源库,对领域知识的语义组织和智慧揭示较为有限,无法实现更高层次的知识服务。因此,有必要利用新一代信息技术,构建对特定主题或领域的知识进行智慧化组织、展现和管理的知识应用系统,实现从数据库到新一代知识库的提升。

2.1 人文社科数据资源的智慧化开发

作为一类基础性资源,人文社科数据资源至关重要。然而,相较于自然科学领域,人文社科数据无论是原始研究数据还是衍生数据,基于数据开展二次开发利用的研究活动均较少。数据资源开发利用的前提是对其进行有效的组织与描述。伴随信息化和数字化的不断发展,数据资源的异构性、多源性、活态性特征对传统人文社科领域的信息资源组织方式提出了新的挑战。目前,有关人文社科数据资源的组织与描述主要分为元数据组织、深层语义挖掘和智慧语义出版三个层次。

2.1.1 元数据组织

元数据(metadata)是描述和限定其他数据的数据[①],是描述某种类型资源(或对象)的属性并对这种资源进行定位和管理、同时有助于数据检索的数据[②]。其用于描述人文社会科学数据资源的情况较为普遍,是可以实现对人文社会科学数据资源的搜集、开发、组织与利用的结构化数据[③]。元数据组织是采用各学科科学数据元数据标准对数据集进行描述,如用于人文社会科学数据组织的元数据标准 DDI(data documentation initiative)、MIDAS Heritage 等。元数据在组织信息资源的功能上进行区分,可以被定义为 4 种类型:①知识描述型元数据,主要描述信息资源的主题、内容特征,如 DC 元数据,即都柏林核心元数据(Dublin core metadata);②结构型元数据,相对于知识描述型元数据,其更侧重于数字化信息资源的内在特征,如目录、章节、段落等;③存储控制型元数据,用来描述数字化信息资源能够被利用的

---

① 马建锋,魏强. 信息组织[M]. 北京:国防工业出版社,2019:96.
② 冯项云,肖珑,廖三三,等. 国外常用元数据标准比较研究[J]. 大学图书馆学报,2001(4):15-21,91.
③ 马珉. 元数据:组织网上信息资源的基本格式[J]. 情报科学,2002(4):377-379.

基本条件以及指示这些资源的知识产权特征和使用权限;④评价型元数据,描述和管理数据在信息评价体系中的位置①。元数据组织在数据的保存与获取方面发挥重要作用,但由于缺少领域共享概念模型、资源描述粒度较大等问题,其应用仍难以完全解决数据之间的语义异构问题,并存在描述粒度大、无法实现语义化检索和知识推理等缺点②,需要进一步对科学数据进行语义化组织,以提高科学数据的机器可读性和可理解性,方便用户理解和复用。

2.1.2 深层语义挖掘

面向深层语义挖掘的人文社科数据,包括浅层特征的语义描述和深层内容揭示的语义描述两个方面。在浅层特征语义描述上,主要侧重解决语义检索问题,确保数据集之间能够通过作者、机构、主题词、相关文献等特征实现关联,如将医学临床试验数据元数据转换为资源描述框架(resource description framework, RDF)数据关联到其他数据源③、构建数据集浅层特征自动语义描述方法以寻找相似数据集④、构建 e-Science 环境下组织和描述科学数据的通用语义模型⑤,以及由领域专家构建相关概念、属性和元数据等组成的科学数据本体⑥。在深层内容揭示的语义描述上,主要描述数据集中每个概念、变量和数值的准确语义(尺度类型、变量关系、上下文环境等),如关联生物医学数据空间对药物实体进行语义描述并发布为关联数据⑦、研究 PDF 文件中表格的探测、提取与标注的方法工具⑧、对科学实验数据/科研机构/文献数据库/科研成果等相关实体进行语义描述并通过 D2RQ 发布为关联数据⑨、构建研究型科技文献的实验数据自动抽取模型⑩。

2.1.3 智慧语义出版

语义出版是人文社科数据开发的高级形态,通过对知识单元进行语义标识提高数字资源对象间的关联度,助于实现资源内容的按需重组与发布。这是从知识层面不断向智慧层面延伸和深化的深层次语义信息交流的出版模式。在语义出版环境下,不同来源的数字资源、不同描述方式的信息内容可以通过提取元数据、构建本体库、进行数据关联等方式实现人文社科数字资源的有效融合,通过语义互操作的方式实现不同类型数据之间的融合,从而解决不同数据描述方式所带来的资源异构问题。语义出版渗透到人文社科数据资源采集、概念识别、组织、利用等各个环节,极大地促进了人文社科研究的开展,如使用纳米出版

---

① 赵庆峰,鞠英杰. 国内元数据研究综述[J]. 现代情报,2003(11):42-45.
② 周宇,廖思琴. 科学数据语义描述研究述评[J]. 图书情报工作,2017,61(12):136-144.
③ HASSANZADEH O, MILLER R J. Automatic curation of clinical trials data in LinkedCT [C]. The 14th International Semantic Web Conference, Berlin, 2015:270-278.
④ SINGHAL A, SRIVASTAVA J. Generating semantic annotations for research datasets [C]. Proceedings of the 4th International Conference on Web Intelligence, Mining and Semantics (WIMS14), New York, USA, 2014:287-289.
⑤ 马雨萌,郭进晶,王昉. e-Science 环境下科学数据语义组织模型框架研究[J]. 现代图书情报技术,2015(Z1):48-57.
⑥ 徐坤,蔚晓慧,毕强. 基于数据本体的科学数据语义化组织研究[J]图书情报工作,2015,59(17):120-126.
⑦ HASNAIN A, KAMDAR M R, HASAPIS P, et al. Linked biomedical dataspace: Lessons learned integrating data for drug discovery [C]. International semantic Web conference, New York, USA, 2014:114-130.
⑧ KHUSRO S, LATIF A, ULLAH I. On methods and tools of table detection, extraction and annotation in PDF documents [J]. Journal of information science, 2015,41(1):41-57.
⑨ 庄倩,常颖聪,何琳,等. 基于关联数据的科学数据组织研究[J]. 情报理论与实践,2016,39(5):22-26.
⑩ 赵丹宁,牟冬梅,斯琴. 研究型科技文献的实验数据自动抽取研究:以药物代谢动力学文献为例[J]. 图书馆建设,2017(12):33-38.

(nano-publication)实现信息资源内容从非结构化向结构化的转变[1];借助微缩出版(micro publication)通过自然语言陈述、数据、方法、材料支撑、分析、评论等多方面内容形成文献的科学论证链[2];通过生成可以在主题和空间上进行查询的链接元数据,使得数据集或文档具有唯一资源标识符(uniform resource identifier,URI)和现有工具充分支持的基本元数据,进而使得跨域数据集被发现,并且可理解、可重复使用等[3];使用关联数据发布开源期刊(open access,OA)及期刊中所涵盖的研究数据[4][5];对科学文献进行语义标注,提取文献篇章中的模型、假设、方法、图表及结果等[6];融合关联数据与本体技术实现学术期刊数字资源深度聚合[7];使用语义出版技术实现科研人员间的交流、寻找合作对象、建立科研合作关系[8]。语义出版集合了语义网、本体、关联数据等技术和挖掘深层次文献语义特征的功能,通过语义丰富化方法的集成实现智慧数据,将数据资源中隐含的语义关系显性化,利于构成更加体系化、知识化的信息资源。

2.2 人文社科数据资源的语义聚合

数字资源聚合是指信息内容的聚集与聚合,即根据一定的方式和要求,将不同数据源的数字资源内容聚集在一起,经过技术加工聚合后,使得该聚集的数字资源具备一定的知识性、系统性、完整性、便利性等特点。语义网技术的成熟与发展,促使基于本体和关联数据的聚合方式成为目前人文社科数据资源聚合方法研究的热点。数据资源在语义层面上的聚合重点关注其内容特征,并着力构建一个内容相互关联、多维度、多层次的资源体系。针对人文社科数据资源,当前主要有四种基于语义的数字资源聚合的方法,分别是基于 XML 的数字资源聚合、基于元数据的数字资源聚合、基于本体的数字资源聚合和基于关联数据的数字资源聚合。

2.2.1 基于 XML 的数字资源聚合

可扩展标记语言(extensible markup language,XML)是由 W3C 定义的一种用于对信

---

[1] CLARE A, CROSET S, GRABMUELLER C, et al. Exploring the generation and integration of publishable scientific facts using the concept of nano-publications [EB/OL]. [2022-08-03]. http://www.ceur-ws.org/Vol-721/paper-02.pdf.
[2] CLARK T, CICCARESE P, GOBLE C. Micropublications: A semantic model for claims, evidence, arguments and annotations in biomedical communications [J]. Journal of biomedical semantics, 2014,5(1):1-33.
[3] LAFIA S, KUHN W. Spatial discovery of linked research datasets and documents at a spatially enabled research library [J]. Journal of Map & Geography Libraries, 2018,14(1):21-39.
[4] HALLO M, LUJANMORA S, CHAVEZ C. An approach to publish statistics from open-access journals using linked data technologies [EB/OL]. [2022-08-03]. http://rua.ua.es/dspace/bitstream/10045/50589/1/approach-publish-statisctics-open-access-journals-linked-data.pdf.
[5] LATIF A, BORST T, TOCHTERMANN K. Exposing data from an open access repository for economics as linked data [EB/OL]. [2022-08-03]. http://www.dlib.org/dlib/september14/latif/09latif.html.
[6] GARCIA-CASTRO L J, BERLANGA R, REBHOLZ-SCHUHMANND D, et al. Connections across scientific publications based on semantic annotations [EB/OL]. [2022-08-03]. http://www.ceur-ws.org/Vol-994/paper-05.pdf.
[7] 许鑫,江燕青,翟姗姗.面向语义出版的学术期刊数字资源聚合研究[J].图书情报工作,2016,60(17):122-129.
[8] SATELI B, WITTE R. Supporting researchers with a semantic literature management wiki [EB/OL]. [2022-08-03]. http://ceur-ws.org/Vol-1155/paper-03.pdf.

息进行描述的语言,是标准通用标记语言 SGML 的一个优秀子集。XML 既能对数据内容进行描述,也可以对其结构进行描述,从而体现数据之间的关系。在数据交互和集成方面,XML 有着独特的优势。XML 的可扩展性使得用户可以灵活地根据特定的需要定义文档中的标记,可以使数据结构化,支持任何层次复杂模型的构建。作为数据表示与交换的标准,XML 可以表达各种类型的不同数据,提供数据结构和内容表示的通用格式,从而实现数据的交互与共享。此外,其跨平台能力能够实现不同数据源数据的无缝集成[①]。

基于 XML 的数字资源聚合充分利用了 XML 在数据处理方面的特点,将其作为数据交换与集成的中介,以提供多种数据之间的转换,实现数据集成与交互。相关学者积极构建各种基于 XML 的数字资源聚合技术与系统,而且还将其他相关技术与 XML 结合,提出了更为先进的数字资源聚合方法。刘志辉[②]提出将 XML 和 WebServices 结合来集成异构数据的方法,利用 XML 自身的特性实现数据标记与数据库存储,为异构数据互操作提供了方案,而 WebServices 的加入实现了系统功能的可迁移性和装配性,取得了良好的集成效果。刘雍[③]提出了一种基于 J2EE 和 XML 的数据集成模型,该模型充分应用了 XML 的跨平台能力和 J2EE 企业平台的优势,解决了数据的异构问题,具有很强的跨平台性和扩展性。其中中间件系统模式的集成方式,使应用程序可以高效、统一地对异构数据资源进行访问和操作,从而方便企业对不同平台的数据进行便捷、高效的管理。赵云华[④]构建了基于 XML 的异构数据交换模型,探寻面向分布式异构平台的信息资源整合方法。王操[⑤]提出了基于虚拟数据中心与 XML 数据库技术的分布式异构信息资源整合方法。王军[⑥]通过阐述 XML 在数字信息整合方面的优势,提出了基于 XML 的数字图书馆 Web 信息资源整合系统,从而更好地整合数字图书馆的信息资源。唐振宇[⑦]等人提出了基于 XML 的图书馆网络信息资源整合模型,并采用了 JSP+XML 的跨库检索系统,实现不同来源的信息资源的整合。

2.2.2 基于元数据的数字资源聚合

元数据是用来对数据属性进行描述的"关于数据的数据"。元数据被认为既可以用来描述信息资源,也可以为各种不同的数字化信息单元和资源集合提供规范,并且能够对数字资源进行整合,加强对信息资源的搜集开发和组织利用[⑧]。元数据的可获取性和泛在性,为数字资源聚合提供了数据基础,其规范性的结构特征,能够实现数字资源不同层次的聚合。

基于元数据的数字资源聚合,使用元数据技术来统一管理分散的数字资源。异构、多源的人文社科数字资源一般采用不同的元数据标准,完善的元数据标准可以准确地实现数字资源外部特征与内容特征的揭示,从而促进人文社科数字资源的共建共享。目前,这一方法得到了学界的普遍重视与应用。梁园园[⑨]系统探讨了数字资源语义丰富化的方法,包括对数

---

① 翟姗姗,许鑫,夏立新,等.语义出版技术在非遗数字资源共享中的应用研究[J].图书情报工作,2017,61(2):23-31.
② 刘志辉.基于 Web 服务与 XML 技术的异构数据集成的研究[D].大连:大连海事大学,2012.
③ 刘雍,陈振中.基于 J2EE 和 XML 的数据集成技术研究[J].科技信息,2013(5):103-104.
④ 赵云华.面向分布式异构平台的信息资源整合方法研究[J].图书界,2016(4):81-84.
⑤ 王操.一种解决分布式异构信息资源整合的方法研究[J].情报理论与实践,2011,34(3):108-112.
⑥ 王军.基于 XML 本体描述语言的数字图书馆 Web 信息资源整合[J].现代情报,2008,27(11):84-86.
⑦ 唐振宇,陈凤岩,冯玉强.基于 XML 的图书馆网络信息资源整合研究[J].哈尔滨工业大学学报,2007,39(7):1135-1137.
⑧ 邱均平,方国平.高校图书馆语义化馆藏资源深度聚合模式及其应用研究[J].图书馆学研究,2014(21):64-71.
⑨ 梁园园.数字资源的语义丰富化方法研究[D].郑州:郑州大学,2017.

字资源进行元数据级和内容级的丰富。黄文碧等[1]将元数据作为实现馆藏资源聚合的一种有效方式,从元数据仓库构建、元数据映射和元数据关联三个方面实现馆藏资源聚合。邱均平等[2]提出基于元数据的馆藏资源深度聚合模式框架,该框架包括数据层、数据处理层、聚合层、数据挖掘层和用户层,各层次之间实现数据系统的"自组织"。张宇等[3]对典型的应用系统分布场景进行建模,制定一种伸缩性良好的元数据规范,对异构数据集进行集成,对集中的元数据信息进行统一管理,并将其应用在了医药卫生科学数据共享工程中。刘峰等[4]对当前科研领域中 6 种典型的元数据标准进行了深入分析,构建了科学数据元数据标准通用数据项设计模型。成全等[5]通过对《书目记录的功能需求》书目记录功能需求(functional requirements for bibliographic records, FRBR)概念模型及《资源描述与检索》资源描述与检索(Resource description and access, RDA)编目规则核心思想及体系结构的深入分析,以 FRBR、RDA 与关联数据为基础,形成了馆藏资源元数据的语义描述与关联网络构建的框架模型,为馆藏资源元数据的语义描述及关联网络构建的实践研究提供了可能。

2.2.3 基于本体的数字资源聚合

本体(ontology)的概念源自于哲学,关于本体最具代表性的定义是,"关于共享概念的协议,共享概念包括对领域知识建模的概念框架、可互操作的系统通信协议和特定领域理论的表示协议;在知识组织与共享环境下,本体以定义表达词汇的形式来获得描述"[6]。即本体是共享概念模型的明确的形式化规范说明,是实现领域知识复用的基本工具和表现形式[7]。本体可以为不同类型不同来源的资源提供统一的概念描述标准,从而实现资源的语义化标注以及资源与资源之间的语义互操作,这为解决不同资源间的语义异构难题提供了基础。同时,对不同领域的资源构建本体,可以将不同的知识本体聚合,有利于解决数字资源孤岛问题,从而实现数字资源多层次全方位的深度聚合[8]。在知识组织中,本体的主要作用就是基于资源集合构建一个本体概念模型,该模型通过对资源进行语义标注,将其组织成相互关联的知识网络,从而完整清晰地反映资源的知识结构,更好地实现知识检索。

基于本体的数字资源聚合主要包括明确资源的语义内容和含义、作为一种资源组织框架、作为查询模型、实现语义逻辑推理四个方面。在资源组织中,通过对概念添加属性、在属性之间添加映射关系等操作,使本体可以模拟人的思维结构和过程,对用户提交的查询进行语义推理,从而发现隐含其中的用户需要却未能明确表达出的需求。不同来源、不同类型的人文社科数据资源通常会采用不同的元数据规范进行描述,这就导致了数字资源的结构异构,给聚合和检索带来了困难。元数据虽然提供了数字资源的语义化基础,但是无法解决资源描述的异构性和语义性问题,而本体则可以实现不同格式、不同类型的元数据之间的互操

---

[1] 黄文碧. 基于元数据关联的馆藏资源聚合研究[J]. 情报理论与实践,2015,38(4):74-79.
[2] 邱均平,方国平. 高校图书馆语义化馆藏资源深度聚合模式及其应用研究[J]. 图书馆学研究,2014(21):64-71.
[3] 张宇,蒋东兴,刘启新. 基于元数据的异构数据集整合方案[J]. 清华大学学报:自然科学版,2009,49(7):1037-1040.
[4] 刘峰,张晓林. 科学数据元数据标准评述及其通用化设计研究[J]. 现代图书情报技术,2015(12):3-12.
[5] 成全,许爽,钟晶晶. 馆藏资源元数据语义描述及关联网络构建模型研究[J]. 情报理论与实践,2015,38(4):124-129.
[6] 吴金红,张玉峰,王翠波. 基于本体的竞争情报采集模型研究[J]. 情报理论与实践,2007(5):577-580,583.
[7] STUDER R, BENJAMINS V R, FENSEL D. Knowledge engineering: Principles and methods [J]. Data and Knowledge Engineering, 1998, 25(1-2):161-197.
[8] 毕强,尹长余,滕广青,等. 数字资源聚合的理论基础及其方法体系建构[J]. 情报科学,2015,33(1):9-14,24.

作。采用本体来描述元数据,将其转换成统一RDF格式,可以实现不同来源、异构数据的语义化描述和语义互操作。同时,由于传统资源聚合中关键字匹配的方法无法解决一词多义、一义多词的问题,领域本体库的建立、同义词的描述以及语义元素间等级关系的明确,可以有效解决此类问题,为用户的信息获取带来便利。

当前,基于本体的数字资源聚合在国内的应用主要是构建各种类型的本体知识库和本体概念模型,在语义层面上对资源内容进行描述和揭示,以此实现资源的深度聚合。何超等[1]建立了基于本体的馆藏数字资源语义聚合与可视化模型,来解决数字资源孤岛和数字资源超载问题。张天明[2]在基于本体的中药材数字信息资源知识组织模型研究中,构建了中药材本体的概念模型以及知识组织的概念模型并将其应用于实例。肖希明等[3]研究了基于本体的公共数字文化资源整合,构建公共数字文化资源顶层本体,将资源组织形式提高到了语义层面,实现其语义互操作,从而为资源聚合提供便利。王文清等[4]基于描述逻辑的Web本体描述语言(web ontology language description logic, OWL-DL)标准的出版物数字内容资源本体模型(publication ontology, PUBO),尝试设计与开发下一代数字资源内容管理系统。

2.2.4 基于关联数据的数字资源聚合

关联数据由语义网创始人Tim Berners-Lee在2006年7月首次提出,是W3C推荐的用来在语义网上发布、共享、链接各类数据、信息和知识的一种标准。关联数据是一种推荐的语义网最佳实践,是语义网发展的重要推动力量。关联数据可以理解为用URI来命名数据资源,采用RDF模型来描述和连接资源,并揭示资源间的语义关系,通过HTTP协议来获取这些数据。关联数据对数据资源进行语义描述,不仅可以揭示数字资源内部的复杂联系,还能够实现不同数字资源之间的语义互操作,从而促进资源之间的语义互联和深度聚合。关联数据是语义网环境下资源聚合实现的有效方式,它不仅使分散异构的数据实现语义关联,还常与本体技术结合,增强资源之间的语义关联,从而使数据资源成为无缝关联的有机整体,便于实现数字资源的一站式检索等应用服务。

基于关联数据的数字资源多维度聚合可以从聚合内容和聚合方法两个方面来理解。按内容来分,聚合有纵向聚合和横向聚合,前者的数字资源主要来源于机构内部,以图书馆为例,聚合主要针对图书馆具体的馆藏,包括数字文献资源、特色资源库、专题Web站点、各类信息系统等,后者则是将包括互联网信息资源在内的数字资源进行聚合。从聚合方法来看,基于关联数据的资源聚合又可分为数据层的资源聚合和语义层的资源聚合,前者多聚焦于开放空间里的资源本身,资源命名后通过链接的方式加以指向,而后者则可能会涉及本体,基于本体建立RDF语义链接实现领域间的知识组织和资源互联。也有研究者在浅层关联数据(相当于数据层资源聚合)和深层关联数据(相当于语义层资源聚合)外提出了中层关联数据用于数字图书馆的资源聚合[5]。

---

[1] 何超,张玉峰.基于本体的馆藏数字资源语义聚合与可视化研究[J].情报理论与实践,2013,36(10):73-76.
[2] 张天明.基于本体的中药材数字信息资源知识组织模型研究[D].吉林:吉林大学,2014.
[3] 肖希明,完颜邓邓.基于本体的公共数字文化资源整合语义互操作研究[J].国家图书馆学刊,2015(3):43-49.
[4] 王文清,刘春彤,张月祥,等.PUBO:面向出版的数字资源本体建模[J].大学图书馆学报,2015,33(3):88-95.
[5] 王忠义,夏立新,石义金,等.数字图书馆中层关联数据的创建与发布[J].现代图书情报技术,2013(5):28-33.

基于关联数据进行数字资源聚合具有独特优势,国内外学者展开了基于关联数据整合数字资源的一系列研究。如瑞典国家图书馆首先将瑞典全国计算机化图书馆信息系统(computerized library information system for Sweden, LIBRIS)开放为关联数据、美国国会图书馆将图书馆标题表(Library of Congress subject headings, LCSH)发布为关联数据。在国内,王杰峰[①]提出了关联数据应用于图书馆馆藏数字资源整合中的发展路径。田宁[②]详细阐述了基于关联数据的信息资源整合模型及实现方式,通过馆藏资源数字化、创建关联数据、发布关联数据等多个步骤,实现信息资源的整合。欧石燕等[③]将本体与关联数据结合,提出了本体和关联数据驱动的图书馆信息资源语义整合框架,以实现不同资源间语义关联以及关联数据的发布、检索与访问。关联数据在人文社科数字资源聚合中的作用主要体现为链接不同来源、不同格式的数据,实现资源聚合与关联,有效揭示资源之间的联系,在资源之间建立关联、丰富资源的知识内容。以关联数据为核心的数据网能够提供给用户更准确、更丰富的信息资源,更好地满足用户获取资源的需求。

2.3 人文社科数据资源的语义检索

语义检索是基于概念匹配的检索方法,将传统检索方法中的用户查询词替换成了含有语义的概念,通过对相关文档的解析和推理在语义层面实现信息检索,实现更高效率、更准确地智能化检索[④]。语义检索本质还是信息检索,但它更加强调"语义",通过在信息和检索词中发现和标注概念的方法,提高检索效果,这是其与传统关键词检索主要的区别。语义检索涉及语义映射和语义扩展两项主要技术,按照对象的不同主要应用在文本语义检索、图像语义检索、视频语义检索等方面。

2.3.1 文本语义检索

文本语义检索是国外检索领域关注的焦点之一,许多高校和研究机构长期致力于这方面的应用研究,如美国的马里兰大学、西班牙的哈恩大学、土耳其的中东技术大学、希腊的雅典大学、IBM 研究院、OntoText 语义研究实验室等,都在语义检索方面取得了不俗的成果。主要成果如,Kallipolitis 等[⑤]实现新闻文本的语义检索,Yoo[⑥]在语义网环境下实现了用户兴趣的查询等。此外,也有一些专门的机构组织对当前的研究进展进行评估,如世界著名的文本检索大会 TREC(text retrieval conference)、信息检索兴趣小组 SIGIR(the ACM's special interest group on information retrieval)、文本理解大会 DUC(document

---

① 王杰峰. 关联数据在图书馆馆藏数字资源整合中的应用研究[J]. 农业图书情报学刊,2017,29(6):40-43.
② 田宁. 基于关联数据的信息资源整合[J]. 图书馆学刊,2014(1):7-39.
③ 欧石燕,胡珊,张帅. 本体与关联数据驱动的图书馆信息资源语义整合方法及其测评[J]. 图书情报工作,2014,58(2):5-13.
④ 邓仲华,骆蓉. 基于本体的语义检索研究综述[C]. Wuhan University, Chung Hua University, University of Science and Technology of China, Dalian Jiaotong University, Scientific Research Publishing. Proceedings of International Conference on Engineering and Business Management(EBM2012). Scientific Research Publishing, 2012:5.
⑤ KALLIPOLITIS L, KARPIS V, KARALI I. Semantic search in the world news domain using automatically extracted metadata files [J]. Knowledge-Based Systems, 2012,27(3):38-50.
⑥ YOO D. Hybrid query processing for personalized information retrieval on the semantic web [J]. Knowledge-Based Systems, 2012,27:211-218.

understanding conference)等。国外学者也已取得了一定的研究成果,并实现了相关应用。如,AT&T Lab 建立的信息检索系统 FindUR,该系统根据 WordNet 中定义的词汇间的同义、上下位关系,实现查询扩展;IBM 开发的简易语义搜索,利用同义词或正则表达式实现语义扩展查询;欧洲科研信息系统 AURIS-MM,以及 OntoText 语义研究实验室开发的 KIM 平台都是语义检索系统应用的案例[1]。综合来看,国外的这些语义检索系统都是将传统的文档转化为实例结合领域知识实现语义检索。

近年来,通过新模型的应用,国内学者在文本语义检索领域也取得了一定成果。如,颜端武等[2]利用基于潜语义分析的提问式消歧策略进行歧义消解构建中英双语专利信息检索方案;程煜华等[3]提出基于 D-S 证据理论的不确定性语义表示方法,构建了将这类不确定性语义特征与文本特征、主题特征相融合的检索模型;陈雪[4]提出了基于语义信息检索的馆藏数字资源优化方法;唐晓玲等[5]结合主题敏感的 PageRank 算法,更好地体现了用户的兴趣;胡兆芹[6]介绍了信念网络模型、粗糙集理论检索模型和遗传算法检索模型等三种信息检索模型;还有遗传算法检索模型、粗糙集理论检索模型、实例检索模型以及扩展模式 P^nBL 模型和信息素质 8W 模型在医学信息学课程的应用。

2.3.2 图像语义检索

图像语义检索的研究始于 20 世纪 70 年代,其发展历经了基于文本的图像检索和基于内容的图像检索两个主要阶段。基于文本的图像检索需要对图像库中的图像进行人工标注,检索结果依赖于人工标注的信息,尚存在标注的工作量大、人工标注的主观性强、人工标注难以全面表达的问题。而基于内容的图像检索则是由图像中自动提取的视觉特征来表达,其中相似性计算使用特征间的距离来表示,以此能够摆脱复杂的劳动,具有重大意义。

目前,有关基于内容的图像检索研究,是通过图像的高层次语义信息来提高图像检索准确度。常采用的方法包括采用 Zuo Z 等[7]所研究的自动或 Wang J 等[8]所研究的半自动的方式对图像进行语义标注。然而,语义标注目前也遇到了许多困难:①语义抽取的规则制定难度大。目前大多数的图像语义检索系统采用构建知识库的方式,即将图像低层次的特征抽取后通过人工整理并生成先验知识库,然后实现到图像高层次语义的映射。然而,由于图像集都存在领域知识,构建知识库需要花费大量的时间对领域知识进行识别。因此,往往仅能在具有特定领域知识的应用领域取得一定的效果,该方法在面向通用领域应用时仍存在一定的难度。②无法理解用户查询目的。为实现用户查询的需求,需要检索系统能够识别用

---

[1] 张玉明,南凯,马永征. 基于本体的信息检索模型研究[J]. 计算机应用研究,2008(8):2241-2244,2249.
[2] 颜端武,任婷,陶志恒. 基于双语词典和歧义消解的中英双语专利信息检索研究[J]. 情报理论与实践,2018,41(2):138-142,154.
[3] 程煜华,赖茂生. 基于 D-S 证据理论的信息检索模型研究[J]. 图书情报工作,2017,61(21):5-12.
[4] 陈雪. 基于语义信息检索的馆藏数字资源优化方法研究[J]. 情报科学,2015,33(12):46-50.
[5] 唐晓玲,何天云. 基于主题偏好的个性化检索模型研究[J]. 情报杂志,2011,30(4):133-136,147.
[6] 胡兆芹. 新型信息检索模型发展研究[J]. 情报探索,2013(5):81-84.
[7] ZUO Z, WANG G, SHUAI B, et al. Exemplar based deep discriminative and shareable feature learning for scene image classification [J]. Pattern Recognition, 2015,48(10):3004-3015.
[8] WANG J, KUMAR S, CHANG S F. Semi-supervised hashing for scalable image retrieval [C]. 2010 IEEE Computer Society Conference on Computer Vision and Pattern Recognition, San Francisco, CA, USA, 2010:3424-3431.

户语义需求的内涵，Dante等[1]的研究说明虽然已经有一些特征匹配算法和模型获得了应用，但是依旧无法在各类环境下都能准确地识别用户的查询目的。为了解决深层次的语义检索，Calumby等[2]还采用反馈技术，即在检索过程中加入用户反馈信息，以提高检索准确度。

2.3.3 视频语义检索

视频语义检索的基础是关键帧提取（Yang Y F等[3]）和镜头分割（Lai J L等[4]）。视频由多个镜头信息组成，每个镜头信息构成一帧。由于关键帧能够对视频中主要的镜头信息进行描述，因此在视频检索中，关键帧提取可以极大地压缩视频数据，不仅可以提高视频特征提取的效率，也可达到视频快速浏览的目的。关键帧提取主要的方法包括，Tonomura Y等[5]采用提取第一帧和最后一帧作为关键帧；Liu T Y等[6]采用计算视频中图像特征的距离提取关键帧；Peng T L等[7]则基于图像内容的关键帧提取。在实际应用中，第一种方法显得过于简单，常常使得抽取的关键帧不准确；第二种方法需要大量的计算，对检索的效率会造成负面影响；第三种方法能够根据镜头信息提取特定的关键帧，但有可能增加提取的关键帧数。

视频语义检索的难点是语义鸿沟。由于人们对视频的理解是基于场景、对象和事件等高层次的语义信息综合而来，而计算机的理解则是基于颜色、纹理、形状等低层次视觉特征，这两种特征之间存在着巨大的差异，导致了检索需求与检索结果之间的距离不匹配，形成了语义鸿沟。为了解决语义鸿沟问题，视频语义检索过程还需要实现底层视觉特征与高层语义之间的映射关系，这也是目前视频语义检索的重点，代表性成果包括 Rudinac S等[8]将整个视频视为检索单元，利用从视频中检测到的视觉概念得出视频表示，根据查询、视频收集、可用的搜索机制和查询修改资源来选择最佳的搜索结果；Metze F[9]等从给定的视频中提取各种视觉概念特征、环境声音和ASR转录特征，并开发基于模板的NLG系统，以根据提取的特征生成文本重述。

---

[1] DANTE M V, FRANCISCO J, GALLEGOS-FUNES, et al. A fuzzy clustering algorithm with spatial robust estimation constraint for noisy color image segmentation [J]. Pattern Recognition Letters, 2013, 34(4):400-413.
[2] CALUMBY R T, TORRES R S, GONÇALVES M A. Multimodal retrieval with relevance feedback based on genetic programming [J]. Multimedia Tools and Applications, 2014, 69(3):991-1019.
[3] YANG Y F, CUI Z M, WU J, et al. Traffic video segmentation and key frame extraction using improved global K-Means clustering [C]. 2010 Third International Symposium on Information Science and Engineering, Shanghai, China, 2010:521-525.
[4] LAI J L, YI Y. Key frame extraction based on visual attention model [J]. Journal of Visual Communication and Image Representation, 2012, 23(1):114-125.
[5] TONOMURA Y, AKUTSU A, OTSUJI K, et al. VideoMAP and VideoSpaceIcon: Tools for anatomizing video content [C]. Proceedings of the INTERACT'93 and CHI'93 Conference on Human Factors in Computing Systems, 1993:131-136.
[6] LIU T Y, ZHANG X D, FENG J, et al. Shot reconstruction degree: A novel criterion for key frame selection [J]. Pattern Recognition Letters, 2004(12):1451-1457.
[7] PENG T L, ZHANG W J. Robust shot boundary detection from video using dynamic texture [J]. Sensors & Transducers, 2014, 173(3):104-109.
[8] RUDINAC S, LARSON M, HANJALIC A. Leveraging visual concepts and query performance prediction for semantic-theme-based video retrieval [J]. International Journal of Multimedia Information Retrieval, 2012, 1(4):263-280.
[9] METZE F, DING D, YOIMESSIAN E, et al. Beyond audio and video retrieval: Topic-oriented multimedia suminarization [J]. International Journal of Multimedia Information Retrieval, 2013, 2(2):131-144.

2.4 人文社科数据资源的智慧服务

作为对社会生活与社会发展的学术表征,人文社科研究同样视数据资源为重要生产要素和核心创新资源,以数据为驱动促进人文社科研究的纵深化发展。一方面,数据驱动模式下新视角、新热点的产生,激发人文社科的研究活力,拓展人文社科研究的外延空间;另一方面,在数据密集型科学研究范式下新特征、新路径的形成,冲击人文社科的传统认知,延伸人文社科研究的内涵边界。

2.4.1 数据驱动的人文社科研究趋势

对于数据问题研究特点的分析,可以从宏观层面展现人文社科领域中数据研究的外部演化特征。同时,为深入探析数据问题的具体研究重点,还需从微观层面揭示数据研究的内在内容特征。为全面发掘数据问题的研究重点,透视数据研究的发展趋势,本节对2010—2019年,国家社科基金项目中与数据相关项目及项目成果进行关键词分析与研究热点对比分析,实现对人文社科领域中数据研究的发展特征解析,探测与发掘数据驱动范式下人文社科领域的研究生长点[①]。

(1) 数据相关立项项目主题内容

国家社科基金项目名称一般由研究角度、背景和内容组成,可以从侧面体现立项项目的核心要点[②]。2010—2019年,数据相关的国家社科基金有效立项项目共有952项。通过对立项项目进行关键词分析,生成基金项目关键词图谱,如图2-1所示(Top20,频次≥43)。

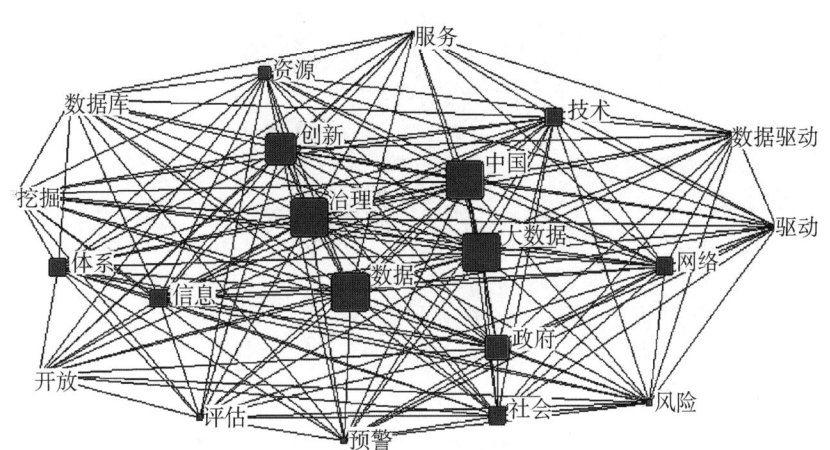

图2-1 数据相关基金项目的研究热点图

从图2-1可以看出,人文社科视域下数据问题的研究主要以大数据、数据库、中国、治理、创新等为主要关键词。"大数据"出现的频次为492次,具有绝对优势。在2013年大数据元年后,大数据以势不可挡的态势渗透入各行各业,有关大数据的探索实践,改变了各领

---

① 翟姗姗,叶丁菱,许鑫.数据驱动下人文社会科学领域研究态势分析:基于2010—2019年国家社会科学项目的实证研究[J].图书情报工作,2021,65(7):15-24.
② 廖嘉琦.我国情报学近五年研究热点及发展趋势分析:基于2014—2018年国家社科基金立项[J].情报科学,2020,38(3):160-166.

域的生产经营模式和管理形式，并影响大众的思想意识和生活方式，因而大数据不可避免地成为人文社科领域中数据问题的关键研究要点；"数据库"出现 206 次，说明对资源进行组织、建设和保存仍是研究人员较为关注的问题；"中国"出现 123 次，这与国家社科基金项目是从国家层面出发，统筹考虑和研究我国社会发展问题具有直接相关性；"治理"出现 62 次，这与十八届三中全会提出从社会管理转向社会治理有关①，说明人文社科的研究紧跟国家发展方略和导向，注重对社会突出、迫切问题的解决，体现人文社科研究的现实意义；"创新"出现 58 次，说明数据驱动的新发展方式和思维方法在促进社会进步、创新发展的同时，为人文社科研究也带来新的发展路径或模式。

借鉴大数据模型中的降维和聚类算法，通过模块度和随机算法进行主题聚类分析，梳理并归纳基金立项项目的研究热点和方向，为更加精准地分析数据问题的研究重点，通过 Gephi 团体分析进行聚类，具体如图 2-2 所示。通过人工判读，发现突发事件相关立项项目皆以大数据为背景，可以与大数据环境研究的类目合并，即近十年来数据相关的基金项目研究可以总结为，以大数据环境为重要研究背景，注重信息服务、数据开放等服务行为的研究，注重数据库建设等保障行为的研究。反映出人文社科领域注重将社会发展的时代背景与科学研究有机结合，体现人文社科研究的社会价值，同时，注重用户、政府和研究人员的数据服务行为，体现人文社科研究的人文价值。

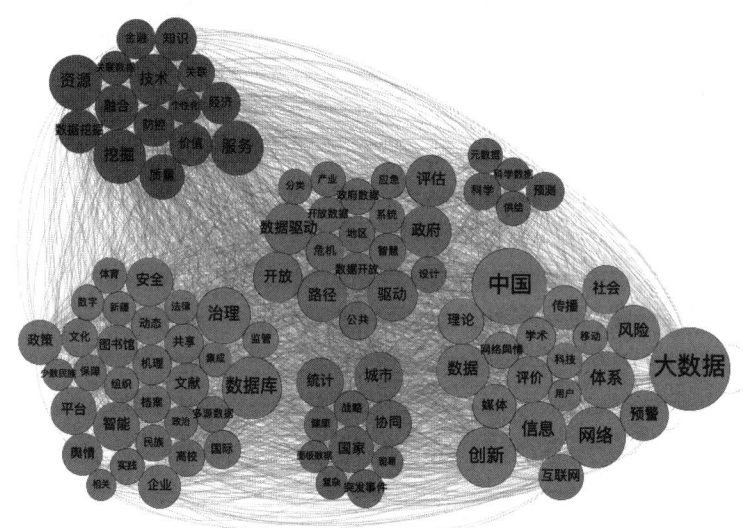

图 2-2　数据相关基金项目的研究热点主题图

基于大数据环境的研究。作为当今时代发展的重要背景，大数据既是社会发展的一种现象，也是人文社科领域中数据研究的绝对热点。通过对项目主题的深入分析发现，大数据与人文社科领域充分融合，利用大数据思维全面深化研究内容，解决社会发展问题，构建学科发展体系，突出人文社科的研究价值。一方面，大数据时代引发全面变革，从国家战略发展到社会预警治理，从社会管控应急到网络信息安全、从资源环境优化到产业结构升级、从

---

① 中国共产党第十八届中央委员会第三次全体会议公报[EB/OL].［2023-04-04］. http://www.xinhuanet.com//politics/2013-11/12/c_118113455.htm.

学科发展创新到教育方式变革,社会发展、管理模式、思维方式、科学研究等各方面已经与大数据紧密结合。同时,作为技术方法,大数据以其多元海量、层级复杂、全面真实的计算特征,冲击人文社科领域的传统研究方法,催生出数据挖掘、机器学习、聚合计算等新兴技术与方法,促进人文社科研究的全领域、深层次和创新化发展。细化而言,通过对2013—2019年图书馆、情报与文献学有关大数据立项项目的分析可以发现,大数据立项项目大致可以分为三个阶段,第一阶段是大数据背景下,有关信息安全、图书馆用户服务等的研究;第二阶段是大数据技术下,有关多层级文本挖掘、语义挖掘、舆情监测、企业服务等的研究;第三阶段是大数据生态下,有关智库、人才库构建与评价、科教评价平台构建、档案服务平台构建等的研究。三个阶段的大数据立项项目也与前述诸多学者对数据驱动人文社科领域的三个研究方向相契合。

信息行为与信息服务研究。满足用户信息需求的服务研究也是人文社科领域中数据研究的重点主题,反映出对民生问题的高度重视和对实际问题的有效解决能力。运用多源数据和技术方法,将受众为主要形式的被动服务转化为以用户为中心的主动服务模式,进而通过个性化推荐和精准供给满足用户各层次的需求是信息服务研究的主要内容。在信息服务对象方面,包括学生、青年、老年人和企业,用户群体多样、层次分明,能切实有效地反映或解决各层次用户的不同信息需求服务;在信息服务主体方面,包括政府部门的公共服务、图书馆的智慧服务、档案馆的数字服务,注重公共服务体系对用户信息需求的预测、用户行为的掌握、服务能力的提升和服务质量的改进研究;在信息服务内容方面,关注基于知识的智慧信息服务、基于本体的个性化推荐服务、基于感知的细粒度人性化服务等内容,优化用户服务体系,紧跟社会发展重点,体现研究的理论价值与实践意义。

数据库建设及系统设计研究。数据库建设将分散无序的资源进行系统化、深层化和有序化的组织,将传统资源抽取、整理和加工形成数字资源,利于网络传播、存取和使用,重现和拓展资源的使用价值。数据库建设的相关研究侧重以特色数据库为导向,实现资源的共享,拓宽服务的空间。研究内容呈现多元化特征,具体包含从初始的多民族语言词汇、非物质文化遗产、古籍文献资源等静态数据库的建设,到国际关系、用户行为、各国华文教育等动态数据库的建立,再到语音、影像等有声数据库的构建。说明数据技术的发展为资源提供了有效的开发、采集、著录、检索、交互等能力,同时各学科领域的特色数据库建设为人文社科研究的纵深化发展奠定了坚实的知识型数据基础。

政府数据相关问题研究。政府数据蕴含丰富的社会价值与经济价值,激活数据资源,可以充分释放政府数据的红利。政府数据相关的研究主要体现在三个方面,其一是政府数据的开放研究,包括数据开放的体系建立、开放平台的机制建设、开放共享的风险防范和保护策略研究;其二是政府数据的治理研究,包括治理机理的探究、社会舆情的治理策略、治理平台和体系的建立;其三是政府数据的评价研究,包括廉政建设的评价、网络传播力的评价。说明政府数据以开放、融通、治理、应用和评价为关键,研究视角多元,研究内容多样。同时,重视政府数据的应用效果,表明相关研究已从注重机理分析进入到关注实践评价的新阶段,反映出政府数据研究的系统性、务实性和实用性。

科学数据相关问题研究。科学数据作为科学假设、科学分析以及科学理论形成的基础,较大程度上决定了科学研究的质量,并且科学数据的可再利用性、可再分析性和可信度使其具有可挖掘的扩展价值。科学数据的研究以发现、获取、理解和重用为关键,具体包括科学数据的开放政策研究、开放模式分析、关联关系挖掘、引用机制实现和影响因素探究,尤其是开放获取成为研究的主要焦点,表明科学数据的研究尚处于初期发展阶段,可以预见,对其理论基础的深入挖掘、理论体系的构建、管理机制的探索、创新实践的应用将成为后续研究的重点。

（2）数据相关项目成果主题内容

作为国家社科基金项目的重要承载形式,科研论文从选题确立到撰写发表的全过程都会经过研究人员的广泛研讨和深入论证,在较大程度上表征了立项项目的深度研究内容和具体研究方向,分析科研论文的关键词和主题词可以更具化地体现科研人员实际研究重点,以此窥探与拓展人文社科中的数据研究热点。由于立项项目的分析对象为标题,基于此,获取 2010—2019 年数据相关国家社科基金立项项目资助的科研论文标题数据,通过论文标题分词、词频统计、关键词共现和聚类分析的形式,探测和分析项目成果的研究热点与重点,如图 2-3 所示。

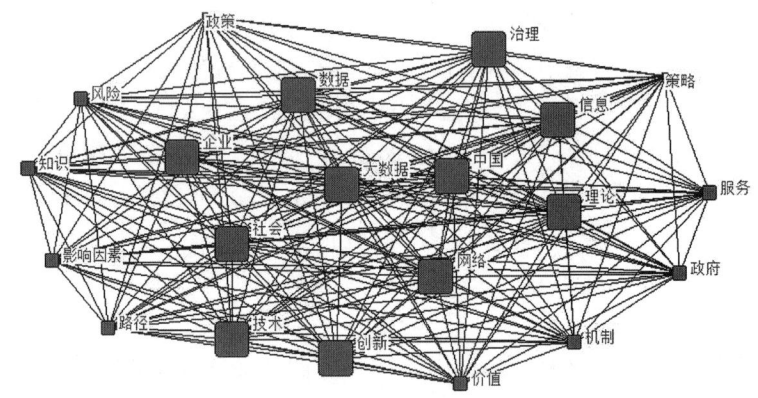

图 2-3　数据相关科研论文的研究趋势图

从图 2-3 可以看到,科研论文的研究重点与立项项目的研究重点具有一定相似性,如"大数据"和"中国"具有绝对优势,但同时也发展出新的研究要点,如"网络"和"信息",进一步验证了科研论文是对立项项目的具体表征,也是对立项项目的内涵发展。"中国"出现 625 次,"大数据"出现 500 次,"服务"出现 187 次,"开放"出现 141 次,说明基于大数据环境的研究、针对用户服务的研究和促进数据开放的研究仍然是数据相关研究的热点和前沿内容。"网络"出现 326 次,"信息"出现 253 次,"知识"和"技术"出现 136 次,表征出信息是基础,知识是延伸,技术是手段,网络是平台,各研究之间相互关联,呈现出系统化、泛在化和应用化特征。

根据图 2-4 所示的 Gephi 聚类结果,结合人工判读的形式,可以看到有关大数据、信息服务和数据开放的研究依旧是数据研究的前沿主题,同时知识管理、新媒体平台和国际问题是数据研究的新动向,说明人文社科领域对数据问题的研究在实践中得以拓展,注重知识转化的智慧服务、社交媒体中的泛在信息传播和国际视野下的国家发展问题,紧跟社会发展热点,突显时代特征。

知识组织与管理研究。知识作为创新的内在驱动,是促进社会发展、激发科研活力的重要推动力。人文社科领域中数据问题的研究呈现出"数据—信息—知识"的发展脉络,从数据开发、获取等表象行为深入到信息资源的建设与管理过程,再到语义分析、知识生产、知识挖掘、知识共享等知识的组织和服务模式,说明数据问题的研究从信息化逐渐转向知识的发

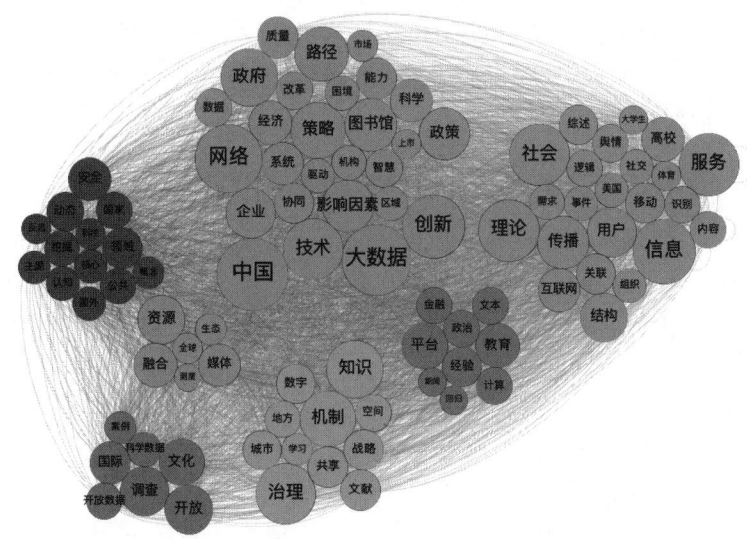

图 2-4 数据相关科研论文的研究趋势分析图

掘利用和知识需求的满足服务,知识化成为数据研究的重要内容。

媒体平台及服务研究。社会媒体是以互联网技术为基础,以用户生成信息为内容,以多向传播为目的的大众化媒体,包含丰富的多源信息,蕴含巨大的社会价值、经济价值与学术价值。社会媒体的相关研究主要体现在两个方面,其一是在泛在信息环境下,利用用户信息数据以及大数据技术实现用户行为与信息传播模式的研究;其二是在信息异化的现象下,展开用户隐私保护与动态监测管理的研究。说明数据研究在注重挖掘社会媒体数据资源的同时,关注人性化发展与人文关怀。

国际问题相关研究。利用数据资源与数据技术,获得全面的事实信息是国际问题研究的新方式。国际问题的研究主要关注国际关系问题与国际经济问题,具体包括"一带一路"倡议、国际竞争力分析、国际公共卫生合作、国际关系冲突预测、资本市场竞争、国际资本流动、国际贸易关系等。在无边界网络环境下,各国交往日益密切,各要素流动自由便利,如何把握数据资源创造新的发展机遇,提升能级是人文社科领域中数据研究必须重视的问题。

(3) 数据相关主题内容对比

基金项目作为社会发展问题的表征具有全局性和概括性,项目成果作为基金项目在实际研究中的高度凝练,具有延展性和粒度化。通过对二者的研究热点进行对比与融合,既可体现数据驱动人文社科的预期研究前沿,又可表征实践研究中的实际内容应用,从而在较大程度上解析人文社科领域中数据研究的特征与价值。可以看到,大数据背景、信息服务和数据开放三个研究主题是数据研究中的重要长线主题,数据库建设、新媒体平台和国际问题三个研究主题是数据研究的次要热点主题。总体而言,基金项目和项目成果的研究热点呈现关键主题趋同,部分主题存异的特点。

关键研究主题趋同。大数据背景、信息服务和数据开放作为长线研究主题在基金项目和项目成果中较受注重,并且均与大数据发展战略、信息服务战略、数据开放纲要等国家重大战略思想和国家宏观政策契合。同时注重服务于"人"的研究,如大数据背景下的消费者行为研究、个人信息安全研究、科研数据用户使用模式研究等,体现出数据研究注重人文关怀和人本服务。人作为社会的主体,是数据资源的使用者、知识文化的创造者、创新发展的推动者,满足用户需求、便利用户行径、保障用户权益是人文社科研究的经久重点和必然要点。

部分研究主题存异。基金项目注重对数据库的建设研究,说明基金项目重视数据资源的基础性和支撑性作用。专题数据库的建设通过对数据的处理和组织,实现数据的集合,便于数据资源的控制、调取、维护和共享,充分发挥数据的可用价值,为人文社科研究在数字空间中的繁荣发展奠定资源基础。项目成果则注重对新媒体平台与国际问题的研究,说明项目成果重视社会现象、时效性、贴合性强。自互联网+、大数据等先进技术兴起,新媒体平台日趋兴盛,越发成为用户生活中不可或缺的一部分,新信息环境下对用户行为模式的新特征探索一直作为社会交互和科学研究的热点。在国际联系越发紧密,我国相继提出"加快培育国际合作和竞争新优势指导意见"、共建"一带一路"的顶层合作倡议等政策后,将我国置身于国际视野,在不同社会发展背景和国际关系中探寻国际问题,发掘竞争优势成为国家发展、社会研究的持续热点内容。

(4) 人文社科的数据研究趋势透视

梳理国内有关人文社科领域中数据研究的文献内容,结合数据问题的研究热点,可以发现未来人文社科视域下数据问题的研究将在研究背景、研究对象、研究内容和研究体系中实现突破,呈现情景综合化、应用广泛化、资源知识化和服务人本化的特征趋势。

融合时代特征,紧跟时代潮流。人文社科研究深受国家战略、政策制度、社会环境和国际关系的影响,必须紧抓时代发展潮流,保持研究的有效性和先进性。在5G时代到来、大数据技术深化、国际竞合紧密的背景下,数据实现泛在聚合与共享,数据的协同价值越发突出,如何在新时代背景下,充分实现数据驱动的热点研究内容持续化和深度化发展,融入新概念与新视角挖掘研究生长点,保持研究的增长活力是人文社科领域中数据研究必须持久把握的问题。

融入数据控制,开放数据管理。开放数据一方面实现数据的流动与共享,另一方面改变知识交流的生态,推动经济社会的发展[①]。开放数据研究是数据相关研究的重要组成部分,但有关研究尚处于探索发展阶段,具有较大增长空间和广阔发展前景。如何增强数据共享意识、制定开放标准、保障开放机制、完善基础设施、促进实践应用和建立评价体系都是开放数据研究中亟待解决的严峻问题。

重视数据挖掘,延伸知识组织。数据思维和数据技术促使信息组织内容发生变化,逐步从数字化向数据化变革。信息组织工具从传统受控词表向语义网络发展,信息组织内容则基于语义层级的变化向知识组织系统转变。在未来,如何通过语义组织、语义分析、知识挖掘和知识识别集成元数据、语义数据和关联数据是实现语义化知识组织和管理的有效突破口。

数据作为资源,智慧人文服务。科学研究价值的实现需要服务于人类与社会,注重用户需求、关注用户行为、提升用户服务,是人文社科研究的价值所在。在数据驱动范式下,智慧数据发展、智能技术升级,实现智慧与人文的耦合,实现数据成果与人文服务的同频共振,是人文社科领域中数据研究的重要导向。

2.4.2 面向语义出版的数据资源聚合

基于语义资源聚合基础上的语义查询可以有效满足用户查询的精确度需求,提高用户

---

① 吴建中.推进开放数据助力开放科学[J].图书馆杂志,2018,37(2):4-10.

获取信息的效率。本节将从用户体验的角度着手,通过构造语义检索的实例来体现语义出版为导向的数字资源聚合的有效性[①]。

(1) 学术期刊数字资源聚合方案

本节以医学领域的常见心血管疾病——"冠心病"作为实例,以"冠心病"为主的系列主题词作为进一步查找期刊文献的检索词,将学术期刊数字资源与其他网络数据资源(作者、机构组织等相关信息)进行语义化描述转换成统一的数据,实现基于本体和关联数据的数字资源聚合,完成语义出版业务层对学术期刊数字资源聚合的要求。本节所设计的学术期刊数字资源聚合方案涉及四个步骤:①本体的构建。复用 DC 元数据构建核心元数据本体,描述涉及的相关题录信息,并通过网络途径(学术机构库、专家信息库、机构主页、个人主页、维基百科等)查找相关作者和机构的信息,形成 FOAF(friend-of-a-friend)数据集;利用简单知识组织系统(simple knowledge organization system, SKOS)描述"冠心病"系列主题词表和分类号。②关联数据的构建。将已构建的本体数据转化为语义元数据,并用 RDF 格式来表示,用 URI 表示的资源替代 RDF 格式或者 XML 格式表示的语义元数据中数据类型属性的属性值,从而形成不同数据集数据之间的关联。③关联数据的发布与访问。采用静态文件形式来发布关联数据,以实现关联数据的发布和访问。④聚合结果评价与分析。将中国期刊全文数据库和万方数据库作为聚合结果评价的对比对象,对"冠心病"实例进行聚合结果的分析与评价。

(2) 本体构建

随着语义网技术的发展,本体已具有很强的表达概念语义和获取知识的能力,通过明确表示概念的含义和相互的内在联系,从中推理出概念与概念之间隐含的关系,可以用来解决目前学术期刊数字资源出现的语义聚合问题。

基于 DC 的核心元数据本体设计和描述。本节复用 DC 元数据标准的核心元素,构建核心元数据本体的属性,并在此基础上进一步添加了新的属性以及子属性。在表 2-1 中,对学术期刊的著录款项与 DC 核心元数据本体进行了相应的对照。

表 2-1 期刊著录款项与 DC 核心元数据元素对照表

著录内容	核心元素		
	元素名称	修饰词	复用 DC 元素
文章题名	题名		Title
文章责任者	主要责任者	机构	Creator
		职称	
		学历	
文章关键词	主题	主题词表	Subject
文章分类号		分类号	
摘要	描述	摘要	Description
基金项		资助	

[①] 许鑫,江燕青,翟姗姗. 面向语义出版的学术期刊数字资源聚合研究[J]. 图书情报工作,2016,60(17):122-129.

续表

著录内容	核心元素		
	元素名称	修饰词	复用DC元素
收稿日期	日期	接受日期	Date
修改日期		修改日期	
出版日期		发布日期	
期刊属性	资源类型		Type
纸张大小	格式		Format
唯一标识符	标识符		Identifier
论文语种	语种		Language
参考文献	相关资源		Relations
文章的版权信息	权限		Right

基于FOAF的相关本体设计和描述。对于人物和组织机构,主要基于FOAF本体①进行描述,并对该本体进行必要的扩展(扩展部分为foafx),如表2-2所示。本节通过万方数据库提供的专家信息库,来查找本节样本文献中提及的人物和组织机构。如万方数据库中未收录,则从相关的个人主页和机构中查找,并描述其语义化信息。

表2-2 FOAF本体及相关扩展属性

姓名	foaf：name
性别	foaf：gender
生日	foaf：birthday
邮箱	foaf：mbox
电话	foaf：phone
职称	foaf：title
工作主页	foaf：workplace homepage
个人主页	foaf：homepage
兴趣爱好	foaf：topic_interest
当前研究项目	foaf：current Project
出生地	metaonto：birth Place
荣誉	metaonto：awards
出版物	metaonto：publications
研究方向	metaonto：research Direction
社交账号	metaonto：Chat_ID

(3) 基于SKOS的知识组织资源描述

组织资源描述。对于本节中涉及的相关知识组织资源(主题词、分类号),采用SKOS语

---

① FOAF vocabulary specification [EB/OL]. [2022-08-16]. http://xmlns.com/foaf/spec/.

言进行描述,以明确描述概念的含义及其相关关系。SKOS实质上是一套预定义的词汇集,用于描述各类结构化受控词表的结构和概念,例如叙词表、分类法、术语表等,以机器可理解的方式来表达其结构、概念以及语义关系,从而提供交换和重用[①]。当用户输入检索词后,系统将在检索词的同一等级中进行自动搜索,若用户认为信息量过少时,则系统可以根据用户的反馈信息提供该词的上位类,使用户可以在该词的上位类词中继续搜索,扩大检索范围,提高信息查全率;若用户认为信息量过多时,系统则可以提供该词的下位类,以提高查准率[②]。SKOS知识组织资源描述能够帮助用户在查询时实现语义上的蕴涵扩展(如查找"心血管疾病"时,也能查询到"心脏病""冠心病"的信息)、语义同义扩展(如查询"冠心病"时,也能查到"冠状动脉痉挛""coronary heart disease"等同义信息)、语义相关扩展(如查询"心绞痛"时,也能查询"冠状动脉狭窄""冠状动脉闭塞"等),满足用户在信息查全和查准上的不同需求。

关联数据构建。关联数据的构建是依据本体将数据转化为RDF格式的语义元数据,并在数据集间形成关联。在上述构建本体数据的基础上,利用Altova XML Spy软件将其全部转换成XML/RDF格式,采用数据类型属性,即属性值均为文字值,并基于FOAF本体描述个人组织机构,对于涉及的主题词和分类号等内容,则通过SKOS来描述。采用HASHURI方式命名本体中的类和属性,将RDF/XML格式表示的元数据中的数据类型属性的属性值用URI表示的资源代替,从而形成不同数据集数据之间的关联。

(4) 关联数据的发布和访问

关联数据的发布,是通过URI来标识即将发布的Web数据,并采用HTTP机制在Web上表示数据页的过程。在选择发布关联数据的方案时,应当考虑数据源的存在形式,数据量大小和数据更新频率等相关因素。本节采用静态RDF/XML文件的方式发布关联数据。

在元数据标引基础上生成对数据的RDF或者XML描述,构建资源中对象之间的相互关联,建立HTTP URI,同时将RDF描述信息发布在Web网页上,提供公用的检索、解析方法。以下两种方式可以用来在Web上发布RDF描述信息:①通过HTTP的内容协商机制来发布,这种机制优点在于可以依据客户端请求类型来决定返回何种表示形式,HTML或者RDF。②通过采用带♯的URI方式,可以实现对RDF中具体资源的定位。此外,在关联数据创建与发布中,还需要提供相应的访问接口,以支持SPARQL检索语言对RDF数据资源的检索。在将数据发布成关联数据之后,可以借助相应的浏览器和搜索引擎来对这些数据进行浏览和查询。RDF链接可以在用户浏览数据时为用户提供资源的访问导航,使得用户可以在不同的数据源间进行切换,方便地浏览整个数据之网。在访问关联数据时,常用的浏览器有Tabulator Browser等,常用的搜索引擎有Falcons、Watson等。

(5) 聚合结果及其对比评价

依据本节提出的基于语义的资源聚合方法,在SPARQL查询终端里写入如下查询语句,获得"冠心病"相关期刊论文的聚合结果。SPARQL查询终端的返回结果中,文章题名包含了"冠心病""冠状动脉心脏病""冠状动脉粥样硬化性心脏病""coronary disease""冠状

---

① W3C. SKOS Simple Knowledge Organization System [EB/OL]. [2022-08-17]. https://www.w3.org/2004/02/skos/.
② 李欣. 基于概念检索的智能信息检索技术研究[D]. 武汉:华中师范大学,2004:32.

动脉疾病"等,涵盖了本节以"冠心病"为检索词查找到的所有文章,如图2-5所示。

SPARQLer Query Results

articleuri	articletitle
http://example.ecnu.edu.cn/article/10.13191/j.chj.19	"老年冠心病与骨质疏松的相关性研究"@zh
http://example.ecnu.edu.cn/article/10.13191/j.chj.19	"冠心病患者冠状动脉病变严重程度与冠心病危险因素的相关分析"@zh
http://example.ecnu.edu.cn/article/10.13191/j.chj.19	"糖尿病合并冠心病的护理进展"@zh
http://example.ecnu.edu.cn/article/10.13194/j.jluniv	"血清同型半胱氨酸与冠心病的相关性研究"@zh
http://example.ecnu.edu.cn/article/10.13193/j.archtc	"一、二级预防中冠状动脉心脏病变风险的评估"@zh
http://example.ecnu.edu.cn/article/10.15887/j.cnki.1	"冠状动脉痉挛误诊冠状动脉狭窄1例"@zh
http://example.ecnu.edu.cn/article/10.13191/j.chj.19	"冠状动脉心脏病的医学成像检查"@zh
http://example.ecnu.edu.cn/article/10.13191/j.chj.19	"冠状动脉粥样硬化性心脏病临床分型中医证素分布特征的初步调查"@zh
http://example.ecnu.edu.cn/article/10.13308/j.issn.2	"冠心病与睡眠呼吸障碍关系的研究进展"@zh
http://example.ecnu.edu.cn/article/10.16690/j.cnki.1	"冠状动脉痉挛导致急性心肌梗死、阿斯综合征1例"@zh
http://example.ecnu.edu.cn/article/10.13729/j.issn.1	"脂蛋白(a)在冠状动脉心脏病中的改变"@zh
http://example.ecnu.edu.cn/article/10.15912/j.cnki.g	"放射CT血管造影对冠状动脉疾病的诊断价值研究"@zh
http://example.ecnu.edu.cn/article/10.13729/j.issn.1	"D-dimer is useful in assessing the vulnerable blood inelderly patients with coronary disease"@en
http://example.ecnu.edu.cn/article/10.16281/j.cnki.j	"新的氧化应激标志物与冠状动脉疾病患者的死亡风险相关"@zh

图2-5 SPARQL查询结果截图

同时,为了验证基于语义的资源聚合方法的有效性,本节选取国内具有代表性的中文期刊数据库——中国期刊全文数据库(简称"CNKI")和万方数据库作为资源聚合的参照对象,通过查找题名="冠心病"的相关期刊论文,检索表达式与检索结果如表2-3和表2-4所示。

表2-3 CNKI中各检索表达式与检索结果的对应关系表

检索表达式(A)	检索结果篇数(A)	检索表达式(B)	检索结果篇数(B)
TI='冠心病'	153 014	TI='冠心病'NOT TI='冠状动脉粥样硬化性心脏病'	110 901
TI='冠状动脉粥样硬化性心脏病'	89 860	TI='冠心病'NOT TI='冠状动脉心脏病'	137 610
TI='冠状动脉心脏病'	49 811	TI='冠心病'NOT TI='冠状动脉疾病'	132 225
TI='冠状动脉疾病'	56 439	TI='冠心病'NOT TI='冠状动脉痉挛'	152 986
TI='冠状动脉痉挛'	3 627	TI='冠心病'NOT TI='缺血性心脏病'	150 100
TI='缺血性心脏病'	17 581	TI='冠心病'NOT TI='冠状动脉供血不全'	153 014
TI='冠状动脉供血不全'	52	TI='冠状动脉疾病'NOT TI='冠心病'	35 650

表2-4 万方数据库中各检索表达式与检索结果的对应关系表

检索表达式(C)	检索结果篇数(C)	检索表达式(D)	检索结果篇数(D)
题名=("冠心病")	133 788	题名=("冠心病")NOT 题名=("冠状动脉粥样硬化性心脏病")	133 755
题名=("冠状动脉粥样硬化性心脏病")	2 949	题名=("冠心病")NOT 题名=("冠状动脉心脏病")	133 788
题名=("冠状动脉心脏病")	28	题名=("冠心病")NOT 题名=("冠状动脉疾病")	133 784

续表

检索表达式(C)	检索结果篇数(C)	检索表达式(D)	检索结果篇数(D)
题名=("冠状动脉疾病")	827	题名=("冠心病")NOT 题名=("冠状动脉痉挛")	133 785
题名=("冠状动脉痉挛")	397	题名=("冠心病")NOT 题名=("缺血性心脏病")	133 787
题名=("缺血性心脏病")	1 608	题名=("冠心病")NOT 题名=("冠状动脉供血不全")	133 788
题名=("冠状动脉供血不全")	0	题名=("冠状动脉疾病")NOT 题名=("冠心病")	823

通过对比可以发现,现有的资源聚合方式多是针对文献资源的全部或个别类别进行整合,这样的资源聚合方式未能让用户充分地发现并连接到更多的外部相关信息,也没有揭示出资源间的隐含关系,存在资源聚合的广度和深度不够的问题。

面向语义出版的学术期刊数字资源聚合有效实现了期刊内容语义上的融合,因此可以为用户提供基于语义的检索查询。本体提供了对概念和概念之间关系的明确定义,可以揭示出资源间隐含的内在关系(同一、整体与部分等),从而可以在检索过程中发挥作用,提高检索效率。如当用户输入检索词"冠心病"之后,检索系统可以依据本体对概念的描述来查找与这个词具有相同含义但表述不同的其他词汇(冠状动脉粥样硬化性心脏病、冠状动脉痉挛等),并将其作为检索词进行进一步的查询,从而可以大大降低以往单一依靠关键词检索的漏检率,提高文献检索中查全率和查准率。

2.4.3 基于NFT的非遗数字资源开发

非同质化通证(non-fungible token, NFT)是一种记录在区块链上的数字资产所有权,表现为区块链上一组加盖时间戳的元数据[1],与网络中存储的某一文件具有独特的映射关系。作为开发者根据某一通用标准在区块链平台上开发的非同质化代币,NFT可用于虚拟数字资产和现实资产的兑换,以保障元宇宙等虚拟世界中的"沉浸感"(经历的真实感),元宇宙中生活和工作所拥有的数字资产,通过NFT确权可以与现实中的资产相互兑换。基于NFT的数字资源开发是元宇宙经济系统的基础设施之一,目前已被广泛应用于游戏、体育、艺术、收藏等领域。

(1) NFT应用于人文社科数字资源的可行性

在NFT技术的框架下,人文社科数字资源实现了链上全程管理,突破了分散管理、开发的局限,促进不同主体之间的多元合作,为用户提供了全新形式的资源呈现,平衡了开发成本与收益,实现了模因与NFT之间的文化认同[2]。

可溯源、整合。由于复制成本低、流通性强,人文社科数字资源的版本和版权主体往往难以界定,导致管理主体模糊泛化、知识产权难以保障。NFT技术是基于区块链的非同质

---

[1] 陶乾.论数字作品非同质代币化交易的法律意涵[J].东方法学,2022(2):70-80.
[2] 牟丽君,许鑫.基于NFT的非遗数字资源开发研究[J].农业图书情报学报,2022,34(6):14-23.

化通证,保证了链上资源的唯一性和不可篡改性,资源主体、项目信息、开发环节公开透明,所有节点都可以看到并且无法篡改,可促进多元开发主体的合作,实现可溯源的人文社科数字资源开发。此外,NFT 技术可以解决人文社科数字资源分散保管与集中管理的矛盾,通过链上整合避免资源重复建设,实现人文社科数字资源的扁平化管理与动态更新。

开发方式匹配需求。基于 NFT 的人文社科数字资源开发满足了用户的三重需求:一是对高质量人文社科数字资源的获取,付费 NFT 相对于传统的网站具有更高质量的内容呈现;二是易于理解的碎片化人文社科知识;三是"虚荣炫耀",在社交媒体将拥有的 NFT 显示为 PFP(profile picture)也是一种身份象征。NFT 交易中创作者和支持者直接产生联系并以 NFT 为联结建立文化社区,形成了群体间的文化认同。凭借着丰富的展现形式、不可篡改的属性以及社区概念的普及,NFT 有助于人文社科数字资源实现活态化开发。

开发收益可观。知名 NFT 交易平台 Open Sea 可以查询到自作品诞生以来的每次交易所有权变更情况,NFT 的每一次转售铸造者都可以获得一定比例的版税,以此激励知识产权人创造更多有价值的 NFT。基于此,NFT 技术彻底激发了人文社科数字资源开发方的主动性,使包括文化遗产部门在内的非营利性机构在一定程度上可以实现人文社科数字资源的资产化运作,并将产生的收益用于提供更广泛和更深入的服务。从资源到资产的转变倒逼资源主体在实践上更加主动地进行开发,运作效率大大提升,在兼顾公平和效率的平衡下会形成更广意义的增值和提升。

(2)基于 NFT 的非遗数字资源开发架构

各开发主体掌握的资源、开发的目的各不相同,中心化节点无法取得各主体信任,因此亟须建立一个去中心化平台实现人文社科数字资源自组织、扁平化开发,以整合资源开发力量,解决人文社科数字资源数量丰富、种类繁多、分布零散化、开发主体多元化带来的问题,促进多元主体合作,实现经济效益与社会效益的统一。本节以非物质文化遗产资源为例,依据非遗数字资源的特点提出了基于 NFT 的开发模式,其体系架构自下而上可分为网络层、共识层、合约层、资源层和用户层,如图 2-6 所示。

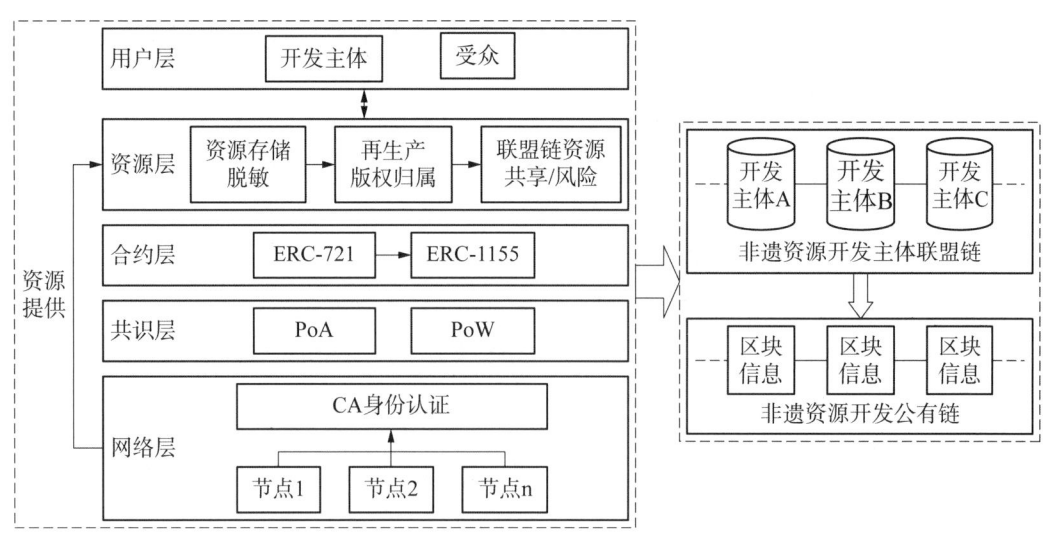

图 2-6 基于 NFT 的非遗数字资源开发模式架构图

网络层。网络层提供网络支持和身份验证,确保成员身份可靠才能够保障 NFT 的铸造质量,可运用公钥基础设施(public key infrastructure, PKI)技术对成员身份进行认证[①]。各开发主体将资源状况、开发手段等相关内容提交至 CA 进行审核(本架构选定为政府文化主管部门,其审议非遗申报项目,信誉度较高),通过后生成秘钥并将封装好的数字证书返回给各主体,进而可运用相应的公私钥进行数据的加密和解密,实现非遗数字资源的安全开发利用。

共识层。共识层封装共识算法,保证分布式系统集群中所有节点的数据完全相同并且能够对某个提案达成一致[②]。以太坊使用的工作量证明(proof of work, PoW)机制要求各节点求解复杂难题,解题最快的节点获得区块打包权利,安全性高。权威证明(proof of assets, PoA)由指定权威节点打包区块,通过投票加入或踢出权威节点,更适合联盟链场景的应用。本架构采用 PoW+PoA,基于 PoA 机制的联盟链上各开发主体通过智能合约进行数字资源的调用与开发,基于 PoW 机制的公有链通过与联盟链的定期关联实现联盟链上各主体数据的保护。

合约层。合约层封装各类编程代码自动生成智能合约。智能合约是可以在区块链上自动执行的特殊程序,具有防篡改、去中心化的特点。NFT 通常使用 Solidity 编程语言编写的 ERC-721 标准存储非遗数字资源摘要信息和节点主体的数字身份,实现身份的注册与恢复和数字资源的保护与开发等业务逻辑[③]。但 ERC-721 标准限制 NFT 交易数量和种类,因此使用可同时实现多个同质化代币(fungible token, FT)和 NFT 的 ERC-1155 标准,以减少智能合约的多次调用,提高交易效率。

资源层。资源层存储非遗数字资源,并封装了有关数据加密和时间戳等技术。非遗数字资源尤其是视频类资源之间关联关系较少,数据孤立问题明显。但随着建设方向转型、管理机制升级,资源层的非遗数字资源将更加细粒度、语义表达更加丰富、关联性更强,描述要素更多,能有效兼容已有的描述成果并根据实际需求扩展。

非遗数字资源作为社会记忆,其延续、传承、建构、重塑、复活、再现、控制、利用等行为可以视为社会记忆再生产活动[④]。基于 NFT 的非遗数字资源开发不是复刻,而是一种螺旋上升的创造性再生产。传承人依靠自身技术和经验,同时吸纳流行的新潮元素,开发创作主题系列非遗作品,这种具有主题和系列特色联系的再生产往往能衍生出活跃性更强的文化产业网络,超越非遗概念和界限,甚至催生非遗文化产业链,从而在非遗数字资源开发中实现非遗的活化保护。

版权保护是再生产的关键环节。专业化 UGC 制作逐渐向垂直领域纵深发展,独创性非遗原生数字作品受我国《著作权法》保护,归属于非遗数字资源生产者。在利用非遗数字资源进行再生产的过程中,在已有作品上进行创作,增加新表达、新意义或新功能的行为被视为合理使用[⑤],除此之外应当经原作者同意,未经允许剽窃创意作品并将其制成 NFT 获利违反有关法律规定,平台应当下架有关作品。因此,非遗数字资源在开发前需脱敏处理,开

[①] 贺锋,王汝传. 一种基于 PKI 的 P2P 身份认证技术[J]. 计算机技术与发展,2009,19(10):181-184,188.
[②] 袁勇,倪晓春,曾帅,等. 区块链共识算法的发展现状与展望[J]. 自动化学报,2018,44(11):2011-2022.
[③] 谭海波,周स,赵赫,等. 基于区块链的档案数据保护与共享方法[J]. 软件学报,2019,30(9):2620-2635.
[④] 丁华东. 档案与社会记忆研究[M]. 北京:人民出版社,2016:321.
[⑤] 熊琦. "用户创造内容"与作品转换性使用认定[J]. 法学评论,2017,35(3):64-74.

发后评估该数字资源能否在网络上共享以及是否存在风险等,以降低核心技术泄露的可能。

用户层。用户层包括各开发主体和受众。档案馆、非遗保护中心、传承人等开发主体具有专业性及权威性的特点,这使其在提高受众信任度以及了解需求、降低风险、维护用户权益等方面具有明显优势。基于NFT的非遗数字资源开发也构建了非遗数字资源共享空间和在线文化,推动了多元主体合作互信,扩大了参与主体的组织范围,实现了项目效益的最大化。一方面,NFT机制能够明确记录开发过程中链上参与主体交易信息,明确了开发权责,促进了开发主体的多元合作和实时更新,降低了非遗数字资源重复率,节约前期投入的时间和财力;另一方面,利用NFT技术进行多元主体合作摒除了重复建设的开发弊端,在高效整合的基础上进行深度开发,避免了同一项目恶性竞争。

(3)基于NFT的非遗数字资源应用实现

基于NFT的非遗数字资源开发架构具有一定通用性,在具体应用时还需要结合具体的资源类型、非遗项目、数字格式规范等个性化需求加以实现。

基于NFT开发数字藏品的应用流程。区块链负责数据和文件的存储、管理,并通过RESTful接口为各开发主体提供智能合约,其中基于PoA共识算法的联盟链通过智能合约存储各主体数字身份和NFT的元数据信息,基于PoW机制的公有链通过与联盟链的定期关联保证联盟链上数据的安全。开发主体负责数字藏品的铸造,将非遗数字资源中有价值的部分(形式不限,可以是图片、音频、视频等等)上传至交易平台,然后由开发主体设定交易数量和交易价格,选择智能合约,支付铸造费用。受众通过交易平台浏览、收藏相关数字藏品。

非遗涵盖文学、音乐、美术、舞蹈、医药、技艺、民俗等几乎所有的民间活动,不同的非遗资源类型、项目的开发重点和展现形式通常存在差异。例如声音类非遗一般具有地域性,长期生活于西北地区的人很难共情昆曲的水磨声腔,因而此类非遗数字藏品需要将其声音内容、背景信息、思想文化一同展现,对开发主体的专业和技术水平提出了更高要求,增加了单一主体的开发难度。此外,开发者对数字藏品进行哈希运算加密以保证其唯一性,不同数字格式的数字藏品适用不同的哈希算法,音频、视频类数字藏品可尝试研发专用哈希算法。

非遗数字资源的开发路径。基于NFT开发非遗数字资源并不仅仅是个技术问题,更多还是管理问题,就像对元宇宙的相关讨论,需要在管理机制、路径选择、规范原则等实施策略上下功夫[1],如下所述。

- **加强多元主体合作**。从开发主体来看,单一主体无法达到最佳的经济和社会效益。图书馆、档案馆、博物馆、非遗保护部门、传承人等文化组织机构和个人在非遗数字资源开发上要加强合作以拓宽资源池,积极吸纳民间力量、社会组织参与,扩大文化产品消费群体,实现经济和社会效益双赢。

- **延长开发链条**。鼓励在已有NFT基础上进行再创作,优质内容继续加入交易环节,延长数字资源开发链条,使数字经济和内容生产形成良性循环。在实体经济方面进行非遗数字资源NFT衍生品开发,与柔性生产相结合,充分发挥拉式供应链的响应优势。在虚拟经济方面,元宇宙是主要落脚点,虚拟身份的重构离不开NFT的生产交易,非遗向元宇宙的

---

[1] 许鑫,易雅琪,汪晓芸.元宇宙当下"七宗罪":从产业风险放大器到信息管理新图景[J].图书馆论坛,2022,42(1):38-44.

迁移也需要优质的 NFT 作为内容素材。

● 实现经济收益。通过发售非遗数字资源 NFT 以及"去实""向虚"两条路径开发非遗数字资源 NFT，实现了开发主体成本投入与收益产出的平衡，对经济发展落后地区的非遗资源开发具有重大意义。由消费端拉动需求，以小批量、个性化生产充分调动买家流量进行变现，实现长尾效应的累加优势。

● 完善开发原则。鉴于 GLAM 机构等开发主体的公益属性和数据安全，要完善非遗数字资源开发准则。一方面，我国监管部门对 NFT 态度较为审慎，坚决打击恶意炒作等歪风邪气，非遗数字资源的开发要依法合规。另一方面，基于非遗文化内涵进行独创性、新颖性开发，尽量避免将原始数据作为数字藏品发售。

3 人才与产业数据云的创新实践

新文科建设指出,要注重培养对接国家和社会需求、立足解决社会经济问题的人才。人才既是当前重要的国家战略资源,也是产业创新发展的重要因素。以人才为引领可以创新产业发展形式,形成人才强磁场,放大人才对促进产业发展的能效。产业的有序良性发展又可以培育和集聚人才,进而使产业成为专业人才的重要孵化地。可见,人才与产业密不可分,两者深度融合,螺旋上升。同时,数据作为社会经济发展的关键生产要素,也是人才洞察与产业发展的基础构成资源。以科创人才大数据、科研成果大数据、重点产业大数据为基石,对数据资源进行组织、挖掘、关联、聚合等,整合构建专题数据库,实现人才和产业数据的碰撞,是优化人力资源配置和提高产业要素生产率的重要动能,是重塑人才驱动力和产业孵化力的重要引擎。

3.1 人文社科数据驱动的人才与产业融通

以人才与产业相关的多源数据为基础,进行数据资源和服务的智慧化开发,一方面,在研究上突破了传统文科思维模式,契合新文科建设要求;另一方面,以人才战略与人才评价为落脚,探索人才链、创新链和产业链的三链高度协同融合,洞察具有知识面广、创新思维的综合性跨学科人才,服务产业战略和产业发展需要。

3.1.1 人才战略与人才评价

"发展是第一要务,人才是第一资源,创新是第一动力。"人才事关国家发展、社会进步、国家安全和产业安全。同时,人才既是新文科建设战略目标,更是创新驱动发展战略实施的核心要素。党的十八大以来,习近平总书记在多个重要场合深刻阐明人才的重要作用——"创新驱动实质上是人才驱动""硬实力、软实力,归根到底要靠人才实力""牢固确立人才引领发展的战略地位,全面聚集人才,着力夯实创新发展人才基础"……新文科建设也要求,人才培养要紧扣国家软实力建设和文化繁荣发展新需求,紧跟新一轮科技革命和产业变革新趋势,积极推动现代信息技术与文科专业深入融合。当前,世界范围内新一轮科技革命和产业变革加速演进,重大颠覆性创新成为经济社会发展前所未有的驱动力,以文培人、以技育才,在新文科建设战略背景下,依托新型人才推动科学技术进步,形成新的经济增长点,从而激发经济增长内生动力,已成为新一轮经济繁荣和提升国家竞争力的关键所在。

人才评价是人才发展体制机制的重要组成部分,也是新文科建设的重要构成体系。国务院联合多部委发布破"四唯""五唯"改革举措,要求改进学术评价和人才评价问题。学术评价机制被认为是科研体制的核心,不仅能够直接引导和规范高校教师个体的学术行为,而且会影响到整个国家乃至人类社会的知识生产创新。从根本上看,学术评价是一项复杂的学术活动而非简单的管理活动,但目前的评价机制却因受到强烈的绩效管理主义思想影响而呈现出过度的量化倾向、单一化倾向和行政化倾向。中共中央办公厅、国务院办公厅印发《关于分类推进人才评价机制改革的指导意见》指出,要"克服唯学历、唯资历、唯论文等倾向,注重考察各类人才的专业性、创新性和履责绩效、创新成果、实际贡献……建立以同行评价为基础的业内评价机制,注重引入市场评价和社会评价,发挥多元评价主体作用"[①]。2020年10月,中共中央、国务院印发《深化新时代教育评价改革总体方案》指明,要以立德树人为主线,要求坚决克服唯分数、唯升学、唯文凭、唯论文、唯帽子的顽疾,扭转教育功利化倾向,围绕党委和政府、学校、教师、学生、社会五类主体,做到政策系统集成、举措破立结合、任务协同推进[②]。"四唯""五唯"非一朝一夕形成,是长期以来行政中心主义、管理主义、绩效主义、大学排名和集中管理的复杂产物,根源在于学术逻辑与行政逻辑之间的冲突,但其只是一个阶段性缩影,改进学术评价和人才评价问题才是最终让学术回归本真的良策。我国现有人才评价机制存在着分类评价不足、评价标准单一、评价手段趋同、评价社会化程度不高、用人主体自主权落实不够等问题,为定点清除学术和人才评价中的沉疴旧疾,需要遵循人才成长规律,健全科学的人才分类分级评价体系,建立评价标准并动态更新调整。

3.1.2 产业战略与产业发展

产业是支撑社会经济发展和升级的基础性要素,产业能力是促进和实现国家或地区产业形成、发展和升级的基础性保障支撑能力和综合实力。2019年7月,中央政治局会议指出,要紧紧围绕"巩固、增强、提升、畅通"八字方针,深化供给侧结构性改革,提升产业基础能力和产业链水平。同年,中央财经委员会第五次会议明确,要充分发挥集中力量办大事的制度优势和超大规模的市场优势,以夯实产业基础能力为根本,以自主可控、安全高效为目标,以企业和企业家为主体,以政策协同为保障,坚持应用牵引、问题导向,坚持政府引导和市场机制相结合,坚持独立自主和开放合作相促进,打好产业基础高级化、产业链现代化的攻坚战。基于上述发展方针可以发现,聚焦"市场主导、营商跟进、人才激发、协同高效、联动发展、创新融合、开放合作、生态活力",进一步增强产业韧性,提升产业链水平,集聚优质人才形成更强创新力、更高附加值的产业集群和产业链是产业发展的重要路径。

在国内国际双循环格局中,我国产业在迈向中高端价值链时面临着"双向挤压"的严峻挑战,即在中低端领域,发展中国家之间或下游产业之间的低成本、低价格竞争日趋激烈;在中高端领域,发达国家或中上游产业牢牢把控重点行业和领域的关键核心技术,以品牌质量稳占竞争高地,并在创新设计、关键技术创新、国际标准制定等方面掌握着话语权。此外,我国的产业创新发展还面临中美经贸摩擦、企业外迁等内外部压力。面对新一轮科技革命与全球化,产业竞争也呈现出由三大战略转变主导的新一轮产业竞争态势。一是产业竞争格局,从国家间竞争转变为在地区一体化基础上形成的产业分工体系的竞争(如欧盟、北美的

[①] 中办国办印发《关于分类推进人才评价机制改革的指导意见》[EB/OL]. [2022-08-30]. http://www.moe.gov.cn/jyb_xwfb/s6052/moe_838/201802/t20180227_327848.html.
[②] 中共中央国务院印发《深化新时代教育评价改革总体方案》[EB/OL]. [2022-08-30]. http://www.gov.cn/zhengce/2020-10/13/content_5551032.htm.

区域一体化产业分工体系,以及长三角、京津冀区域一体化产业分工体系);二是产业竞争载体,从企业和产品的竞争转变为依托产业链的产业生态系统的竞争,从单一产品、单纯技术架构的竞争上升为生态系统之间的竞争(如在互联网经济领域,以操作系统为核心,由硬件、软件和应用服务等产业链上下游共同构成的生态系统成为产业竞争焦点);三是产业竞争核心,从技术突破主导的竞争转变为产业链整合和跨界融合基础上的产业形态模式创新。

在此背景下,伴随大数据、云计算、物联网、人工智能、区块链等新一代信息技术的发展,产业从生产方式、生产要素到生产载体都发生了根本性改变。数字化技术提升了产业生产力水平,数据越来越成为链接服务国内产业大循环和国内国际产业双循环的引领型、功能型、关键型要素,研究型、工程型、生产型、服务型、复合型创新人才成为全方位赋能产业的重要载体和驱动力。产业发展方向逐步转变为"实体物理世界与虚拟网络世界的一体化""产品链环节的一体化""产业间的融合一体化""产业人才引育留用的精准化"的新一轮产业创新发展方向。

3.1.3　人才链、产业链与创新链协同

创新驱动为产业转型发展提供了方向,创新驱动核心乃是创新人才,同时创新人才为产业协同发展提供有力支撑,产业良好发展态势反作用又能促进人才的优化育用,三者相互协调,构成统一有机整体。人才链、产业链、创新链的融合协同发展,关键在于人才链对产业链和创新链的促进融合,通过人才链促进产业链与创新链有机衔接。人才链、产业链、创新链的协同发展有两条路径:一是通过人才集聚引领技术集聚,通过科技供给创新产业发展,即人才链通过人才供给促进创新链发展,提升原始创新能力和关键技术攻关能力,产生的科学新发现、技术新发明通过科技供给又转化为产业新方向,从而促进产业创新发展;二是通过人才评价进行人才结构调整引领产业结构调整,为各层次人才提供发挥舞台。

人才链、产业链、创新链的协同,无论是原始创新、核心技术突破还是产业发展,均需发挥人才的引领作用。2019年,国家发展改革委、教育部、工业和信息化部等6部门印发《国家产教融合建设试点实施方案》指出,促进教育链、人才链与产业链、创新链有机衔接,是推动教育优先发展、人才引领发展、产业创新发展、经济高质量发展相互贯通、相互协同、相互促进的战略性举措[1],而人才引领作用的有效发挥,则需要精准的人才评价、识别和利用等管理行为支撑。大数据及智能技术的飞速发展,有效提升了对数据的理解、分析、发现和决策能力,使得从数据中获取更准确、更深层次知识,挖掘数据背后的价值,成为现实。由"数据智能"打通"三链协同",需要在海量纷繁复杂的人才信息中实现大数据采集、预处理、存储、管理、分析、加工、画像、标签、主题分类、建模、应用的全生命周期过程,将专业智慧与数据智慧进行融合,构建系统化、智能化的人才管理机制。

在这种需求下,对人才的精准画像、标记和分类就显得尤为重要。人才精准画像有利于抽取人才典型、共性的特征,形成科研人才的细粒度、多维特征刻画,有助于建立清晰的人才标准,实现可量化、可动态更新的人才分类分级管理模式。以人才精准画像为依托,协同人才、产业、创新三链,聚力创新人才战略与建设高水平科技人才高地、创新链视角下科技人才

---

[1]《国家产教融合建设试点实施方案》印发[EB/OL].[2022-08-30]. http://politics.people.com.cn/n1/2019/1011/c1001-31392849.html.

评价与开发、科技人才与产业链关键环节协同、科技人才促进重点产业高质量发展等方向，洞察人才现状，聚焦关键核心技术领域，提升产业科技创新能力，以平台功能的形式解决人才核心问题，为人才评价、人才识别、人才引进等工作进行定制化服务和个性化推荐，为深化数据驱动的人才管理模式和人才发展战略提供有效的智慧数据支持，建立关键产业领域"育人＋引人＋留人＋用人"生态系统成为必要。

3.2 人才与产业数据云平台设计

人才与产业数据云平台站在全球人才产学研洞察的视角，利用大数据、人工智能等新一代信息技术，结合哲学社会科学专业体系研究，以应用促发展，紧密围绕人才评价和关键领域产业发展需求，按照体系化、组件化、平台化的建设思路进行统筹规划、建设实施。采用大数据、人工智能等最新技术手段，实现数据采集实时化、指标处理自动化、模型应用共享化、知识流动协同化、决策分析智能化，探索数智驱动的"全评价"方法论及其应用，实现"精细人才洞察、共同体识别、智能人才评价、知识供给分析、产业流动研判、三链协同驱动"的目标。

3.2.1 设计思路

人才与产业数据云平台基于大数据和人工智能等数智技术，集合人才、成果、产业等数据，以激发活力和鼓励协作为人才评价导向，结合"质＋量""过去＋当前＋未来"，开发针对人才个体的精准画像和全面综合评价方法，探索全方位、多维度的不同层次、不同视角的人才评价新框架。实现微观层面对人才个体的精准识别和科学评价，中观层面对机构、领域人才资源结构的解析，宏观层面对学科、地区人才整体情况的全景呈现。

微观层面，借助大数据和智能技术，实现对人才的精准识别与科学评价。主要内容包括对数据资源的科学治理、人才画像标签库的构建、人才测度指标体系构建，以及分级分类人才评价模型的构建。数据资源的科学治理包含了数据规范、数据采集、数据清洗、数据转换和数据集成，其本质是数据资源的质量控制，从而为后续基于数据资源的深度开发与应用奠定基础。人才画像标签库的构建旨在识别出表征人才基本情况、知识水平、技术能力、领域范围、个人意愿等多方面特征，围绕个体或群体建立标签资源库，为进一步的人才识别和评价提供依据。人才测度指标体系的构建需借助大数据分析技术，遴选科学合理的人才测度指标指数，组合特色指数，构建人才测度评价体系。分级分类人才评价模型的构建是在人才画像和指标体系的基础之上，结合学科、产业特色和具体应用场景，构建分级分类的人才评价模型，最终实现面向现实需要的人才精准识别和科学评价。

中观层面，基于对人才的精准识别和科学评价，构建利于人才培育与发展的良性人才生态系统。人才生态系统是在特定区域与时间范围内，以人所具备的价值（如知识、技能、经验、劳动力等）为核心，各类人才群体与环境相互作用所形成的复合体。人才的精准识别和科学评价确保了组织在适当的时间、以适当的成本在适当的岗位上拥有适当的人力资本。在人才生态系统中，人才的集聚不仅有助于个人价值的实现，还会产生一定程度的积极效应，如正反馈效应、群体效应和联动效应等。人才集聚不是简单的人才集中，而是以专业化分工与社会化协作为基础，各种类型的人才共生互补，这将对跨领域、跨学科的交叉合作有极大的促进作用。人才精准画像聚焦于各类人才显性知识技能的呈现，以及对人才潜质和动机的描述和判断，可助力科研机构和企业解决人才资源结构不合理的问题，推动学术交叉合作和跨领域科技创新，进而促进学术进步以及产业创新。

宏观层面，充分调配和科学运用各类人才资源，将"育人、引人、留人、用人"相结合，践行人才强国战略，服务于社会经济的全面发展。借助大数据和智能技术，人才与产业数据云平台能够快速捕捉当前人才缺口，并基于已有的人才识别、评价的体系和模型基础，精准定位对口人才，重点引进从而满足当下的需要。同时，人才与产业数据云平台能够科学预测未来的人才需求，从而提前布局、科学培养，以满足未来的需要。人才与产业数据云平台还能制定科学合理的人才政策，保证培育和引入的人才留得住、用得起来，最大程度发挥人才资源对经济社会发展的价值。总结而言，在宏观层面，人才与产业数据云平台能够发挥以下重要作用，为科研人才构建合适的学术环境，找寻学科的科研缺口，准确定位专家人才，助力全学科的蓬勃发展；并为企业解决人才匹配的痛点，完善寻才引才过程，为全产业链提供支撑。

同时，人才与产业数据云平台的建设重点关注以下几方面。

理论建设。人才与产业数据云平台立足"数智驱动全评价方法论"，基于多维人才画像的实现，研究及探索新时期人才评价的新方法、新框架。平台搭建将人才视作独立运行、相互间又密切关联的复杂系统，充分挖掘被评价对象的全方位大数据资源，结合机器智能与专家智慧，对定量与定性数据进行融合分析，逐步细化、层层剖析被评价对象的知识、技能、经验、能力、意愿等多维度信息，构建微观（个人）、中观（学术/产业/科创共同体、高校、科研机构等）和宏观层面（产业、国家和区域）的人才画像并进行可视化呈现。

数据资产建设。在数据融合上，平台基于自有数据、外购数据和互联网公开数据等多源数据，集成3 300万名学者、6 540万篇论文、600万个组织机构、2 149个学术会议，共27个学科领域的基础数据，以及逾亿级的衍生数据。基于学者基础信息、学者学术信息、技术研发、学者社会活动、产业、学科等数据，全面挖掘"人才、产业、学科、学术、知识"之间的关联关系，筛选能够对人才进行全方位评价的科学标签，构建全球人才画像标签库，形成人才360度统一视图，为人才全景洞察提供支撑。在数据治理上，平台对画像、指标、指数、评价模型、图谱构建所需数据进行质量检查和稽核，制定清洗规则和实施框架，开展原始数据的整理与清洗。同时，在数据采集过程中，明确数据采集范围、数据源识别、数据采集方式、数据更新策略、数据优化和审计规范，构建覆盖数据标准管理、数据质量管理、数据治理规范的数据治理管控体系。

核心技术建设。在技术实现上，依托云计算，平台应用SaaS模式和PaaS模式。其中，SaaS模式应用于服务层，对接普通用户；PaaS模式应用于计算层，对接拥有一定开发经验的用户。基于SaaS的用户服务，其特点是灵活的业务响应能力，便于用户通过web技术管理应用和数据，同时结合SaaS能提供具有高度可复制的"标准化"的特点，以及采取数据加密、防御和入侵检测等多种措施确保用户数据的高安全系数，满足高效率的人才画像需求。同时，平台还通过存储隔离和计算隔离两种方式来达成数据隔离的目标，针对租户，支持创建多种数据区，例如共享区、租户区和敏感区，提供能供每个租户独立使用的存储资源，保证存储的隔离性，其中共享区存储租户共享数据、租户区存储用户上传的组织内数据、敏感区存储高价值数据和敏感数据，同时支持每个租户使用独立的HDFS服务用于数据存储，不直接与其他租户共享HDFS服务，进一步保障数据的隐私与安全。基于PaaS的计算服务，是指将计算研发的平台作为一种服务，以SaaS的模式提交给用户，所以需要用户拥有一定的开发能力。PaaS提供了一种框架,开发人员可以基于该框架进行构建,从而开发或自定义人才模型和人才算法。此外,依托大数据引擎,平台可以快速获取关键信息,利用数据、算法、模型精准识别,根据人才特征、岗位特征或学术需求匹配;依托人工智能技术,驱动流程智能化,提高总体效率,利用学习特征不断优化人才画像算法与模型。基于多种技术的协同,实现数据采集实时化、指标处理自动化、模型应用共享化、知识流动协同化及决策分析智能化。

基础平台建设。在人才洞察检索平台搭建上,平台针对不同应用视角,构建不同探察范围的数据视图。通过检索视图,基于智能检索功能,围绕语义检索,对相关性和重要性进行精准识别,实现结果的有效排序与展示;设置人才导航,基于分类体系实现多维度的导航视图,实现逐层细化、深化分析;通过各种常见的图表(柱形图、环形图、预警雷达等)形象标示人才数据情况,实现人才数据的形象化和具体化,直观地洞察人才、学科、机构、城市和产业链的情况。在人才测度指标体系库研发上,平台依托相关行业和领域专家意见,选取H指数、G指数、P指数、PQI指数等相对传统的计量指标,形成以科学计量评价指标、同行评议评价指标为类目的论文评价体系。平台为解决单点指标掩埋信息的问题,对人才产出绩效进行全方位分析,实现对学术影响力、社会影响力等指标的组合,全方位展示人才的产出绩效。并基于不同分析场景的特定需求,定制人才活力值、人才稳定性、人才创新性等指标。最终,平台形成一套完整的人才测度指标体系库。在特色评价模型研发上,平台基于画像信息和指标建设成果,引入专家经验,针对不同学科应用场景,以人才学术影响力、媒体影响力、政策影响力、稳定性、创新性、合作性、协同性、发展性、潜力性、实效性、领军性等特色人才评价指数,构造分类分级的人才评价模型,实现人才评价特色画像,为精准人才预测提供决策指导。

应用平台建设。在学术共同体分析平台构建上,平台通过识别人才个体之间的学术关系,形成学术关系网络,基于学术共同体专业研究成果,进行本体构建、排重、关系运算等知识图谱建模过程,构建学术共同体图谱,进而支持显性、隐性、二阶隐性及潜在学术共同体分析、识别,促进学术合作。在全球知识生产供给分析上,知识的供求流动是人才流动供给的产物之一,平台通过分析人才流动动态,基于全球人才知识图谱,发现"人才、产业、学科、知识"之间的关联关系,进而洞察分析全球知识生产及供给情况,以查询和图分析等应用功能为用户提供服务。在产业流动预测模型研发上,平台通过人才标签与个人的流动数据、社会关系数据相结合,基于专家经验,挖掘相关因子和权重,研判知识流动和产业流动情况,并形成以专家经验为支撑的前控机制和以反馈为基础的后控机制,形成产业研判闭环,支撑产业发展,保护产业安全。在人才、创新、产业三链协同上,平台基于上述人才链、创新链、产业链的建设成果构建可视化分析平台,有效洞察与预测人才链、创新链、产业链协同的重要时机与机遇,实现人才链、创新链、产业链的协同发展与推进。

3.2.2 体系架构

人才与产业数据云平台遵循"方法—数据—应用—平台"的实现思路,立足"数智驱动全评价方法论",结合关键产业领域的侧重,从实际情景切入,实现人才的全面洞察。人才与产业数据云平台应用架构从下到上分为三层,分别为数据层、计算层和应用层,如图3-1所示。

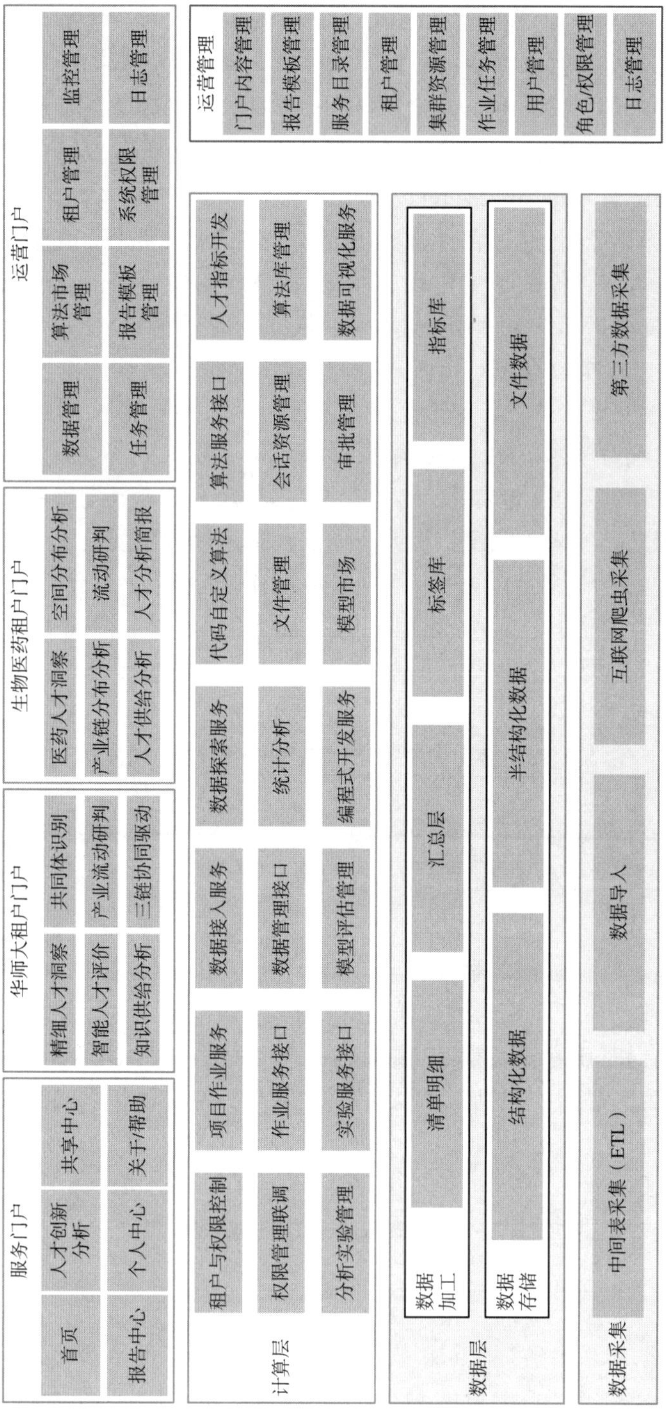

图 3-1 人才与产业数据云平台架构图

数据层基于自有数据、外购数据和互联网公开数据等不同人才数据来源，提供数据存储与数据加工服务。数据层的存储支持结构化数据、半结构化数据以及文件数据；数据层的数据加工功能支持基础的数据清洗、标签库和指标库的计算。

计算层基于数据层的数据，可以提供基础的数据探索服务，如数据统计分析、人才模型构建、人才指标开发、数据权限管理等。

应用层以门户的方式，为各租户和人才与产业云运营管理提供服务。应用层的功能包含智能人才评价、知识供给分析、产业流动研判、三链协同驱动等。应用层基于 SaaS 模式，依托数据层的数据隔离以及计算层开发的应用。

3.2.3 应用架构

人才与产业数据云平台的应用架构由价值层、服务层、功能层、模型层、指标层构成，如图 3-2 所示。

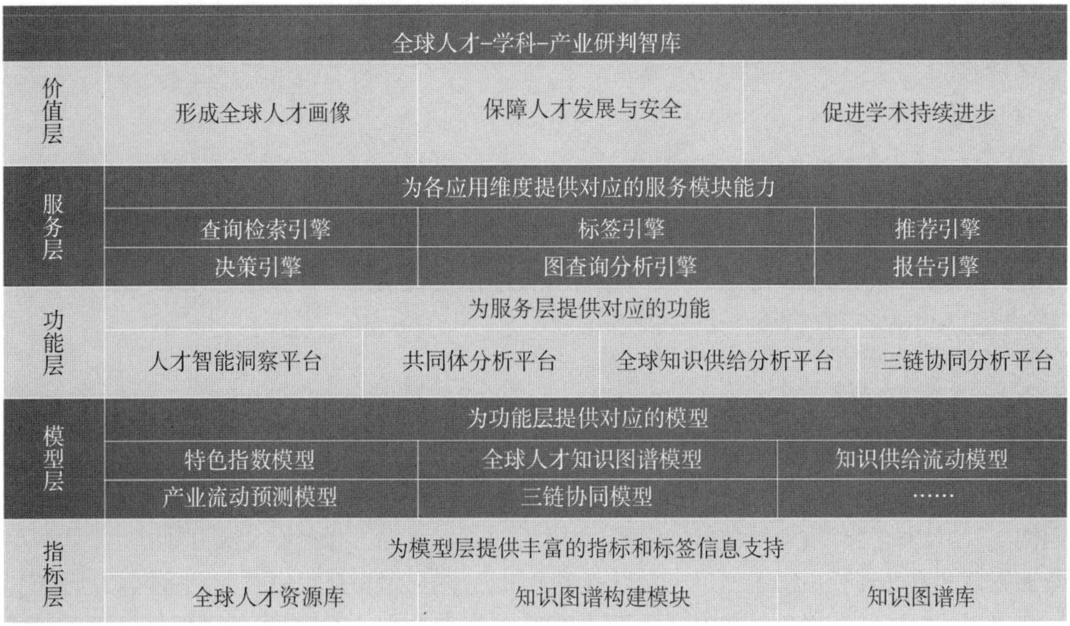

	全球人才-学科-产业研判智库		
价值层	形成全球人才画像	保障人才发展与安全	促进学术持续进步
服务层	为各应用维度提供对应的服务模块能力		
	查询检索引擎	标签引擎	推荐引擎
	决策引擎	图查询分析引擎	报告引擎
功能层	为服务层提供对应的功能		
	人才智能洞察平台	共同体分析平台	全球知识供给分析平台	三链协同分析平台
模型层	为功能层提供对应的模型		
	特色指数模型	全球人才知识图谱模型	知识供给流动模型
	产业流动预测模型	三链协同模型	……
指标层	为模型层提供丰富的指标和标签信息支持		
	全球人才资源库	知识图谱构建模块	知识图谱库

图 3-2 人才与产业数据云平台应用架构图

价值层。在微观角度，立足人才视角，围绕全球人才数据构建对应人才画像与人才图谱，实现对人才的精准识别和洞察。在中观角度，围绕团队、机构和学科点，结合组织发展需要，结合人才画像，实现对组织人才的精准评价和需求人才的挖掘，促进组织的人才发展和人才安全管理，构建利于人才培育、发展与利用的良性人才生态系统。在宏观角度，针对城市、地区、国家层面，结合全学科、产业链和创新链的人才需求，调配和科学运用各类人才资源，践行人才强国战略，服务于经济社会的全面发展。

服务层。服务层功能在于组织各个业务对象、应用程序专有的服务、工作流以及其他任何出现在业务逻辑中的特殊组件，服务能力包含查询检索引擎、标签引擎、推荐引擎、决策引擎、图查询分析引擎以及报告引擎。其中查询检索引擎提供分布式数据组件的数据查询检索服务能力,标签引擎提供标签查询、标签筛选服务能力,推荐引擎提供标签查询、标签筛选服务能力,决策引擎提供可视化策略分析服务能力,图查询分析引擎提供基于图谱技术的分析服务能力,报告引擎提供人才画像报告服务能力,以为各应用维度提供对应的服务模块能力。

功能层。 基于不同场景维度,可分为人才洞察检索平台、学术共同体分析平台、全球知识供给分析平台以及人创产三链协同分析平台,围绕各场景,提供指标构建、数据分析、图谱分析、模型构建等能力,向服务层提供对应的功能以供调用。

模型层。 模型层结合实际应用场景需求,进行建模工作,构建全球人才知识图谱模型、知识供给流动模型、产业流动预测模型、人创产三链协同模型等。同时,模型层提供对应的特色指数模型库管理功能,面向人才影响力、活力值、稳定性、协同性、创新性和发展性等指数进行统一的管理与定义。

指标层。 指标层面向模型层提供模型所需要的各类特征、指标和标签输入,基于人才画像库中的数据提供基础信息标签、学术信息标签、技术研发标签、社会活动标签、产业信息标签等受控标签,结合标签的组合能力,提供拓展标签内容。同时,结合创新链和产业链信息,基于人才画像信息,构建相应的图谱类指标,为模型层提供丰富的指标和标签信息支持。

3.3 人才与产业数据云平台服务

人才与产业数据云平台集成全球人才画像数据,聚焦生物医药、集成电路等关键领域,开发面向不同需求和主体的服务门户,通过分批建设实现项目的核心理念并落到实处,满足服务现实人才评价和产业创新的发展需要①。

3.3.1 多租户应用

人才与产业数据云平台以多租户的模式对外提供服务。平台面向租户提供支撑大数据资源存储、管理和计算的数据空间和计算资源。多租户共用应用程序或运算环境,不同租户间能实现应用程序环境以及数据的隔离,保障不同租户间应用程序不会相互干扰,并且实现数据安全和隐私保护。每个租户中可以有多个用户,同一个用户可以参与到不同的项目中。用户可以从总库里获得各自的数据子集,同时通过数据导入功能,用户可以自我完善遗漏数据或者补充私有数据,具有较强灵活性。当前,人才与产业数据云平台主要租户有华东师范大学租户(机构类租户)及生物医药租户(产业领域类租户)。

华东师范大学租户以华东师范大学教师为对象,聚力实现创新人才评价机制,建立健全以创新能力、质量、贡献为导向的学术人才评价体系,形成并实施有利于学术人才潜心研究和创新的评价制度。在华东师范大学租户门户中,通过识别个体间的学术关系形成学术关系网络,融合主题相似度与合著网络扩展学者标签,构建学术共同体图谱,可支持显性、隐性、二阶及多阶学术共同体的分析、研究和识别,也可用于测度科研活动的成果(如论文)、过程(如每年论文数量的差异)或生产率(如每位科学家的成果数量),面向华东师范大学的实际人才工作需要(图3-3)。

---

① 人才与产业云平台[EB/OL].[2022-08-20]. http://www.sizhidashi.cn/♯/.

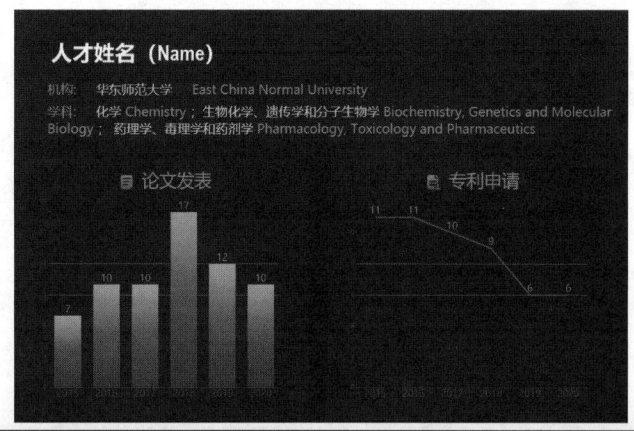
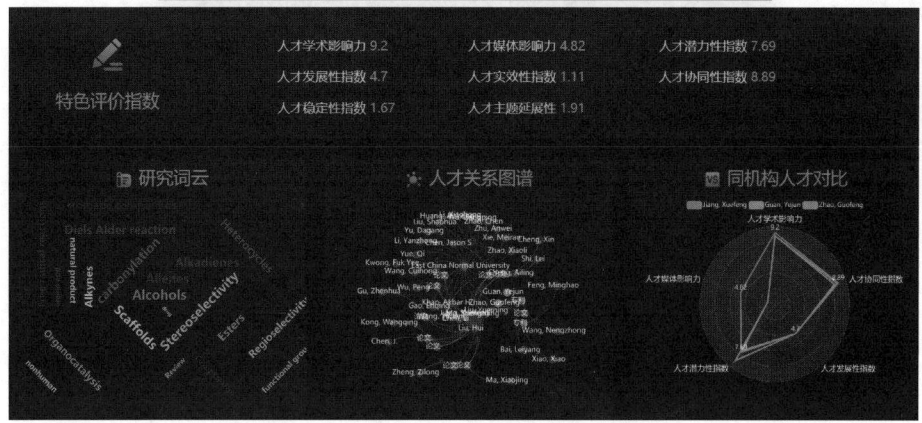

图 3-3　华东师范大学教师精准画像示例图

生物医药租户以生物医药领域人才为对象,应用基于大数据的 DLM(data-label-model)分析框架,通过数据、标签及模型的结合,实现基于大数据的产业人才特征挖掘,进而服务科技创新和产业发展。在数据层面,集聚人才年龄、地域、学科、机构、成果等数据,通过数据的采集、清洗和转化,实现数据由无序堆积到有序集合的转变,为生物医药领域高端人才的索引、标注、分析和推理提供基本条件。在标签层面,拓展基于标签解决问题的可能,引入大数据及智能技术,结合人工标注、自动计算及机器推理等多元标注方式,围绕生物医药领域高端人才数据构建全方位、多层次的标签集合,完成对人才层次结构、成果结构、主题领域等内外部特征的描述和揭示。在模型层面,对标签进行深度拆解和重构,构建面向生物医药领域高端人才需求模型,从标签集合中筛选与问题相对应的标签并进行动态拼图,最终实现对人才流动模式、人才合作网络、机构合作网络等问题的解答。

本节以华东师范大学租户为例,详细阐明融合主题相似度与合著网络实现学者标签扩展的过程。

(1) 学者标签扩展模型

首先,从华东师范大学租户门户中提取学者个人信息数据、主题数据、成果数据等,抽取学者论文题录数据。对摘要进行分词和去停用词处理,中文只有字、句和段能通过明显的分界符来简单划界,而词没有一个形式上的分界符,所以需要通过分词算法对文本进行切分处理。一些功能词,如介词、系词、代词、限定词等,这些功能词在语义上并没有实际含义,反而在分析时带来噪声,影响分析结果,因此需要将这些功能词视为停用词去除。除了功能词外,有一些词语在摘要中经常出现,但没有太高的语义价值,如"研究""结果"等,这些词语也会降低分析的准确性,应当作为停用词去除。

运用 TF-IDF 方法抽取摘要的关键词作为学者的基础标签,此基础上,分别使用基于合著网络的方法和基于主题相似度的方法对学者的基础标签进行扩展,最后将两种方法得到的扩展标签进行融合,得到最终结果(图 3-4)。

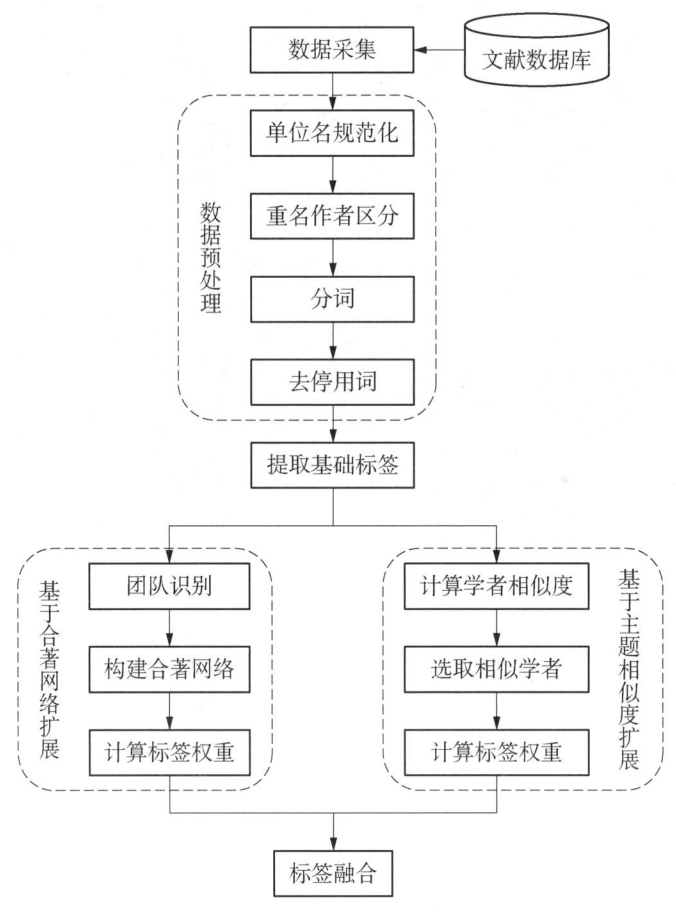

图 3-4　学者标签扩展模型图

(2) 基础标签提取方法

摘要是以提供文献内容梗概为目的,不加评论和补充解释,简明、确切地记述文献重要内容的短文。其基本要素包括研究目的、方法、结果和结论。与论文关键词相比,摘要所含的信息量更大,一篇论文往往只使用 3~5 个关键词进行标引,而摘要可以用数百字来对文献主要内容进行描述。且由于关键词是作者本人给出,也并没有词表来明确规范关键词的选择,往往会因为作者的表述方式产生误差。摘要固然也会受到作者行文风格的影响,但是从摘要中可以抽取比论文关键词更多的词,从而缓解这一问题。因此,使用 TF-IDF 方法从摘要中抽取关键词作为学者的学术标签。

TF-IDF 是一种用以评估词语对于一个文件集或一个语料库中的其中一份文件重要程

度的统计方法。TF(term frequency)表示词频,IDF(inverse document frequency)表示逆文档频率,计算公式为:

$$\text{tfidf}_{i,j} = \text{tf}_{i,j} \times \text{idf}_i = \frac{n_{i,j}}{\sum_k n_{k,j}} \times \log \frac{|D|}{|\{j : t_i \in d_j\}|} \quad \text{(公式 3-1)}$$

使用 TF-IDF 算法计算各学者论文摘要中的词语权重。由于学者的发文数量会极大影响权重的值,发文数量少的学者,词语权重的方差较大,权重的最大值往往比发文数量多的学者词语中权重最大值要大得多,因此无法划定阈值来确定需要的词语作为标签。采用 TopN 的方法,选取权重最高的 100 个词语作为学者的学术标签以表征学者当前的研究主题和研究兴趣。

(3) 基于主题相似度的标签扩展方法

研究内容相似的学者所掌握的知识体系较为相近,在此基础上,开展相关研究的可能性也较大。通过计算学者之间研究主题的相似度,筛选出相似的学者进行标签扩展。

学者研究主题相似度计算。学者的研究领域、研究主题是以文本的形式展现的,所以学者研究主题的相似程度问题可以转化为文本相似度计算问题处理。首先,需要提取文本特征,将文本特征转化为数值特征。向量空间模型(vector space model, VSM)把文本简化为以项的权重为分量的向量表示。在向量空间模型中,每个文档都被表示为形如 $D_i = (d_{i1}, d_{i2}, \cdots, d_{in})$ 的 n 维向量,其中 D 代表文档,d_{ij} 是代表文档集中第 i 个文档中的项 T_{ij} 的权重,项的选取即特征提取的过程。在前文中已经提取了学者的学术标签,学术标签是学者科研产出的关键词,用学术标签作为其研究主题的特征具有合理性,所以将学术标签作为其研究主题的特征。权重取该项 TF-IDF 的值。

将文本转化为向量后,便可以计算向量之间的相似度来表示学者之间的研究主题相似度。选择余弦相似度(cosine similarity)的方法,以两个向量的内积空间的夹角的余弦值作为衡量它们之间相似度的标准,其计算公式为:

$$\text{similarity} = \frac{A \cdot B}{|A||B|} \quad \text{(公式 3-2)}$$

分子 $A \cdot B$ 表示两个向量的内积,分母 $|A||B|$ 表示两个向量长度的乘积。余弦相似度的值越大,向量间夹角越小,学者间研究主题越相似。

基于主题相似度的标签扩展。计算得到余弦相似度后,即可根据余弦相似度确定权重,进行标签扩展。如果两名学者之间的余弦相似度太低,可以认为两人的研究主题相似度很低,一人无法在另一人的研究领域展开工作,也就不应该进行标签扩展。基于实验对比,以 0.3 为阈值,若两名学者的主题相似度低于 0.3,则不进行标签扩展。如果学者发文数量过少,参考的价值不大,又可能因为偶然性导致相似度很高,对结果产生不利影响,所以需要舍弃发文数量过低的学者。因此选择过滤掉发文数量小于 3 篇的学者,不依据其基础标签进行标签扩展。

扩展标签的权重与学者间主题相似度以及学者基础标签权重两个因素相关。学者间的主题相似度越高,说明两名学者的知识体系越相似,那么学者在对方领域能够开展研究的可能越大,所以相对应的扩展标签权重也就越高。同时,在进行标签扩展时,还需要注意学者的擅长领域有所侧重,不能将学者的基础标签以相同的权重扩展给另一位学者,扩展标签的权重应当与学者的基础标签权重相关,基础标签权重越高,扩展标签的权重也应当越高。具体计算公式为:

$$\text{weight}_a = \alpha \times \text{sim} \times \text{weight}_b \qquad (公式3\text{-}3)$$

其中 weight_a 是扩展标签的权重,weight_b 是另一个学者基础标签的权重,sim 是两个学者之间的主题相似度,α 是一个常系数,以确保扩展标签的权重低于学者的基础标签,α 取值为 0.1。

由于基础标签是从学者所有论文的摘要中提取的,因此不可避免会发生学者间基础标签存在重复的情况。在进行标签扩展时,同一个标签就可能产生多个权重值,这时应当保留权重值中最大的一项作为最终权重,可以更好体现学者在这一学术标签上的潜能。

(4) 基于合著网络的标签扩展方法

在进行科研合作时,学者之间对问题的探讨交流会导致知识流动的产生,扩展学者的研究边界。通过合著网络,挖掘学者因为合作而可能进入的研究领域,进行标签扩展。

团队识别。基于合著网络对学者的标签进行扩展需要在合著网络中找出较为稳定的、能够进行知识流动的科研团队。采用聚类的方法识别团队,构造相异矩阵,根据相异矩阵进行聚类分析,将合作紧密的作者聚成类,从而识别出科研团队。具体步骤如下:

首先统计学者之间的合著次数,形成一个 $N \times N$ 的矩阵,N 为学者总数,矩阵元素的值为行表示的学者与列表示的学者合作论文数,对角线上元素的值为学者的发文总量。为了消除合作频次悬殊造成的影响,用 ochiia 系数将合著矩阵转换成为相关矩阵(相似矩阵),方法是将合著矩阵中每个元素的值都除以与之相关的两个学者发文总量开方的乘积,计算公式为

$$A'_{ij} = \frac{A_{ij}}{\sqrt{A_{ii} \times A_{jj}}} \qquad (公式3\text{-}4)$$

其中 A 代表原始合著矩阵,A' 代表相关矩阵,i 代表行数,j 代表列数。

转换后的相关矩阵,对角线上的元素值均为1。其他元素值的大小表明了相应两名学者之间合作的紧密程度,数值越大则表明作者之间的合作越紧密。但是在聚类操作时输入的值代表的意义是距离,数值越大,则作者之间的距离越大,合作越不紧密,因此用1减去相关矩阵中的数据,就可以得到相异矩阵作为聚类时的输入。使用两步聚类法(two step cluster algorithm)对相异矩阵进行聚类。聚类结果中该学者所在的簇即为该学者所在的研究团队。

基于合著网络的标签扩展。识别出稳定的科研团队后,即可对同一团队内的学者进行标签扩展。如果两名学者之间的合作次数过低,则认为两人之间还没有形成足够的知识流动,不应当进行标签扩展。以3为阈值,若两人之间的合作次数小于3次,则将合著网络中两者连线删去。知识流动的程度与学者之间路径的距离同样有关,若学者之间路径距离过长,同样很难发生知识流动。以3为阈值,对在合著网络中有路径联通,且路径长小于等于3的学者进行标签扩展。

扩展标签的权重与学者间合作紧密程度、学者之间路径长度以及学者基础标签权重三个因素相关。学者间的合作越紧密,两名学者间发生知识流动的可能性越大,学者在对方领域能够开展研究的可能越大,扩展标签权重也就越高。合作紧密程度用学者间合作次数与需要进行扩展学者发文总量的比值表示,以消除发文量大小对合作次数的影响。由于非直接相连的两个节点学者间合作次数始终为 0,所以需要进行平滑处理,分子变为学者间合作次数+1。学者间联通的路径距离会制约知识流动的可能,因此距离越长,权重越低。扩展标签权重和学者基础标签权重相关与上文基于主题相似度的标签扩展同理。具体计算公式为

$$\text{weight}_a = \alpha \times \frac{\text{count}_{co} + 1}{\text{count}_a} \div \text{length}^2 \times \text{weight}_b \qquad (\text{公式 3-5})$$

其中 weight_a 是扩展标签的权重,weight_b 是另一个学者基础标签的权重,count_{co} 是学者间的合作次数,count_a 是需要进行扩展学者的发文量,length 是两个学者之间联通路径的长度,α 是一个常系数,以确保扩展标签的权重低于学者的基础标签,α 取值为 0.1。

与基于主题相似度标签扩展类似的,同一个标签就产生多个权重值时,保留权重值中最大的一项作为最终权重。

(5) 实例分析

数据提取。以华东师范大学租户门户中段宇锋教授为例,在平台以"段宇锋"为检索式进行检索,共检索到 74 篇论文。基于合著网络进行标签扩展数据采用"滚雪球"方法,提取段宇锋的合作者信息,及其合作者的合作者发表的文献,共计 1 256 名作者。基于主题相似度进行标签扩展数据使用图书情报领域 2000 年至 2018 年的文献作为数据,链接知网,在知网文献分类目录中仅勾选"图书情报与数字图书馆"领域,发表时间限定在 2000 年至 2018 年,共得到 87 173 篇文献。对论文单位中包含编辑部、编委会的题录信息进行判断,舍弃无用信息,剩余 85 569 篇文献。

数据处理。由于作者重名现象的存在,对采集到的文献题录信息进行预处理,对作者姓名进行消歧,过程如下。

去除作者单位中的无效信息。作者单位是区分作者的重要依据,然而知网的题录信息中,"Organ-单位"这一字段并没有一个统一的格式,因此首先要对其进行规范化处理。部分文献题录信息中该字段除了单位名称外,还包含单位所在地的邮政编码、作者的职务或兼而有之。信息的分隔方式多样,分隔符有感叹号、空格、分号等,也有不含分隔符直接相连的。本节使用一组正则表达式对单位字段中存在的邮编和作者职务逐步进行匹配去除,只保留作者的单位名称信息。

作者单位粒度统一。字段中单位信息的详细程度存在差别,有些详细到系,有些只提供学校名称,需要对单位进行统一处理以便后续作者去重使用。将作者单位按照字典序进行排序,每个作者单位向后进行遍历,若与后续单位信息的开头子串相同,则使用该单位信息作为表述,将单位信息统一到较粗的粒度,最终得到各学校、单位的名称。

作者姓名消歧。为确保后续作者研究主题相似度分析过程中的精确程度,需要对重名作者进行区分。本节从作者单位、发文时间和合作者三个角度进行同名作者的区分。作者所在单位相同,且发文时间连续,则将其视为同一作者。作者所在单位相同,但发文时间间

隔大于等于5年,不是同一作者。作者所在单位不同,发文时间连续,且短时间内与原有合作者有共同发文,则视为同一作者。

完成作者姓名消歧后,对摘要数据使用Python的jieba工具包进行分词。中文的停用词表根据"哈工大停用词词库""四川大学机器学习智能实验室停用词库""百度停用词表"等综合而来,另外人工筛选论文摘要中常见的高频无意义单词,合并形成完整的停用词表,遍历分词结果将停用词删去,得到后续分析使用的数据。

实验结果。经过对学者本人的访谈记录,将段宇锋的研究领域按时间分为4个阶段,2004年前的研究领域主要为知识管理和网络信息资源;2004年至2010年,其研究领域主要为网络信息资源和网络计量;2011年至2013年,其研究领域主要为自然语言处理和科研评价;2014年至2019年,其研究领域主要为图书情报专业硕士(master of library and information studies, MLIS)教育、公共图书馆服务和阅读服务。将每一篇论文的摘要数据视为一个文档,使用python中jieba包的analyse组件,根据TF-IDF的值进行关键词提取,提取结果如表3-1所示。可以看到,排名前列的关键词有"网络""MLIS""信息""图书馆""网站""知识"等,很好地体现了段宇锋在知识管理、网络信息资源、网络计量、MLIS教育和公共图书馆服务领域的研究主题。

表3-1 段宇锋前50项基础标签表

序号	标签	权重	序号	标签	权重	序号	标签	权重
1	网络	0.1390	18	管理	0.0320	35	情报学	0.0247
2	MLIS	0.1071	19	标注	0.0318	36	建设	0.0246
3	信息	0.1038	20	描述	0.0298	37	领域	0.0242
4	图书馆	0.1018	21	物种	0.0290	38	多样性	0.0235
5	网站	0.0810	22	数据	0.0290	39	现状	0.0230
6	知识	0.0544	23	植物志	0.0283	40	算法	0.0229
7	服务	0.0507	24	调查	0.0275	41	中文	0.0215
8	链接	0.0504	25	图书	0.0274	42	互联网	0.0206
9	评价	0.0444	26	论文	0.0270	43	电子政务	0.0206
10	被引	0.0441	27	样本	0.0269	44	市场导向	0.0194
11	下载量	0.0439	28	期刊	0.0265	45	学术	0.0193
12	培养	0.0437	29	基础	0.0264	46	抽取	0.0193
13	分析	0.0434	30	公共	0.0258	47	文本	0.0189
14	资源	0.0424	31	指标	0.0256	48	状况	0.0186
15	创新	0.0393	32	教育	0.0254	49	过程	0.0183
16	影响力	0.0335	33	发展	0.0254	50	显著	0.0179
17	本体	0.0333	34	模型	0.0251			

以2004、2011、2014三个年份作为时间节点,分别根据段宇锋三个时间节点以前的合作者,及其合作者的合作者发表的文献,构建合著网络,并保证网络中从段宇锋节点到任意其他一个节点的路径长不超过3。在合著网络的基础上进行团队识别,并以3为阈值对合作次

数进行限定,保留合作次数不小于 3 次的边。根据找出的合著网络,选取距离小于等于 3 的节点进行标签扩展。表 3-2 展示了 2004 年以前,段宇锋所在团队重要成员的部分学术标签。在高校中,往往研究生跟随导师开展研究工作,一名导师可能带领教授多名研究生,给不同研究生分配不同的研究任务,研究任务相同的研究生之间合作发文,导致学术标签类似。相对来说,导师的学术标签更为丰富。在段宇锋 2004 年前所在研究团队中,邱均平、胡昌平、马海群在合著网络中有重要地位,在另外学术标签近似的两部分学者中,选取王宏鑫和岳亚进行展示。从表中可以看出,段宇锋所在团队当时主要的研究方向是知识管理和网络信息资源领域,同时还有一定的计量学研究。

表 3-2　2004 年前段宇锋所在团队重要成员学术标签表

学者	学术标签(部分)
段宇锋	知识、信息、管理、情报学、网络、分析、互联网、图书、知识经济、图书馆、企业、Internet、数字、电子邮件、信息网络、链接、MEDLINE、参考文献、互联网服务
邱均平	文献、信息、情报学、计量学、知识、情报、分析、资源、管理、网络化、引文、评价、知识产权、网络、知识经济、图书、科学、期刊、学科、图书馆、图书馆学
胡昌平	信息、情报学、情报、知识产权、分析、文献、图书馆、网络化、网络、知识、管理、资源、企业、信息管理、服务、评价、情报信息、学科、社会、知识经济、体系
马海群	信息、知识产权、知识、管理、图书馆、情报学、网络、情报、专利、知识经济、文献、分析、著作权、信息管理、计量学、法律、咨询业
王宏鑫	情报学、学科、层次、科学、计量学、论文、文献、期刊、体系、信息、数据库、分布、引用、动态、知识、体系化、有序化、评析、自引、他律性、CNKI、双律性
岳亚	情报学、信息、学科、知识、数据库、文献、网络、multimedia、intelligence、管理、商业秘密、层次、书目、版权、electronic、CIP、competitive、law、commerce

同样以 2004、2011、2014 三个年份作为时间节点,将三个时间节点以前的图书情报领域文献作为数据。以 2004 年为例,经预处理后共得到 4 754 篇文献、10 088 名学者,其中发了 3 篇及以上论文的有 1 279 名学者。分别抽取各个学者的基础标签,共得到标签 12 937 个。计算不同学者与段宇锋的相似度,有 146 名学者与段宇锋相似度达到 0.3 以上,其中最相似的学者相似度达到 0.719。根据这些学者的基础标签按照公式进行标签扩展。表 3-3 展示了 2004 年前与段宇锋主题相似度最高的 10 位学者的学术标签。从主题相似的角度来看,与段宇锋研究方向与研究兴趣类似的学者主要研究的是图书馆信息资源的数字化。

表 3-3　2004 年前与段宇锋主题相似度最高的学者学术标签表

学者	学术标签(部分)	主题相似度
柳丹枫	图书馆、党校、数据库、电子图书、资源、人才资源、意识、数字化、开发利用、服务、图书、福建省、信息、管理、数字	0.719
王纯	图书馆、文献学、文献、资源、信息、读者、数字、建设、数字化、西部、馆藏、libraries、电子图书、China、中国、网络、古籍	0.615
阮建海	金融证券、Winisis、信息、数据库、因特网、Internet、论文、资源、检索、查准率、查全率、免费软件、ISIS for DOS、CDS	0.545

续表

学者	学术标签（部分）	主题相似度
周文荣	知识、数据库、咨询业、图书馆、检索、管理、高校、自由、检索系统、高新技术、情报、现代化、咨询、文章、传播	0.538
张晓林	图书馆、数字、描述、建设、标准规范、开放、MR、Registry、数据、资源、科学、技术、检索、信息、网关、XML、Metadata	0.532
郭小刚	图书馆、立法、数据库、用户、馆员、信息检索、法制建设、分析、数字化、网络、教育、理论、信息、环境	0.499
严峰	检索、文献、信息、理念、知识、语言、开发、资源、知识产权、WTO、自然语言、资源共享、信息技术、情报检索、信息安全	0.469
戚敏	检索、书店、评价、图书馆、查准率、查全率、文献数据库、购书、CJN、期刊网、易用性、性能指标、时效	0.460
柴一葵	赠书、图书馆、旧书、文献、新书、老化、资源、专业书、出版、主题标引、购置费、复本、质量、知识结构、时效性、滞销、馆藏	0.453
张冬梅	图书馆、Java、网络、馆藏、读者、数据库、数字、信息、需求、网络化、分类、检索、高校、资源、文献、数据完整性、全文检索	0.448

按时间段对两种方法计算得到的扩展标签进行融合，融合后的标签可以视作学者潜在研究领域的标签，用来预测学者未来的研究方向和研究兴趣。

结果测评。查准率（precision）与查全率（recall）是评估模型效果的常用指标。基于主题相似度和合著网络，根据学者现有的学术标签进行标签扩展，目的在于更好地挖掘学者的潜在研究领域，预测学者未来的研究方向和研究兴趣，方便学者寻找合作对象。由于学者的研究方向和研究兴趣受到诸多因素影响，如过去的研究积累、当前的研究潮流、科研项目的申请情况等，具有很强的不确定性。因此相对于查准率而言，更注重查全率指标，其计算公式如下：

$$\text{Recall} = \frac{\text{预测标签与真实学术标签交集个数}}{\text{真实学术标签个数}} \qquad (公式\ 3\text{-}6)$$

因为对学术标签进行预测的研究尚无，所以本节对比使用学者目前学术标签作为预测结果与使用扩展后的学术标签作为预测结果两种方法，对学者未来的学术标签进行预测。通过将段宇锋的研究经历分为四个阶段，分别计算当前阶段学术标签预测下一阶段学术标签的查全率和当前阶段扩展标签预测下一阶段学术标签的查全率。由于没有数据可以用来预测第一阶段的标签，因此测试第二、第三和第四阶段，所得查全率如图 3-5 所示。从图中可以看出，使用扩展标签来预测学者下一阶段的学术标签查全率均高于直接使用当前阶段学术标签预测学者下一阶段的学术标签，查全率平均提高了 8.33%。

除了使用查全率进行评估，还向专家进行咨询，对扩展后的标签做出定性评价。专家认为，扩展标签中有一定数量标签与学者后续的研究领域相关，出现在了学者后续基础学术标签中，能在一定程度上展现学者潜在的研究领域。专家同时指出，通过主题相似与合著网络生成的扩展标签，仍然立足于学者当前的研究领域，其中不少标签是学者当前研究方向下没有涉足的主题。此外，扩展标签对学者研究方向转变的预测效果仍有待加强，命中标签数量较少。

表 3-4 展示了预测准确的标签的分布情况。在三个阶段的预测中，对于第四阶段的预

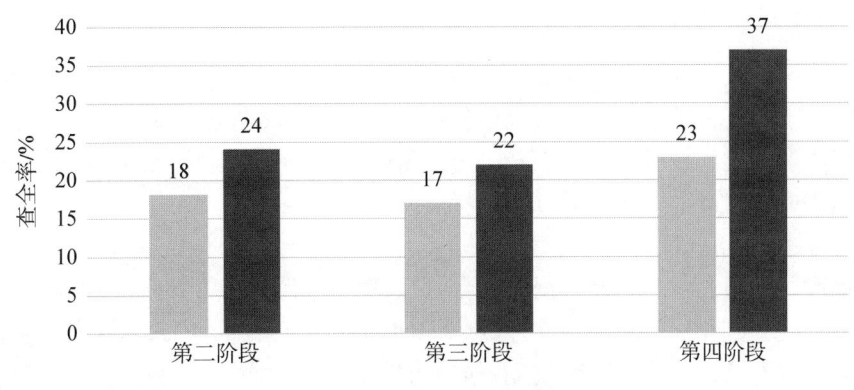

图 3-5 基础标签与扩展标签预测准确率图

测效果最好。扩展标签中"公共""图书馆""服务"和"创新"等标签对段宇锋图书馆服务创新领域的研究进行良好的揭示,"研究生"和"教育"两个标签则是针对 MLIS 教育领域的研究。然而对于少儿阅读领域的研究,扩展标签中只有"阅读"与此对应,对于"少儿"与"未成年人"这一限定条件没有很好的体现。除此之外,文献计量领域的研究并不是段宇锋第四阶段的研究重点,但是提取出的扩展标签中仍有"学术""引文""期刊""评价"等与此相关。

表 3-4 正确预测标签的分布表

预测阶段	基础标签独有	双方共有	扩展标签独有
第二阶段	配置、因子、影响力、互联网、测度、对象	网站、资源、领域、建设、网络、现状、图书馆、参考文献、信息、分析、计量学、链接	美国、基础、分析法、网页、文献、Web、层次、重要、体系、评价、分类、应用
第三阶段	样本、因素、差异、效率	基础、信息、领域、分类、网络、建设、服务、内容、知识、指标、图书馆、学术、数据	分析法、科研、专业、比较、系统、优化、环境、作者、团队
第四阶段	实践、抽取、样本	资源、基础、领域、发展、服务、描述、建设、现状、知识、模型、专业、图书、图书馆、学术、评价、数据、物种、数字、标注、分析	阅读、调查、识别、本体、植物、论文、公共、创新、教育、引文、相关、组织、优化、期刊、社会、研究生、被引

标签对于第二阶段和第三阶段的预测效果较差,部分原因是因为当数据量较小时,更容易被随机因素扰动,导致标签中存在一定噪声。如《Yahoo!的网络信息覆盖率研究》一文导致段宇锋的学术标签中含有 Yahoo 一词,这种针对特定研究对象的词语很难提取出来。除此之外,对于在特定领域出现的术语,如果这一领域的研究较少,这些术语也很难获取到。如"半衰期"标签是信息资源老化方面的术语,而对于信息资源老化的研究在图情领域中并不常见,这一类词语就很难被提取出来。

从表中还可以看出,扩展标签与基础标签存在一部分的重叠。虽然扩展标签更多预测了学者下一阶段的标签,但是由于学者的研究一般都具有延续性,所以在预测学者未来研究方向,寻找潜在合作对象时,可以结合学者的基础标签以及扩展标签进行综合评判。

3.3.2 人才需求识别

依托人才与产业数据云平台集成的政策文本数据资源,并参考集成电路产业相关调研,识别集成电路产业链关键环节及其关键细分领域。选择集成电路领域关键环节之一的设计环节构建集成电路设计领域分类词典,对企业招聘信息中岗位名称、要求和描述进行分类,进一步识别集成电路设计人才需求分布和特点。

(1) 数据处理与组织

数据提取。利用人才与产业数据云平台,提取集成电路产业 2011—2020 年的中央层面政策数据 5 个,获取上海市 2000 年 6 月至 2021 年 6 月的政策样本 172 个,内容涵盖集成电路相关国家政策方针、上海市政策、规划、执行方案等。对政策文本数据进行初步清洗得到政策样本中有关"集成电路产业链"核心样本 55 个。为进一步分析政策文本中集成电路产业链相关内容,筛选出"集成电路产业"政策中包含关键词"产业链"的段落作为主要研究内容,并对文本进行分词、去除停用词。使用 TF-IDF 方法提取关键词,采用 LDA 主题模型对所有政策文本进行主题分类,根据高频关键词和主题分类结果确定产业链关键环节。利用 TF-IDF 方法对"集成电路产业链"政策文本提取关键词并按照词频进行排序,得到集成电路相关政策关键词。由表 3-5 可知,除去"发展""产业"等与集成电路产业无关的通用词,"设计"以出现 127 次位于集成电路产业链关键词词频排序第一位,"制造"出现频率排名第二,反映出设计环节处于集成电路产业链上游关键环节,设计环节较制造和封装环节更为关键,也表明设计环节是政府战略层面最重视、最需要人才的关键环节。

表 3-5 集成电路人才相关政策关键词表

关键词(1~14)	频次	关键词(15~28)	频次
发展	419	设计	127
产业	357	经济	124
企业	282	政策	121
人才	234	制造	119
创新	232	鼓励	117
建设	197	研发	117
服务	177	提升	111
技术	164	支持	110
推进	160	软件	106
重点	156	高端	106
工业	152	领域	100
国际	147	推动	95
集成电路	134	加强	95
加快	134	项目	89

数据组织。使用 LDA 主题模型对政策样本文本挖掘,通过调整模型参数寻找相关性最小的聚类主题并判别聚类效果,最后将参数设置为 4 个一级主题,对聚类结果进行初步整理得出各个一级主题下的子主题。结合子主题内容对一级主题进行定义,可分为集成电路产

业发展方向；加强集成电路产业技术人才自主培养、实践与创新；部门与资源协调营造良好的产业和人才发展环境；加强集成电路人才引进与跨境合作，如表3-6所示。集成电路产业链三大环节当中，设计环节作为子主题出现在多个一级主题聚类中，体现出设计环节是政府推动集成电路产业发展的战略着力点，也是科技创新人才队伍建设的重点，是整个产业链关键环节，因此选择对设计环节的关键细分领域进行识别以进一步把握设计环节人才需求特征。

表3-6 政策文本LDA主题挖掘表

一级主题	子主题
发展方向	发展、产业、企业、人才、创新、设计、工业、新、研发、技术、高端、鼓励、智能、装备、政策、资源、基地、建设、推动、领域
科技人才	科研机构、创新、技术、知识产权、人才、高校、实践经验、数据中心、转化、人才队伍、设计仿真、合作、带头人、设计
产业环境	信息化、项目、引进、软件产业、机制、领域、财政局、责任、协调、给予、政策、部门、规定、集群
交流合作	同行业、国际、加强、规模、引进、购并、跨国、完善、布局、区域、资源、力度

通过对设计环节相关政策文本阅读分类以及对该领域调研后发现，集成电路设计环节分为模拟电路设计和数字电路设计，而数字电路设计流程更复杂、更全面，因此将重点选择数字电路设计领域。对集成电路设计环节的具体流程提炼，行为设计—行为仿真—RTL级描述—RTL级仿真—逻辑综合—综合门级功能仿真—DFT可测性设计—布线—版图布局—寄生参数提取—版图物理验证—后仿真。进一步整合具体流程将设计环节产业链分为设计输入（系统功能设计）—综合（逻辑和电路设计）—实现（版图设计），其中"设计输入"与"综合"属于前端设计领域，"实现"属于后端设计领域，如表3-7所示。

表3-7 集成电路设计环节关键细分领域

关键环节	关键领域一级整合	关键领域二级整合	具体流程
集成电路设计	前端设计	设计输入（系统功能设计）	行为设计
			行为仿真
			RTL级描述
			RTL级仿真
		综合（逻辑和电路设计）	逻辑综合
			综合门级功能仿真
	后端设计	实现（版图设计）	DFT可测性设计
			布线
			版图布局
			寄生参数提取
			版图物理验证
			后仿真

（2）基于企业招聘信息的设计环节人才需求识别

各个关键领域中的具体流程反映出人才所需的专业素质特征,因此,本节基于具体流程及其对应的关键词对设计环节岗位进行分类,通过关键词匹配到"设计输入""综合""实现"三类细分领域,以发现不同细分领域人才需求。

① 设计环节词典构建

结合集成电路领域专业知识调研,构建了集成电路设计环节关键词、技术领域和相关技术软件词典,如表3-8所示。在识别集成电路设计环节关键细分领域基础上,采用二级整合分类方法,将设计环节产业链细分为三个环节。综合考虑三个环节关键词和技术名词的完整性、确定性、唯一性后,将各环节下属具体流程关键词和流程技术、流程软件整合,形成设计环节三个不同细分领域词典,并翻译中英不同版本领域词典。

表3-8 设计环节细分领域具体流程、关键词、技术整合表

一级整合	二级整合	具体流程	流程关键词	流程技术软件	二级技术软件
前端设计	设计输入（系统功能设计）	行为设计	HDL、VHDL、行为级描述	Verilog HDL	Composer、viewdraw
		行为仿真	仿真验证、编码设计正确性、HDL仿真器、Verilog、VHDL仿真、Verilog仿真、HDL仿真	Verilog-XL、NC-verilog、Leap-frog、speedwaveVHDL、VCS-verilog、Modelism、VCS、SystemVerilog、Viewlogic	
		RTL级描述	RTL、寄存器传输级	VHDL、verilog	
		RTL级仿真	RTL级行为仿真、RTL行为级仿真		
	逻辑和电路设计（综合）	逻辑综合	Design Complier、综合工具、门级列表netlist、综合库、电路设计、单元库、元件、门、元胞、逻辑图	Design Complier、Behavior Compiler、Ambit、Synergy	
		综合门级功能仿真	门级仿真、仿真网表、网表、形式验证、综合后、功能仿真、逻辑网表、逻辑模拟、模拟电路	Formality	
后端设计	实现（版图设计）	DFT可测性设计	扫描链条、可测性、扫描单元、DFT	DFT Complier	
		布线	Place&Route、布局规划、逻辑门电路、布局、CTS、时钟树、单独布线、布图、floor planning	Design Planner、Gate Ensemble、Silicon Ensemble、Cell3、Cadence spectra、preview、Astro、Physical Compiler	
		版图布局	版图设计、版图预布局、详细布局、掩膜版图		
		寄生参数提取	版图参数、版图参数提取、版图提取、寄生参数、信号完整性、信号噪声、串扰	DSP	

续表

一级整合	二级整合	具体流程	流程关键词	流程技术软件	二级技术软件
		版图物理验证	版图验证、LVS、网表一致性、DRC、集合设计规则、电学规则、设计规则检查、连线间距、连线宽度、ERC、电器规则、检查短路、检查开路	Hercules、Dracula 版图验证、Dracula	
		后仿真	STA、时序检查、静态时序分析、时序、violation、Timing Sign-off、timing、时序验证、POSTSIM、器件级网表、测试向量	Prime Time	

根据设计环节具体流程以及流程关键词可看出,在集成电路前端设计环节主要包括算法或硬件架构设计与分析、RTL实现、编写验证、功能实现验证并为后端设计提供符合要求的电路网表,主要使用 verilog 和 VHDL 语言设计硬件电路,采用 Synergy、Design Complier 等软件作为工具。而后端设计环节主要是使用 EDA 工具将前端设计的电路网表进行布局布线和物理验证最终转换成版图的过程,主要运用的工具有 Astro、版图验证工具等。

② 设计环节岗位分类

本节以设计词典中关键词为依据,通过人才与产业云平台链接招聘网站,并爬取招聘网站中集成电路设计环节招聘信息。招聘网站分为综合类招聘网和专业类招聘网,综合类招聘网站信息全面,但招聘岗位较为低端;专业招聘网站面向专业人才,招聘对象相对较少,岗位较高端。考虑到样本全面性和集成电路行业人才特点,同时选取综合类网站前程无忧网和专业类网站猎聘网作为企业招聘信息数据来源。前程无忧网中职位分类相对细致,需要参考设计环节词典中关键词和集成电路相关知识识别集成电路设计环节岗位信息,确定并爬取对象为"集成电路 IC 设计/应用工程师""IC 验证工程师""版图设计工程师""模拟版图工程师""数字前端工程师""可测性设计工程师""数字后端工程师",获得集成电路设计环节招聘信息 7 919 条;选定猎聘网导航条中"行业:电子·通信·硬件——电子/芯片/半导体"筛选出研究样本并进行爬取,获得集成电路行业招聘信息 1 200 条。采集过程中,两个网站均选取"岗位名称""招聘企业""薪资""学历要求""工作经验""岗位要求与描述"字段以便于后续整合研究。综合获取全国集成电路设计环节招聘信息 9 119 条,同时删除如"集成电路应用工程师""集成电路客户管理经理"等与设计环节技术明显无关的岗位信息 747 条,共得到可分析数据 8 372 条。

依据词典对招聘岗位名称、岗位要求与描述进行文本识别分类,将招聘岗位分类对应到设计环节三个细分领域,具体分类过程如下。

首先,识别文本内容字符类型,将总体样本分为中文(6 053 个)和英文(2 319 个)两类,分别使用中文词典和英文词典对文本内容进行识别。其次,将招聘文本中高频词与设计环节词典中"设计输入""综合""实现"三类细分领域关键词进行匹配。随后,当有且仅有一个关键词相互匹配时,将这一岗位归为该细分领域;文本中高频关键词与两个或两个以上领域词典中关键字相匹配时,则进一步识别分类;若无任何设计领域词典的关键词出现,则该岗位与设计环节相关性较小,进行删除。最终,去除掉无明显技术要求岗位3 613个,得到"设计输入"岗位1 714个,"综合"岗位877个,"实现"岗位2 168个。从数量上来看,集成电路前端设计的人才需求大于后端设计人才需求,但是"实现"领域是三个细分领域当中人才需求最大的领域,反映出系统设计能力、RTL实现能力及版图设计能力是设计环节人才能力的重要特征。

③ 设计环节人才需求分布与特征识别

基于"薪资""学历要求""工作经验"和"岗位要求与描述"等数据识别设计环节中的人才需求分布与所需人才技能特征。

学历。集成电路作为技术密集型产业对于人才学历有一定要求,对设计环节招聘信息中人才学历要求进行分类,将"高中及以下""中专""大专"和"学历不限"定义为低学历,"本科"定义为中等学历,"硕士"和"博士"定义为高学历,计算三个细分领域中各层次学历占比,结果如表3-9所示。低学历岗位在"设计输入"领域中占比最少,在"实现"领域中占比最高;高学历在"综合"领域占比最大,其次为"设计输入"领域,而"实现"领域中高学历需求占比最小。整体来看,"设计输入"和"综合"对高学历专业人才需求较大,中等学历和高学历是设计环节的主要学历需求。

表3-9 不同领域学历需求占比表 单位:%

	设计输入	综合	实现
低学历	1.4	10.5	22.9
中等学历	69.7	58.1	62.6
高学历	29.0	31.5	14.5

工作经验。根据政策文本挖掘结果显示,政府政策多次提及培养具有实践经验的集成电路人才,反映出宏观层面对于实践型人才的需求,企业招聘中对工作经验方面同样做出了要求。对设计环节相关岗位的"工作经验"要求情况进行整合统计。图3-6显示,设计环节

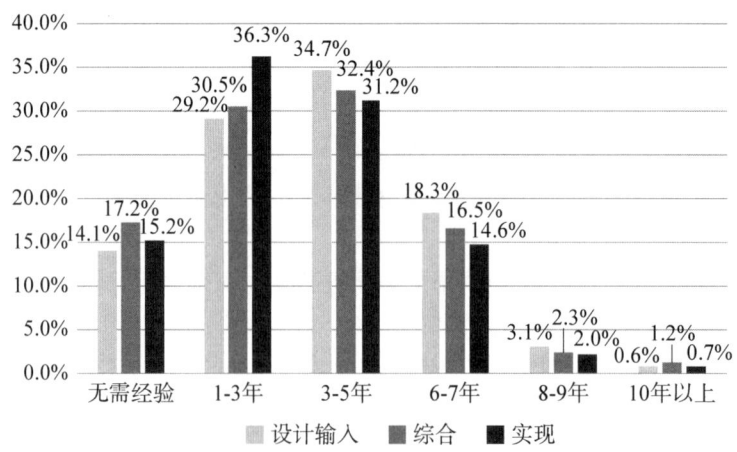

图3-6 设计环节不同领域工作经验需求占比图

三个领域大部分岗位对人才工作经验方面都有较高要求,其中约1/3岗位要求有3～5年经验。其中,"实现"领域对有1～3年经验人才需求占比最大;"综合"领域对无经验人才宽容度最高,对3～5年工作经验人才需求占比最高;"设计输入"领域在"3～5年经验""6～7年经验"和"8～9年经验"岗位需求占比最高。整体来看,"实现"环节对于有丰富经验人才需求较低,"综合"领域次之,而"设计输入"对于该类人才需求较高。

为进一步分析设计环节不同领域对于工作经验的要求,将0～3年经验定义为少经验,3～7年经验定义为中等经验,8年以上定义为丰富经验,同时计算不同领域的经验均值,结果如表3-10所示。"设计输入"环节对于具有丰富经验和中等经验人才的需求占比最高,少经验人才的需求占比最低,人才需求经验均值为3.5年,显著高于"综合"领域和"实现"领域。"综合"领域和"实现"领域对于丰富经验的人才需求和平均人才需求经验大致相同,但"实现"领域少经验人才需求占比大于"综合"领域,同时中等经验需求占比更小。总体来看,"设计输入"领域对于人才的经验要求更高,"实现"领域对于人才的经验要求较低。

表3-10 不同领域经验需求占比表 单位:%

	设计输入	综合	实现
少经验	43.3	47.7	51.5
中等经验	52.9	48.9	45.8
丰富经验	3.7	3.5	2.7
均值	3.5	3.3	3.2

薪资水平。企业愿意用高薪招聘紧缺人才,因此薪资水平可以反映企业对人才的需求紧迫程度。计算设计环节总体薪资水平的第一四分位数为15万,第三四分位数为36万,将低于第一四分位数的薪资水平定义为低报酬,高于第三四分位数的薪资水平定义为高报酬,位于第一和第三四分位数之间的薪资水平定义为中等报酬,分别计算三个细分领域高、中、低薪资水平占比,以及面议薪资占比。由表3-11可知,"设计输入"环节高薪资占比最高,整体薪资水平在三个环节中最高,反映出企业对于设计输入领域人才需求程度最高。"实现"环节高薪资占比最低,低薪资占比最高,同时"实现"环节整体薪资水平也是三个环节中最低,反映出企业对于实现领域人才需求程度相对较低。"综合"领域人才的中等薪资占比最大。总体来看,薪资水平反映出企业最愿意出高薪聘请"设计输入"领域人才,其次是"综合"领域人才。

表3-11 不同领域薪资需求占比表 单位:%

	设计输入	综合	实现
低薪资水平	7.9	19.1	30.6
中薪资水平	55.4	52.7	52.5
高薪资水平	30.2	23.3	13.2
面议薪资	6.5	4.9	3.8

招聘岗位需求人数体现了企业人才的实际需求数量,计算设计环节不同细分领域中招

聘人数大于5人的招聘岗位占比,可以从数量上反映产业链中大量人才需求岗位占比。具有高学历与丰富经验的人才是集成电路产业特别是设计环节重点需求,而市场中具备高学历和丰富经验人才数量少,因此高学历和丰富经验本身可以体现出供给的稀缺性。不同产业链中高学历和丰富经验需求量越大,就越难满足,高学历和丰富经验占比也可以反映对人才质量的需求。薪资水平则是市场供求关系的反映,薪资水平越高,人才越稀缺,不同产业链中高薪资占比可以反映出产业链人才需求的紧缺程度。

由表3-12可以发现,"设计输入"领域的大量人才需求岗位占比、有丰富经验人才需求占比和人才的高薪资占比均最高,高学历人才需求的占比位于第二,总体来看,该领域人才需求量最大,人才需求质量也较高,市场供求关系最为紧张。因此,全国范围来看,"设计输入"领域人才需求量和高质量人才需求最为集中。"综合"领域人才需求量、高学历人才需求、丰富经验人才需求均大于"实现"领域,高薪资占比反映出"综合"领域人才的供求关系相对"实现"领域更紧张,人才需求的总体质量较"实现"更高。总体上看,"综合"领域人才需求量和需求质量大于"实现"领域,但低于"设计输入"领域,"实现"领域人才需求相对弱于前两个领域。

表3-12 设计环节人才需求分布识别　　　　　　　　　　　单位:%

	设计输入	综合	实现
大量人才需求岗位占比	46.5	39.1	36.5
高学历占比	29.0	31.5	14.5
丰富经验占比	3.7	3.5	2.7
高薪资占比	30.2	23.3	13.2

④ 人才特征与技能需求

进一步识别设计环节需求人才特征和技能,对市场需求端企业招聘要求进行TF-IDF关键词提取,分析设计环节不同领域人才需求特点。

表3-13中数据显示,"设计输入"环节人才需求的特定关键词有"编程""RTL""分析""架构""文档""前端""数字""实现""模块",这对应了"设计输入"环节将模块功能以代码来描述实现的主要任务。这一环节中RTL语言和编程能力是必备的基础技能,同时能够清楚分析客户需求、准确划分类别和模块是更重要的核心能力。

表3-13 需求人才特征与技能

细分领域	关　键　词
设计输入	开发、仿真、设计、验证、熟悉、经验、design、RTL、能力、experience、模块、测试、team、verification、FPGA、数字、数量、high、flow、编程、实现、系统、类别、流程、分析、合作、语言、沟通、test、调试、架构、文档、Prel、时序、前端
综合	工程师、经验、模拟、产品、电路、应用、熟悉、电路设计、分析、team、验证、版图、测试、逻辑、设计、类别、专业、团队、沟通、流程、仿真、DFT、方案、调试、工艺、数字电路、项目、功能、工程
实现	版图、设计、工程师、经验、物理、测试、工艺、流程、沟通、产品、nm、LVS、TCL、STA、DRC、floorplan、layout、应用、布局、合作、微电子、信号、EDA、时序、优化、器件、timing

"综合"环节人才需求的特定关键词是"逻辑""电路设计""模拟""项目""功能""方案""工程",这一环节起到承上启下作用,以项目为导向,将RTL级描述进行逻辑综合,使逻辑和电路满足特定逻辑和电路功能。这一环节中逻辑综合和电路模拟是核心技能,同时要具有项目流程意识和更强的沟通交流意识,及时与上下游进行沟通和对接,确保电路设计功能的实现。

"实现"环节人才需求的特定关键词是"物理""工艺""产品""版图""布局"器件"LVS""TCL""DRC"和"时序仿真"。"实现"是设计环节的最后一环,对应物理实现和产品应用以便交付给制造环节,这一环节中版图布局、物理实现以及各种仿真验证是核心技能,全面综合的验证对于"实现"环节尤为重要。

设计环节三个不同领域均对"设计""能力""经验""熟悉"等技术能力有较高的要求,反映出集成电路整个设计环节对专业技能、实践经验和熟练度、个人能力的高要求。同时三个领域对"沟通""交流""团队"等提出要求,体现出专业能力之外,团队之间的良好的沟通、精密的分工与合作对设计环节顺利完成也至关重要。

(3) 产业链发展视角下上海集成电路设计环节人才需求讨论

集成电路作为国家战略性产业,其产业链安全与国家安全密切相关,面对全新外部形势,中国集成电路产业发展在全球分工下的产业链中遭遇"卡脖子"威胁。基于政策文本分析结果,集成电路产业链关键环节——设计环节亟须加强自主研发、突破发展瓶颈以促进产业链发展。上海作为全国集成电路产业重镇势必承担更多战略使命,进一步识别上海市设计环节人才需求分布特点,并为上海市精准培养人才、突破设计环节发展瓶颈提出建议。

由表3-14可以发现,与全国相比,上海市人才需求分布有自身特点。从人才需求量角度来看,大量人才需求岗位占比相较于全国较小,需求量缺口相对较小。而高学历和丰富经验人才需求占比远超全国,人才需求质量缺口较全国更大。"设计输入"领域高学历需求占比与全国持平,但"综合"领域和"实现"领域高学历需求较全国更高,考虑到"综合"领域高学历人才需求与其他两个领域相比占比最大,说明上海在"综合"领域的高学历人才需求存在更大缺口。上海市对于有丰富经验人才的需求在三个领域均较全国更为集中,最突出表现在"设计输入"领域有丰富经验的人才需求。综合来看,上海市"设计输入"和"综合"领域高质量人才需求更加集中。

表3-14 上海市与全国人才需求分布对比表 单位:%

需求分类	地域范围	设计输入	综合	实现
大量人才需求岗位占比	上海	44.1	32.3	38.2
	全国	46.5	39.1	36.5
高学历占比	上海	29.0	36.7	18.7
	全国	29.0	31.5	14.5
丰富经验占比	上海	8.3	5.7	5.6
	全国	3.7	3.5	2.7
高薪资占比	上海	24.8	20.9	15.1
	全国	30.2	23.3	13.2

然而，上海市高薪资占比在"设计输入"和"综合"领域小于全国，一定程度上反映了上海高素质人才供给情况好于全国水平。"实现"领域高薪资占比大于全国水平，体现供求关系相对紧张。综合来看，上海市设计环节"设计输入"和"综合"领域对高素质人才需求量大，但存在一定供给，人才缺口相对较小。"实现"领域高素质人才需求较其他两个领域相对较小，但人才供给少，供求关系紧张，人才短缺情况高于全国。

3.3.3 科创人才挖掘

电子设计自动化(electronics design automation, EDA)是集成电路设计领域后端设计环节使用工具，主要将前端设计的电路网表进行布局布线和物理验证最终转换成版图，是集成电路设计必备环节，也是集成电路技术创新进步的核心。当前，全球 EDA 产业内约八成市场份额由三巨头垄断，分别是新思科技（Synopsys）、楷登电子（Cadence）、明导国际（Mentor Graphics，现西门子 EDA 部门），位列 EDA 行业第一梯队。我国发展较好的 EDA 企业包括华大九天、概伦电子、广立微电子等，在国家政策支持下取得了一定成绩，但与国际三巨头相比还存在较大差距，大多只在部分环节具有竞争力，尚不能实现全工具链覆盖，无法满足高端芯片设计需求。人才是 EDA 技术研发第一生产力，我国 EDA 行业人才匮乏严重，EDA 产品仍严重依赖国外供应，导致集成电路产业"卡脖子"问题愈加严峻。挖掘 EDA 领域关键创新人才对于提升我国 EDA 技术水平和保持集成电路供应链稳定至关重要。

本节以 EDA 领域为例，综合获取 EDA 领域专利主题数据，建立主题词表和停用词表，采用 LDA 主题模型识别专利摘要主题，通过我国 EDA 领域不同主题专利数量与全球占比来揭示 EDA 产业薄弱环节。另一方面，创新性构建主题—发明人二模网络识别 EDA 领域核心主题，挖掘 EDA 领域内关键技术人才及合作人才，为挖掘 EDA 领域人才提供参考，亦可为集成电路领域科技创新人才挖掘提供方法支撑。

(1) EDA 领域主题模型构建

① 研究设计

本节以人才与产业数据云平台中的专利库为数据源，通过查阅集成电路和 EDA 领域相关文献确定 EDA 领域所涉及的专利分类号，进行专利检索得到研究数据。建立主题词表和停用词表，以便对主题词进行规范化处理，提高分词效率与准确性。利用 LDA 主题模型识别专利摘要主题，得到各专利主题，该模型能够深度挖掘主题语义信息，简明有效地将 EDA 领域内繁杂的专利进行主题分类，为揭示 EDA 领域的薄弱主题和核心主题提供依据。同时，利用 Gephi 软件构建主题—发明人二模网络，通过各发明者节点特征向量中心度和紧密中心度衡量发明者在网络中的重要性，从而找到核心成员、复合型人才及易合作者，并着重分析核心主题中专利发表情况，挖掘合作关系，为 EDA 人才挖掘提供参考。

② 建立词表

利用《汉语主题词表》，经过主题领域选取，采用了汉语主题词表的工程技术卷第 7 册电子技术与通信技术，和第 8 册自动化技术与计算机技术进行主题词表建立。主题词表的建立增加了分词的专业性和准确性，精确识别领域内相关专业术语，从而提升了 LDA 主题模型的效果，提高正确性。

为了进一步提高分词专指性和重要性，选取 TF-IDF 指标计算分词后每个词语的值以构建停用词表。TF-IDF 指标用于评估词语对于一个文本集合的重要程度，具有较高 TF-

IDF 的词语在文本中具有较高的代表性,能够较好描述该文本的主要信息,反之则代表性较低。代表性较低的词语,例如"用于""、""包括"等,虽不是一般意义上的停用词,但是在专利文本集合中会使得算法效率降低,并且产生一定噪声,剔除该类代表性较低的词语,能够提高算法效率,减少对主题结果的影响。因此将 TF-IDF 值排名后 1% 的词语纳入停用词表中,以进一步保证结果准确性。

③ 构建 LDA 主题模型

LDA 主题模型由 Blei 等在 2001 年提出,用于推测文档主题分布,将文本集中的每篇文本的主题以概率分布的形式给出,从而得到该篇文章主题[①]。LDA 主题模型更适用于新兴领域潜在主题的挖掘,并且对于处理较长字段有较好效果。专利摘要是专利主题的精华部分,因此将专利"摘要(翻译)"字段应用于 LDA 主题模型,从而进行专利主题识别工作。

采用困惑度(perplexity)和一致性(coherence)两个指标对主题模型个数进行划分。困惑度指在文本分析中,训练出来的模型识别某些文档包含哪些主题具有不确定性,因此困惑度数值越低,不确定性就越小,则最后聚类结果就越好。一致性是另一种主要的最优主题数目的选择指标,主题一致性越高,则不同主题之间区分度越高。因此需要确定的最优主题数应满足其对应的困惑度相对低、一致性相对高。经过计算,将主题数锁定在 2 到 30,并经过对比和数量、困惑度、一致性的综合考虑,得到最优主题数目为 14。根据每个主题所包含的词语与概率进行主题命名,命名依据是 EDA 领域内各个环节和相关部件名称,最终将 14 个主题分别命名为标签识别、时序分析、计算机安全、器件建模仿真、电路结构器件、测试装置、数字布局布线、数字验证、封装、下载器、硬件描述语言、存储器、输入编辑器、数据传输,主题分布结果如表 3-15 所示。

表 3-15 主题结果表

主题	数量	百分比/%
标签识别	12 329	11.69
时序分析	13 231	12.55
计算机安全	811	0.77
器件建模仿真	1 636	1.55
电路结构器件	3 431	3.25
测试装置	4 727	4.48
数字布局布线	11 985	11.36
数字验证	7 842	7.44
封装	1 554	1.47
下载器	2 146	2.03
硬件描述语言	16 146	15.31
存储器	14 736	13.97
输入编辑器	11 649	11.05
数据传输	3 243	3.07

---

① BLEI D M, NG A Y, JORDAN M I, et al. Latent dirichlet allocation [J]. Journal of Machine Learning Research, 2012,3:993-1022.

(2) EDA 领域关键主题识别

① 薄弱主题识别

薄弱主题指 EDA 领域内技术薄弱环节,识别 EDA 产业内薄弱环节有助于"对症下药"。通过对比我国与全球 EDA 专利数量差距来揭示我国薄弱环节。根据 LDA 主题模型结果,将每个主题内专利数量按时间进行累计汇总,得到每个年代各个主题专利数量的累计总和,从而反映出某一项技术在该年代的发展情况,具体如图 3-7 所示。

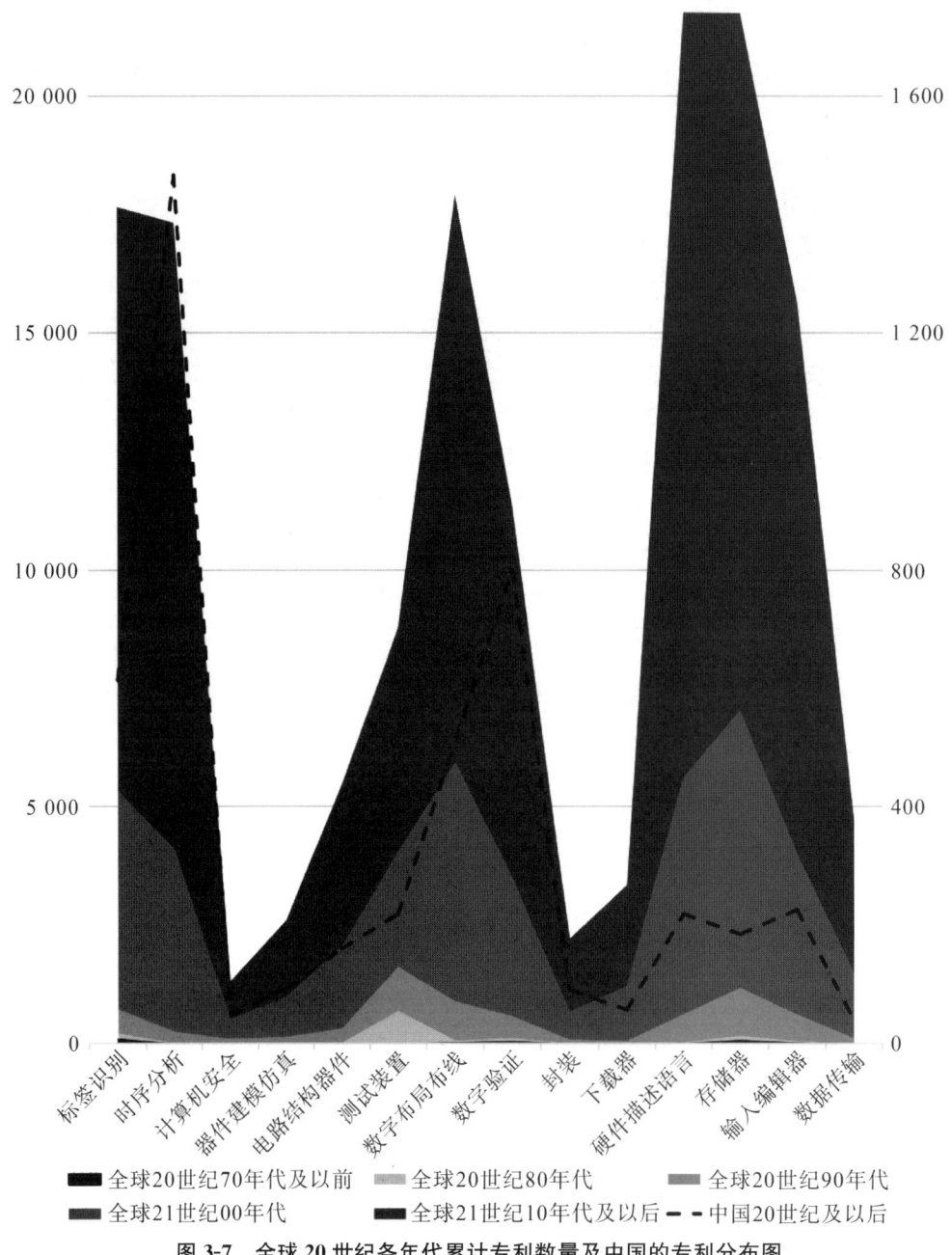

图 3-7 全球 20 世纪各年代累计专利数量及中国的专利分布图

图 3-7 展示了全球 EDA 技术发展历程,20 世纪 70 年代前存储器等可编程逻辑器件已经出现,但并未得到充分应用,技术人员仍依靠手工完成电路图输入、布局布线等。20 世纪八九十年代,硬件描述语言、数字布局布线、测试装置等技术逐渐发展起来,并被慢慢应用到 EDA 产业中。21 世纪后,硬件描述语言、数字布局布线等功能更加强大,且更大规模的可编程逻辑器件在不断推出。在 21 世纪 10 年代及以后,发明数量较多的主题是硬件描述语言、时序分析、存储器、输入编辑器、标签识别,并且此类主题依旧是近年 EDA 领域的研究热点。

对比我国 EDA 相关专利情况,时序分析等方面表现亮眼,在器件建模仿真、数字布局布线、数字验证等方面专利数量也与国际比例较为接近,说明我国此类技术紧跟国际发展。但在硬件描述语言、存储器、输入编辑器等方面我国专利数量过少,尤其在 21 世纪 10 年代以后,我国与全球存在明显差距,使得我国 EDA 产业链中这几类领域技术实力相对薄弱,成为 EDA 产业瓶颈。综上分析,我国 EDA 产业薄弱环节是硬件描述语言(全球 15.31%、中国 4.63%)、存储器(全球 13.97%,中国 3.91%)、输入编辑器(全球 11.05%,中国 4.78%)、数据传输(全球 3.07%,中国 0.82%)等四大领域。

② 核心主题识别

核心主题是我国实现自主研发 EDA 产品的核心环节,能够影响产业技术发展,是具有较高价值的技术。识别 EDA 产业内核心环节能够推动我国开发出更具有竞争力的 EDA 产品,带动产业链内相关产业快速发展。关于技术专利核心主题识别,主要使用词频分析、文本聚类、主题模型等文本挖掘的方法,但该类方法难以准确识别核心专利;或是基于专家经验识别法,但该方法容易受个人主观经验影响而产生偏差。

本节创新性采用社会网络法构建 EDA 领域内主题—发明人二模网络进行关键技术人才的识别。在二模网络的无向网络中,以专利主题为一类节点,专利第一发明人为一类节点。一个主题下可以存在多个发明人,一个发明人亦可以发明不同主题专利,这种联系将原本简单的存在联系发展为复杂网络关系。该二模网络中节点权重是一个发明人发明专利数量或一个主题下的发明人数量,边的权重为一个主题下该发明人的专利数目,研究通过主题节点的特征向量中心度和紧密中心度衡量不同主题在网络中的重要性,从而发现网络中的核心主题。二模网络结构如图 3-8 所示。

计算二模网络中主题节点的特征向量中心度以识别核心主题。特征向量中心度是刻画行动者中心度以及网络中心势的标准化测度,从而找到网络中最核心成员。将数据导入到 Gephi 软件中分析得到,各主题按照特征向量中心度的值排序为:硬件描述语言(1.0)、存储器(0.85)、时序分析(0.83)、标签识别(0.69)、输入编辑器(0.66)、数字布局布线(0.63)、数字验证(0.51)、测试装置(0.23)、电路结构器件(0.18)、数据传输(0.13)、封装(0.08)、器件建模仿真(0.07)、下载器(0.045)、计算机安全(0.042)。

此外,社会网络中的紧密中心度也能衡量一个节点重要性。紧密中心度是从一个给定起始节点到所有其他节点的平均距离,度量它与其他节点的距离,即紧密程度。经过 Gephi 软件计算得到的结果与特征向量中心度相似,重要性靠前的主题有硬件描述语言、存储器、时序分析等。

③ 关键主题总结

将薄弱主题和核心主题汇总,同时结合最新 EDA 领域研究热点,归纳出我国现在需要

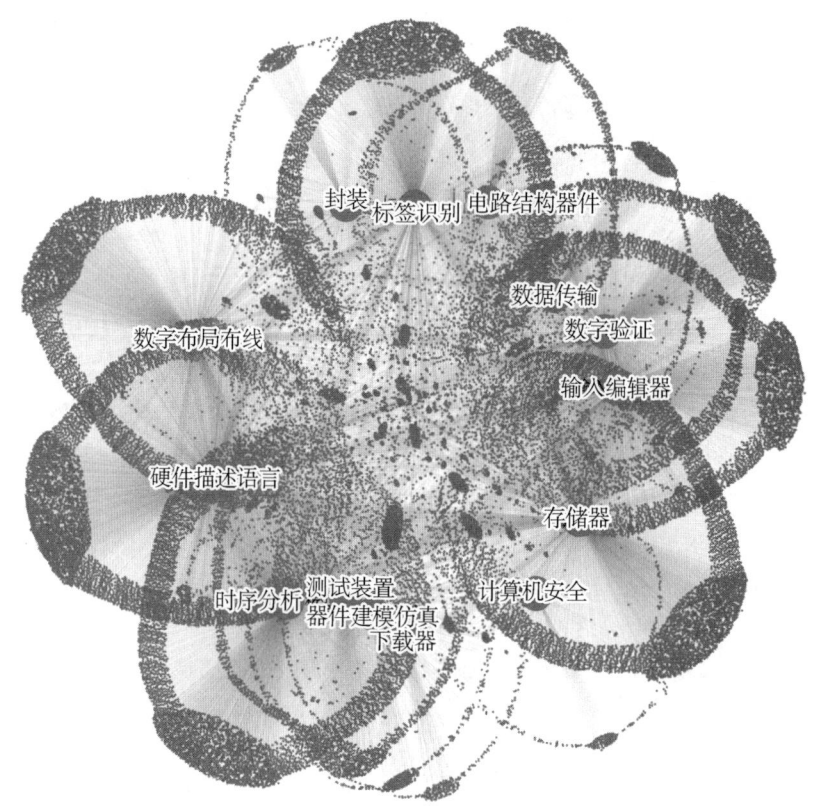

图 3-8 主题—发明人二模网络图

重点关注和需大力发展的五大主题有：硬件描述语言、存储器、输入编辑器、标签识别、时序分析。结合现实生产情况，我国在这些领域内创新深度和广度不足，逻辑综合和存储器等领域并不能达到现有主流工具水平，EDA 领域内各技术发展不均衡，不能以高水平覆盖逻辑、验证等各个环节。人才作为 EDA 技术研发的关键力量，挖掘五大关键主题领域内人才能够在一定程度上弥补我国关键技术环节缺陷，逆转我国 EDA 产业现状。

（3）EDA 领域关键人才挖掘

选取各个主题领域下发明数量较多的前五位发明者，如表 3-16 所示。一个主题下某一发明者的专利数量越多，则说明该发明者在此领域的垂直研究深度较深，且创新能力和技术水平较高。

表 3-16 以数量排序的关键人才

主题	发明者	国家	发明数量
硬件描述语言	Geoffrey B. Rhoads	美国	86
	Francisco Martinez de Velasco Cortina	美国、德国	53
	Jason K. Resch	美国	41
	Andrew D. Baptist	美国	39
	Daniel Arthursson	瑞典	39

续表

主题	发明者	国家	发明数量
存储器	Kia Silverbrook	澳大利亚	299
	Michael K. Gschwind	美国	43
	Yoshiaki Eguchi	日本	38
	Mark T. Hanson	美国	35
	Shinichi Nakayama	日本	30
时序分析	Wayne C. Boncyk	美国	656
	Daniel Illowsky	美国	48
	James H. Brauker	美国	44
	Geoffrey B. Rhoads	美国	44
	Roderick A. Hyde	美国	37
输入编辑器	Kia Silverbrook	澳大利亚	219
	Eran Steinberg	美国	77
	Paul Lapstun	澳大利亚	77
	Sanjiv Sirpal	加拿大	54
	Louis B. Rosenberg	美国	43
标签识别	Kia Silverbrook	澳大利亚	734
	Paul Lapstun	澳大利亚	659
	Charles A. Taylor	美国	116
	Geoffrey B. Rhoads	美国	84
	Kenneth H. Abbott	美国	59

其次,通过二模网络各发明者节点的特征向量中心度和紧密中心度可以衡量发明者在网络中的重要性,从而找到核心成员。核心成员在整个 EDA 产业中有较高影响力,且对其他发明节点产生影响。结合表 3-17 结果,筛选出在主题领域内专利发明数量多且是核心成员的发明者,按各主题内部专利数量降序排列的发明人名单如下。

表 3-17 各主题领域的核心成员表

主题	发明者	国家	中心度	主题	发明者	国家	中心度
标签识别	Kia Silverbrook	澳大利亚	0.042 7	存储器	Kia Silverbrook	澳大利亚	0.042 7
	Steven Teig	美国、德国	0.039 3		Steven Teig	美国、德国	0.039 3
	Ian J. Forster	英国	0.038 8		Geoffrey B. Hoese	美国	0.039 2
	Erik Todeschini	美国	0.038		Ian J. Forster	英国	0.038 8
	Alexander J. Cohen	美国	0.038		Erik Todeschini	美国	0.038

续表

主题	发明者	国家	中心度	主题	发明者	国家	中心度
	Sprague H. Ackley	美国	0.039		Alexander J. Cohen	美国	0.038
	Shunpei Yamazaki	日本	0.036 5		Sprague H. Ackley	美国	0.039
	Alex Nugent	美国	0.036 2		Shunpei Yamazaki	日本	0.036 5
	Geoffrey B. Rhoads	美国	0.034 5		Alex Nugent	美国	0.036 2
	Igal Raichelgauz	美国、以色列	0.033 3		Geoffrey B. Rhoads	美国	0.034 5
	James Proud	美国	0.033 1		Igal Raichelgauz	美国、以色列	0.033 3
	Jay S. Walker	美国	0.032 9		James Proud	美国	0.033 1
	Donald R. High	美国	0.032 2		Jay S. Walker	美国	0.032 9
	Roderick A. Hyde	美国	0.032 2		Donald R. High	美国	0.032 2
	Ulrich Friedrich	德国	0.032 2		Ulrich Friedrich	德国	0.032 2
	Jan W. Amtrup	美国	0.032		Jan W. Amtrup	美国	0.032 2
时序分析	Kia Silverbrook	澳大利亚	0.042 7	输入编辑器	Kia Silverbrook	澳大利亚	0.042 7
	Steven Teig	美国、德国	0.039 3		Steven Teig	美国、德国	0.039 3
	Ian J. Forster	英国	0.038 8		Ian J. Forster	英国	0.038 8
	Erik Todeschini	美国	0.038		Erik Todeschini	美国	0.038
	Alexander J. Cohen	美国	0.038		Alexander J. Cohen	美国	0.038
	Sprague H. Ackley	美国	0.039		Sprague H. Ackley	美国	0.039
	Shunpei Yamazaki	日本	0.036 5		Shunpei Yamazaki	日本	0.036 5
	Alex Nugent	美国	0.036 2		Alex Nugent	美国	0.036 2
	Geoffrey B. Rhoads	美国	0.034 5		Geoffrey B. Rhoads	美国	0.034 5
	Igal Raichelgauz	美国、以色列	0.033 3		Igal Raichelgauz	美国、以色列	0.033 3
	James Proud	美国	0.033 1		James Proud	美国	0.033 1
	Jay S. Walker	美国	0.032 9		Jay S. Walker	美国	0.032 9
	Donald R. High	美国	0.032 2		Donald R. High	美国	0.032 2
	Roderick A. Hyde	美国	0.032 2		Roderick A. Hyde	美国	0.032 2
	Ulrich Friedrich	德国	0.032 2		Ulrich Friedrich	德国	0.032 2
	Jan W. Amtrup	美国	0.032		Jan W. Amtrup	美国	0.032
硬件描述语言	Geoffrey B. Rhoads	美国	0.034 5	硬件描述语言	Kia Silverbrook	澳大利亚	0.042 7
	Igal Raichelgauz	美国、以色列	0.033 3		Steven Teig	美国、德国	0.039 3
	James Proud	美国	0.033 1		Ian J. Forster	英国	0.038 8
	Jay S. Walker	美国	0.032 9		Erik Todeschini	美国	0.038
	Donald R. High	美国	0.032 2		Alexander J. Cohen	美国	0.038

续表

主题	发明者	国家	中心度	主题	发明者	国家	中心度
	Roderick A. Hyde	美国	0.032 2		Sprague H. Ackley	美国	0.039
	Ulrich Friedrich	德国	0.032 2		Alex Nugent	美国	0.036 2
	Jan W. Amtrup	美国	0.032				

可以发现，EDA 领域核心发明人主要集中在美国，美国 EDA 产业处于技术垄断地位，与之相比，我国的创新人才无论在数量还是影响力上都相对缺乏。在具体各个领域中，一些国家技术优势也表现明显。澳大利亚学者 Kia Silverbrook 在标签识别、输入编辑器、存储器三大领域中卓有成就，发明数量和领域影响中都处于核心领先位置。Kia Silverbrook 学者是 Silverbrook Research 的共同创始人，也是世界上最高产的发明者之一，主要研发打印技术，同时也涉足芯片、软件研发。他曾在 2012 年与 Memjet 达成协议，担任 Memjet 董事会特别顾问及 Memjet 发展顾问，且 Memjet 将直接拥有并控制与其技术相关的知识产权组合，其中包括全球约 4 000 份已经获得或正在申请中的专利。我国芯片研发和 EDA 产业发展可以通过类似核心人才顾问方式、技术学习等方式开展合作与创新。

(4) EDA 领域合作关系挖掘

发明者之间形成合作关系，不仅可以加深同一方向上研究深度，不同方向的发明者之间进行合作还可以碰撞出新的火花，从而创新出更多结果。主题—发明者二模网络作用不限于挖掘技术创新人才，就发明者而言，也能够通过网络链接找到易合作的发明者。

复合型人才。复合型人才指在多个领域中均有建树的人才，他们拥有丰富的多领域知识积累和工作经验，能够发挥不同领域人才专业优点，增大合作成功可能性，是实现跨领域合作的切入口。通过二模网络内不同领域的交叉部分可以获取复合型人才资源，具体名单如表 3-18 所示。我国可以从自身较为优越的领域出发，比如时序分析，寻找涉及该领域及想要合作的目标领域复合型人才，寻求共同研发机会，从而通过优势领域的提升同步带动目标领域专业能力的增长。

表 3-18 复合型人才列表

复合型人才	涉及主题数	国家或地区	复合型人才	涉及主题数	国家或地区
Shunpei Yamazaki	14	日本	Aviv Soffer	8	以色列
Kia Silverbrook	14	澳大利亚	Jian Wang	8	中国大陆
Louis B. Rosenberg	12	美国	Wang Wei	8	中国大陆
Jun Koyama	10	日本	Lee D. Whetsel	8	美国
Jeffrey D. Mullen	9	美国	Ralph F. Osterhout	7	美国
Koenck Steven E.	9	美国	Tetsujiro Kondo	7	日本
Kevin B. Leigh	9	美国	William J. Armstrong	7	美国
Erik Todeschini	8	美国	Martin Vorbach	7	德国
Jason T. Griffin	8	加拿大	Paul Lapstun	7	澳大利亚

续表

复合型人才	涉及主题数	国家或地区	复合型人才	涉及主题数	国家或地区
Alexander J. Cohen	8	美国	Jason K. Resch	7	美国
Swartz Jerome	8	美国	Nishiumi Satoshi	7	日本
Chin Fu Chang	8	中国台湾	Liu	7	美国
Farnworth Warren M.	8	美国			

易合作者挖掘。除了复合型人才能够促进合作外,还有一些发明人与周围学者关系较为紧密,二者之间也能达成合作关系,此种情况可以通过社会网络中的集聚系数衡量。在图论中,集聚系数是用来描述一个图中的顶点之间结集成团的程度的系数,即一个点的邻接点之间相互连接的程度。集聚系数越接近1,说明该点的邻居们趋于成团,合作机会就会增加;越接近0,则其周围的邻居们各自散乱,其周围的合作机会减少。在一模网络中,集聚系数是通过发现网络中的三角形结构来计算该节点,但是在二模网络中两类节点不可能形成封闭的三角形结构,因此软件中的计算集聚系数的方法不适用于二模网络。利用二模网络中特有的四边形结构计算节点的集聚系数,即该节点存在四边形结构(潜在的四边形结构+该节点存在的四边形结构)。结果显示各位易合作者中,虽然有的发明人专利数量不多,但是其集聚系数较高,说明其研究特性和在网络中的位置易于与他人形成合作,因此可以发掘以这些学者为中心,相应节点的邻居们为合作者的潜在合作圈子开展交叉合作,结果如表3-19所示。

表3-19 易合作者列表

易合作者		
ロビンストーマスチャールズ	Carr J. Scott	Hatano Yoshiaki
Luo Lei	Sakurai Takahiro	石振锋
Roger Green Stewart	Gombrich Peter P	Yasuyuki Arai
Mark Fishel Novak	Monico Dominick L.	Juha Maijala
David T. E. Ely	Tsutao Nishizaki	王伟
Kobayashi	Jackson William Wegelin	John David Landers Jr
小林雄一	Malackowski Don	Hitoshi Kitayoshi
Watanabe Hiroshi	橋本勝己	Michael A. Daily
Sauer Werner	Mitsuo Usami	Wolff Gregory J.
Matthew Murray Williamson	Joshua Lewis Colman	William A. Linton

中编

人文社科研究数据管理

当前,在人文社科数据的规范化管理中,研究数据管理领域是其中最有代表性、成果最为丰硕的方向之一。随着统计数据、历史研究数据、社会研究数据、社交数据、调查数据等各类数据的不断公开和完善,数据在学术研究和社会生活等多方面的价值愈发显著,基于数据的细粒度管理、协作与利用也渐受人文社科学者的重视。

第4章人文社科研究数据管理,由研究数据管理内涵过渡到研究数据的全生命周期管理,再到研究数据的保障性管理。研究数据管理以人文社科学者共享其研究数据集为前提,实现研究数据规划与采集、数据组织与处理、数据存储与发现、数据共享与利用、数据引证与评价等方面的全生命周期管理,以及研究数据管理工具、监管服务和隐私保护的保障性管理,形成对研究数据的周期性和系统性维护,推动研究数据的共享和增值,提升数据共享协作效率,优化研究数据服务供给。

第5章研究数据共享与评价,在明确研究数据全生命周期管理的基础上,释放研究数据价值,探讨研究数据共享模式与评价机制。遵循"建设好、管理好、使用好"的开放思路,围绕研究数据的开放互联、自助分析与开发利用,挖掘研究数据共享所产生的动能;聚焦开放数据、分级授权、联盟上链、数据沙箱、联邦学习、数据密室六个层级,探讨研究数据有序、有规则、有层次的开放模式;以科研人员为点、研究数据为线、开放共享为面,洞察研究数据开放共享影响机制;深入研究数据的生产、利用和分析过程,以开放数据集、数据论文、高被引研究数据集等数据出版形式为例,探索研究数据共享影响力评价机制。由此,在研究数据学术价值的不断深化过程中,体现数据创建者、生产者、管理者、使用者的价值,并实现数据价值的利益分配。

依托新的数据采集工具与方式,构建研究数据管理平台成为人文社科数据管理的必然趋势。第6章研究数据管理平台实践,系统介绍华东师范大学构建的系列研究数据管理平台。其中,人文社科大数据平台以服务教学、科研为目标,实现对华东师范大学人文社会科学领域各类数据的跨学科、跨领域管理;研究数据中台实现学校人文社科研究数据管理与共享,打造覆盖数据创建、发布、计算、引用、追溯的闭环创新生态;文科实验室数据平台为学校提供数据归集、可视化和实验平台,鼓励文科师生将数据驱动的研究范式融入传统文科的研究与教学中,培养知识面广、具有创新思维的复合型跨学科人才。

4 人文社科研究数据管理

在大数据环境下,数据体量呈爆发式增长,各个领域都把数据作为核心要素提到了重要位置,重视从数据中发现问题、分析问题、找出规律。在人文社科领域,随着可资利用数据资源的不断丰富和完善,人文社会科学研究逐渐向以数据为驱动的新型研究模式转型。

4.1 研究数据管理概述

2018年,我国出台《科学数据管理办法》,强调要"加强和规范科学数据管理,适应大数据发展趋势,积极推进科学数据资源开发利用和开放共享"[①]。研究数据管理以人文社科学者共享其研究数据集为前提,实现研究数据的全生命周期管理和保障,推动研究数据的共享和增值,提升数据共享协作效率。

4.1.1 研究数据管理相关内涵

数据密集型科研范式下,对研究数据的有效管理成为支撑数据密集型科学发现的重要保障。由此,研究数据管理的理念和实践逐渐被提出并推广开来。研究数据管理是通过对研究数据进行收集、整理、共享,从而实现数据的增值来推动创新。

当前,研究数据管理(research data management, RDM)已经引起了全球的广泛关注。研究数据,即科学研究中通过测算、计量、观察、访谈、调查、实验、建模等方法获得或产生的数据,国外学者主要用"scientific data""research data"来表示,国内学者一般以"科学数据""研究数据"来指代。在国外图书馆的数据管理实践中,研究数据管理多用"research data management"来描述。例如牛津大学、诺丁汉大学、康奈尔大学、爱丁堡大学等,都建立了"research data management website"来服务学校的研究数据管理。在国内图书馆的数据管理实践中,多用科学数据管理来描述,例如复旦大学社会科学数据平台、华东师范大学人文社科数据管理系列平台、武汉大学科学数据管理平台等。本节认为,研究数据管理和科学数据管理都是指对科学研究获得或产生的数据进行管理和服务,二者具有相同的涵义,故以研究数据管理为表达方式。

4.1.2 研究数据管理相关政策

各研究团体或高校机构在开始研究数据管理之前,需要调研未来服务的科研用户对数

---

① 国务院办公厅关于印发《科学数据管理办法》的通知[EB/OL].[2022-09-04]. http://www.gov.cn/zhengce/content/2018-04/02/content_5279272.htm.

据访问、发布、存储、检索、分析、共享等操作的需求，以及研究产生数据的类型、数据之间的关系等，在此基础之上选择能够满足用户需求和未来发展需要的数据管理平台。在国外研究数据管理实践中，Parsons 对诺丁汉大学利用数据资产框架(data asset framework, DAF)进行研究数据管理开展了需求调查。在国内研究数据管理实践中，华东师范大学先由社会发展学院成立社会工作实训与社会调查中心，后又从学校层面成立研究数据专职机构调查与数据中心；武汉大学图书馆在进行中国高校科学数据管理与服务机制和平台建设时，首先选取社会学系为试点，对师生科学数据管理的需求进行了问卷调查和访谈调查，以了解师生的科学数据管理行为和需求；复旦大学社会科学数据平台在进行选型时，也充分考虑了本校的实际需求，最终选择在 Dataverse 平台基础上进行二次开发实现。

研究数据管理政策是数据管理的基础和保障。美国和英国的多所科研机构已经制定了相应的研究数据管理相关政策，如美国科学基金会(National Science Foundation, NSF)、美国国家卫生研究院(National Institutes of Health, NIH)、美国人文基金会(National Endowment for the Humanities, NEH)、英国曼彻斯特癌症研究院(Cancer Research UK Manchester Institute, CRUK)、英国艺术与人文研究委员会(Arts and Humanities Research Council, AHRC)等。2008 年，欧盟提出了欧盟科学数据长期保存计划(permanent access to the records of science in Europe, PARSE. Insight)。2011 年，英国研究理事会(UK Research Councils, RCUK)公布了一套数据政策的共同原则。英国的工程和物理科学研究委员会(Engineering and Physical Sciences Research Council, EPSRC)2011 年就发布了其科学数据的政策框架。欧洲研究型图书馆协会(Association of European Research Libraries, LIBER)也于 2012 年发表了"图书馆启动研究数据管理工作的十条建议"，如表 4-1 所示。

表 4-1　图书馆启动研究数据管理工作的十条建议

序号	具 体 内 容
1	提供管理研究数据的支持，包括申请资金所需的数据管理计划、知识产权建议及相关信息资料。协助教师实施数据管理计划并将数据管理融入课程之中
2	参与元数据及数据标准的制定，为研究数据提供元数据服务
3	创建"数据馆员"岗位，针对数据馆员职责培养员工的专业技能
4	积极参与制定机构的研究数据政策，包括资源计划。支持适用于研究数据生命周期的开放数据政策并加以采用
5	与学者、研究群组、数据档案馆和数据中心保持联络并展开合作，进而为数据获取、发现与共享建设一套可互操作的基础设施
6	面向存储、发现与永久获取提供服务，支撑研究数据的生命周期
7	将永久标识符应用到研究数据之上，促进研究数据引用
8	依据现有基础设施，建设一个机构的数据目录或数据知识库
9	参与专门学科的数据管理实践
10	与机构的 IT 部门协作，提供或协调动态与静态研究数据的安全存储，并/或探索开发适合的云服务

资料来源：LIBER. 图书馆启动研究数据管理工作十条建议[J]. 宋菲，译. 图书情报工作动态，2013(1)：18.

全球多所高校也成立了相应的数据管理机构,制定了研究数据管理的政策,并形成了各种数据管理的实施指南和最佳实践,如哈佛大学、斯坦福大学、杜克大学、牛津大学、爱丁堡大学等。爱丁堡大学 2012 年成立了跨部门的研究数据管理政策信息服务执行委员会。诺丁汉大学的研究数据管理政策主要基于两个出发点:一是科研人员最期望得到的数据管理服务;二是学校如何通过专门的措施和服务来保障研究人员的数据管理需求得到满足,最终共制定 11 条研究数据管理政策,如表 4-2 所示。此外,研究数据安全策略、信息分类政策、数据丢失报告政策等内容也被纳入到研究数据管理政策中。这些研究数据管理的政策、平台、技术的成熟为人文社科数据规范化管理奠定了基础。

表 4-2 研究数据管理相关政策

序号	具 体 内 容
1	在整个数据生命周期中,研究数据库将被学校进行高标准管理
2	通过制定研究数据管理计划,由项目组主要负责人负责管理
3	以后所有的研究计划都必须包含数据管理计划,详细描述数据管理、安全、保存、共享、出版等
4	学校将提供研究数据管理培训、研究数据管理指导、模板等支持手段
5	学校将提供研究数据的存储、备份、注册、管理等长期或短期服务
6	无论是保存在第三方或互联网的数据,只要版权属于学校,就必须在学校登记
7	根据基金或其他管理需求,研究数据库管理计划须保证研究数据能够被访问或重新使用
8	由项目负责人来决定研究数据的法律、伦理和商业限制
9	研究数据的隐私和其他正当权益必须被保护
10	所有数据将经过评估后,将其保存在合适的知识库中
11	除非项目资助的要求外,禁止将研究数据的访问和出版权无保留的出售给商业组织

4.1.3 研究数据管理相关实践

近年来,研究数据管理已经引起了高校、图书馆等机构的关注,并开展了各类数据监管项目来促进研究数据的管理。国内外,尤其是自然科学领域已经在研究数据管理领域开展了大量的研究,各高校及其图书馆在研究数据管理中也明确了研究数据管理的相关政策、开展流程,形成了一些最佳实践。

全球最大的社科数据管理项目社会科学数据保存联盟(Data Preservation Alliance for the Social Sciences, Data-PASS)成立于 2004 年,是美国国家数字管理联盟(National Digital Stewardship Alliance, NDSA)的创始成员。Data-PASS 是一个自愿合作组织,其成员包括哈佛大学定量社会科学研究所(Institute of Quantitative Social Science, IQSS)、北卡罗来纳大学教堂山分校霍华德·奥德姆社会科学研究所(Howard W. Odum Institute for Research in Social Science)、校际政治与社会研究联盟(Inter-university Consortium for Political and Social Research, ICPSR)、美国国家档案和记录管理局电子与特殊媒体文件服务部(Electronic and Special Media Records Service Division, National Archives and Records Administration)、康涅狄格大学罗珀民意研究中心(Roper Center for Public

Opinion Research)、加州大学洛杉矶分校社会科学数据档案中心(Social Science Data Archive, SSDAS)、雪城大学定性数据仓储中心(Qualitative Data Repository, QDR)、康奈尔大学康奈尔社会和经济研究所(Cornell Institute for Social and Economic Research, CISER)等机构,提供数据选择标准、确定数据来源、数据评估、元数据的版权和许可、数据获取、数据安全等服务。

英国数据存储中心(UK Data Archive, UKDA)建立于1967年,是由英国经济和社会研究理事会(Economic and Social Research Council, ESRC)资助、埃塞克斯大学负责建设的科学数据存储中心,数据涵盖了社会科学、人文社科、环境保护等多个领域,提供数据使用的相关政策研究、指导和培训,提供数据保存服务、数据获取服务、数据使用服务、数据管理服务等;俄亥俄州图书馆与信息合作网(Ohio Library and Information Network, OhioLINK)是一个由大学图书馆和俄亥俄州高等教育部门共同组建的合作机构,也是美国成立较早的州域学术图书馆联盟之一,主要包括数字资源中心、数字资源联合采购、联合仓储等服务。

在国内研究数据平台的搭建中应用较为广泛的平台软件为Dataverse,代表性有北京大学开放研究数据平台、复旦大学社科数据平台、南京大学人文社科大数据平台,以及华东师范大学人文社科大数据平台。北京大学开放研究数据平台为用户提供研究数据的浏览、检索和下载等服务,并提供数据支持功能,包括在线浏览和统计分析、数据在线格式转换和子集拆分、数据可视化展示、数据变量搜索、数据关联出版物链接等功能。目前,该平台已经收录了北京大学中国调查数据资料库(包括中国家庭追踪调查、中国健康与养老追踪调查、北京社会经济发展年度调查等)、北京大学健康老龄与发展研究中心、北京大学可视化与可视分析研究组、北京大学生命科学学院生物信息学中心等跨学科的开放数据。复旦大学社科数据平台是哈佛大学在Dataverse Network方面研究的合作伙伴,整合了用户管理、权限管理、数据和分类管理、站点管理、收割管理、研究成果管理、衍生出版物管理、日志与统计等功能。目前该平台上收录了"复旦能源""长三角社会变迁调查""人口普查""居民消费和碳排放"等专题特色数据。南京大学人文社科大数据平台为用户提供数据采集、挖掘、分析、应用等一系列数据服务,在大数据分布式大数据存储和查询、大数据并行计算模式与系统、Hadoop/Spark性能优化与功能增强、分布式文件系统、大数据机器学习算法与系统、大规模文本语义分析、大规模语义数据管理与查询分析、大数据体系结构与云计算、大规模Web信息挖掘集成、大数据行业应用等方面开展了广泛的研究。华东师范大学人文社科大数据平台主要用于华东师范大学校内研究数据的存储、管理、分析和共享。当前,平台已上线了多个数据集,覆盖了社会、城市、教育、经济等多个学科领域。

4.2 研究数据全生命周期管理

研究数据生命周期是指研究数据从产生、组织、描述、保存、发布到访问、使用和评价的循环过程,其实质是依据科研活动过程来管理数据[①]。目前,科研活动与研究数据生命周期的混合研究在学界广受重视,美国国家自然科学基金会科学数据生命周期管理小组等国家组织委员会、英国数据管理中心等数据管理专业机构以及澳大利亚国家数据服务等机构纷

---

① 师荣华,刘细文. 基于数据生命周期的图书馆科学数据服务研究[J]. 图书情报工作,2011,55(1):39-42.

纷对研究数据生命周期展开研究,如表 4-3 所示。本节将从数据创建与采集、数据组织与处理、数据存储与发现、数据共享与利用、数据引证与评价等方面全面阐述研究数据生命周期管理过程。

表 4-3　典型研究数据管理生命周期模型表

生命周期模型	要点摘录	提出机构或个人(年份)
DDI	8 个阶段:概念研究、数据采集、数据处理、数据存档、数据发布、数据发现、数据分析和数据重用	英国数据档案项目联盟(2014)
Research360	6 个阶段:计划和设计、收集和获取、解读和分析、管理和保存、发布和出版、挖掘和再利用	英国巴斯大学(2013)
DataOne	8 个动词:计划、收集、保证、描述、保存、发现、整合、分析	美国新墨西哥大学图书馆等(2009)
I2S2	2 个阶段:基础阶段(提出计划,同行评议,进行实验,数据处理、分析和解释,最终报告研究成果)和理想化阶段(评估和质量控制,元数据和上下文信息的文件,存储、归档、保存和管理、知识产权、禁止和访问控制)	英国结构化科学整合基础设施项目(2009)
ANDS	8 个动词:创建、存储、描述、识别、注册、发现、获取、开发	澳大利亚国家数据服务(2008)
UKDA	6 个阶段:数据创建、数据加工、数据分析、数据保存、数据访问、数据再利用	英国埃塞克斯大学(2007)
DCC	6 个阶段:概念化,创建和接收数据,评测和选择数据,长期保存和存储,访问、使用和重用,转换	英国数据管理中心(2004)
OAIS	6 个功能实体:数据收集、归档存储、数据管理、管理、保存规划和数据访问	N. Beagrie 等(2001)

4.2.1　数据规划与采集

（1）数据规划

数据规划是对数据整体状况的描述,对生成的数据类型、数据组织方式、数据管理责任、数据描述工具、数据共享计划、存储及备份手段、短期数据保存计划、伦理及法律问题、预算以及机构资源等进行规划。数据规划强调全面性和可操作性,从研究数据采集、组织、存储、处理及共享利用等生命周期阶段进行数据管理计划构建与实施,提升研究数据管理的质量与效率。

数据规划贯穿数据生命周期管理的全过程,无论是对提高数据的可用性、确保数据保存和可访问性,还是对数据监管项目的长远发展和未来研究都具有重要意义。现今越来越多的资助机构开始强制要求需在项目申请时提交数据管理计划,如地球观测数据网(Data Observation Network for Earth, DataOne)项目的资助方——美国国家科学基金会(National Science Foundation, NSF)就要求参加项目的小组提供数据管理计划。此外,美国国家航空航天局(National Aeronautics and Space Administration, NASA)、英国生物技术与生物科学研究理事会(Biotechnology and Biological Sciences Research Council, BBSRC)、英国研究理事会(RCUK)、维康基金会(Wellcome Trust)、艺术与人文研究委员会

(AHRC)等在项目申报时均提出类似要求。数据规划可以由数据管理人员辅助科研人员或科研团队独立完成,也可使用专门的数据管理计划工具生成,DataOne 项目中就有专门的数据管理计划工具(data management plan, DMP),英国数据管理中心(Digital Curation Center, DCC)开发的 DMPOnline 也有比较广泛的应用,利用相关的工具可以制定出符合政策要求和实际科研需要的数据规划。不管是团队编制,还是工具生成,一般的数据规划都应包含预算信息、数据类型(如空间数据、时间数据、仪器生成数据、模型数据、模拟数据、图像数据、视频数据等,或者是原始数据、观测数据、加工数据、数据产品、环境数据等)、数据大小、访问和安全策略、元数据标准、数据权限、相关的软硬件设备等,数据规划还会定义项目参与者的角色以及数据收集、质量保证、描述、存储和访问的工作流[①]。虽然数据规划是在研究概念化阶段就被创建,但还需在数据生命周期管理中不断被审视和更新,需密切追踪和进行相应调整,使其在数据生命周期的各个阶段都能发挥重要的指导作用。

(2) 数据采集

数据采集是研究数据全生命周期管理的重要基础。数据采集应符合数据仓储机构、数据管理平台的收录要求,遵循个人隐私保护和知识产权保护等相关法律法规。当数据集涉及个人隐私、商业秘密、国家秘密时,应当按规定删除其中的敏感信息,保护个人、机构、国家的利益不受侵害,确保研究数据的合法获取与归属权认证。数据采集也强调对数据背景信息的获取,作为对研究数据的补充,能够帮助理解数据内涵、管理流失信息,从而保证研究数据体系的完整性。

在数据采集阶段对数据内在质量的把控至关重要。研究数据的涉及范围宽泛、来源渠道多样,导致在数据采集阶段需要考虑多方面的因素,而这些因素又直接影响研究数据的质量。如研究人员的素质、操作的科学性、客观的研究环境、仪器设备的精密度、生产流程的专业度等客观因素,都会直接影响数据内容的呈现质量。数据的收集方式也直接影响研究数据的时效性和准确性,对于不同来源、不同类型的数据需要按统一的数据标准、规范和流程进行采集,确保数据来源的稳定性、完整性和准确性。

4.2.2 数据组织与处理

(1) 数据处理

通常情况下,数据价值的实现高度依赖于数据的规模质量。在数据采集后,需要对数据进行清洗,实现粗糙数据的净化,最终实现数据质量的提升。数据开放时难免会涉及隐私问题,而研究数据的广泛使用,更需要注重对个人隐私的保护。因此,在数据清洗后需要对数据进行脱敏操作。数据脱敏的实质是通过构建严格的数据审查标准,制定统一的数据脱敏处理标准规范,实现对隐私数据的保护,从而可以安全发布和使用脱敏后的数据。在数据脱敏完成后,还需要进行数据关联,研究发现并构建数据间的关系,进行数据格式转换、数据整合与数据挖掘。关联起来的数据越多,数据覆盖的领域更为广泛,能够从更多的维度对研究对象进行描述,其能发挥的价值就越大。通过有效的数据清洗和关联,实现最优的数据处理,进而为科研人员提供高质量的数据产品[②]。

---

① 许鑫,刘甜,于霜.Data One 项目及其对我国数据监管工作的启示[J].图书与情报,2014(6):109-116.
② 毛璐.数据治理视域下的科研数据评价与引证研究[D].上海:华东师范大学,2020.

(2) 数据组织

良好的数据组织利于提升研究数据的共享率和数据价值。在研究数据组织过程中,需要注重对数据的描述。数据描述简单来说就是运用一定的数据描述语言对数据进行描述,以便数据存放和查取,以及后期的引用与定位。在进行数据描述时,强调建立规范、清晰的描述文档,建立元数据体系,便于后期进行解码。

元数据标准选择是数据生命周期管理过程中的基础性工作,应当具有认可度高、拓展性强、成本低、描述深度可控的特点。在数据生命周期管理中,为研究数据选择恰当的元数据标准或根据研究需求建立一套元数据标准是数据发现和数据共享的基础。选择元数据标准时,如果研究项目本身或是资助机构已经明确了特定的元数据标准,那么就使用该元数据标准,并且将其纳入数据规划之中;如果研究团体有常用的或建议的元数据标准,那么也可以使用该标准,该标准最好要能够支持和其他系统、仓储进行互操作;如果研究团体倾向使用的元数据标准没有广泛的互操作性,那么最好考虑使用简单、有互操作性的元数据标准,如都柏林核心元数据(Dublin core metadata)[①]。在英国,9个主流的科研资助机构声称,为了保障正确利用数据,在数据中要附上相关元数据[②],但是他们没有提出具体的元数据方案,而是笼统地建议采用学科领域内一般性通用元数据标准。在具体项目中,参与牛津大学科研数据监管服务(embedding institutional data curation services in research, EIDCSR)项目的图书馆员基于DC元数据创建了自己的核心元数据字段,并允许个别研究小组自定义本领域字段[③];武汉大学基于Dspace构建的"蝎物种与毒素数据管理平台"除了文献资源使用DC元数据描述外,其他数据如物种数据、基因数据和蛋白数据,都采用各自领域的专业元数据标准[④]。除了广受推崇的DC元数据外,经常用到的元数据还有描述政府信息的全球信息定位服务(global information locator service, GLIS),描述地理空间数据的美国联邦地理数据委员会(Federal Geospatial Data Committee, FGDC)的数字地理空间元数据内容标准(content standard for digital geospatial metadata, CSDGM),化学品注册、评估、许可和限制(registration, evaluation, authorization and restriction of chemicals, REACH)元素集以及馆藏的艺术作品描述类目(categories for the description of works of art, CDWA),博物馆资讯交换联盟(computer interchange of museum information, CIMI),视觉资源核心类目(the core categories for visual resources, VRA Core)等。

4.2.3 数据存储与发现

(1) 数据存储

数据存储对于研究数据生命周期管理具有重要基础性意义。数据的存储应注意保存格式的长期适用性以及对访问权限的合理控制。研究数据的合理正确的存储,需要为未来的数据访问提供解释和辩证,并为未来科研人员的使用或评估提供便捷。在数据访问上,数据

[①] 许鑫,刘甜,于霜. Data One项目及其对我国数据监管工作的启示[J]. 图书与情报,2014(6):109-116.
[②] 陈大庆. 英国科研资助机构的数据管理与共享政策调查及启示[J]. 图书情报工作,2013(8):5-11.
[③] University of Oxford. Embedding institutional data curation services in research (EIDCSR)[EB/OL]. [2022-09-17]. http://eidcsr.oucs.ox.ac.uk/docs/EIDCSR_Analy-sis Findings_v2.1.pdf.
[④] 洪正国,项英. 基于Dspace构建高校科学数据管理平台:以蝎物种与毒素数据库为例[J]. 图书情报工作,2013(6):39-42.

存储要基于数据的特征选择妥善安全的存储机制和存储架构,防止数据丢失或遗漏,保证数据的可用性。在数据存储成本上,数据的长期保存需要考虑数据完整性与成本的平衡,包括如何使数据存取不受时间、技术变化的限制。数据存储成本包括数据管理过程中资金、人力资源、设备设施等投入成本,影响成本的因素有数据保存格式、数据容量和数据保存位置等多方面[①]。数据资源的有效存储能够方便后续研究人员引用已有的科研项目成果数据,同时为研究人员的研究进程和研究方法提供数据支撑与证据证明。

研究数据主要有三个存储去向,由政府或专门资助机构资助的大型研究数据一般存储在专门的数据中心或存储库中;一些小的学科或者相对小型的研究会把研究数据存储在机构库或科研机构自己的存储系统中;还有一些研究数据被科研人员直接存储在本地的计算机或硬盘中。国内外大型的数据中心和数据保存项目有美国的数字化藏品保存项目 PAREM、多备份资源保存项目 LOCKSS、分布式数字资源保存项目 PRISM、英国的电子文件归档计划 EROS、高校研究图书馆联盟数字归档样书项目 CEDARS 以及德国的 NESTOR 项目,还有国内的国家科学数据共享工程、网络信息资源保存试验项目等。基于机构库的存储平台数目更多,许多图书馆也把机构库作为数据存储的起点,DataOne 项目中各成员节点都可以充当存储库,各自进行数据管理和维护并控制数据访问,比如普渡大学图书馆的分布式数据监管中心 D2C2、麻省理工学院的 PLEDGE 项目、康奈尔大学的 DataStaR 项目等[②]。所以,在数据存储中,既可以自己建设本地数据存储库,也可在机构库基础上扩展服务,利用自身资源优势和国内外的数据科学中心、存储中心建立良好关系,形成优势互补、学科互补、数据互操作的共享局面。

(2) 数据发现

数据发现是研究数据共享和利用的前提。清晰的、描述性的、独特的文件名不仅对数据拥有者自身较为重要,对其他研究者的查询检索和便利发现同样也十分重要。在描述数据字段、属性、参数和访问方法时,应使用定义好的、规范化的术语、叙词表和关键词表,以保证研究数据的易懂性、可移植性,并便利数据被发现。在研究数据发现过程中,数据字典是一种比较有效的方式,其能简化大型数据库构建,避免出现数据错误和提高数据质量,如地球与环境术语语义网(semantic web for earth and environmental terminology, SWEET)、行星本体论(planetary ontologies)、美国国家航空航天局的全球变化主目录(NASA global change master directory, GCMD)等术语资源在美国的不同专业领域被广泛应用[①]。

数据发现方式主要有三种,一是访问元数据库,再通过元数据与数据资源之间的唯一标识符连接到目标资源,此时数据的规范控制其实和元数据的应用结合在一起,如牛津大学的 EIDCSR 项目。二是直接访问基于 Web 的数据资源库,如 DataOne 项目中通过提供的 ONEMercury 网络接口访问成员节点中的数据,这其中也有相应的标准规范,认为文件名称要能够反映出文件的内容,包含足够的信息来唯一确定该数据文件内容,文件名称中应包含的信息包括项目缩写、研究标题、地点、调查员、研究的跨度、数据类型、版本号和文件类型等[②]。在数据文件中,还需要明确定义参数的单位,国际上有国际单位制(the international system of units, SI),而且每个学科都有自己惯用的数据单位,同时还需要保持单位编码上

---

① 毛璐. 数据治理视域下的科研数据评价与引证研究[D]. 上海:华东师范大学,2020.
② 许鑫,刘甜,于霜. Data One 项目及其对我国数据监管工作的启示[J]. 图书与情报,2014(6):109-116.

下一致。其次，数据文件可能由数据库统一管理，也可能直接存放于文件目录下（可能在本地或在 FTP 站点）①。三是既可以通过元数据系统查找、下载所需数据集，也可以通过 Web 数据库查询和访问数据，如澳大利亚南极中心数据库①。高质量、规范化的研究数据是决定科学项目产生效益、推动社会进步的关键，所以通过规范数据格式、提升数据质量、制定合理的数据标准促进研究数据发现较为必要。

4.2.4 数据共享与利用

（1）数据共享

数据共享既是数据生命周期管理中的核心环节，也是发挥研究数据社会效益、研究效益、经济效益的重要路径。数据共享对研究数据本身而言，有利于保持数据的完整性，挖掘、体现和提升数据价值。对科研人员而言，一方面也可以使得研究数据得到反复的验证和测试，支持研究的可验证和可回溯，提高研究的科学性；另一方面可以为科学研究提供便利，减少科研人员的科学研究重复活动，促进研究数据重新被利用，使科研人员基于前人的研究数据展开新的或深度的研究，发现新知识，避免低层次的重复②。

数据共享是对经过规范处理之后的研究数据进行发布，通常要求发布机制和使用机制要根据研究数据的差异进行个性化制定，根据研究数据情况确定数据共享的方式和范围，基于数据管理平台对数据进行访问和存取控制、使用控制等，并能够提供完整的数据检索、数据获取服务。现实的数据共享需求是多元的，依据不同现实需要，可以选用开放数据、分级授权、联盟上链、数据沙箱、联邦学习、数据密室等不同的数据共享方式。开放数据是研究数据面向所有用户提供下载、分析、引证服务；分级授权指对数据和用户进行分级管理，面向特定用户开放特定数据的共享权限；联盟上链是基于区块链技术实现数据共享的群体化和可记录、可溯源；数据沙箱是应用沙箱技术保证数据可见不可得、实现数据不落地的在线分析；联邦学习是在数据不可见的情况下进行数据训练和分析结果下载；数据密室是在物理隔离条件下对数据进行使用，主要针对涉密及隐私数据，用户可以根据分析需要查阅和分析数据，但仅允许拷贝分析结果。数据开放的标准化、规范化等举措，都利于提升研究数据的运用与创新，实现研究数据的价值创造。

（2）数据利用

数据利用是研究数据共享和数据生命周期管理的重要目标。数据利用从开发主体而言，可以分为个人利用和机构利用。个人对数据的利用主要有两种形式。一是自行数据分析，用户将研究数据下载后，依据研究需要，使用相关软件工具对数据进行处理、分析、可视化等，如使用 Excel、SPSS 等统计分析软件，AMOS、SmartPLS 等建模工具，Sublime Text、PyCharm 等 Python 编程软件，Gephi、Ucient 等可视化分析软件，Neo4j 等知识图谱工具等。二是利用相关数据管理平台进行数据分析。由于部分研究数据管理平台所提供的数据可见而不可得（如华东师范大学研究数据中台），仅支持在平台上对数据进行分析，并将分析结果导出。所以，用户需要利用平台资源对研究数据进行分析利用，平台提供的分析资源通常有

---

① Australian Government. Leading Australia's antarctic program [EB/OL]. [2022-09-17]. http://www.aad.gov.au/default.aspasid=3812.
② 毛璐. 数据治理视域下的科研数据评价与引证研究[D]. 上海：华东师范大学，2020.

零代码、低代码和在线编码三种利用方式。零代码指平台集成封装了常用的数据分析算法，用户可依据研究需要通过拖拉拽已集成封装算法的形式分析数据。低代码是在平台所提供的代码的基础上，可依据分析需要，对代码进行增加、删除、修改等行为，以满足相应分析需要。在线编码是利用平台所提供的编码系统进行高级代码编写，对研究数据进行数据建模、图谱构建、可视化分析等，需要用户具备一定的代码编写能力。

为了扩大数据影响力、扩展数据利用范围、增强数据利用价值，数据所有者除了将数据公开到相关平台外，还可通过数据竞赛的方式促进数据利用，基于数据发现研究问题、启发解决方案。开放数据竞赛以数据为核心，以推动开放数据的挖掘和使用为目的，结合当下热点，以某一领域问题为基础，鼓励学界、业界利用各种技术和工具，开发数据算法模型或开放式解决方案，对数据集进行深入分析和创新应用。此外，开放数据竞赛还能够为参赛者提供锻炼自身能力的机会，激发团队成员间的相互协作，探索基于数据问题的解决方案，提升参赛者在专业领域的知名度。现今，众多高校、机构或平台积极组织开放数据竞赛，如复旦大学图书馆、上海市教育委员会信息中心和上海市科研领域大数据联合创新实验室联合多家高校和企业举办的"慧源共享"高校开放数据创新研究大赛；上海图书馆主导的上海图书馆开放数据竞赛；华东师范大学联合相关机构、企业主办"四知|大师杯数据联赛"，陆续举办了COVID-19数据竞赛、长三角科创共同体挖掘数据竞赛、老子研究文献知识发现数据竞赛、上海高新技术企业数据竞赛等多期开放数据竞赛。

4.2.5 数据引证与评价

（1）数据引证

数据引证是有证据的数据共享结果，是数据资产价值体现的重要方式，也是数据生命周期管理的重要目标。数据引证利于体现数据管理工作的价值，对推动数据密集型科学研究下的知识发现和知识分析有重要意义。随着全球开放获取、开放科学运动的发展，数据引证的能效已辐射到全球，全球高校、研究者、出版方、期刊社、基金资助者等利益相关者共同组成了复杂的学术生态系统，经对数据引证的共识，以及由此形成的文化、学术评价系统和激励机制，共同推进了学术生态系统的发展。

早在1982年，Howard D. White就指出了"数据引证"的必要性，但是国际上已有的针对数据引证的调查显示，当前的数据引证情况并不尽如人意。数据引证日益增长的重要性，与当前并不理想的数据引证现状的反差，也引起了国际学界的热烈关注。2011年起，众多国际组织纷纷开展以"数据引证"为主题的研讨会与相关活动。IQSS于2011年举办"数据引证"的原则研讨会，澳大利亚国家数据服务（Australian National Data Service，ANDS）举办"建立科学数据引证的文化"研讨会等大大推动了国际范围内数据引证的发展。近年来，OECD、FORCE11（The Future of Research Communication and e-Scholarship）、Data Cite等较有影响力的国际组织相继发布了数据引证的标准，在学术界起到了很好的引领作用。数据引证中的数据标识（如DOI）具有追溯、引证、集成和关联的价值，可以规范引证的元素，实现数据出版的原文获取、数字版权管理、引文链接等功能，解决数据多重链接和知识产权问题[①]。

---

① 毛璐.数据治理视域下的科研数据评价与引证研究[D].上海：华东师范大学，2020.

(2) 数据评价

数据评价是研究数据发展的一系列环节中不可缺少的部分,是对研究数据生命周期前几个阶段工作的检验。数据评价是从数据综合应用的角度考虑,对信息和数据的采集、存储和产出进行全面的考察和评价,从而提高信息和数据的可信度和有效度,为决策提供更有利的基础支撑。数据评价的开展,一方面为数据质量起到了保证作用,对开放过程实施有效的监督和控制,为高效率高价值的数据引用打下了基础,可进一步促进我国研究数据开放水平的提升;另一方面利于凸显数据生产者的影响力,提升其学术声誉,形成学术和职业激励。

伴随数据开放实践越发成熟,数据影响力评价也正在积极开展,数据评价体系逐步构建。关于数据质量的评价,Sadiq 等[1]从数据质量的定义和评估出发进行研究,Veljkovic N 等[2]设计了数据评价的基准框架和测量标准,Bornmann L[3]重点对评价数据的采集、长期维护、更新、局限性、质量监控等内容进行实证研究;关于政府数据的评价,谭必勇等[4]对我国十个代表性省、市的开放平台数据质量现状进行研究,建议我国政府应从践行开放理念、改善数据体验和夯实平台基础 3 个方面来提升开放政府数据平台的数据质量;李晓彤等[5]通过对影响数据可用性的质量问题进行归纳,进而构建质量维度和度量指标。关于研究数据的评价,彭国莉等[6]利用数据引文索引(data citation index),通过对数据各项指标的描述评估了国外社会学数据的影响力;Ingwersen P 等[7]选用生物多样性数据库(global biodiversity information facility, GBIF)的数据,建立了包括搜索记录、下载频率、使用影响、兴趣影响、数据集数等 14 指标在内的数据使用指标(data usage index, DUI)体系;Kathleen F[8]在评价科学数据的影响力时,将科学数据的影响力分为了 5 类,包括数据引用频次、重用数据的出版物质量、重用数据的出版物多样性、数据集的网络规模与下载量。国内外对研究数据开发服务的评价研究主要侧重于政府、数据、门户网站和用户等视角,主要表现在数据的准确性、完整性、开放性等方面。

4.3 研究数据保障管理

研究数据在数据规划与采集、数据组织与处理、数据存储与发现、数据共享与利用、数据引证与评价的全生命周期管理中,不可避免地会涉及研究数据保障管理的问题。研究数据

---

[1] SADIQ S, INDULSKA M. Open data: Quality over quantity [J]. International Journal of Information Management, 2017,37(3):150-154.
[2] VELJKOVIC N, BOGDANOVIC D S, STOIMENOV L. Benchmarking open government: An open dataperspective [J]. Government Information Quarterly, 2014,31(2):278-290.
[3] BORNMANN L. What do altmetrics counts mean? A plea for content analyses [J]. Journal of the Association forInformation Science and Technology, 2016,67(4):1016-1017.
[4] 谭必勇,陈艳. 我国开放政府数据平台数据质量研究:以十省、市为研究对象[J]. 情报杂志,2017,36(11):99-105.
[5] 李晓彤,翟军,郑贵福. 我国地方政府开放数据的数据质量评价研究:以北京、广州和哈尔滨为例[J]. 情报杂志,2018, 37(6):141-145.
[6] 彭国莉,吕先竞,刘文君. DCI 社会科学数据分析研究[J]. 西南民族大学学报(人文社会科学版),2015,36(3):231-233.
[7] INGWERSEN P, CHAVAN V. Indicators for the Data Usage Index (DUI): An incentive for publishing primary biodiversity data through global information infrastructure [J]. Bmc Bioinformatics, 2011,12(15):228-233.
[8] KATHLEEN F. The impact of data reuse: A pilot study of five measures [EB/OL]. [2022-09-17]. https://www.slideshare.net/assist_org/kfear-rdap.

保障管理作为一项持续性任务,是对研究数据的周期性和系统性维护,能有效提升数据价值,优化研究数据服务供给。

4.3.1 研究数据管理工具

保障和提升研究数据管理的服务供给,需要依赖相应研究数据管理工具,并据此处理研究数据管理生命周期各个环节中的数据管理问题。现阶段研究数据管理工具呈现"百花齐放,百家争鸣"的状态,且朝着开放、融合、标准化的方向发展,主流的研究数据管理工具多侧重于数据的创建、处理、保存和访问环节[1]。

数据管理计划工具。主要是对数据管理进行概要性描述的正式文件并提供和指导数据管理参考信息的工具,它覆盖了项目进行过程中及项目完成后等各个阶段[2]。目前,影响最大、使用最广泛的数据管理计划工具(data management plan, DMP)主要有 DMPonline[3]、DMPTool[4] 和 DMPRoadmap[5] 等 DMP 在线撰写工具。DMP 是一款开源软件,基于此软件可以很容易地配置目标研究机构和数据管理政策信息,进而制定出符合政策要求和实际数据情况的管理计划。科研人员可以利用它制定数据管理计划,机构也能通过该工具为用户提供数据管理的政策信息,有利于促进科研人员、资助机构、图书馆和计算机部门之间的合作。

实验室电子笔记。主要是将实验数据以电子的形式记录存储,并提供协作、模板、数据收集与分析等功能,以提升研究流程优化和过程记录。美国明尼苏达大学图书馆曾于 2017 年开展了一项针对美国顶尖研究大学实验室电子笔记应用情况的专项调查,结果显示绝大多数实验室电子笔记的价格昂贵,且已有图书馆开始提供实验室电子笔记服务[6]。目前,常见的实验室电子笔记软件有 Lab Archives(可试用,分为专业版和教学版)、R-Space(分为社区版和企业版,其中社区版可免费试用)、SciNote(分为免费版、高级专业版和高级企业版,是开源软件)等。

活动数据存储平台。在科学研究过程中,研究者会不断地产生数据,这些数据通常被称为"活动数据",其安全防范(涉及硬件损害、病毒入侵、误删除等)至关重要。伴随云计算技术成熟与普及,针对此类数据的存储,除了传统的多重备份、异地备份外,也多了选择、渐趋"上云",如选择通用的公有云存储(Google Drive、百度网盘等)、购买商业服务搭建校园云存储以及利用开源软件自建云存储(针对高安全等级的数据要求)。

存档数据管理平台。即传统意义上的研究数据管理平台,如自建的 ICPSR,开源的 Dataverse、Dspace,商业的 Figshare 等平台,主要用于管理高稳定性、重要的且需长期保存的研究数据。目前,已建成在用的存档数据管理平台非常多,涉及众多学科领域,同时专门出版数据的平台也已出现,如自然出版集团推出的 Scientific Data、《全球变化数据学报(中英文)》编辑

---

[1] 姚占雷,谷俊,许鑫.全生命周期视域下人文社科研究数据管理平台的设计与实现[J].图书情报工作,2021,65(7):25-37.
[2] Data Management General Guidance [EB/OL]. [2022-09-17]. https://dmptool.org/general_guidance/.
[3] DMPonline [EB/OL]. [2022-09-17]. https://dmponline.dcc.ac.uk.
[4] DMPTool [EB/OL]. [2022-09-17]. https://dmptool.org.
[5] DMPRoadmap [EB/OL]. [2022-09-17]. https://github.com/DMPRoadmap.
[6] SAYRE F D, BAKKER C J, JOHNSTON L R, et al. Where in ac-ademia are ELNs? Support for electronic lab notebooks at top American research universities [C]. Poster presented at the Associationof College&Research Libraries Conference. Baltimore: ACRL, 2017.

部推出的全球变化科学研究数据出版系统、《图书馆杂志》编辑部推出的数据管理平台等。

持久标识系统。持久标识系统指为数据分配全球唯一、持久的标识符,以便于数据资源的引用、识别、定位和长期保存。目前,在研究数据管理平台被广为使用的持久标识符方案主要有三种,即 Handle(http://www.handle.net)、DOI(http://www.doi.org)、ARK(https://n2t.net/e/ark_ids.html)。

数据检索系统。数据检索系统用于支撑研究者找到研究所需的数据资源,分为直接对数据集本身元数据检索的数据集检索系统和侧重对数据仓储的元数据检索的数据仓储检索系统。目前,主流常见的数据集检索系统有 Data Citation Index、Data Cite Search、Google Dataset Search,数据仓储检索系统有 re3data、FAIRsharing。

4.3.2 研究数据监管服务

数据监管最早出现在伦敦举行的"Digital Curation: Digital Archives, Libraries and E-science Seminar"研讨会上,此次研讨会也被认为构建起了图书情报专家、档案管理、数据管理专家和科学家们之间的桥梁[1],其后英国的 DCC(Digital Curation Center)[2]、伊利诺伊大学香槟分校的图书馆与信息科学研究生院[3]、微软的 Jim G[4] 等、美国的 Shreeves 和 Cragin[5] 等机构和个人都给出了其对数据监管的定义和理解。数据监管是一项对研究数据的周期性、系统性维护,保障研究数据能够被安全地保存和记录在案,确保未来的可获取和再利用,提升数据价值[6]。

研究型图书馆是研究数据监管之载体。相关研究表明,图书馆是比较理想的数据监管组织和实施单位。美国国家科学基金会(NSF)指出,科研图书馆应该在数据监护上给予科研机构业务和技术支持,为他们提供相应的数据服务[7]。英国图书馆联盟就英国科研人员与图书馆合作进行数据监护的模式进行分析和总结,得出"科研图书馆可以与研究人员合作,向他们提供数据监护服务,并能够得到较好效果"的结论[8]。加拿大研究图书馆联盟对图书馆向科研人员提供研究数据管理等服务做的研究指出,图书馆可以满足科研人员对研究数据的需求,具体服务包括提供数据管理培训,给予技术支持,数据的发现、获取、归档等,还包括提供虚拟的科研环境[9]。德国的调研显示,过去数年间研究数据的监管问题在科学界愈加

---

[1] NEIL B, PHILIP P. The digital curation: digital archives, libraries and e-science seminar [EB/OL]. [2022-09-18]. http://www.ariadne.ac.uk/issue30/digital-curation/.
[2] DCC. What is digital curation [EB/OL]. [2022-09-18]. http://www.dcc.ac.uk/digital-curation/what-digital-curation.
[3] University of Illinois Graduate School of Library and Information Science. Specialization in Data Curation [EB/OL]. [2022-09-18]. http://www.lis.illinois.edu/academics/degrees/specializations/data_curation.
[4] JIM G, ALEXANDER S S, ANI R T, et al. Scientific data curation, publication, and archiving technical report [EB/OL]. [2022-09-18]. http://research.microsoft.com/pubs/64568/tr-2002-74.pdf.
[5] SHREEVES S L, CRAGIN M H. Introduction: Institutional repositories: current state and future [J]. Library Trends, 2008, 57(2):89-97.
[6] 许鑫,刘甜,于霜. Data One 项目及其对我国数据监管工作的启示[J]. 图书与情报,2014(6):109-116.
[7] To Stand the Test of Time: Long-Term Stewardship of Digital Data Sets in Science and Engineering [EB/OL]. [2022-09-18]. http://www.arl.org/pp/access/nsfworkshop.shtml.
[8] Researchers' Use of Academic Libraries and Their Services [EB/OL]. [2022-09-18]. http://www.rin.ac.uk/researchers-uselibraries.
[9] Addressing the Research Data Gap: A Review of NovelServices for Libraries [EB/OL]. [2022-09-18]. http://www.carl-abrc.ca/about/working_groups/pdf/library_roles-final.pdf.

受到关注,而图书馆和科学家一直保持紧密的联系,在处理数据和保存数据中具有天然的优势①。很多研究资助机构都已经意识到提供保存研究数据服务和基础设施的重要性,研究型图书馆已经被确认为提供研究数据服务的基地②,研究型图书馆协会(Association of Research Libraries,ARL)也正在开发研究数据服务作为新的战略性服务③。

用户需求把握是研究数据监管之源头。调研用户数据需求是为科研用户提供合理数据监管服务的源头,没有需求或者需求不明的服务只能是些无效劳动。使用研究数据的用户分属于不同的学科,不同的学科产出的数据都有其自身的学科特征,比如,人文社会科学产生的数据多数是文本数据和调研数据,生物科学和医学专业产生的多数是实验数据和观测数据。而且不同类型的研究数据对数据监管的要求也有所不同,对于不可再生的数据如带有历史色彩的观测数据需要进行长期的监管和保存,对实现成本较低的实验数据可能只需要记录实验的条件和设备,而无需监管整个实验数据本身。基于此,研究数据监管服务提供方在服务伊始要按照不同的要求和学科标准调研科研用户的数据需求,弄清用户产生数据的类型、特点、重要性、机密性以及是否需要遵循资助机构的数据管理要求,然后根据调研结果和科研用户一起制定相应的研究数据监管计划,包括数据收集的范围、存储的地点、保存的期限和共享的权限等,真正根据用户需求为其提供量身定做的监管服务。

基础平台建设是研究数据监管之本体。研究数据监管基础平台的建设是整个数据监管活动赖以存在的基础,没有这些IT基础设施,研究数据监管活动只能是空谈。OCLC的报告认为应该由高校的信息技术部门承担构建数据监管平台的任务④,但不同高校或研究机构有着不同的实际情况,有些高校信息技术部门有着强大的技术实力和充足的人员配置,而有些高校甚至整个校园的IT运维都采用外包方式,若具体到图书馆层面,有些高校图书馆有自己的信息技术部门和存储库平台的积累,而有些高校图书馆甚至没有专门的学科服务团队。基础平台的建设是一项协作任务,其建设模式也有多种,如校内合作模式、校外合作模式,甚至有跨国合作模式。比如,牛津大学的EIDCSR项目是由图书馆、计算机服务中心、IT指导办公室合作搭建的,属于校内合作模式;康奈尔大学的DataStaR项目既是一个平台,也是一系列服务,由康奈尔大学图书馆和华盛顿大学圣路易斯分校一起合作开发,属于校外合作模式;新墨西哥大学图书馆主导的DataOne则是与世界各大地球环境研究所合作的分布式数据监管体系,是国内外共建模式的代表。可见,研究数据监管平台的搭建,要符合机构实际的数据需要,选择的搭建模式要和数据规模相符,在此基础上合理利用内外部资源,择取恰当的研究数据监管平台建设方式。

提升数据素养是研究数据监管之核心。数据素养是对媒介素养、信息素养等概念的一种延续和扩展,包括对数据的敏感性、数据的收集能力、数据的分析能力、数据的处理能力、

---

① OSSWALD A, STRATHMANN S. The role of libraries in curation and preservation of research data in Germany: Findings of a survey [EB/OL]. [2022-09-18]. http://con-ference.ifla.org/sites/default/files/files/papers/wlic2012/116-osswald-en.pdf.
② FRIEDLANDER A, ADLER P. To stand the test of time: Long-term stewardship of digital data sets in science and engineering [EB/OL]. [2022-09-18]. http://arl.org/bm~doc/digdatarpt.pdf.
③ ARL. E-Science and Data Support Services: A Studyof ARL Member Institutions [EB/OL]. [2022-09-18]. http://www.arl.org/bm~doc/escience_report2010.pdf.
④ OCLC Research. Starting the Conversation: University-wide Research Data Management Policy [EB/OL]. [2022-09-18]. http://oclc.org/research/publications/library/2013/2013-08r.html.

利用数据进行决策的能力、对数据的批判性思维等①。对数据素养及其相关技能的提升涉及两个方面人员,一是对包括图书馆员在内的数据管理人员,二是科研人员或者其他有研究数据监管需求的用户。在研究数据监管过程中,数据管理人员要承担诸多职责,还要对最终结果负责,如果其缺乏特定领域的知识和处理大型数据的能力,那么就很难圆满地完成任务。相关报告指出,目前科研人员处理研究数据的能力与实际对他们的要求之间还存在一定的差距,数据监管人员在辅助科研人员管理研究数据方面具有重要作用②。科研人员是研究数据监管活动的主要服务对象,要教授他们如何描述和组织数据,如何保证数据在未来可以被检索和共享等。此外,在大学中,大学生们也可能是未来的科研人员,所以也需要关注他们的数据素养和技能提升,在具体工作开展中,图书馆在开展数据素养教育讲座或课程的同时,还可以与学校教务部门共同制定数据素养教学计划,在本科生和研究生中推广相关课程。

4.3.3 研究数据隐私保护

研究数据开放共享的迅速发展,使得大量的数据和信息被不受限制或者受到较少限制地利用。数据信息不仅具有重要的商业价值,而且其跨国流动还可能对国家安全构成威胁。数据开放的大环境使隐私数据面临遭到侵犯的风险。在此背景下,关注开放数据隐私,注重开放数据隐私安全尤为必要。为此,我国先后发布《中华人民共和国数据安全法》和《数据出境安全评估办法》,欧盟也推动实行了《通用数据保护条例》(General Data Protection Regulations, GDPR)。GDPR较为重视数据主体权利,引入了多项新型权利,被称为"史上最严隐私法案"。我国的个人数据保护与GDPR全面统一的个人数据保护法规相比仍存在一定差距。将GDPR作为一把测度精良的尺子,对我国的研究数据隐私保护进行规范和衡量可以做到防患于未然③。

在科学研究中,数据共享的进一步发展是数据出版。 数据出版是数据共享的高级形式和规范化表现。数据出版将数据提升到与科学文献同等重要的出版地位,并通过链接或者其他方式实现研究数据与其支撑的文献之间的关联,改变了研究数据长期作为"二等公民"的地位,体现了数据和数据创作者的价值。国际上通常认可将数据出版划分为三种形式,即独立的数据出版、作为论文辅助资料的数据出版、数据论文出版④。基于不同的数据出版类型,数据出版的数据隐私保护问题也出现了三种不同的情景,即独立的数据出版中的数据隐私保护问题,作为论文辅助资料的数据出版中的数据隐私保护问题,数据论文出版中的数据隐私保护问题。本节以欧盟GDPR为对象对数据出版不同模式涉及的数据保护问题进行探讨。

独立的数据出版中的数据隐私保护问题。 "独立的数据出版"是将数据作为独立的信息对象提交到数据存储系统进行处理、发布、传播和利用。GDPR第5条提到"个人数据应以

---

① 数据素养[EB/OL]. [2022-09-19]. http://baike.baidu.com/view/10402202.htm.
② Skills, role & career structure of data scientists & curators: Assessment of current practice & future needs [EB/OL]. [2022-09-19]. http://www.jisc.ac.uk/publications/reports/2008/dataskillscareersfinalreport.aspx.
③ 许鑫,毛璐. 科研数据出版中的数据保护问题研究:基于欧盟GDPR的启示[J]. 信息资源管理学报,2020,10(2):99-106.
④ LAWRENCE B. Citation and peer review of data: Moving towards formal data publication [J]. The International Journal of Digital Curation, 2011,6(2):4-37.

合法、公正、透明的方式处理"。独立的数据出版相对于传统的论文出版,其出现的时间较为短暂,业界还未形成与数据出版有关的伦理规范,并且独立的数据出版没有数据论文出版的同行评议过程,所以对数据、信息来源的真实性、脱敏性缺乏一定的考量标准,无法确保已经以合法、公正、透明的方式对数据中涉及隐私的部分进行了适当地处理。另外,一些特殊学科、特殊领域的数据开放会因数据之间的某种特殊联系或者交叉影响产生蝴蝶效应,常见的有生物学、医学、心理学、统计学等学科及领域,一些看似无关的数据经过关联分析可能会产生多种侵犯个人隐私权、名誉权、财产权的信息[1]。因此,如何确保数据的安全,如何在保护个人隐私的情况下进行数据的共享和出版,是 GDPR 引发我们思考的地方。

作为论文辅助资料的数据出版中的数据隐私保护问题。将研究数据以附件、附录等形式上传到数据存储机构中,作为论文的辅助资料而存在,这种出版模式建立了论文和数据的关联。研究数据被视为该篇论文所关联的信息对象,并且作为论文的基础可以免费获取。根据出版方式的不同,这类出版模式又可以分为两种情况,一是以纸质方式出版时,作为附件与研究文献共同发布,例如,DMS(Defense Marketing Services)公司系列期刊,专门出版武器、电子、空间、动力等领域的装备或系统产品市场预测分析报告,在正文后面,通常以 Excel 表形式附有支撑前面预测结论的原始数据;二是以数字化、网络化方式出版时,作为补充数据包与研究文献集成出版,例如,美国航空航天协会(American Institute of Aeronautics and Astronautics,AIAA)的系列期刊在其官方网站上向作者说明,可以将数值、视频、音频等格式数据作为补充材料随文一起发给编辑部,订有网络版刊物的用户可以阅读到这些数据[2]。GDPR 要求数据处理者收集、处理个人数据之前必须获得数据主体的同意。GDPR 中赋予了数据主体绝对的权利,详细规定了数据主体"同意的要件""数据的访问权""限制处理权"等,但数据权属问题在法律上仍然没有被划分清楚。此外,对非个人和计算机生成的匿名化数据,作为科研论文的辅助资料上传到指定的存储知识库进行出版时,将数据主体归属给何方,也是值得我们深思的问题。在数据作为论文的辅助资料进行出版后,数据的引用问题以及在科学评价体系中所占的地位均与数据权属有关,必须明确数据的所有权问题之后,才能对数据进行出版和引用。

数据论文出版中的数据隐私保护问题。数据论文是描述数据采集的方法、来源过程、重用价值及与其在存储库中的位置相链接的文章。数据论文的主要目的是对数据进行描述,而不是报告、研究、调查。因此,它包含有关数据的事实,而不包含基于这些数据产生的假设和论证。虽然数据论文同传统学术论文一样要进行同行评议,可以确保数据的质量等问题,但 GDPR 第 17 条规定数据主体拥有擦除权(又称遗忘权)等,当数据主体认为数据不再有存在的必要、数据主体不再同意公布数据、数据储存期限届满、数据被非法处理时可以要求数据管理者删除其数据和相关数据信息。然而,在数据存储期限问题上,中国的法律法规对此有强制性的要求,可能会导致超过处理目的的个人数据被长期存储,或无法及时回应数据主体要求删除数据的主张。数据论文出版之后,由于其共享和传播的范围较广,将数据进行彻底删除和销毁更是难上加难。这是 GDPR 出台后,围绕数据论文出版值得思考的一个重要问题。

---

[1] 宋戈,胡文静. 国外强制性开放科学数据政策调研与分析[J]. 图书情报工作,2016,60(9):61-69.
[2] Supplemental Materials of Journals [EB/OL]. [2022-09-20]. http://www.aiaa.org/journal.Sup guideline/.

从研究数据隐私保护主体来看,数据出版涉及的个人隐私问题需要数据控制者、数据处理者、数据主体等各方参与、各方共治。首先,数据控制者作为决定个人数据处理目的和方式的公共机构、行政机关,应树立国家层面作为顶层的观念,从全局出发,制定数据隐私相关的法律法规和技术规范,从外部为数据出版中的个人隐私保护创设安全的大环境。数据处理者作为为控制者处理个人数据的机构或组织,应从整个行业层面出发,重视数据伦理的培养,形成保护个人隐私的自律公约和自律组织,从内部对数据的获取进行监管。数据主体代表个人层面,应从自身形成对个人隐私数据进行保护的意识,不断提高个人数据素养,谨慎妥善处理个人数据。通过多方的共同参与实现数据保护与数据出版的协调发展,实现帕累托最优。

5 研究数据共享与评价

研究数据是国家科技创新和经济社会发展的重要基础性战略资源。在当今大数据时代,科技创新活动越来越依赖于对数据的分析挖掘和综合利用。随着学术研究的深入和跨学科科研方向的拓展,推进不同学科的科研人员将自身的科研经验、知识和各种研究数据进行共享,可为其他科研人员甚至其他学科领域的研究提供更多的思路和灵感,进而提高科研人员借助跨学科和跨领域知识开展科学研究的能力。

5.1 研究数据共享动能

大数据时代,数据驱动科学研究的主导范式越发深入,研究数据呈井喷式增长。研究数据的可再利用、跨学科及非排他的特性,使其具有可多次开发利用的扩展价值。数据价值的逐渐突显,促使其成为社会发展与科学研究的关键性动力。由此,聚焦研究数据的开放共享价值,遵循"建设好、管理好、使用好"的开放思路,围绕研究数据的多途径多层次共享方式、自助分析与开发利用,挖掘研究数据共享所产生的动能,对于深化研究数据的学术价值,保护数据创建、生产、管理者的权益具有重要作用。

5.1.1 开放互联的数据共享

要实现开放互联的数据共享,需重点关注研究数据的共享能力与安全保障。在遵守相关法律法规、满足数据隐私要求的基础上,积极兼顾包括数据采集、数据交换等的数据接入,包括元数据管理、备份等的数据规范,包括聚合、分析、下载等的数据利用,以保障研究数据在不同场景下的适用性,实现研究数据资源的科学顺畅流动和有效利用。研究数据的开放共享,更多是以数据平台为依托,实现平台间的数据交互,以及各个平台上不同用户之间的数据文件共享。平台间的数据交互,多是针对数据的题录信息交换,以实现研究数据的最大化共享传播。如平台间已经建立起信任关系,同时平台支持 OAI-PMH 协议,则可以采用 OAI-PMH 元数据收割协议进行两个独立平台之间的数据共享[1]。

数据题录的共享。数据题录摘自研究数据的元数据。为支撑研究数据的最大化共享传播,平台通常支持通过 RSS 订阅、一键分享、API 等多种方式,主动或被动对外推送、提升数据资源曝光度,同时遵循主流常见的数据互操作协议(如 OAI-PMH 协议、SRW/U 协议、

---

[1] 姚占雷,谷俊,许鑫. 全生命周期视域下人文社科研究数据管理平台的设计与实现[J]. 图书情报工作,2021,65(7):25-37.

SDARTS协议等),满足跨平台的数据资源整合与共享需要。

数据文件的共享。针对多源异构的各类型数据,不应仅停留在研究数据被提交到平台上,更需要注重数据的平台化应用,实现融合多类型文件的存储机制和数据文件在内容级上的深度融合,由此为数据资源的二次开发利用、面向主题的多源数据聚合关联等奠定基础。同时,为充分保障数据所有者的权益,针对数据文件的开发利用与共享活动,须征得数据所有者的同意,如在研究数据正式发布前,提示数据所有者设置相应权限,而当数据文件的权限被设定为"受限",在后续的开发利用与共享活动中如涉及该数据文件,平台或用户须通过邮件、短信等方式通知到数据所有者,以获取相关授权。

数据权限的设置。当研究数据被上传或收割到数据平台后,在数据平台上实现用户间的数据共享就具备了基础条件。为了保障数据所有者的合法权益,防止数据被用户滥用,数据平台在用户之间共享数据时,需要数据所有者对数据的使用进行授权,从而保障数据所有者对数据所享有的知识权益。目前,数据平台多采用邮件和系统两种方式进行授权,当用户提出数据使用和下载需求时,系统会向数据所有者的邮箱发送一封请求授权的邮件,同时在数据所有者的系统管理后台同步,当且仅当数据所有者进行了数据授权,使用者才拥有数据使用的权限。

5.1.2 自助分析的数据探索

自助分析的数据探索,一方面为用户使用自有工具开展对研究数据的探索分析,另一方面为数据平台提供相关数据分析工具,辅助用户对研究数据进行处理分析。伴随研究数据开放共享的快速发展,数据平台自带的分析工具和能力逐渐得到重视,促进相关平台由"重藏"向"藏用"转变,提升了平台的可用性和先进性。面向研究人员,解决数据平台中研究数据的使用问题,助力研究人员深入内部观测数据详情、挖掘分析等活动,主要体现在兼容主流的分析软件工具上[①]。

通用的数据探索。通过数据平台,研究人员可以针对感兴趣的数据文件进行浅层的数据概览,更为直观地把握数据的形态、质量、内容,包括但不限于数据文件的字段描述、数据实例、统计报表等信息。

专业的挖掘分析。在常见的资源统计、预览等功能基础上,平台封装、嵌入丰富的分析工具,还可以辅助研究人员解决平台繁杂数据资源的拼接利用问题,既能支持研究人员围绕感兴趣的数据文件开展专业化的挖掘分析活动,亦可促进研究人员共享研究数据、增强平台活跃度。为保障平台的分析弹性和扩展性,在数据层面解决平台内多源数据表达问题,平台还应提供平台内数据迁移和第三方分析软件的自由接入功能,规范开发平台数据分析接口,形成软件工具的开放互联机制,满足研究人员多样化的分析需要。平台内数据迁移指在挖掘分析活动时平台数据流向工具,工具接入方式包括硬接入和软接入两种,硬接入是与平台深度集成、融为一体,软接入是通过API调用等方式完成数据迁移和第三方工具的自由接入。

个性的数据探索。为进一步增强现有数据管理平台中的数据分析与可视化功能、支撑研究人员数据探索活动,平台在统一的分析视窗下提供多维、动态交互的报表分析可视化功

---

① 姚占雷,谷俊,许鑫.全生命周期视域下人文社科研究数据管理平台的设计与实现[J].图书情报工作,2021,65(7):25-37.

能,支持对结构化的数据文件进行灵活自由的个性化数据探索,提供面向研究人员的简洁易用、一站式的数据分析服务,继而提升研究人员使用平台意愿,盘活与扩充数据资源。平台可针对数据文件的数据项及取值进行通用挖掘分析,主要包括两类功能,数据完整性、数据缺失值与极值、数据项分组、时间序列等库表结构类通用分析,以及关键词云、实体抽取等科研活动中基础的文本分析。

智能的数据分析。通用报表分析是数据平台的智能分析模块,该模块可以自动扫描并识别数据文件中相关字段及内容,根据后台定义的数据分析模块,自动生成相应的可视化图表。其中,数据总量描述该数据文件中所包含的记录总量,如果发现该字段中的数据记录不完整,则提取该字段为缺失字段,还可对所有字段数据类型的值进行对比,找出其中最大值和最小值字段,并标记为极值字段。同时,在进行字段扫描过程中,系统可利用正则表达式进行字段类型的判定,如果该字段不符合数字字段或时间字段的匹配标准,则认定该字段为文本字段,对于文本类型的字段进行文本的分词处理,并结合相关算法对字段内容进行标签提取,最终绘制出该数据文件的主题云图,便于用户深度挖掘数据集的主题,满足用户对研究数据开展更为专业的分析挖掘活动的需要。

5.1.3 开发利用的数据增值

伴随研究数据的井喷式增长,科学研究呈现定量化特点,越来越依赖于可信、系统化的研究数据。2015年发布的《促进大数据发展的行动纲要》中提出,"积极推动由国家公共财政支持的公益性科研活动获取和产生的科学数据逐步开放共享"[①]。2018年发布的《科学数据管理办法》还提出,"主管部门和法人单位应积极推动科学数据出版和传播工作,支持科研人员整理发表产权清晰、准确完整、共享价值高的科学数据",并要求"科学数据使用者应遵守知识产权相关规定,在论文发表、专利申请、专著出版等工作中注明所使用和参考引用的科学数据"[②]。在国家政策支持、科研人员研究需求、科研范式转变的背景下,利用研究数据高度可复用性、持续产生价值的特点,挖掘研究数据资源特征,对研究数据资源的拼接和聚合,实现多源数据资源的新范式、新路径的开发利用不断突显[③]。

开发利用的数据增值是研究人员结合数据利用性质的迥异,有针对性地开展研究数据的追踪、验证、聚合、挖掘、再利用等系列增值服务,并在此基础上关注通过开展数据出版、数据集评价与学术促进等活动所带来的数据影响,以发挥研究数据资源的重用价值,形成面向主题和多源潜在关联数据的聚合能力、潜在科研团队的挖掘能力、研究数据追踪与学术诚信的识别能力、优质专题数据集的洞察能力等。如对按照主题、学科、事件等形式加工汇编出版的特色专题数据进行复用和评价,针对数据资源自身的研究属性重现经典研究活动、了解研究范式、快速把握相关研究路径等。

面向主题的数据聚合。面向主题的数据聚合主要针对研究数据本身的繁杂多样特点,依托元数据描述、数据文件中数据项的特征等,对来源于不同项目或不同研究人员的数据进

---

① 国务院. 促进大数据发展行动要[EB/OL]. [2022-09-20]. http://www.gov.cn/xinwen/2015-09/05/content_2925284.htm.
② 国务院. 科学数据管理办法[EB/OL]. [2022-09-20]. http://www.gov.cn/home/2018-04/02/content_5279296.htm.
③ 姚占雷,谷俊,许鑫. 全生命周期视域下人文社科研究数据管理平台的设计与实现[J]. 图书情报工作,2021,65(7):25-37.

行标签抽取与关联、主题相似测量、多维聚合，克服来源于单一数据可能存在的偏差，实现研究人员对多源研究数据的拼接和关联，构成针对性、创新性、适应性研究。

数据挖掘与模式发现。数据挖掘与模式发现主要包括对数据的使用和内容挖掘两个方面。数据使用关注研究数据自身的价值和利用效率，建立数据完整性、数据引证等计量评价模型，为研究人员寻找高价值的数据资源提供支持。数据内容挖掘关注对不同领域数据、多个数据集的分析、比较及知识发现，开展诸如基于相似数据集的隐性研究团队识别、基于数据质量或一致性的学术诚信识别等挖掘研究。

5.2 研究数据共享模式

数据要素逐渐成为社会经济发展的关键生产要素和重要战略资源，研究数据同样成为触发科学研究和活跃科学活动的重要生产资料。但研究数据的开放并非无条件、一味地开放，而是有序、有规则、有层次地开放。面向现实多元的数据共享需要，现今的研究数据共享基本可以分为开放数据、分级授权、联盟上链、数据沙箱、联邦学习、数据密室等多种模式，由松到紧层层递进。本节将对不同层次的数据共享模式展开分析。

5.2.1 开放数据

开放数据模式指在符合法律法规、数据规范的前提下，对研究数据进行无差别、不受限的开放。该模式下的数据共享方式通常可以分为个人共享和组织共享。

个人共享指数据所有者不经过相关数据共享、存储平台或期刊，自行在公共平台发布研究数据，如微博、公众号、Twitter、Facebook等，并支持所有人浏览和下载。此种数据开放行为规范性较弱，保障性较差，难以有效保护数据所有者的知识权益，数据也存在较大的被滥用的风险。

组织共享指数据所有者将数据提交至数据仓储、数据管理平台、数据期刊等，并经过流程规范的数据审核过程，赋予数据相应的唯一标志符，进行数据的全范围开放。此种数据开放行为较具科学性和系统性，数据使用者需要在遵循版权协议、数据使用规范的前提下对研究数据进行数据引用，以保障数据版权和规范数据使用行为。其中数据出版作为较为规范和经过管理的数据共享形式广受欢迎。数据出版细化而言具体包括独立数据集出版、数据论文出版、学术论文辅助数据出版、附录数据出版和数据富媒体出版。独立数据集出版是研究数据作为独立的信息对象在相关机构或平台进行独立出版；数据论文出版是经过同行评议，对数据集的摘要、意义、数据字典及重要字段进行描述并正式出版；学术论文辅助数据出版是数据作为论文的补充材料，与论文一同提交至期刊或指定的数据中心进行出版，并建立论文和数据的关联，支持基于数据回溯数据研究过程和验证数据结论；附录数据出版是数据作为论文附录至期刊指定的数据知识库进行出版；数据富媒体出版是将论文中带有图片、表格、音频、视频等富媒体格式文件进行出版，并建立论文和数据的关联。

5.2.2 分级授权

分级授权模式指依据数据的性质、数据的类型等采取分级开放的模式进行数据共享。用户提交或发布的数据中可能存在部分敏感数据，还可能涉及个人隐私、企业机密、国家安全等,因而需要对数据进行适当的数据访问控制来确保数据的安全。欧盟 GDPR 在第 9 条明确指出有关"特殊种类的个人数据处理"问题,认定能够揭示个人种族、政治倾向、宗教和哲学信仰等数据均为敏感数据。GDPR 还特别加入了基因数据和生物识别数据,因为对这类数据进行处理就能够识别出特定的个人,是典型的敏感数据。

在数据类型上,针对数据的不同类型,需要定义不同层次的出版和有限制的开放获取方式。不同性质的数据,其访问限制也应有所不同。针对特殊的数据,还可以专门为其设定特殊的存储年限。像基因数据、医疗数据等特殊性质的数据,其利用限制的设定标准和门槛要明显高于网络行为数据。

在数据密级上,根据数据保密程度的不同,可以将数据分为禁止类数据和允许类数据,允许类数据中可以包含保密类数据、半公开数据、公开数据等。具体而言,在研究数据共享中,面对具有隐私性、安全性、敏感性的数据,需要对数据进行分类分级管理,还需要面向不同用户身份及数据需求的不同,进行分类分级共享。未脱敏的数据需要管理人员进行权限设置,实现数据保护。经过脱敏的数据,在具备数据所有者的合法授权与数据隐蔽的前提下,遵循"合法正当、必要、目的限制、安全、透明"的原则,才可以对数据进行开放共享。对于研究成果尚未发表而研究数据即已提交的数据,可以实行数据申请形式进行管理,经过数据所有者同意才进行针对性数据开放。

5.2.3 联盟上链

联盟上链模式指利用区块链技术实现联盟成员间的数据共享,以保障数据安全、追踪数据用途、进行数据溯源。

成员加盟具有严格的准入机制,联盟成员可以为高校、研究机构和数据机构,基本具有自己独立的用户管理系统和完整的用户管理能力,节点之间信任强度大且相互制约,基于联盟节点的共识机制能确保数据不会被非法篡改、基于联盟平台的区块链应用支持数据使用记录和回溯,更能够激发成员贡献数据的意愿,推进研究数据共享的进程。

区块链的去中心化、开放性、自治性、信息不可篡改性、匿名性等特点,在数据共享过程中的自治、追踪、溯源等方面有着天然的优势。在数据赋能上,利用区块链的溯源方法和基于全球唯一的句柄系统,能够确保每次数据的利用都为数据的价值开发提供帮助;在数据追踪与溯源上,使用成员需要发布自己的数据请求和获取联盟中他人贡献数据权限的请求,数据所有者成员则授权他人获取数据的请求、下载数据的请求和分析数据的请求。成员在联盟平台上发起指令后,由平台向联盟链网络发起请求,有关数据交易的各种信息都会被记录在区块链上,并且无法篡改,利用区块链溯源的特性能为数据提供者的知识权益提供保护。在数据自治上,利用区块链的去中心化特点,解决数据共享到联盟平台后的权属问题,数据所有权依然属于提供者,平台仅作为数据展示及获取的通道存在,并无数据所有权。在这种模式下,数据所有权得到有效保障的同时,能够有效提高数据共享的频率和范围。

5.2.4 数据沙箱

数据沙箱模式指利用沙箱技术为研究数据建立一个安全、机密和完整的共享和利用环境。沙箱技术能够利用隔离机制构建一个独立虚拟的安全可控环境,此环境可以保护数据隐私,使开放的数据"可见而不可得",实现数据所有权和使用权的分离。

价值高、质量佳的精品数据集,有应用数据沙箱模式的必要。在数据沙箱模式下,一方面可以为数据管理方带来安全保障,另一个方面可以为数据使用方增强数据的易用性和可流转性。

对数据管理方而言,沙箱技术能将调试环境和运行环境进行隔离,并将对接的多源研究数据进行碎片化加密性独立存储,具备敏感数据识别、数据权限控制、数据使用追踪、数据定向流转等功能,以保障研究数据安全可用。敏感数据识别可以自动识别出敏感数据,并将普通数据和敏感数据进行隔离管控,以避免恶意攻击下的数据泄漏和人为有意的数据滥用等行为。数据权限控制可以通过评判用户风险等级,动态调整用户的数据访问权限和使用权限,形成自适应性的数据安全开放环境。数据使用追踪可以记录所有研究数据的使用路径,避免数据使用的恶意删除行为,防范数据的违规使用行径。数据定向流转是在数据共享、数据分析、数据备份、数据流转的过程中,前端进行虚拟流转,后端进行密级流转,实现研究数据的不越界开放。

对数据使用方而言,由于数据沙箱模式会将调试环境和运行环境隔离,用户无法调动下载后台的数据,只能使用映射的研究数据。在调试环境中支持连接外部程序对研究数据进行调试和分析利用,包括零代码分析、低代码分析和在线编码分析,最后将分析结果进行下载,实现数据不落地分析。

5.2.5 联邦学习

联邦学习模式指采用联邦学习实现研究数据的隐私保护和安全共享,是比数据沙箱更深层次的数据共享安全保障模式。联邦学习是一种去中心化、分布式的机器学习技术,允许数据不交换传输,将数据参数等信息进行上传,在中心方协调建模的情况下,进行数据云端建模和训练,再将优化和聚合后的模型返回本地,提取模型中的数据信息,实现对数据的利用和数据知识的获取。联邦学习通过"数据可用不可见"的模式,进行非聚合式数据共享,缓解数据流通过程中的数据隐私保护、数据安全共享、数据权限访问等问题。

联邦学习一般包括联邦迁移学习、纵向联邦学习和横向联邦学习三种形式。联邦迁移学习多用于用户对象和用户对象特征重合均较少的情景;纵向联邦学习多用于用户对象重合较多但用户对象特征重合较少的情景;横向联邦学习多用于用户对象重合较少但用户对象特征重合较多的情景,如两个异地的同种类医学研究中心的业务逻辑类似,但用户群体并不相同,通过横向联邦学习可以聚合两家医学研究中心的用户数据,实现大样本下的数据建模和分析过程。

同样,在研究数据共享上,使用联邦学习可以更利于释放敏感数据或隐私数据的价值,如对于生物数据、基因数据、医学数据等敏感或隐私数据,应用联邦学习解决数据隐私问题后,可以集成众多相关研究数据,进行大数据分析,实现高效甚至创新性研究。

5.2.6 数据密室

数据密室模式是安全性和保护性最为严密的研究数据共享模式,主张通过物理隔断的形式进行数据共享和利用。不同于数据沙箱模式和联邦学习模式会规避或脱敏数据,应用数据密室模式的数据可能会包含隐私数据或特殊数据。数据密室于某一物理空间实地搭建,数据使用人员需要亲自去密室内使用数据,密室连通内网并提供分析工具供使用人员分析,不允许连接外部网络和运行外部程序,也不允许携带任何拷贝工具进行数据拷贝。

数据密室应用于研究数据共享,更多会涉及政府数据或生物学、医学、心理学、地质学等与个人或国家相关的敏感数据信息,但绝非涉密等危害个人或国家安全的数据信息,因此会更加强调对隐私数据、个人数据、敏感数据等收集过程的说明和规范。

在数据密室内,通常还要求设立数据保护专员,以监督和控制数据使用人员对数据的分析和使用过程,同时负责与数据所有者沟通和联系,以保证通过合法、公正、透明的方式对数据进行处理,保障数据所有者的数据权利。正因为数据密室内数据的特殊性,基于其开展分析得到的数据结果,通常可形成独特性结论,具备较高的研究价值。

5.3 研究数据共享机制

开放研究数据有利于提高研究数据配置效率和再利用效能,实现从数据要素到科研生产力的价值再造过程,提升科研创新活力和学术交流水平。以科研人员为点、研究数据为线、开放共享为面,聚焦研究数据开放共享影响机制,洞察科研人员开放研究数据意愿,助力开放共享研究数据体系的构建,实现基于研究数据要素的产学研深度循环[1]。

5.3.1 研究数据共享影响机制

研究数据开放共享的逐步兴起和积极推进得到学界广泛关注,针对研究数据开放共享影响因素的研究主要包含制度因素、社会因素、技术因素和个人因素四个方面。在制度因素上,部分学者着重探讨期刊政策、监管压力、经济补偿、优先发表等对科研人员数据共享行为的影响[2][3][4]。在社会因素上,学者多从同辈压力、共享氛围等角度进行分析,Chawinga等通过对研究数据共享相关文献的调研发现,消极的数据共享氛围,包括数据盗用、缺乏数据培训等会阻碍科研人员开放研究数据[5]。在技术因素上,学者普遍认为数据可访问性、元数据标准、数据仓储可用性是影响科研人员开放数据的重要因素[6][7]。在个人因素上,学者指出男性研究人员较女性研究人员更倾向开放研究数据[8],性格、态度、信念等个人驱动因素与科

---

[1] 叶丁菱,许鑫.企业科研人员开放科研数据意愿影响因素研究[J].科学学研究,2023,41(6):1066-1075.
[2] ENKE N, THESSEN A, BACH K, et al. The user's view on biodiversity data sharing — Investigating facts of acceptance and requirements to realize a sustainable use of research data [J]. Ecological Informatics, 2012,11:25-33.
[3] KIM Y, ADLER M. Social scientists' data sharing behaviors: Investigating the roles of individual motivations, institutional pressures, and data repositories [J]. International Journal of Information Management, 2015,35(4):408-418.
[4] KIM Y, STANTON J M. Institutional and individual factors affecting scientists' data-sharing behaviors: A multilevel analysis [J]. Journal of the Association for Information Science and Technology, 2016,50(1):1-14.
[5] CHAWINGA W D, ZINN S. Global perspectives of research data sharing: A systematic literature review [J]. Library & Information Science Research, 2019,41(2):109-122.
[6] TENOPIR C, RICE N M, ALLARD S, et al. Data sharing, management, use, and reuse: Practices and perceptions of scientists worldwide [J]. PLoS ONE, 2020,15(3):e0229003.
[7] 刘桂锋,濮静蓉,钱锦琳.科研数据共享影响因素分析及作用阐释[J].图书馆论坛,2018,38(11):10-17,26.
[8] ZHU Y. Open-access policy and data-sharing practice in UK academia [J]. Journal of Information Science, 2020(1):41-52.

研数据开放意愿显著相关[1]，而年龄、学科、地域等因素受到经验、学科形态、社会经济等影响呈现出不一致的研究结果[2]。

现有关于研究数据开放意愿影响因素的研究覆盖面较广，前因变量影响效应的探究相对较为全面，为探索研究数据开放意愿的认知特征和作用机制奠定了基础。在此基础上，本节以企业科研人员为对象，分析蕴含制度、社会、技术与个人的影响因素，探讨企业科研人员开放研究数据意愿的影响机制。

(1) 研究数据开放共享影响模型

感知开放研究数据质量。感知开放研究数据质量是企业科研人员在获取、理解和使用研究数据过程中，感知到研究数据对其需求满足的科学性和便利性，包括数据及元数据的完整性和标准性、数据评议的权威性和可靠性、数据存储的安全性和可得性等。技术接受模型认为感知易用性是用户感受使用技术或信息系统的难易程度。从开放研究数据而言，可以理解为用户认知数据及数据平台可使用的质量控制程度。因此，本节依据开放研究数据实际性质，选用感知开放研究数据质量替换感知易用性。

企业科研人员感知开放研究数据质量对感知开放研究数据价值具有多层面影响。从感知利己价值而言，高质量的研究数据有利于为企业科研人员提供科研活动中的数据资源，降低数据获取成本，减少重复性数据工作，多路验证研究结果等[3]。同时，当企业科研人员认知到数据共享者因为开放高质量的研究数据获得学术、社会和经济利益后，可以透视到自身开放高质量研究数据的价值获取，包括体现专业能力、加强数据引用、促进学术合作等，甚至取得经济奖励。从而提升企业科研人员的职业竞争力和影响力，加强企业科研人员对研究数据开放的双重自我价值感知。从感知利他价值而言，高质量的研究数据有利于增强开放科学氛围，降低科研活动成本，扩大数据透明度，活跃学科碰撞交流等。另一方面，企业科研人员具有较多高价值的研究数据，能积极助力科学研究、产品研发、行业分析等，进而有效实现公共利益，加强企业科研人员对研究数据开放的双重公共价值感知。

H1：感知开放研究数据质量正向影响感知开放研究数据价值

纵观开放研究数据发展实际，研究数据开放共享取得长足进步，但仍处于发展初期阶段。面对发展尚不成熟的开放研究数据实践，研究数据质量是影响企业科研人员认知开放研究数据的重要基础要素。当企业科研人员感知到开放研究数据会经过评审专家权威和可靠的审议，助力其发布完整、准确和可使用的研究数据[4]，以及感知到开放研究数据会存储于专业、可靠、可持续的数据仓储和数据共享平台中，保障研究数据存储安全、长期可用和精确索引时[5]，企业科研人员会逐步增强对开放研究数据的安全感和信任度，认同其能有效缓解

---

[1] FECHER B, FRIESIKE S, HEBING M. What drives academic data sharing? [J]. PLoS ONE, 2015, 10(2): e0118053.
[2] ZUIDERWIJK A, SHINDE R, WEI J. What drives and inhibits researchers to share and use open research data? A systematic literature review to analyze factors influencing open research data adoption [J]. PLoS ONE, 2020, 15(9): e0239283.
[3] VOLK C J, LUCERO Y, BARNAS K. Why is data sharing in collaborative natural resource efforts so hard and what can we do to improve it? [J]. Environmental Management, 2014, 53: 883-893.
[4] PARK H, WOLFRAM D. An examination of research data sharing and re-use: Implications for data citation practice [J]. Scientometrics, 2017, 111(1): 1-19.
[5] YOON A, KIM Y. Social scientists' data reuse behaviors: Exploring the roles of attitudinal beliefs, attitudes, norms, and data repositories [J]. Library & Information Science Research, 2017, 39(3): 224-233.

数据开放过程中数据信息扭曲、错漏、使用和引用等担忧。此时,研究数据的高质量开放能为企业科研人员带来积极观感,使得企业科研人员逐步形成对开放研究数据的认可感和开放心理。在这种积极情感的推动下,促使企业科研人员在心理层面更容易接受和开放研究数据。

H2:感知开放研究数据质量正向影响企业科研人员开放研究数据接受度

H3:感知开放研究数据质量正向影响企业科研人员开放研究数据意愿

感知开放研究数据价值。感知开放研究数据价值指企业科研人员感知其开放研究数据所收获的利益程度,包括感知利己价值和感知利他价值。感知利己价值是指企业科研人员感知开放研究数据对自己的利益程度,即感知到自己在职业发展、科技创新、经济奖励等方面所获得的正向影响。感知利他价值是指企业科研人员感知开放研究数据对他人的利益程度,即实现公共利益的程度,包括加强开放学术氛围、加快产学研合作、促进数据要素流通和科技成果转化等。技术接受模型认为感知有用性是用户感受新技术或信息系统为自己带来的收益程度。这与感知价值的内涵较为相似,因而选用感知开放研究数据价值代替感知易用性。

通常而言,企业科研人员感知到开放研究数据能为自己和他人带来的积极影响越强烈时,越会愿意开放共享自有的研究数据。从感知学术价值而言,研究数据被广泛使用一方面能够增加数据引用,提升企业科研人员的学术声望[①];另一方面利于扩展企业科研人员现有的研究思路,为其深挖或创新研究提供灵感,节约其研究成本,提高研究效益。从感知职业价值而言,研究数据在行业内加速流动,利于提升企业科研人员的行业影响力、职业竞争力和职业认可度。从感知经济价值而言,研究数据的普遍流动和使用,能为企业科研人员带来经济奖励,以及吸引资助者提供研究资助。创新早已成为企业的重中之重,众多企业为激励员工科技创新,将科技表现纳入到相关部门员工工作业绩之中。当企业科研人员感知到他人使用自己的研究数据能带来较高的学术价值、职业价值和经济价值后,会更倾向于接受和开放研究数据。

H4:感知开放研究数据价值正向影响企业科研人员开放研究数据接受度

H5:感知开放研究数据价值正向影响企业科研人员开放研究数据意愿

企业科研人员开放研究数据接受度。企业科研人员开放研究数据接受度指企业科研人员接受他人使用自己研究数据的程度。期望确认理论认为满意度是用户使用信息系统所感知到的满足程度。从开放共享研究数据而言,可以理解为企业科研人员对他人使用研究数据的满意程度。本节选用开放研究数据接受度替换满意度。企业科研人员对开放研究数据的接受度可以分为三类,第一类为复制研究,即将企业科研人员的研究数据作为参考来验证是否可以重复实验;第二类为重新分析,即使用不同的方法来分析企业科研人员的研究数据;第三类为焕新重用,即使用企业科研人员的研究数据研究不同主题的内容。企业科研人员对他人使用研究数据的接受程度越高,说明其开放心理越强,越利于愿意开放研究数据。

H6:企业科研人员开放研究数据接受度正向影响开放研究数据意愿

---

① KIM Y, STANTON J M. Institutional and individual factors affecting scientists' data-sharing behaviors: A multilevel analysis [J]. Journal of the Association for Information Science and Technology, 2016,50(1):1-14.

企业科研人员学术年龄。企业科研人员学术年龄指科研人员发表第一篇学术论文至今的时间长度①。研究数据指在进行科研活动过程中,通过观测、调研、模拟、实验等方式形成的可供科学研究使用的数据。因此,不同于使用生理年龄,学术年龄更能有效反映出企业科研人员对研究数据的感观和想法。通常而言,企业科研人员的技术攻关和学术活动主要以团队合作为主,相关研究数据多掌握在学术年龄较高的人员手中,因而与学术年龄较短的企业科研人员相比,学术年龄较高的企业科研人员的数据自主权更高,并且开放数据所获得的数据引用也能增加团队的学术和职业影响,从而更能有效决策研究数据的开放共享。同时,学术年龄越高的企业科研人员通常数据素养越强,对开放科学和开放数据环境的感知越为深刻,越能清晰感知到开放研究数据所带来的积极影响。在这种正向效应的积极影响下,越能增强科研人员对开放研究数据的接受度,从而提高科研人员对研究数据开放的意愿(图 5-1)。

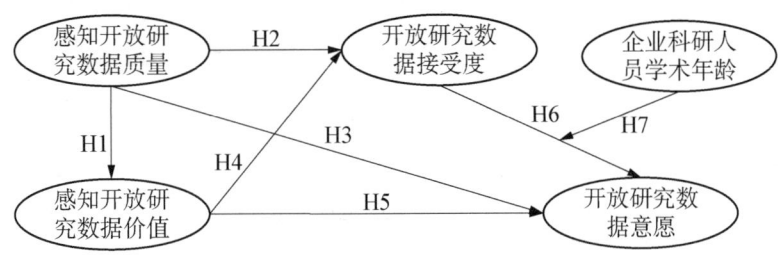

图 5-1　研究数据开放共享影响模型图

H7:企业科研人员学术年龄对开放研究数据接受度与开放研究数据意愿具有正向调节作用

(2) 数据来源

本节样本数据来自施普林格·自然(Springer Nature)和数字科学(Digital Science)发布的"2021年开放研究数据调查问卷"②,Springer Nature 和 Digital Science 对开放研究数据的调查已持续六年,问卷较具成熟性。该问卷主要调研调查对象对开放数据的态度、意愿、行为、使用情况等,企业员工问卷数据特征情况如表 5-1 所示。由于调查问卷将限定条件设置为"五年内发表过论文的人员",同时绝大多数企业员工表明自己在近两年发表过论文。通常而言,在企业中一般为科研岗位的员工会积极发表论文,并且掌握有研究数据可供开放,所以本节将问卷中的企业员工界定为企业科研人员。此外,企业科研人员与公司具有成熟的保密协议规定,拒绝泄漏涉密信息和数据,因此问卷中部分企业科研人员拒绝开放数据的理由有如下情况:数据具有保密性、数据涉及顾客敏感信息、数据属于公司等。故本节认为在问卷中不拒绝开放数据的企业科研人员,其愿意共享的研究数据为可自由支配、不涉及公司保密协议的数据。

---

① 缪亚军,戚巍,钟琪.科学家学术年龄特征研究:基于学术生产力与影响力的二维视角[J].科学学研究,2013,31(2):177-183.
② State of open data survey 2021 additional resources [EB/OL]. [2022-09-22]. https://figshare.com/articles/dataset/State_of_Open_Data_Survey_2021_additional_resources/17081231.

表 5-1　企业科研人员问卷数据特征

	数量	百分比/%		数量	百分比/%
所属企业性质			所属领域		
上市企业	1	0.40	地球科学	21	8.30
非上市企业	252	99.60	天文学	2	0.79
最近一次论文发表时间			生物学	43	17.00
一年内	151	59.68	物理学	14	5.53
距今 1~2 年	63	24.90	化学	20	7.91
距今 3~5 年	39	15.42	数学	6	2.37
所属地域			工程	40	15.81
亚洲	58	23.39	医学	56	22.13
北美	63	25.40	信息科学	8	3.16
欧洲	97	39.11	社会科学	33	13.04
澳洲	13	5.24	艺术人文	3	1.19
南美	9	3.63	农林学	1	0.40
非洲	8	3.23	跨领域	6	2.37

注:所属地域数量不全系因问卷中数据缺失导致。

本节提取调查问卷中表征感知质量、感知价值、接受度、开放意愿、学术年龄,以及蕴含制度、社会、技术与个人因素的题项,并筛选出工作机构为企业的调查对象。构成的企业科研人员开放研究数据问卷共有 253 份,具有 13 道题项,企业科研人员学术年龄为数值型数据,其余变量采用李克特 5 级量表进行测量。通过对构成的企业科研人员开放研究数据问卷进行数据检查和清洗,发现有 6 份显示错误的问卷,有 6 份数据缺失过多的问卷,因而剔除 12 份问卷,最后剩余 241 份问卷。同时,问卷调查要求测量变量题项的缺失值小于 5%,通过检查含有缺失值的问卷,删除一项数据缺失较多的题项,采用均值填补法补充其余缺失数据,最后有 12 道测量题项。

（3）数据分析与研究结果

信度和效度分析。本节结合 SPSS 22.0 和 SmartPLS 3.3.7 对调查问卷进行信效度分析。在信度方面,通过 SPSS 进行探索性因子分析,测量变量的因子负荷均大于 0.5,可以保留相应题项。同时,测量变量的克隆巴赫系数(Cronbach's α 系数)均在 0.7 以上。通过 SmartPLS 进行验证性因子分析,所验证的潜变量的组合信度(C.R.)均大于 0.8,确保了研究模型的信度,具体如表 5-2 所示。在效度方面,通过 SPSS 进行可靠性分析,研究模型 KMO 统计量为 0.841,且在 0.001 水平下显著。通过 SmartPLS 进行验证性因子分析,测量变量之间的相关系数均低于 0.8[①],测量变量的平均萃取方差(AVE)均大于 0.6,说明研究模型具有较好的聚合效度。同时,测量变量 AVE 值的平方根均大于各构念之间的相关系数,说明研究模型具有良好的区分效度,如表 5-3 所示。此外,研究模型的方差膨胀因子

---

① BAGOZZI R P, YI Y, PHILLIPS L W. Assessing construct validity in organizational research [J]. Administrative Science Quarterly, 1991,36(3):421-458.

(VIF)均低于 5 的阈值[①],说明研究模型不存在严重的多重共线性问题。

表 5-2 研究模型的信度与效度分析表

构念	测量题项	因子负载	克隆巴赫系数	组合信度	平均萃取方差
感知研究数据质量(PQ)	我认为有清晰的数据描述、分类、编码等很有用	0.666	0.720	0.848	0.650
	我认为专业和可信的数据仓储很重要	0.594			
	我认为有可靠的同行评审很必要	0.548			
感知研究数据价值(PV)	开放研究数据利于增强数据认可	0.715	0.708	0.836	0.631
	开放研究数据能提升相关论文可信度	0.540			
	开放研究数据利于实现数据自由有序获取	0.686			
开放研究数据接受度(RDA)	我接受他人采用同类方法使用我的数据进行复制研究	0.620	0.815	0.890	0.730
	我接受他人采用不同方法使用我的数据进行相关研究	0.688			
	我接受他人使用我的数据进行不同主题研究	0.560			
开放研究数据意愿(RDW)	我愿意支持开放研究数据行为	0.647	0.716	0.878	0.783
	我愿意将开放研究数据作为必要的学术活动	0.711			
	我愿意开放我的研究数据并使其符合 FAIR 数据原则(删)				
企业科研人员学术年龄(AA)	您发表的第一篇经同行评议的学术论文是在哪一年?				

注:由于"我愿意开放我的研究数据并使其符合 FAIR 数据原则"缺失值大于 5%,故删除。

表 5-3 AVE 平方根及相关系数表

	PQ	PV	RDA	RDW	AA
PQ	0.806				
PV	0.521	0.794			
RDA	0.355	0.425	0.854		
RDW	0.442	0.591	0.421	0.885	
AA	−0.052	−0.086	−0.028	0.117	

注:对角线为 AVE 平方根,非对角线数据为测量变量间的相关系数。

[①] HAIR J F, RINGLE C M, SARSTEDT M. PLS-SEM: indeed a silver bullet [J]. Journal of Marketing Theory & Practice, 2011, 19(2):139-152.

研究假设检验。 使用 SmartPLS 对研究模型进行验证（Bootstrapping，N=5 000），具体检验结果如图 5-2 所示。在假设检验路径方面，感知研究数据质量对感知研究数据价值（$\beta=0.521, p<0.001$）、开放研究数据接受度（$\beta=0.184, p<0.05$）和开放研究数据意愿（$\beta=0.146, p<0.05$）均产生显著正向影响。感知研究数据价值正向影响开放研究数据接受度（$\beta=0.329, p<0.001$）和开放研究数据意愿（$\beta=0.440, p<0.001$）。开放研究数据接受度对开放研究数据意愿（$\beta=0.194, p<0.01$）具有显著正向影响。企业科研人员学术年龄对开放研究数据接受度和开放研究数据意愿（$\beta=0.012, p<0.01$）起到显著增强效用。研究假设均通过显著性检验。在研究模型评估方面，感知质量、感知价值和开放研究数据接受度对开放研究数据意愿的解释能力 $R^2=0.435$，解释能力较强。由此说明感知质量、感知价值和可接受度三个潜变量在提升企业科研人员开放意愿中需要得到重视。同时，研究模型还要考虑预测相关性 Q^2，Q^2 越大则研究模型的预测相关性越好。模型中 Q^2 分别为 0.160、0.140 和 0.321，均显著大于 0，说明各潜变量对显变量具有较强的预测相关性。

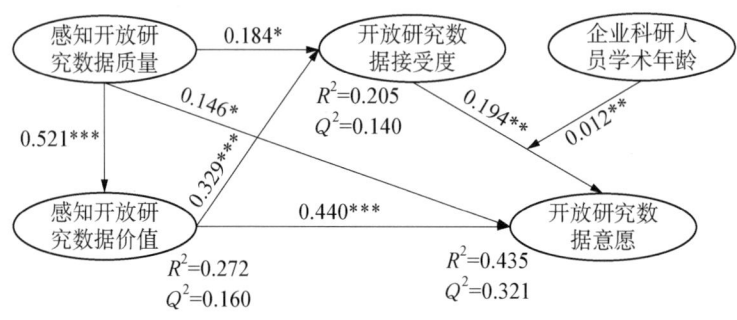

注：***为 $P<0.001$，**为 $P<0.01$，*为 $P<0.05$。

图 5-2 研究数据开放共享影响研究结果图

稳健性分析。 通过 SPSS 逐步回归分析企业科研人员学术年龄的调节作用，模型 1 的因变量为开放研究数据意愿，在模型 1 中纳入接受度和学术年龄进行先验检验。随后，模型 2 在模型 1 的基础上纳入接受度和学术年龄的交互项，检验调节变量的调节作用。从表 5-4 可以发现，交互项的值显著为正（$\beta=0.137, p<0.05$），ΔR^2 为 0.019，说明伴随企业科研人员学术年龄的增长，较高的开放研究数据接受度，能有效提升企业科研人员开放研究数据的意愿，企业科研人员学术年龄正向强化了开放研究数据接受度对开放研究数据意愿的影响。

表 5-4 企业科研人员学术年龄调节作用表

变量	企业科研人员研究数据开放意愿（RDW）	
	模型 1	模型 2
RDA	0.426***	0.431***
AA	−0.170**	−0.177**
RDA×AA		0.137*
R^2	0.203	0.222

续表

变量	企业科研人员研究数据开放意愿（RDW）	
	模型 1	模型 2
调整后 R^2	0.196	0.212
ΔR^2	0.203	0.019
F 统计量	30.316***	22.504***

注：*** 为 $P<0.001$，** 为 $P<0.01$，* 为 $P<0.05$。

5.3.2 研究数据共享开放路径

科研人员开放研究数据具有复杂性，探索其开放共享意愿的影响机理，既需要剖析各前因变量对开放研究数据意愿的影响路径，又需要分析出影响开放研究数据意愿的具体诱因，从细节要素补充影响情景，从而实现对开放研究数据意愿的多层次影响因素探究。本节探索开放研究数据意愿方面的顾虑要素和在开放研究数据意愿方面的激励要素，选用"2021年开放研究数据调查问卷"中的多选题①，利用 Gephi 挖掘激励和制约企业科研人员开放共享研究数据意愿的主体诱因，构建激励和制约要素间的影响网络，以实现对开放共享研究数据意愿的深度分析。

开放研究数据意愿激励要素。根据具体激励诱因间的连接度，企业科研人员开放研究数据意愿的激励要素可以分为五类，如图 5-3 所示。第一类为激励效果最为深刻的要素，企

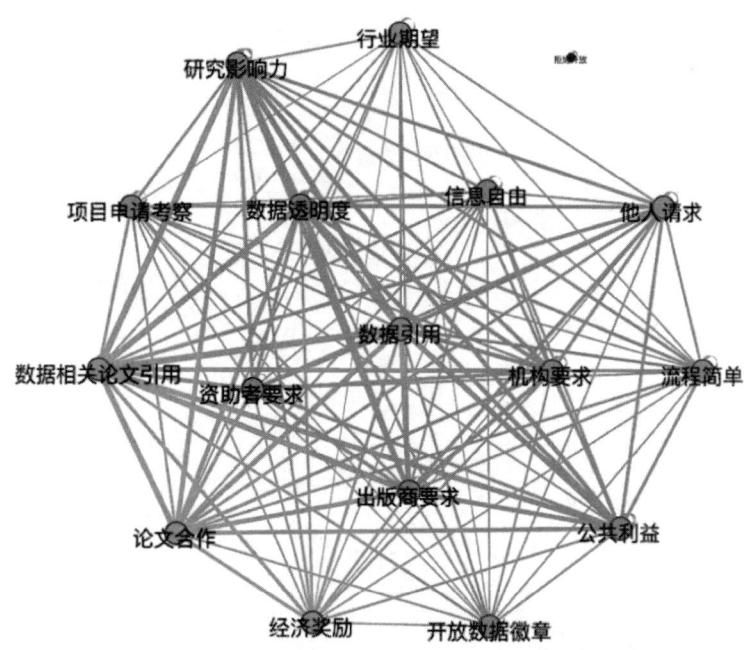

图 5-3 科研人员开放研究数据意愿激励要素图

---

① State of Open Data Survey 2021 additional resources [EB/OL]. [2022-09-22]. https://figshare.com/articles/dataset/State_of_Open_Data_Survey_2021_additional_resources/17081231.

业科研人员认为规范的数据引用、数据所带来的研究论文引用以及数据所促进的科研合作能有效促进其开放研究数据,说明规范和提升学术效益对具有科研活动的人员十分重要。第二类为激励效果较为有力的要素,企业科研人员认为数据所增强的研究影响力、期刊或出版商要求开放研究数据的制度会提升其开放意愿。第三类为相对重要的要素,涉及制度、社会、环境等因素,企业科研人员认为来自机构的数据开放要求、来自他人的研究数据请求、所营造的数据透明氛围以及所实现的社会公共利益都会影响其开放意愿。第四类为影响较为广泛但激励效力不强的要素,企业科研人员认为简便的数据提交流程、实现的经济奖励、面临的项目申请考察、来自资助者开放数据要求、营造的信息自由氛围、来自行业或领域的期望,以及取得的开放数据徽章,均能在一定程度上激励其开放研究数据。第五类为拒绝开放研究数据的群体,即企业科研人员认为无论获得何种奖励,都不会激励其开放研究数据,但此类人群人数十分稀少,说明给予企业科研人员适当和适应的激励,能有效调动其开放研究数据的积极性,促进企业科研人员开放研究数据。

开放研究数据意愿制约要素。使用 Gephi 对顾虑要素进行网络分析,具体可以分为五类,如图 5-4 所示。第一类为起到主要制约作用的要素,企业科研人员认为对于具有敏感信息的数据进行开放需要取得研究对象的认可、数据使用不规范所带来的数据滥用、数据开放能否实现完善和持久的数据版权是阻碍其开放研究数据的重要因素,说明企业科研人员十分注重对数据的保护。第二类为制约作用较为重要的因素,企业科研人员认为自己是否充分挖掘了数据的潜能、数据开放后能否获取他人的认可、开放研究数据所带来的各类成本会影响其开放意愿。第三类为制约作用相对重要的因素,主要集中于他人对开放研究数据的使用行为,企业科研人员顾虑他人使用数据所实现的类似研究或创新研究,即企业科研人员在一定程度后担心他人使用数据后是否会产出优于自己成果的研究。第四类为制约较为广泛的要素,企业科研人员认为由开放所耗费的数据管理时间、复杂的数据组织方式、数据体

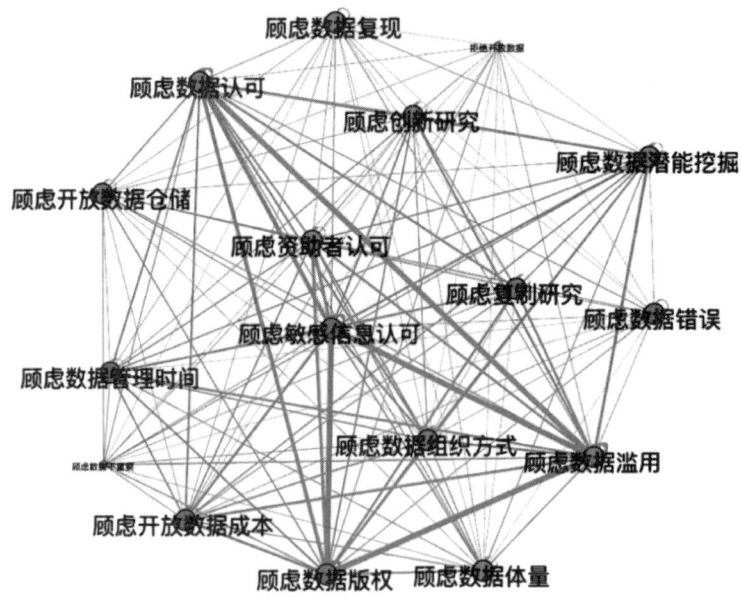

图 5-4 科研人员开放研究数据意愿制约要素图

量过大所带来的数据发布问题、能否获得资助者的同意、寻求合适和安全的数据仓储、他人能否顺利进行数据复现、开放的数据中是否会有错误等都会降低其开放研究数据的意愿。第五类为拒绝数据开放和认为自有数据不重要的人群。同时,可以发现,企业科研人员对于他人能否顺利进行数据复现和开放的数据中是否会有错误的顾虑较低,说明企业科研人员对自己的数据充满自信,也对数据的同行评审质量非常放心。数据复现和数据准确作为开放研究数据的基本保证,在一定程度上说明企业科研人员具有较好的数据收集、处理和组织能力,能为企业科研人员开放研究数据奠定良好的根基。

开放研究数据意愿诱因。使用 Gephi 对激励诱因和顾虑要素进行有向聚类和网络分析,探索面对开放研究数据顾虑时能有效缓解和促进科研人员开放数据的积极因素,如图 5-5 所示。根据各要素间的连接度和作用路径,可以发现顾虑数据滥用、顾虑数据敏感信息认可、顾虑数据版权和顾虑数据认可既是阻碍企业科研人员开放研究数据的关键要素,又是最能受到数据引用、数据相关论文引用、论文合作、研究影响力、公共利益、出版商要求和机构要求调节的要素。论文引用、专利引用、数据引用等学术影响力的表现可以展现企业科研人员研究成效,一定程度上反映其工作质量和工作成果,能有效提升绩效评价,实现职业晋升。因此,在提高企业科研人员开放研究数据意愿方面,应积极关注如何提高企业科研人员开放研究数据的学术影响力,如何增强开放研究数据制度的影响,如何加强对开放研究数据的保护,如何安全处理数据隐私信息,如何规范管理数据引用制度,如何明确界定数据版权等。

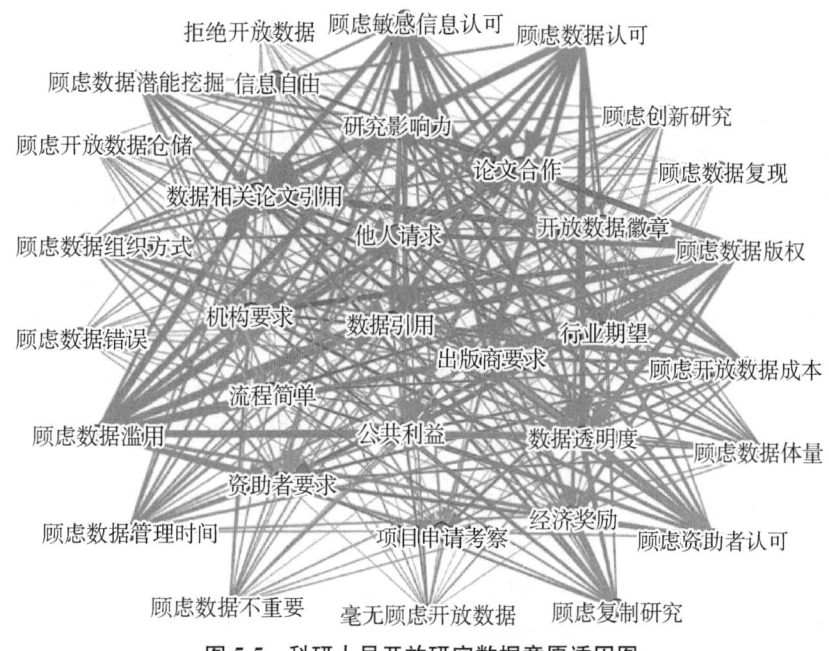

图 5-5 科研人员开放研究数据意愿诱因图

5.3.3 研究数据共享服务保障

通过上述对科研人员开放研究数据意愿影响机制的探索,可以发现科研人员开放研究数据意愿受到感知质量、感知价值和接受度的积极影响,数据引用、论文引用、论文合作、公共利益、出版机构要求等细致因素会激励科研人员开放数据的意愿,数据滥用、敏感信息认可、数据版权等细节因素会妨碍科研人员开放数据的意愿。以此影响路径和影响要素为基础,逐节突破研究数据共享障碍,才能更好地实现研究数据共享服务保障。

完善数据保护,保障数据质量。完善的数据保护体系是开放和使用研究数据的基础保障。在数据保护方面,一是要明确研究数据所有权,即数据版权和数据利益的归属问题[①],应注重对研究数据的管控,包括明确数据产权、数据产权创建细节、数据保密期限、数据协议可使用内容、数据可应用于商业内容等信息。二是要注重隐私和敏感信息的规范处理。通过制度手段发布隐私和敏感信息规范政策文件和处理流程,通过法律手段签署敏感信息知情和许可同意书,通过技术手段隐匿或加密相关隐私和敏感信息,实现去敏化。三是保障数据安全。对已提交的数据要有效保障数据仓储安全性和数据评议可靠性,对尚未公开学术论文的关联数据要警惕数据泄露,对已发布的研究数据要规范数据引用和防范恶意使用。从而促进研究数据准确和完整地提交、可靠和权威地评审、详细和明晰地呈现、规范和有效地引用。

增强数据氛围,实现数据价值。良好的研究数据开放氛围,能积极促进科研人员参与和使用开放研究数据,突显和实现研究数据价值。一方面,可以利用产学研合作,通由科研人员普及和宣传开放研究数据的意义和价值,建立和提高科研人员开放研究数据意识,渗透和引导科研人员开放数据。另一方面,在科研人员申请学术项目过程中,在项目申请指南积极宣传开放研究数据。在项目评审中,逐步将开放数据经验作为申请研究项目的参考条件之一。在项目验收中,倡导项目成果需提交和开放非敏感、非机密、非涉利益、非涉及国家安全的研究数据。面对开放研究数据利于申请研究项目,从而提升职业业绩和学术成果的现实,科研人员将会积极开放研究数据。

强化数据政策,触发职业认可。面对科研人员重点关注的数据版权、数据影响力、出版机构要求等问题,开放研究数据政策的制定是提升科研人员开放意愿的有力途径。在数据版权方面,政府部门应针对不同主体、不同来源方式的研究数据制定明晰的知识产权、隐私和敏感保护、数据使用许可、数据协定等方面的法律法规政策。在数据影响力方面,政府部门、资助机构、学界应积极促进研究数据影响力逐步向论文影响力靠拢,提升数据影响实质性实力和地位,继而加强对研究数据的认可,逐步将数据影响力视为学术影响力,纳入科研人员绩效评价和职业晋升之中。在出版机构方面,出版机构和资助机构应积极要求和促进提交论文和开放论文相关研究数据。

建立数据平台,扩充参与路径。通过对开放共享研究数据平台的调研,发现使用相关平台的用户迅猛增长,还有部分企业与相关研究数据共享平台合作进行产品研发创新。规范和稳固的研究数据共享平台能有效吸引用户使用研究数据和开放研究数据,政府部门可以逐步引导和助力学校、机构、企业搭建研究数据共享平台,探索数据免费开放模式或者数据交易模式,调动产学研各界对开放数据的积极性,释放研究数据潜力和价值,深化产学研合作机制,实现企业、学界和社会三赢。此外,还可以在现有研究数据共享平台的基础上,增设数据讨论区,促进研究数据交流,启发研究新思路,实现业务优化发展。

---

① 卢祖丹.研究数据开放共享的经济逻辑与制度安排[J].科学学研究,2022,40(9):1661-1667,1690.

5.4 研究数据共享评价

研究数据作为科学假设、科学分析以及科学理论形成的基础,很大程度上决定了科学研究的质量。在当前多学科交互的科学研究中,研究数据的生产、利用、分析过程基本可等同于科学研究的形成过程。研究数据价值的实现植根于对数据的使用,因而开展诸如数据论文类的研究数据共享、出版、使用等实践不可或缺。

5.4.1 开放数据集学术影响力分析

在以数据为驱动的新型信息环境下,科研人员的信息需求粒度从"一份资料""一篇论文",细化到"一条数据""一张图表",以及这些知识单元的关系[①]。为促进研究数据的有效再利用,满足科研人员细粒度知识单元的数据需求,开放共享研究数据集逐步兴起。开放研究数据集是以学术研究为目的,基于 DOI 系统,将数据提交和存储至公共数据仓储或开放数据平台,通过 DOI 与学术论文进行关联,并对数据的生产背景、生产方法、使用说明等进行简要说明。伴随开放科学和开放数据环境的发展,开放研究数据集的影响日益突显,如促进研究数据的发现、获取、理解与重用,推动学术创新等。但开放研究数据集具体会发挥多少作用、产生何种影响是尚不明确,因而有效地开放研究数据集影响力评价机制就显得十分必要。

(1) 开放研究数据集的学术影响力评价框架

开放研究数据集的学术影响力指开放研究数据集在学术交流与传播中的广度与深度,是开放研究数据对相关研究领域所产生的积极影响的范围和深度的度量[②]。本节在深入考量开放研究数据集深度与广度的基础上,融合 Altmetrics 与引文分析,从被引对象频次、当年影响因子与下载量进行开放研究数据集学术影响力评价模型的构建。

剖析开放研究数据集的特殊性质,是构建适用于这一特殊类型的学术资源评价体系的必要环节。开放研究数据集与期刊论文具有异同之处,解构其中异同有利于为开放研究数据集学术影响力评价体系的构建提供支持与借鉴。在相同性方面,从获取途径而言,开放研究数据集网络获取与传播的方式与期刊论文类似;从引用形态而言,开放研究数据集与期刊论文皆以参考文献的方式进行引用标注;从评价要素而言,开放研究数据集与期刊论文都以引用作为其最常见与规范的行为方式,同时发展下载、浏览等行为指标。在差异性方面,从内容逻辑而言,期刊论文是基于科学假设抑或科学问题的研究结果,其语言逻辑通俗易懂。开放研究数据集是对研究数据的事实描述,其中研究数据的语言逻辑较难理解。从载体形式而言,期刊论文包含一篇或一组文章,文章与文章之间不可直接重组。开放研究数据集包含的数据结构复杂,且数据集之间可重组利用。从资源体量而言,以数字形式出版的期刊论文存储大小从 KB 到 MB,既可网络发布也可纸质发布。开放研究数据集大小从 MB 到 TB,文件格式不一,通常为网络发布。作为在获取、引用、评价等方式上与期刊论文类似的开放研究数据集,在评价方式上也可借鉴期刊论文的评价体系。根据开放研究数据集仅从网络获取与传播、引用作为其最常见与规范的使用方式等特点,本节选择融合 Altmetrics 与引文

[①] 周倩. 面向科学数据出版的信息资源开发利用研究:以国防科技领域为例[J]. 情报理论与实践,2019,42(2):140-144.
[②] 王毅萍,马建玲. 国外科学数据影响力研究进展[J]. 图书情报工作,2017,61(7):118-126.

分析的方法进行开放数据集学术影响力的评价。

与期刊论文类似,开放研究数据集的引用分析也可以有效反映其学术价值和影响力,并将抽象的影响力通过定量化的方式直接、客观表现出来。开放研究数据集引用是指科研人员在论文中以参考文献、脚注等方式指明数据来源。正如参考文献首席专家 Elizabeth Moss 所言:"如果数据的使用可以被识别,其影响力可以更好地被衡量"[①]。通过对开放研究数据集被引情况进行追踪与分析,可以较为直观展示开放研究数据集的应用情况,反映科研人员的认可程度。引用频次与影响因子作为引文分析中的重要指标可一定程度上计量开放研究数据集使用情况。基于开放研究数据集作为研究中底层支撑数据的特点,不同施引文献对其引用动机不尽相同,单凭引用频次并不能有效揭示开放研究数据集的学术价值,而需从被引对象频次出发进行计量。影响因子虽为衡量期刊质量的指标,也可衡量刊载论文的质量。根据相关研究可知,影响因子可从侧面体现开放研究数据集的影响力[②]。开放研究数据集基于提供基础数据与使用说明的特性,要求研究人员出于实际需要使用开放研究数据集,从而可在一定程度上避免"马太效应"。但引文分析仅从引用角度对开放研究数据集的影响力进行分析,存在研究指标的片面性与时滞性等问题。

Altmetrics 作为对网络指标的计量分析,与开放研究数据集仅从网络获取与交流的特性相符合,可作为引文分析外有效的补充计量方法。Altmetrics 通过网络可以随时获取科研人员对开放研究数据集的利用行为并进行分析,从而在一定程度上改善了引文分析的时滞性问题。Altmetrics 可计量指标较多,包括有浏览量、下载量、保存、标签、分享、评论等。根据 Kratz J E 等学者的实证研究可发现,Altmetrics 适用于开放研究数据集的影响力评价,并且下载量在开放研究数据集的学术影响力中发挥重要作用,其余指标作用较小,但具有潜在评价价值[③]。因此,通过对 Altmetrics 与引文分析的融合,可改善引文分析中的部分问题,完善评价指标,扩大评价适用范围,为开放研究数据集提供综合、科学的评价体系。

图 5-6 反映了如何从开放研究数据自身特性、Altmetrics 与引文分析优势融合以及开放研究数据出版平台特征这三个方面,构建融合 Altmetrics 与引文分析的开放研究数据学术影响力评价的整体框架。其中主要包括评价指标遴选、评价模型构建两个过程,具体将在下文中进行详细讨论。

(2) 开放研究数据集的学术影响力评价指标遴选

本节选取被引对象频次、当年影响因子与下载量作为开放研究数据集学术影响力评价指标,其原因如下:首先,基于开放研究数据集的内容逻辑、载体形式与资源体量的特性。在内容逻辑上,开放研究数据集作为底层原始数据,其所使用的语言除文字外,多为数字、代码或符号,这些语言较之传统文献难懂。因而作者在使用开放研究数据集时首先会进行深入考量,判断其与文章的关联性抑或是支持性,再根据开放研究数据集中的数据或说明规划其在文章中应呈现的部分。所以在对开放研究数据集进行计量时,考虑到其支撑性的不同,应深入文章内容进行评价。在载体形式与资源体量上,与传统文献相比研究数据的结构与格

---

① 翟姗姗,叶丁菱,胡畔,等. 融合 Altmetrics 与引文分析的数据论文学术影响力评价[J]. 情报学报,2020,39(7):710-718.
② 邱均平,何文静. 科学数据共享与引用行为的相互作用关系研究[J]. 情报理论与实践,2015,38(10):1-5.
③ KRATZ J E, STRASSER C. Making data count [J]. Scientific Data, 2015,2:150039.

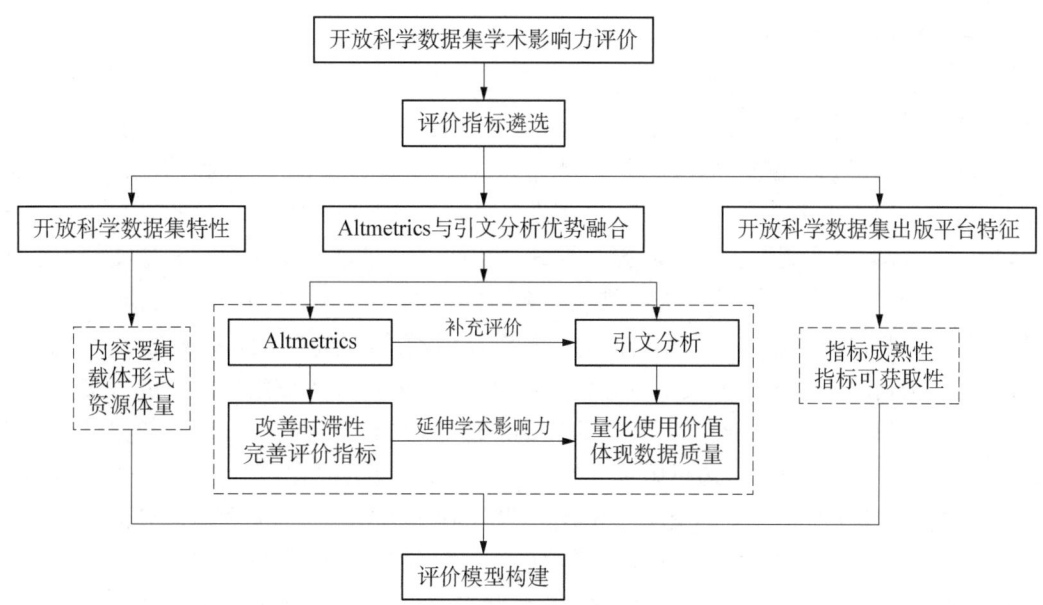

图 5-6 融合 Altmetrics 与引文分析的开放研究数据集学术影响力评价框架图

式更为复杂,开放研究数据集可能包含若干个子数据集,子数据集又可以进行组合形成新的数据集,而数据集的大小从几十 KB 到几 GB 甚至可达几百 GB。面对存储容量较大的开放研究数据集,网络发布是其必然之道。第二,考虑到 Altmetrics 与引文分析现有指标进行融合评价的优势。开放研究数据集被引对象频次既可反映开放研究数据集被引频次,又可深入挖掘开放研究数据集被引用的功能。当年影响因子从开放研究数据集使用角度出发进行评价,下载量从开放研究数据集受欢迎程度出发进行评价。第三,考量现有开放研究数据集出版平台的特征。通过对现有开放研究数据集出版平台进行调研,可以发现开放研究数据集相关指标的丰富性与完善性较不足,且指标的成熟性与可获取性相对有限。

被引对象频次。作为开放研究数据集引用深度的指标,被引对象指被引文献出现在施引文献中的章节位置,被引对象频次则指被引对象出现的次数。被引文献在施引文献各章节中的分布与引用动机在一定程度上显著相关。根据祝清松等研究可知,被引文献出现在施引文献各章节的不同引用动机使其具有不同的学术价值[1]。并且,通过对被引文献出现在各章节的次数统计,可以在一定程度上看作被引文献的引用频次,因此本节将被引对象频次作为开放研究数据集学术影响力的评价指标之一。为对被引对象进行量化分析,本节依据学术论文所遵从 IMRD(introduction, methods, results, discussion)结构模式,将被引对象界定为引言、方法、结论与讨论四部分。并通过人工识别的方式,对被引的开放研究数据集出现在施引文献中的章节进行标注,人工识别与标注可保证数据标注的准确性,有利于提高分析结果的可靠性。Maricic 等将被引对象分为引言、方法、结论与讨论四部分,并对四部分的权重设置为 15、30、30、25[2]。以此为参照,将引言、方法、结论与讨论的权重分别设置为

---

[1] 祝清松.科技文献引文价值测度的改进方法[J].中国科技期刊研究,2016,27(7):793-798.
[2] MARICIS S, SPAVENTI J, PAVICIC L, et al. Citation context versus the frequency counts of citation histories [J]. Journal of the American Society for Information Science, 1998, 49(6):530-540.

1.5、3.0、3.0 和 2.5。

当年影响因子。作为开放研究数据集引用绩效的反映,影响因子虽为衡量期刊质量的重要指标,也可在一定程度上衡量刊载文献的质量。根据相关研究可知,影响因子高的期刊对收录的文献质量要求也较高,一般而言,如果一篇文献发表在影响因子高的期刊上,则这篇文献的质量与影响力也较高。通过文献质量则可一定程度上体现开放研究数据质量,高质量的数据会促进高影响力论文的产生[①]。研究数据是验证科研假设、进行科研分析和形成科研理论的基础,也是测试和评估研究结果的重要依据。研究数据作为学术论文的重要组成部分,对学术论文的创作、质量等有较大的影响。根据王雪等实证研究也可知,数据集的质量与科学文献的质量之间存在显著的相关关系,数据集的质量会影响科学文献的价值,科学文献的价值也可一定程度上反映数据集的质量[②]。开放研究数据集中包含的直接可用数据和对数据的描述是科研人员进行科学研究的底层基础,高质量的开放研究数据可以为施引文献提供优质的数据支撑,通过施引文献不同角度或深度的研究,有利于产出高质量和高影响力的论文。同时,高质量的论文往往会受到较高的关注,而作为其研究基础的开放研究数据集同样也会受到一定关注。伴随着开放研究数据集关注度的提升,其引用量也会随之增加,开放研究数据集的影响力也会随之提高。因此,施引文献的期刊影响因子也可作为衡量开放研究数据集引用广度与深度的指标。为确保指标数据的科学性,避免不同年份对影响因子的影响,在这里选择施引文献所发表年份的影响因子,即当年影响因子作为开放研究数据集学术影响力的评价指标之一。

下载量。下载作为网络信息惯用的传播途径和利用方式,表明信息受到了关注,产生了影响。依据开放研究数据集仅由网络进行传播的特性,下载量可作为评价其影响广度的指标。与其他 Altmetrics 指标相比,下载量在评价效果上更具代表性。下载量不仅可以体现科研人员对开放研究数据集的关注程度和兴趣程度,还在一定程度上可反映开放研究数据集的引用量,而引用量正是开放研究数据影响力的重要体现。根据谢娟对 29 项研究共 115 512 篇样本论文的元分析发现,下载量与被引量之间呈正性的强相关关系,即论文下载量越大,其被引频次也越高[③]。同时,下载量在体现科研人员对开放研究数据集的关注和使用上,可表现为科研人员对此较有兴趣,才会选择下载来查看完整内容,或者科研人员下载开放研究数据集后,使用其中的数据作为研究的初步试验分析数据,但却不会将其写入到论文中等行为。下载量的影响程度虽不如开放研究数据集直接被引用的影响程度,但作为对开放研究数据集利用的开始,它可从两个层面对开放研究数据集的学术影响力进行评价,因而将其选作评价指标之一具有必要性。

(3) 开放研究数据集的学术影响力综合评价模型构建

基于上文所选择的被引对象频次、当年影响因子、下载量三个指标,借助于层次分析法,通过构造比较矩阵进行两两比较分析,最终确定开放研究数据集的学术影响力指标权重。具体实施方案为,建立基于专家打分的群策层次分析法,并对五位专家打分结果进行几何平均,最终结果如表 5-5 所示。

[①] 邱均平,何文静. 科学数据共享与引用行为的相互作用关系研究[J]. 情报理论与实践,2015,38(10):1-5.
[②] 王雪,马胜利,佘曾溧,等. 科学数据的引用行为及其影响力研究[J]. 情报学报,2016,35(11):1132-1139.
[③] 谢娟,龚凯乐,成颖,等. 论文下载量与被引量相关关系的元分析[J]. 情报学报,2017,36(12):1255-1269.

表 5-5　评价指标打分矩阵

	被引对象频次	当年影响因子	下载量
被引对象频次	1	3	5
当年影响因子	1/3	1	2
下载量	1/5	1/2	1

通过计算可得矩阵最大特征值为 3.003 7，特征向量为{0.928 0.328 0.175}，一致性比率为 0.074＜0.1，通过一致性检验。经归一化处理后，可得权重为 0.648、0.229 和 0.123。

开放研究数据集的学术影响力评价模型如下：

$$\mathrm{DM} = 0.648\mathrm{CT} + 0.229\sum_{i=1}^{n}\mathrm{IF}_i + 0.123\mathrm{DL} \qquad (公式\ 5\text{-}1)$$

$$\mathrm{CT} = 1.5\sum_{i=1}^{n}M_i + 3\sum_{i=1}^{n}N_i + 3\sum_{i=1}^{n}P_i + 2.5\sum_{i=1}^{n}Q_i \qquad (公式\ 5\text{-}2)$$

在公式 5-1 中，DM（data paper metrics）为开放研究数据集的学术影响力，CT（citation target）为被引对象的总频次，IFi（impact factor）为引用开放研究数据集的 i 篇施引文献的期刊当年影响因子，DL（download）为开放研究数据集的累计下载量。在公式 5-2 中，CT（citation target）为被引对象的总频次，M_i 为开放研究数据集在 i 篇施引文献中出现在引言章节的次数，N_i 为开放研究数据集在 i 篇施引文献中出现在方法章节的次数，P_i 为开放研究数据集在 i 篇施引文献中出现在结果章节的次数，Q_i 为开放研究数据集在 i 篇施引文献中出现在讨论章节的次数。根据 Maricic[①] 的权重设置，这里以此为参照将各指标的权重设为 1.5、3.0、3.0 和 2.5。

（4）基于"全球变化科学研究数据出版系统"的实证分析

数据来源与获取。"全球变化科学研究数据出版系统"是我国唯一一个集元数据、实体数据、数据论文关联一体的数据出版平台。平台以出版地理、资源、环境、生态、可持续发展、全球变化等领域研究数据为主要任务，在我国数据出版实践中占重要地位。平台具有系统完备的数据评审、出版、引用制度，以确保数据的真实性与可靠性，并对开放研究数据集和相关文献进行关联，便于科研人员对数据与文献的同时获取。此平台在我国发展最早且完善，发布开放研究数据集数量最多，面向众多领域，合作作者与用户的来源国较多，影响面较广，并且对开放研究数据集的网页浏览数、下载数、下载量进行跟踪展现，可研究指标较多。通过对该平台开放研究数据集学术影响力的研究，可以较具代表性的展示我国开放研究数据集的发展状况。本节选取"全球变化科学研究数据出版系统"在 2014—2018 年出版的 15 期共 592 篇开放研究数据集，使用中国知网对开放研究数据集的中文题名进行全文检索，使用 Web of Science 对开放研究数据集的英文题名进行全文检索，并通过 Google Scholar 进行补充，共计检索出 104 篇施引文献。

---

① MARICIS S, SPAVENTI J, PAVICIC L, et al. Citation context versus the frequency counts of citation histories [J]. Journal of the American Society for Information Science, 1998, 49(6):530-540.

单一开放研究数据集的学术影响力评价。本节以"全球变化科学研究数据出版系统"中李双双发表的《1960—2014年北京极端气温重建数据集》为例,具体展示单一开放研究数据集的学术影响力评价过程与结果(表5-6)。

表5-6 "1960—2014年北京极端气温重建数据集"的评价指标统计表

编号	施引文献	发表年份	被引对象频次	当年影响因子	下载量
1	Evapotranspiration estimation considering anthropogenic heat based on remote sensing in urban area	2017	方法(权重3)1次	1.989	
2	Effects of Climate Change on Outdoor Skating in the Bei Hai Park of Beijing and Related Adaptive Strategies	2017	方法(权重3)1次	1.789	
3	内蒙古西部近60a极端气温变化	2017	结果(权重3)1次	1.248	
4	内蒙古大兴安岭林区极端气温事件变化特征	2018	引言(权重1.5)1次	2.709	
5	基于均一化资料的西安极端气温变化特征研究	2018	引言(权重1.5)1次	2.962	
6	1960—2013年秦岭陕西段南北坡极端气温变化空间差异	2018	引言(权重1.5)1次	4.27	
总计			13.5	14.967	127

由表5-6可知,"1960—2014年北京极端气温重建数据集"的当年影响因子为14.967,下载量为127。被引对象中引言有3次,方法有2次,结果有1次,可以计算出被引对象频次为13.5。由于三个评价指标的性质不同,具有不同的量纲和数量级,由此需对各指标进行标准化处理计算。在这里通过取对数方式进行标准化处理。由表5-7可知,《1960—2014年北京极端气温重建数据集》的学术影响力为1.26。

表5-7 "1960—2014年北京极端气温重建数据集"学术影响力评价表

	被引对象	当年影响因子	下载量	学术影响力
指标标准化	1.13	1.175	2.104	
指标权重	0.648	0.229	0.123	
总计	0.732	0.269	0.259	1.26

开放研究数据集学术影响力评价分析。"全球变化科学研究数据出版系统"在2014—2018年可评价的开放研究数据集有16篇,如表5-8所示。表中的开放研究数据集基本属于地理领域,说明开放研究数据集对地理领域的学术影响较大,这一方面与地理领域的研究数据生产量大、需求性强、通用性较高有关,另一方面也与地理领域内开放研究数据集的提交、发表与引用实践发展相对较成熟有关。但同时也体现出开放研究数据集对其他领域的学术影响力较为欠缺,领域间发展差异较大、极不平衡。

表 5-8 2014—2018 年开放研究数据的学术影响力评价表

编号	开放研究数据	被引对象频次	当年影响因子	下载量	学术影响力
1	中国公里网格人口分布数据集	1.252	0.441	0.461	2.154
2	青藏高原范围与界线地理信息系统数据	1.115	0.446	0.401	1.962
3	中国公里网格 GDP 分布数据集	0.957	0.339	0.461	1.757
4	中国 5 年间隔陆地生态系统空间分布数据集	0.958	0.273	0.496	1.727
5	1960—2014 年北京极端气温重建数据集	0.732	0.269	0.259	1.26
6	世界屋脊生态地理区区域	0.504	0.176	0.401	1.081
7	东亚季风生态地理区界线数据	0.504	0.188	0.376	1.068
8	中国农田熟制资源地理分布数据	0.423	0.183	0.401	1.007
9	青藏高原草地退化类型空间分布数据集	0.504	0.133	0.358	0.995
10	世界屋脊生态地理区地形坡度分级数据集	0.309	0.107	0.374	0.790
11	1981—2010 年湖南省年均土壤生产潜力数据集	0.309	0.045	0.399	0.753
12	世界屋脊生态地理区山地高度分类数据集	0.309	0.107	0.299	0.715
13	岷江上游林树下线地理分布及实地调查样本点数据集	0.309	0.040	0.322	0.671
14	1952—2007 年中国白蜡树春季物候格网数据	0.309	0.030	0.293	0.632
15	岷江上游土地利用对泥石流发生敏感性分析数据集	0.114	0.060	0.329	0.503
16	全球 0.1°分辨率人口加权的碳排放量数据集	0.114	0.020	0.291	0.425

表 5-8 中,"中国公里网格人口分布数据集"的学术影响力最大,为 2.154;"全球 0.1°分辨率人口加权的碳排放量数据集"的学术影响力最小,为 0.425,说明开放研究数据集间的学术影响力存在较大差异。

不同影响力的开放研究数据集差异性分析。对开放研究数据集学术影响力进行评价的意义不仅在于评价自身,还在于对评价结果的分析。因此,依据表 5-8 中学术影响力的大小,设定阈值为 1,将开放研究数据集分为高、低影响力两组,对两组评价结果进行正态性检验。在通过正态性检验后,对两组数据进行 T 检验,探求两组评价结果的差异性与差异原因。T 检验结果如表 5-9 所示,可以看到两组开放研究数据集的学术影响力具有显著差异,被引对象频次与当年影响因子也具有差异性,下载量在两组评价结果中无显著差异。说明两组开放研究数据集的差异主要源于引用上的不同。

表 5-9 开放研究数据高低影响力的差异性分析表

		独立样本检验								
		方差方程的 Levene 检验		均值方程的 t 检验						
		F	Sig	t	df	Sig.（双尾）	均值差值	标准误差值	差值95％置信区间	
									下限	上限
被引对象频次	假设方差相等	10.963	0.005	4.403	14	0.001	0.521	0.118	0.267	0.775
	假设方差不相等			4.403	9.210	0.002	0.521	0.118	0.254	0.788
当年影响因子	假设方差相等	6.936	0.020	5.311	14	0.000	0.222	0.042	0.132	0.311
	假设方差不相等			5.311	8.996	0.000	0.222	0.042	0.127	0.316
下载量	假设方差相等	0.749	0.401	2.522	14	0.024	0.074	0.029	0.011	0.137
	假设方差不相等			2.522	10.940	0.028	0.074	0.029	0.009	0.138
学术影响力	假设方差相等	17.033	0.001	4.774	14	0.000	0.817	0.171	0.450	1.183
	假设方差不相等			4.774	9.083	0.001	0.817	0.171	0.430	1.202

通过对两组开放研究数据集的引用行为进行多角度的比较分析，发现开放研究数据集的适用性、施引文献质量、开放研究数据的时空特性是造成两组开放研究数据集影响力差异的重要原因。在开放研究数据集的适用性上，具有高影响的开放研究数据集适用场景范围较广，跨学科引用频率高，开放研究数据集虽属地理领域却可用于环境、经济、农业等领域的研究。而低影响力的开放研究数据集基本限于地理领域内使用，可扩展性差，使用频次相对较低。在施引文献质量上，高影响力开放研究数据集的施引文献较多发表于影响因子相对较高的期刊，高质量的施引文献易受到较多关注，故而作为其基础的开放研究数据集也会受到一定关注，并促进其他科研人员对开放研究数据的了解与使用。低影响力开放研究数据集的施引文献受关注度普遍较小，与施引文献相关的引文也较少，故而开放研究数据集受关注程度与影响程度也较小。开放研究数据集具有唯一性与动态性，是科研人员对特定时空下观察与实验结果的记录，是固定与唯一的。但观察或实验内容会随时间变化而产生不一样的研究结果，因而开放研究数据集又具有动态性特征，但动态性强或更新频率较高的开放研究数据集可使用时间较短，持久性差。通过对上述开放研究数据集时效性的研究可发现，在时空特性上，具有高影响力的开放研究数据集普遍具有时间跨度较长、新颖度高或动态性稍弱等特点，而低影响力的开放研究数据集则存在相对老旧或可更新性稍强等特性。

开放研究数据集作为科学研究的底层数据基础，其价值与影响力不容忽视。通过对开放研究数据集学术影响力进行评价有利于直观体现开放研究数据集的价值，提升开放研究数据集的可知度与可获得性，促进开放研究数据集共享与引用的实践，利于科研人员依据数据展开新的科学研究，促进科研发展。就"全球变化科学研究数据出版系统"中开放研究数据集的使用情况来看，该平台在 2014—2018 年出版的 592 篇开放研究数据集中，仅有 16 篇可从期刊论文引用角度进行评价，并且发布的开放研究数据集多为地理领域。说明开放研究数据集使用程度较低,领域发展不平衡;另一方面,造成开放研究数据集不同影响力的原因可能是开放研究数据集的适用性、施引文献质量与开放研究数据的时空特性。因此,我国有必要健全开放研究数据集的管理机制,完善开放研究数据集的发布与引用规范,推进开放研究数据集评价方法与体系的建立,促进开放研究数据集发布与使用领域间的平衡。从而增强科研人员的使用意识,有效发挥开放研究数据集的价值,提高开放研究数据集的影响力。

5.4.2 数据论文影响力多维度评价

数据论文指经过同行评议对数据进行正式出版,描述数据生产目的、收集处理、覆盖内容、时空范围、文件格式的论文[①]。数据论文注重描述数据本身,通常包含一个或多个数据文件,利于促进数据的发现、获取和重用,推动数据产权、数据引用、学术创新等发展[②]。研究表明数据论文评价可以有效促进数据的发布与应用,有效规范数据引证行为[③]。对此,诸多学者呼吁并提出数据计量,指出数据计量是对数据在生产、传播以及利用过程中产生"痕迹"的计量,包括但不限于Altmetrics和论文级别计量,从而把握数据在运动中产生的影响力,以为科研人员获取、引用和评价数据提供参考[④⑤]。鉴于此,本节试图基于数据计量,一方面以科学、适用、综合的评价方法为依托,另一方面以数据论文的传播形式和影响力的产生机制为基础[⑥],融合Altmetrics与引文分析解构数据论文影响力,展开数据论文潜在影响力、学术影响力和社会影响力的多维评价。

(1) 数据论文传播模式分析

数据论文作为承载科研人员研究成果的载体,是知识信息传播的途径之一。基于数据计量的界定,数据论文影响力是指数据论文在交流传播过程中产生的综合影响。学术成果作为成果创造者和成果使用者之间的交互介质,不同的交互路径和交互过程构成学术成果不同的传播模式,催生不同的影响机制。数据论文的传播模式可以从传播路径和传播过程两个层面进行解析,传播路径是从微观角度分析学术成果传播的具体实现载体,传播过程是从宏观角度分析学术成果传播的不同发展阶段。

数据论文传播路径。根据Bjork B C提出的数字化科学交流模型,研究成果可以定义为科学文献或数据出版两种形式,交流路径可以区分为"利用出版物交流研究成果"和"非正式的在线交流研究成果"两种类型[⑦]。因而,数据论文的交流路径包括为正式交流途径和非正式交流途径。正式交流途径指经过同行评审的数据论文进行传播扩散的学术成果系统,非正式交流途径指数据论文在论文创造者和论文使用者之间直接通过社交网络实现传播和扩散的方式。数据论文则在两种交流途径中,被认知、传播和扩散,数据论文的传播和扩散过程既可以反映出读者对数据论文的观念和态度,也可以反映出数据论文对读者产生

---

① CHAVAN V, PENEV L. The data paper: A mechanism to incentivize data publishing in biodiversity science [J]. BMC Bioinformatics, 2011, 12(6):2399-2405.
② FRIEDMAN R, Psaki S, BINGENHEIMER J B. Announcing a new journal section: Data papers [J]. Studies in Family Planning, 2017, 48(3):291-292.
③ 方静怡. 数据引证的中国实践:现状、障碍与对策研究[D]. 上海:华东师范大学, 2013.
④ KRATZ J E, STRASSER C. Making data count [J]. Scientific Data, 2015, 2:150039.
⑤ 顾立平. 数据级别计量:概念辨析与实践进展[J]. 中国图书馆学报, 2015, 41(2):56-71.
⑥ 许鑫, 叶丁菱. 多维影响力融合视域下的数据论文评价研究[J]. 情报学报, 2022, 41(3):275-286.
⑦ BJORK B C. A lifecycle model of the scientific communication process [J]. Learned Publishing, 2005, 18(3):165-176.

的影响力。

数据论文传播过程。依据数据论文网络开放发布的特性,数据论文在经过一定形式的评审后,通过数字出版平台或者信息发布平台实现在线出版和开放获取。在线出版和开放获取以其特有的"零进入壁垒"的形式突破学术交流中的时空限制、组织边界和知识界限,促进数据论文便捷、高效、广泛的传播。借鉴王贤文等提出的学术成果在线传播过程可以分析出[①],数据论文首先通过在线出版实现数据论文的获取和感知,即浏览、下载或收藏数据论文等行为。随后,科研人员通过对数据论文的阅读、理解和吸收,对具有参考价值的内容分别采取引用行为或者评论分享行为,促进数据论文在学术共同体内部和社会公众之间的传播和扩散。由引用行为形成的施引文献促进数据论文的再次阅读和评论,由交流行为带来的关注度促进数据论文的新一轮阅读和引用,至此完成数据论文在科学交流中的传播过程。因而,数据论文的在线传播过程具体由感知、引用和交流三种主要形式组成。

通过对数据论文传播路径和传播过程的分析可以知道,数据论文的具体传播模式是依托以数据论文成果系统为载体的正式交流途径和以社交平台为载体的非正式交流途径在感知、引用和交流三种形式中实现泛在传播。

(2) 数据论文影响力产生机制

依据数据论文影响力的定义可知,数据论文影响力的产生机制依托于数据论文的传播模式。通过对数据论文传播模式的分析,数据论文以专业文献系统或社交平台为载体实现在感知、引用和交流中的泛在传播。因此,感知、引用和交流既是数据论文传播过程中的三种形式,也是影响力产生的三个关键点。

根据邱均平等提出的科研成果影响力产生模型可以拓展出数据论文影响力产生机制[②],如图5-7所示。从影响力内部而言,感知数据论文的用户构成数据论文的受众群,感知越多则知名度越大;引用是科研人员对数据论文学术价值认可的权威行为,意味着数据论文所承载和传递的信息对科研人员的知识和思想带来了改变,应用越多则学术影响越深;社交媒体的发展促进在线交流的深入,交流是使用者对数据论文所持有的观点或态度,交流越活跃则社会影响越广泛。从影响力外部而言,通过感知有用性、感知兴趣性等潜在影响,形成对数据论文的理解与评论,作为后续应用、交流形成的前提和基础,将其中有参考价值的内容通过标注形成正式引用,将感兴趣的内容通过社交平台进行转发和评论;引用所带来的马太效应既可以增强感知又可以促进交流;交流则一方面通过受众群的扩大增强感知,另一方面通过分享加深应用。因此,在数据论文影响力的产生过程中,感知可以形成潜在影响力,应用可促进学术影响力,交流可以反映社会影响力。数据论文的综合影响力最终由潜在影响力、学术影响力和社会影响力三个维度构成。

(3) 数据论文影响力多维评价框架建立

数据论文影响力评价框架的建立一方面是对多维影响力的解析,另一方面包含对评价指标的识别。评价指标的合理性可以直接影响评价结果的合理性[③],因此,本节将从评价指

---

① 王贤文,张春博,毛文莉,等.科学论文在社交网络中的传播机制研究[J].科学学研究,2013,31(9):1287-1295.
② 邱均平,余厚强.基于影响力产生模型的替代计量指标分层研究[J].情报杂志,2015,34(5):53-58.
③ 陈云伟,张志强.科技评价走出"破"与"立"困局的思考与建议[J].情报学报,2020,39(8):796-805.

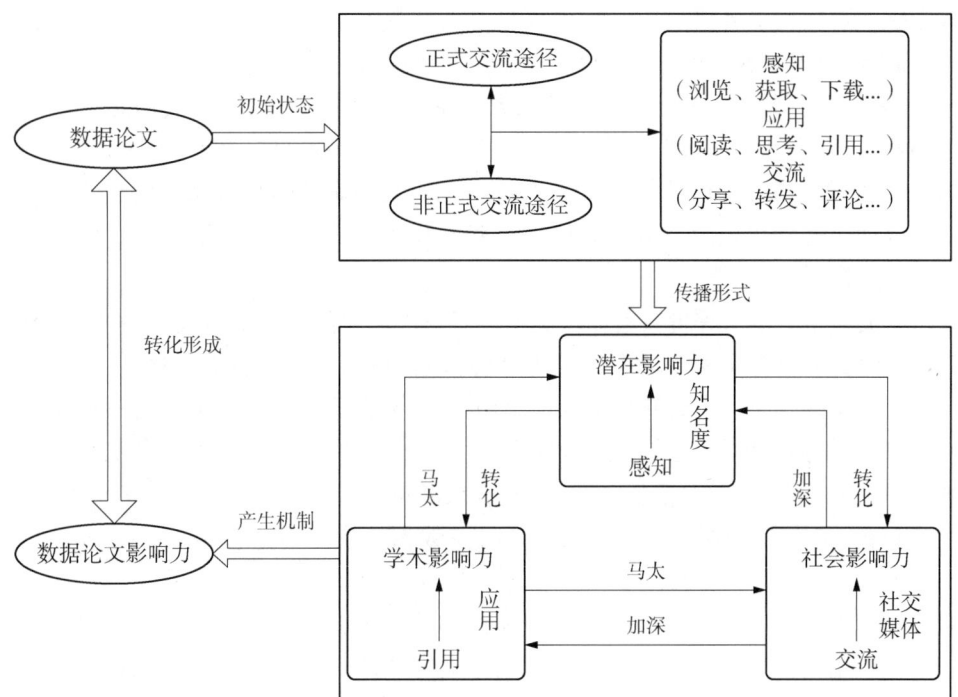

图 5-7　数据论文影响力产生机制图

标的适用性和可信度进行指标分析,识别出可以纳入数据论文评价指标体系的候选指标。评价指标的适用性可以从指标的覆盖程度和区分程度进行评估,包括覆盖范围、重复范围和区分程度。评价指标的可信度可以从指标的稳定性和解释性进行评估,包括成熟程度和解释程度。

数据论文潜在影响力评价。数据论文的潜在影响力是数据论文被感知的程度。感知作为用户对数据论文最初的关注形式,是后续应用和交流产生的前提,也是影响力形成的基础。用户只有在感知即阅读、理解数据论文后,发掘其数据内涵、数据方法等的参考价值,才会产生标注形成学术引用,抑或通过社交平台进行分享和评论,引发数据论文的社会关注。面对数据论文这一专业性较强、时间成本较高的学术资源,用户必然会出于某种需要或兴趣进行预判和选择。因此,当用户通过不同途径初步接触数据论文后,仍然选择阅读、下载或收藏,可以视为对数据论文影响力的一种测度,即用户对数据论文传播内容的接受程度反映其影响程度。

伴随 Altmetrics 的发展,数据论文的感知程度被定量化,定量的测度指标依据影响的深浅层次可以依次分为浏览(views)、下载(downloads)、收藏阅读(Mendeley、CiteUlike)等。从适用性而言,浏览、下载、收藏以浏览为最低级别,三者之间层层递进。浏览是下载、收藏等行为的转化基础,下载量可以在一定程度上反映数据论文的质量,作为数据论文质量的早期指标[①],Mendeley 读者数能在一定程度预测科研成果被引数,反映科研成果的学术影响力[②]。浏览

[①] KRATZ J E, STRASSER C. Making data count [J]. Scientific Data, 2015, 2:150039.
[②] ZAHEDI Z, COSTAS R, WOUTERS P. Do Mendeley Readership Counts Help to Filter Highly Cited WoS Publications better than average citation impact of journals (JCS)? [C]. Bogazici Univ: Proceedings of ISSI 2015 ISTANBUL:15th international society of scientometrics and informetrics conference, 2015:16-25.

和下载在感知阶段反映的数据论文潜在影响力重复范围小、覆盖范围广,层级分明、区分程度大。然而 Mendeley 和 CiteUlike 同时表征收藏数,两者之间存在外在交叉和异质性,需要进行遴选。Mendeley 与 CiteUlike 相比,在数据论文上使用群体更多、更稳定,覆盖范围更为广泛,表征效果更好。从可信度而言,浏览量、下载量、Mendeley 和 CiteUlike 读者数的发展时间久、成熟程度高、内涵明晰,可以通过指标的内在逻辑清晰反映用户的行为,具有评价意义。综合适用性和可信度,选取浏览量、下载量和 Mendeley 读者数作为数据论文潜在影响力的评价指标。

数据论文学术影响力评价。数据论文的学术影响力是用户对数据论文的引用程度。引用代表数据论文在科学交流活动中产生的重要影响,并且这种影响重要到科研人员必须将其进行标注来反映其对科学研究的贡献和效用,是对数据论文学术价值较为权威、深度的认可。基于马太效应的影响,拥有较高学术影响力的数据论文一方面通过其较高的知名度,增加数据论文的感知途径和感知程度,扩大潜在影响力。另一方面通过其较高的关注度,引发社会讨论,激发社会影响力。因此,引用为数据论文被积极转化和深度应用的重要形式。

对数据论文而言,引用通常采用参考文献的方式进行呈现,针对这一类型影响力的测度指标包括总引用频次(total citations)、平均引用频次(average citations)、施引文献引用频次(citing articles citations)、施引文献期刊影响因子(impact factor)、论文 H 指数(H-index)等引文分析指标。依据数据论文作为文章底层支撑数据的特性,应深入文章内容进行评价,在此引入被引对象频次(citation target)指标[①]。从适用性而言,总被引频次、平均被引频次和被引对象频次都是从直接引用次数来反映数据论文的学术影响力,重复程度高,覆盖范围相同,但总被引频次和平均被引频次是基于表层引用的反映,被引对象频次深入到文献内部具体反映引用行为,具有深层次性。所以,总被引频次和平均被引频次反映同一层级内容需要进行遴选。施引文献被引频次、H 指数和施引文献期刊影响因子都是从引用的间接影响形式反映数据论文的学术影响力,三个指标的受众群体相同,区分程度相对较弱,影响程度相对较小。并且施引文献期刊影响因子作为反映期刊质量的指标,相对于其它指标反映数据论文影响程度最小。从可信度而言,总被引频次和平均被引频次的发展时间久、内涵相似,但总被引频次成熟程度较高,被认可程度较高。被引对象频次发展相对较晚,但反映评价对象的内涵深度相对较强。施引文献被引频次、H 指数和施引文献期刊影响因子发展成熟、稳定性强,但 H 指数综合了数据论文数量和影响,相比施引文献被引频次和施引文献期刊影响因子内涵范围相对较广、解释数据论文程度相对较高。因此,选取总被引频次、被引对象频次和 H 指数作为数据论文学术影响力的评价指标。

数据论文社会影响力评价。数据论文的社会影响力是用户对数据论文的社会交流程度。社交平台的发展为用户提供了实时、高效的交互平台,也为数据论文提供了泛在传播平台。社会交流反映了用户在阅读、理解数据论文后,凭借社交平台展示对数据论文的兴趣、观点、态度等行为。此行为通常以评论、转发或分享等作为表征,通过观点、态度来表示用户

---

① 翟姗姗,叶丁菱,胡畔,等. 融合 Altmetrics 与引文分析的数据论文学术影响力评价[J]. 情报学报,2020,39(7):710-718.

对数据论文相对浅显、非系统的认知,体现数据论文影响力的广泛程度;以评论为代表的交流行为通常对用户公开可见,可以较为清晰、及时的反馈用户投入程度。社会影响力则一方面通过社交平台扩大数据论文的受众面,加强数据论文的感知程度,提升潜在影响力。另一方面通过社交平台发布、传递的相关综合信息、洞见性的评论等,加深科研人员对数据论文的理解,促进数据论文的引用,加深学术影响力。

针对这一类型影响力的测度指标依据影响的深浅层次可以依次分为分享(Facebook)、评论(Twitter)、博客(blogs)、维基百科(Wikipedia)、新闻报道(news)等 Altmetrics 指标。从适用性而言,博客提及量表征用户对数据论文翔实的讨论行为,新闻报道量表征主流媒体对数据论文的分享行为,维基百科链接数表征用户对数据论文的引用行为,推特评论提及量表征用户对数据论文及时、简短的讨论行为,脸书分享量表征用户对数据论文及时的分享行为,五个指标分别从主流媒体、研究学者、普通大众的讨论、评价、分享等行为,拓展数据论文社会影响力的广度、延伸数据论文社会影响力的深度,指标间外在交叉程度相对较小。从可用度而言,五个指标发展稳定性趋强、内涵明晰、集中获取程度高。因此,采用此五个指标作为数据论文社会影响力的评价指标。

基于此,本节构建融合 Altmetrics 与引文分析的数据论文影响力综合评价框架,如图 5-8 所示。融合 Altmetrics 与引文分析的数据论文影响力综合评价框架考虑了影响力来源的三维分层性、补充性和评价指标的聚合性,能够发挥以感知形成的潜在导向作用,以应用促进的学术传承作用,以交流反映的社会补充作用。

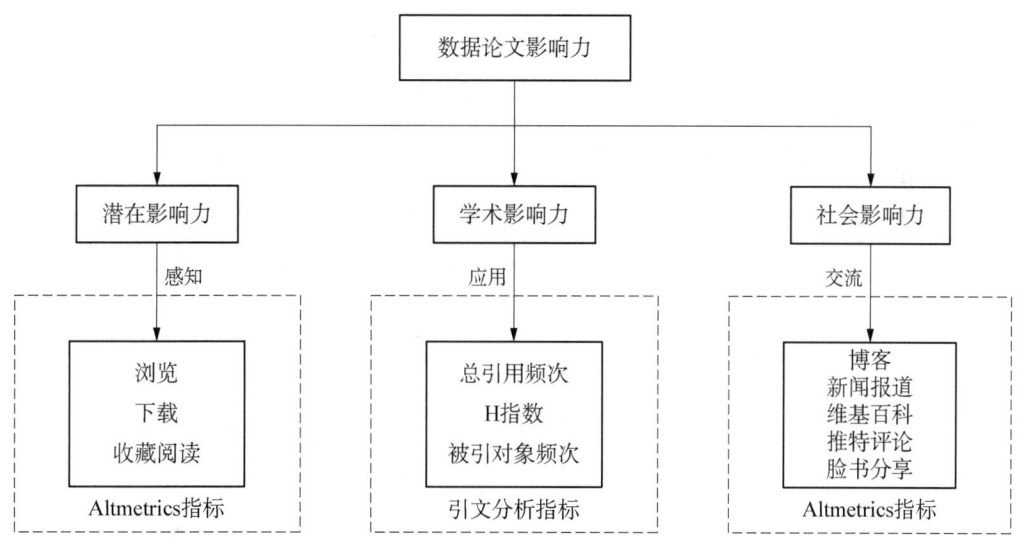

图 5-8　数据论文影响力综合评价框架图

(4) 数据论文影响力多维评价体系构建

数据收集。考虑到数据论文质量的可控性和出版实践的成熟性,选择《地球系统科学数据》(*Earth System Science Data*)出版的数据论文作为研究对象。*Earth System Science Data* 作为专业数据期刊要求出版的数据论文提交与其对应数据集的详细信息,并经历严格的两段式同行评议,以保证数据论文和数据集的真实性、准确性和有效性[①],在数据论文出版领域具有较高的成熟度和权威性。本节选取2009—2020年发表在 *Earth System Science Data* 上的12卷24期489篇数据论文。通过科学网(Web of Science)获取引文指标信息,通过 Earth System Science Data 网站获取浏览量、下载量等 Altmetrics 指标,通过 Plum Analytics 获取其余 Altmetrics 指标信息。

指标分析。从指标覆盖率分析、相关性分析和信效度分析对数据论文影响力评价指标进行遴选与甄别。在指标覆盖率分析上,维基百科指标覆盖率低于5%,不具备区分度,故对该指标做删除处理。在相关性分析上,评价指标相关性分析如表5-10所示,可以看到,数据论文学术影响力各指标高度正相关,数据论文潜在影响力和社会影响力的评价指标显著相关,但各指标之间的相关性较弱。因此,为进一步分析各指标对测量变量的目的关联性强弱,对潜在影响力和社会影响力的各评价指标进行总项相关分析,分项对总项相关系数是测量指标的重要性得分和全部指标的重要性得分总和间的相关程度,用于反映测量指标的重要程度,如表5-11所示。数据论文潜在影响力和社会影响力的各评价指标对总项的相关性均大于0.5,说明潜在影响力和社会影响力的各评价指标对测量变量的目的相关性较强,因此保留各评价指标。在信效度分析上,整体 Alpha 值为0.903,各评价指标的 Alpha 值均大于0.8,各指标内部具有较强一致性。KMO值大于0.8,说明评价指标效度非常好,反映评价目的的程度高。基于此,初步构建,包含浏览量、下载量和读者数的潜在影响力指标,包含总被引频次、H指数和被引对象频次的学术影响力指标,包含博客提及量、新闻报道量、推特评论提及量和脸书分享量的社会影响力指标的数据论文影响力综合评价体系。

表5-10 数据论文多维影响力评价指标相关性分析表

	潜在影响力评价指标			学术影响力评价指标			社会影响力评价指标			
	Views	Downloads	Mendeley	Total Citations	H-index	Citation Target	Blogs	News	Twitter	Facebook
Views	1									
Downloads	0.211**	1								
Mendeley	0.418**	0.720**	1							
Total Citations				1						
H-index				0.940**	1					
Citation Target				0.980**	0.930**	1				
Blogs							1			
News							0.582**	1		
Twitter							0.268**	0.297**	1	
Facebook							0.305**	0.299**	0.248**	1

注:** 表示在0.01水平(双侧)上显著相关。

---

① ESSD-home [EB/OL]. [2022-09-24]. https://www.earth-system-science-data.net/about/aims_and_scope.html.

表 5-11　数据论文二维影响力评价指标分项对总项相关性分析表

	评价指标	校正项目总分相关系数
潜在影响力评价指标	Views	0.515
	Downloads	0.697
	Mendeley	0.668
社会影响力评价指标	Blogs	0.920
	News	0.898
	Twitter	0.876
	Facebook	0.629

指标权重配置。采用偏最小二乘结构方程模型确定评价指标权重,偏最小二乘结构方程模型在不需要样本数据符合正态分布的基础上,集合了多元线性回归、主成分分析、典型相关分析等统计学方法[①],可以解决评价指标的多重共线性问题,研究每个潜变量和显变量间的关系,得到综合各潜变量和代表所有潜变量的综合指数[②③]。数据论文影响力偏最小二乘结构方程模型包含潜在影响力、学术影响力和社会影响力三个潜在变量,通过显著性检验和质量检验进一步验证模型信效度,在此基础上通过路径加权进行参数估计,最后通过路径系数计算实现评价体系的权重配置。

在潜在影响力、学术影响力和社会影响力的唯一维度检验通过的基础上,通过 PLS 测量模型质量,潜在影响力、学术影响力、社会影响力和综合影响力的 AVE 值均大于 0.5 的适配标准,组合信度和内部一致性系数均大于 0.7 的适配标准,综合影响力对于三个潜变量的 R^2 为 1,说明评价指标区分效度较好,综合影响力对三个潜变量的解释程度较高。随后对评价体系进行显著性检验,如下图所示。从图 5-9 可以看到,潜在影响力、学术影响力和社会影响力对综合影响力的路径系数分别为 0.364、0.375 和 0.472。从图 5-10 可以看到,所有测量变量的因子载荷系数的显著性检验 T 值和潜变量之间的标准化路径系数显著性 T 值都大于 1.96,说明评价体系通过了显著性检验,进一步证明了构建的评价体系具有合理性,评价数据具有较好的信效度,可以使用该模型对数据论文影响力进行评价和权重配置。

Fomell 等指出通过对测量变量的外部权重系数进行加权平均可以估计潜变量的数值[④],因此,综合评价体系的外部权重系数和潜变量路径系数作为评价指标权重,各评价指标影响权重如表 5-12 所示。

---

① 熊国经,熊玲玲,董玉竹,等.学术期刊评价指标的权重探讨[J].统计与决策,2018,34(4):81-83.
② 孔祥沛,孙继红.PLS 路径模型在省域高校科技活动综合评价中的实证研究[J].科技进步与对策,2010,27(7):122-126.
③ 王志红,曹树金.视频检索相关性判断的影响因素:基于 PLS 路径分析的实证研究[J].情报学报,2020,39(9):926-937.
④ FORNELL C, JOHNSON M D, ANDERSON E W, et al. The American customer satisfaction index: Nature, purpose, and findings [J]. Journal of Marketing, 1996,60(4):7-18.

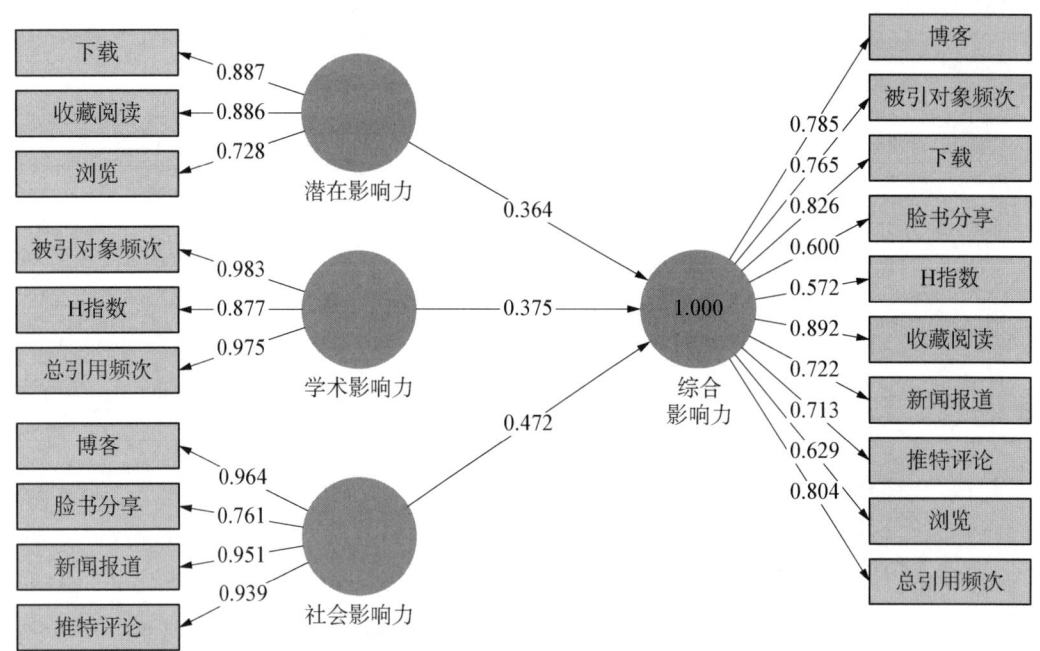

图 5-9　因子载荷系数和标准化路径系数图

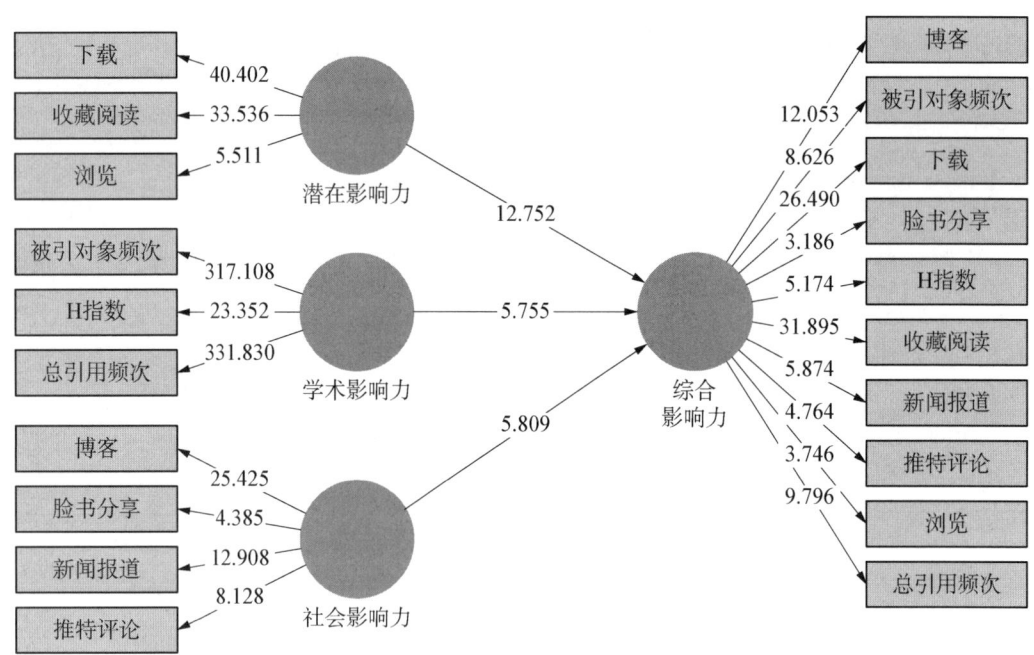

图 5-10　综合评价体系显著性检验图

表 5-12 数据论文影响力综合评价体系表

	评价维度	权重	评价指标	权重	指标来源
数据论文影响力(DM)	潜在影响力(DM_1)	0.364	Views	0.317	Altmetrics
			Downloads	0.417	
			Mendeley	0.450	
	学术影响力(DM_2)	0.375	Total Citations	0.394	引文分析
			H-index	0.281	
			Citation Target	0.376	
			Blogs	0.305	
	社会影响力(DM_3)	0.472	News	0.281	Altmetrics
			Twitter	0.278	
			Facebook	0.234	

同时,将数据论文的综合影响力、潜在影响力、学术影响力和社会影响力分别命名为 DM、DM_1、DM_2 和 DM_3,具体数据论文影响力综合评价体系计算公式如下:

$$DM = \frac{0.364 * DM_1 + 0.375 * DM_2 + 0.472 * DM_3}{0.364 + 0.375 + 0.472} \quad \text{(公式 5-3)}$$

$$DM_1 = \frac{\sum_{i=1}^{n} W_i * X_i}{\sum_{i=1}^{n} W_i} \quad \text{(公式 5-4)}$$

$$DM_2 = \frac{\sum_{j=1}^{n} W_j * X_j}{\sum_{j=1}^{n} W_j} \quad \text{(公式 5-5)}$$

$$DM_3 = \frac{\sum_{k=1}^{n} W_k * X_k}{\sum_{k=1}^{n} W_k} \quad \text{(公式 5-6)}$$

W_i 为数据论文潜在影响力下各评价指标的权重,X_i 为各评价指标的值,$i \in [1,3]$。W_j 为数据论文学术影响力下各评价指标的权重,X_j 为各评价指标的值,$j \in [1,3]$。W_k 为数据论文社会影响力下各评价指标的权重,X_k 为各评价指标的值,$k \in [1,4]$。

(5) 数据论文影响力评价体系应用

数据论文作为新型特殊学术资源,一方面处于初始研究阶段,发展尚不成熟。另一方面适用数据针对性较强,需要花费研究人员大量精力和时间分析数据的关联程度或支撑程度,应用尚不广泛。通过对 *Earth System Science Data* 数据期刊的调研,大量数据论文在多维度中缺乏有意义的指标数据,尤其是 Altmetrics 指标的缺失,因此出于数据一致性、完整性和评价适用性的考虑,依据 Altmetrics. score 分值,选取 *Earth System Science Data* 中前 100 篇数据论文作为综合评价的样本数据展开综合评价分析。

根据数据论文评价体系中各指标权重,计算数据论文的潜在影响力、学术影响力、社影响力和综合影响力,评价结果如表 5-13 所示。可以看到数据论文在潜在影响力、学术影响力和综合影响力的评分中差值程度相对较小,社会影响力的评分中差值程度相对较大,并且社会影响力评分明显小于其余影响力评分。从各影响力评分及排名可以看到,以"Global Carbon Budget"加上年份的数据论文在各维度影响力及综合影响力排名中都有出现,并且排名比较靠前。通过对此类数据论文进行阅读分析发现,此类数据论文从研究内容而言,包含内容范围较广,从大气、土地、森林各方面对二氧化碳的排放行为进行分析;从研究时效性而言,时间跨度较长,时效性较高,可适用时间长;从稳定性而言,以年为周期展开研究,版本几乎不用更新,数据无需更改,引用较为方便和稳定;从阅读性而言,内容解释明晰,通俗易懂,便于普通用户理解和讨论。

表 5-13 数据论文影响力评分及排名表

	排名	数据论文标题	评分
潜在影响力	1	Global Carbon Budget 2016	1
	2	Global Carbon Budget 2018	0.890
	3	The global methane budget 2000-2012	0.699
	4	Global Carbon Budget 2013	0.600
	5	Global Carbon Budget 2017	0.466
学术影响力	1	Global Carbon Budget 2016	1
	2	A description of the global land-surface precipitation data products of the Global Precipitation Climatology Centre with sample applications including centennial (trend) analysis from 1901-present	0.917
	3	Global Carbon Budget 2015	0.697
	4	Global Carbon Budget 2017	0.600
	5	The global methane budget 2000-2012	0.554
社会影响力	1	Global Carbon Budget 2018	1
	2	Global Carbon Budget 2019	0.385
	3	The global methane budget 2000-2012	0.286
	4	Global Carbon Budget 2016	0.286
	5	A new bed elevation model for the Weddell Sea sector of the West Antarctic Ice Sheet	0.286
综合影响力	1	Global Carbon Budget 2018	1
	2	Global sea-level budget 1993-present	0.984
	3	Global Carbon Budget 2017	0.680
	4	Global Carbon Budget 2016	0.484
	5	Spatial datasets of radionuclide contamination in the Ukrainian Chernobyl Exclusion Zone	0.443

(6) 数据论文影响力相关性分析

数据论文影响力相关性分析结果如表 5-14 所示。从影响力维度而言,数据论文在三维度影响力都显著正相关,各维度影响力和综合影响力也呈现显著正相关关系。就显著性而言,潜在影响力对数据论文综合影响力的作用最强,其次是学术影响力,社会影响力对综合影响力的作用最弱。

表 5-14　数据论文影响力相关性分析表

	潜在影响力	学术影响力	社会影响力	综合影响力
潜在影响力	1			
学术影响力	0.841**	1		
社会影响力	0.489**	0.318**	1	
综合影响力	0.918**	0.847**	0.638**	1

注:** 表示在 0.01 水平(双侧)上显著相关。

潜在影响力、学术影响力和社会影响力间的相关关系表明,三维影响力之间会互相促进。其中,潜在影响力和学术影响力的相关性最高为 0.841,数据论文潜在影响力较高从侧面说明数据论文的初始认可程度相对较高,较高的初始认可程度会增大数据论文的引用概率。同时,较高的数据论文引用会产生马太效应,促进数据论文的浏览、下载、收藏等潜在影响行为;潜在影响力和社会影响力的相关性次之为 0.489,说明用户在阅读数据论文后,在一定程度上会对数据论文进行分享、讨论等一系列操作,从而提升数据论文社会影响力;而数据论文社会影响力的提升,会扩大数据论文的传播范围、拓展数据论文的社群影响,从而促进潜在影响力的提升;学术影响力和社会影响力的相关性最弱为 0.318,说明两者之间会相互促进,但非必然。一方面由于学术影响力和社会影响力的侧重点不同,数据论文的专业性较强、学科界限明显,限制部分用户对数据论文的关注。另一方面,社会交流中的数据论文首先需要被专家学者关注,而后进行科学评判、适用性鉴定、支撑性评估等一系列复杂操作才会进行引用,即通过参考文献的形式提升学术影响力。

三维影响力和综合影响力间的相关关系说明,三维影响力会在不同程度上促进综合影响力的提升。其中,潜在影响力和综合影响力的相关性最高为 0.918,浏览、下载、收藏是数据论文影响力产生的第一环节,也是数据论文应用、交流的基础与前提。在信息爆炸的当下,注意力演变为稀缺资源,潜在影响力的提升必然会在较大程度上扩大数据论文的影响力;学术影响力和综合影响力的相关性次之为 0.847,以应用的不同发展形式形成的学术影响力,从科学性、适用性等方面验证数据论文,通过规范化、系统化的学术交流活动体现数据论文的学术价值,累积和促进了数据论文的综合影响力;社会影响力和综合影响力的相关性最弱为 0.638,说明社会影响力对综合影响力起到补充作用,学术成果的社会交流过程尚不成熟,加之数据论文交流的专业性限制,社会交流活动虽然及时、快速地扩大数据论文影响力,但影响程度有限。

(7) 数据论文影响力差异性分析

为探索数据论文在三维影响力中的具体表现,根据各维度得分绘制三维散点图,直观反映数据论文影响力,如图 5-11 所示。同时,采用各维度加权平均值作为数据论文在各维度评分高低的标准,将数据论文划分为"名作数据论文""专业数据论文""明星数据论文"和"普通数据论文"。"名作数据论文"共有 24 篇,符合"二八定律","专业数据论文"共有 25 篇,"明星数据论文"共有 15 篇,"普通数据论文"共有 36 篇。

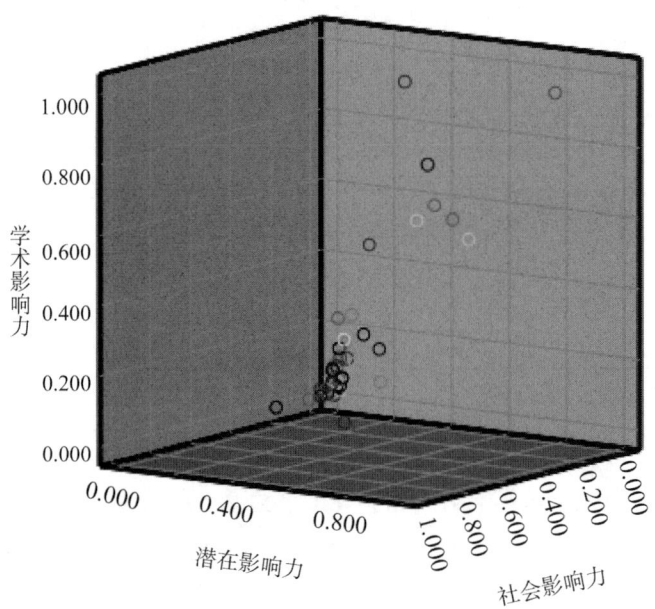

图 5-11　数据论文影响力三维评价图

"名作数据论文"是同时具备高潜在影响力、学术影响力和社会影响力的数据论文。这类型的数据论文具有较高知名度,被用户广泛获取,同时其学术价值被业内专家认可,产生学术贡献,在社会交流中也引起广泛关注。该类型数据论文往往是研究领域中的关键论文或前沿内容,从而被众多学者、用户关注和追踪。如数据论文"*An improved and homogeneous altimeter sea level record from the ESA Climate Change Initiative*"所研究的内容和发表的数据基于欧盟的倡导项目而来,前沿性和研究性显著。数据论文"*Anthropogenic land use estimates for the Holocene-HYDE 3.2*"提供的土地利用数据从公元前 1 万年时跨 2015 年,万年间土地利用形式的演变引发用户好奇心,吸引用户关注力,激发社会讨论度。

"专业数据论文"是学术影响力较高、潜在影响力或社会影响力相对较低的数据论文。这类型数据论文的专业性质较强、具有前瞻性、学术界限明显,因此专业性用语、方法和知识背景限制了部分用户对数据论文的获取,也为数据论文的大范围传播筑起了屏障。如数据论文"*The Global Streamflow Indices and Metadata Archive(GSIM)-Part 2: Quality control, time-series indices and homogeneity assessment*"研究三万流域站点的每日流量、面积、气候等数据,数据专业翔实,但篇幅过长、时间成本较高,不便于普通用户阅读和分享。数据论文"*Generation and analysis of a new global burned area product based on MODIS 250 m reflectance bands and thermal anomalies*"依据欧洲航天局的专业项目,详细研究和提供了全球燃烧区数据,用语精炼、专业性较强,学术价值较高的同时学术界限也较为明显。

"明星数据论文"是社会影响力较高、潜在影响力或学术影响力相对较低的数据论文。

这类数据论文出版后,快速在社交平台引发讨论和评价,产生较高的关注度。这类型数据论文通常具有普适性、应用性或贴合社会热点,从而引起广大用户的兴趣。如数据论文"*A new bed elevation model for the Weddell Sea sector of the West Antarctic Ice Sheet*"和"*Copepod species abundance from the Southern Ocean and other regions（1980-2005）-a legacy*"均为南极地区的观测数据,前者是针对南极冰川变化,后者针对南极浮游动物群。南极地区作为较为神秘和重要的原始大陆,社会关注度和好奇度较强,数据论文贴合用户兴趣点,极易引起反响。

"普通数据论文"是潜在影响力、学术影响力和社会影响力都相对较低的数据论文。作为发展、应用尚不成熟并且阅读分析时间成本较高的数据论文,如果不具备较强的适用性、数据的难以替代性、方法的新颖性等较难吸引研究人员或普通用户的注意。因此,伴随时间的推移,新数据论文的发布,这类型数据论文可能并未进入公众视野。如数据论文"*Hydrometeorological data from Baker Creek Research Watershed, Northwest Territories, Canada*"是对加拿大极北偏远地区水文数据的研究,研究对象受关注程度低,适用性也较差。

（8）多学科数据论文影响力分析

为进一步分析数据论文的实际应用特征,依据数据论文的学科属性,按照数据论文影响力高低,将不同学科的数据论文分为"名作数据论文""专业数据论文""明星数据论文"和"普通数据论文"四类,如表5-15所示。由于 Earth System Science Data 数据期刊为地理领域期刊,从一级学科进行划分主要分为地理学、环境科学、气象学和海洋学。

表5-15 多学科数据论文影响力分析表

单位:篇

	地理学	环境科学	气象学	海洋学
名作数据论文数量	9	15	0	0
专业数据论文数量	10	6	6	3
明星数据论文数量	8	2	2	3
普通数据论文数量	16	3	11	6

地理学出版的数据论文数量最多,一方面与选取的数据论文期刊为地理领域相关,另一方面更与地理学自身数据论文的发展相关。地理学在数据论文从提交、审核、出版到数据仓储,具有连贯而严格的学术系统,在数据论文的需求、获取和引用上也具有成熟的操作规则和获取系统。地理学虽然具有较多"普通数据论文",但其余三类数据论文的数量明显多于"普通数据论文",说明地理学出版的数据论文整体上质量较高,既具有较高的学术研究和使用价值,又具有广泛的社会传播和交流价值。环境科学出版的数据论文数量其次,这与全球十分关心和注重生态环境的现象较符合。相关数据论文多集中于"名作数据论文",一方面说明学术界十分关注且广泛探索和研究生态环境相关的内容,另一方面说明环境科学出版的数据论文在质量上具有较高的完整性、科学性、严谨性和真实性,在内容上具有较强的适用性和支撑性,重现要求低而重现价值高。气象学和海洋学出版的数据论文多集中于"普通数据论文",出现在"专业数据论文"和"明星数据论文"的研究对象多与南极和北极相关,一

方面说明极地地区研究数据具有较高价值和较强吸引力,另一方面也可能与气象和海洋相关数据在国家官方网站发布较多,可替代性较强有关。

通过对可用数据论文的选择、数据论文影响力的比较分析可以发现,从整体而言,数据论文的获取、应用和交流程度较低,整体影响力较小。从内部而言,数据论文的影响力存在维度偏差,"名作数据论文"数量较少,潜在影响力和学术影响力相对较高,社会影响力相对较弱。因此,数据论文影响力的发展需要综合整体的提高和内部的优化。在整体提升上,数据论文评审机制是保证数据质量的首要途径,引用机制是促成数据论文应用的关键手段,激励机制是拓展数据论文多样交流的外生驱动。三种机制的配套结合,利于充分挖掘数据论文价值,提升数据论文影响力;在内部优化上,数据论文需要增强创新性提升用户感知水平,发展多模态使用方式促进用户应用,构建清晰语言逻辑强化用户交流,注重应用时效性延长论文"保鲜期"。通过内外部的融合促进,激发数据论文出版、促进数据论文使用,创建全新数据驱动科研的新模式。

5.4.3 高被引研究数据集引证价值测度

数据本身蕴藏极大的价值,数据化已经成为理解社会和社会行为的一种公认的新范式。基于数据的定量研究成为社会科学的研究范式和重要方法[1]。研究数据是在科学研究活动中产生,又用于科研活动的数据,在科学研究中占据重要的基础性地位。近20年来,国内外学术基金、组织和机构纷纷制定了研究数据共享的政策[2][3][4]。研究数据对数据的科学性、准确性、可验证、可重复要求较高,高价值研究数据的引用对推动科学研究的发展起着至关重要的作用,因而研究数据的评价和引证显得尤为关键。本节从高被引数据集特征视角出发,选取 DCI 近十年社会科学领域的数据集,分外部和内部指标探讨高被引数据形成的原因,从更基础更微观的角度得出数据引证的影响因素,有针对性地提出数据引证实施行为的优化建议,从而促进研究数据的共享、引用及价值最大化的实现[5]。

(1) 数据来源与处理

数据选择。考虑到数据的可获取性以及收录的相对全面性和完整性,选择 Web of Science 的数据引文索引(Data Citation Index, DCI)数据库作为数据来源。因为社会科学领域与人类社会发展息息相关,其研究具有多样性、复杂性和代表性,并且在 DCI 数据库中所占比重较大,故而以"社会科学(social science)"为主题进行检索,时间范围选择 2010—2019 近十年的数据,对采集到的各项指标数据进行数据预处理,形成原始数据集,共得到 29 654 条数据。数据选择全记录与引用的参考文献的题录信息,以 txt 形式下载并导出到 Excel 中进行处理,对数据在线影响力做评价分析。对 29 654 条检索数据进行统计,其中被引次数大

---

[1] Quantitative research [EB/OL]. [2022-09-27]. https://en.wikipedia.org/wiki/Quantitative research.
[2] Dissemination and sharing of research results [EB/OL]. [2022-09-27]. https://www.nsf.gov/bfa/dias/policy/dmp.jsp.
[3] OECD. OECD principles and guidelines for access to research data from public funding [EB/OL]. [2022-09-27]. http://www.oecd.org/science/sci-tech/38500813.pdf.
[4] European Commission. Guidelines on open access to scientific publication and research data in horizon 2020[EB/OL]. [2022-09-27]. https://oer Knowledgecloud.org/content/guidelines-open-access-scientificpublications-and-research-data-horizon-2020-0.
[5] 毛璐,许鑫,邓璐芗.基于研究数据评价的引证优化:高被引数据集特征视角[J].情报科学,2023,41(2):126-134,142.

于等于1的有11 571条(占39.02%),被引次数大于等于2的共243条数据(占0.82%)。被引次数为1的数据存在创建数据的作者自引了一次,有偶发嫌疑的情况,故着重探讨被引次数大于等于2的243条和使用次数大于等于1的277条数据的特征。将检索到的243篇文献按照被引次数排序取排名前20%的文献,即前49篇文献,下载全记录格式的题录信息作为高被引数据集,另外按照发布时间排序取去除掉高被引文献集的49篇文献,下载全记录格式的题录信息,作为低被引数据集。

高被引数据有效性。研究数据在产生后是否被共享使用,是否被多次借鉴,是否在领域内产生影响,是衡量研究数据价值的关键。数据引用指科研人员在论文或科学研究中以脚注、文中注或者参考文献的方式为所引用的数据标明出处。数据引用体现了数据的价值在所在领域得到了认可,并产生了影响。数据的引用信息可为科研人员提供数据的定位与获取方式,并且可以通过引用数据来重现验证研究过程,增强对数据生产者的认同和肯定,从而激励科研人员对研究数据的创造和共享[1]。被引次数即该条数据自发表以来被引用的次数,其所代表的数据的影响力可以通过引文数据来反映。引文数据的引文指标能否代表研究质量这一问题仍存在争议,但在计量学界,引文数据依然是使用最广泛的学术影响力测评数据,它可以在一定程度上体现学术影响力的观点还是得到了认可[2]。被引次数在学术论文评价、期刊评价、作者评价、机构评价中均扮演着重要角色,是评价研究中应用最广泛的指标之一。因此将被引次数较高的数据默认为高质量数据,通过探讨高质量数据被引次数较多的原因,来为研究数据的引证提供优化建议。

(2) 数据指标选取

选取研究数据的作者指标、基金指标、数据仓储机构指标、关键词指标、操作方式、DOI号、使用次数、元数据描述方式等作为指标进行分析。采用独立样本t检验的方法,对来自两种不同论文集的特征指标均值之间的差异性进行检验,进而推断两个独立的研究数据集的总体均值是否相等。

数据作者量化指标。用户在查找和阅读文献时首先关注的是文献的第一作者,第一作者的影响力对文献有直接的影响,因此将数据的作者作为一个指标来研究。关于作者信息,作者的发文量反映了作者的科研产出能力,被引频次反映了作者科研成果的影响力,篇均被引频次反映了作者单篇数据的影响力。因此,作者维度选取了作者发文量、总被引频次、篇均被引频次三项指标。

基金数量指标。基金的资助是科学研究得以顺利进展的重要前提。项目数据得到基金的资助体现了基金对该项目数据的关注、认可和支持,因此将基金资助数量作为分析指标之一。

数据仓储机构指标。数据仓储机构是收录数据的主要平台,其发文量体现了该机构的科研产出能力,机构的总被引频次体现的是机构的科研产出影响力,机构的数据平均被引频次体现的是数据仓储中单条数据的影响力。因此将数据仓储机构载文量、总被引频次、数据平均被引频次三项指标作为分析数据。

关键词数量指标。数据的关键词用来表达该数据的主题内容,可通过关键词来发现、

---

[1] 丁楠,黎娇,李文雨泽,等.基于引用的科学数据评价研究[J].图书与情报,2014(5):95-99.
[2] 李冲,张丽."洛瑞悖论"与引文分析评价学术的可靠性[J].科学学研究,2014(2):184-188.

识别、解读数据所包含的内容,达到以小见大的目的。故将关键词数量作为分析指标之一。

操作方式数量指标。操作方式体现了数据获得的方式方法,对于重塑数据、验证研究数据过程具有重要意义,因此将操作方式数量作为分析指标之一。

是否提供DOI号指标。DOI号是数字对象唯一标识符,通过DOI号可以精准唯一获取电子数据或文献。DOI号所具有的持久性、唯一性、互操作性、动态更新性使得科研人员可以更高效便捷安全地查找到所需数据和文献。DOI号影响到科研人员获取数据的效率,因此将DOI号作为分析指标之一。

使用次数指标。使用次数是Web of Science构建的新的影响力标准,它与在引文分析的框架之上构建的标准有所不同,使用次数汇总了文献/数据的下载(使用)次数和文献/数据题录信息的导出(使用)次数[①],具体表现为用户点击了指向出版商/数据库的链接或者对论文/数据进行了保存。王贤文等人将其定义为"可能的潜在使用"[②]。WoS创建的使用次数有180天使用次数(U1)和2013年至今使用次数(U2)两个指标。本节将2013年至今使用次数(U2)作为分析指标之一。

元数据描述方式分析。元数据在科学研究中数据管理、存储和共享环节扮演着重要作用,元数据描述的方式及包含的内容是衡量研究数据质量高低的重要标准。欧洲研究委员会(European Research Council,ERC)制定的促进研究数据可发现、可访问、互操作、可重用的FAIR数据原则中有13条提及元数据的研究与管理,可见元数据在研究数据中的位置与价值所在。因此将元数据描述方式作为分析指标之一。

(3) 数据评价方案

数据作者分析。对高被引数据和低被引数据的作者(多个作者默认选第一作者)特征指标进行分析,进而探索高被引数据的成因,具体分析见表5-16和表5-17。

表5-16 作者特征指标统计量表

数据类型		个案数	平均值	标准偏差	标准误差平均值
作者发文(数据)量	高被引数据	49	61.96	130.020	18.574
	低被引数据	49	61.71	142.970	20.424
作者总被引频次	高被引数据	49	319.08	968.447	138.350
	低被引数据	49	23.67	45.661	6.523
篇均被引频次	高被引数据	49	6.2590	7.05795	1.00828
	低被引数据	49	1.2416	0.82777	0.11825

---

① 赵星.学术文献用量级数据Usage的测度特性研究[J].中国图书馆学报,2017,43(3):44-57.
② WANG X, FANG Z, SUN X. Usage patterns of scholarly articles on Web of Science: A study on Web of Science usage count [J]. Scientometrics, 2016,109(2):917-926.

表 5-17　作者特征指标独立样本检验

		方差方程的 Levene 检验		均值方程的 t 检验					差值95%置信区间	
		F	Sig	t	df	$Sig.$（双尾）	均值差值	标准误差值	下限	上限
作者发文（数据）量	假设方差相等	0.210	0.648	0.009	96	0.993	0.245	27.607	−54.555	55.045
	假设方差不相等			0.009	95.147	0.993	0.245	27.607	−54.561	55.051
作者总被引频次	假设方差相等	16.113	0.000	2.133	96	0.035	295.408	138.503	20.481	570.335
	假设方差不相等			2.133	48.213	0.038	295.408	138.503	16.961	573.856
作者篇均被引频次	假设方差相等	45.295	0.000	4.942	96	0.000	5.01737	1.015	3.00224	7.03251
	假设方差不相等			4.942	49.320	0.000	5.01737	1.01519	2.97761	7.05714

假设1：高被引数据作者发文(数据)量与低被引数据作者发文(数据)量不存在显著性差异；

假设2：高被引数据作者总被引频次与低被引数据作者总被引频次不存在显著性差异；

假设3：高被引数据作者的篇均被引频次与低被引数据作者的篇均被引频次不存在显著性差异。

作者发文量分析。由表 5-16 可知高被引数据作者平均发文(数据)量略高于低被引数据。由表 5-17 的 T 检验结果可知高被引数据作者的发文(数据)量和低被引数据作者发文(数据)量均值不存在显著性差异，接受原假设。

作者总被引频次分析。由表 5-16 可知，高被引数据作者总被引频次均值为 319.08，标准偏差为 968.447；低被引数据作者总被引频次均值为 23.67，标准偏差为 45.661，低被引数据作者的总被引频次与高被引数据作者差距悬殊较大。由表 5-17 的 T 检验结果可以看出两种数据集存在显著性差异，拒绝原假设。

作者篇均被引频次分析。由表 5-16 可知，高被引数据作者的篇均被引频次均值为 6.2590，标准偏差为 7.05795；低被引数据作者的篇均被引频次均值为 1.2416，标准偏差为 0.82777，高被引数据作者的篇均被引频次明显高于低被引数据作者。由表 5-17 的 T 检验结果可以看出两种数据集存在显著性差异，拒绝原假设。

根据所采集的数据可知，被引次数最多的数据为，Understanding Society: Innovation Panel，Waves1-8，2008-2015。依据 DOI 进入其指定的数据库中，发现该数据集的引用方式、不同版本信息、指定唯一标识符均详细呈现。该数据集作者为团体作者埃塞克斯大学(University of Essex)，埃塞克斯大学是英国英格兰一所公立研究型大学，具有极高的学术研究声誉，主要以研究和探索为学术重点并闻名全国。其人文社会科学研究实力尤为雄厚，拥有全英的政府学系和全英最大的经济与社会研究院，因政治学、经济学、社会学、法学与人工智能机器人的研究成果享誉欧洲乃至全球。其社会科学学科居全球第 48 位、社会科学学科研究实力居全英第 4 位。将作者 University of Essex 在 DCI 中进行检索，得到其发表的数据共计 148 条，被引次数共计 1802 次，数据平均被引频次高达 12.18。

对数据作者的影响力量化指标进行分析发现，两种数据在作者总被引频次和篇均被引频次上均存在显著差异，高被引数据的作者总被引频次、作者篇均被引频次均明显高于低被引数据作者。作者发表数据产生的被引频次与论文被引频次相同,均体现了作者科研产出的影响力。数据作为论文的附件上传至数据仓储机构中,是作者科研成果的支撑材料,数据产生被引说明该支撑材料得到了认可,被引频次越高,说明该作者在本研究领域产生的影响越大,得到的关注和认可越高,进而产生高被引高质量数据的可能性就更大。篇均被引频次越高,表明作者发表的每篇数据都得到了较高的认可和关注,可从侧面反映出作者发表数据的价值。低被引数据的作者发文量、总被引频次、篇均被引频次均值明显低于高被引数据作者,表明低被引数据作者学术研究深度、研究能力以及整体的学科影响力上要低于高被引数据作者。可见低被引数据一个重要的成因是论文作者的研究能力和影响力不够。

基金分析。基金资助体现了基金资助机构对该数据的认可,侧面反映出该数据的价值。采用独立样本 t 检验的方法,对高被引数据和低被引数据的基金资助特征进行对比分析。来探索高被引数据和低被引数据之间的异同,进而分析高被引数据的成因。

假设 4:高被引数据基金资助数量和低被引数据基金资助数量不存在显著性差异。

由表 5-18 可知,高被引数据的基金资助数量大于低被引数据的基金资助数量。t 检验结果如表 5-19 所示,可以看到两组数据的基金资助数量存在显著差异,因而拒绝原假设。统计发现被引次数前十的数据,有 7 条有基金资助,分别为 Economic and Social Research Council(经济和社会研究理事会)、Office for National Statistics(英国国家统计署)、Department for Education(英国教育部)、Department for Work and Pensions(英国工作与养老金部)、Department for Transport(英国运输部)、Department of Health(英国卫生署)、Welsh Assembly Government(威尔士议会政府)、Scottish Government(苏格兰政府),能发现基金资助对数据被引有积极影响。

表 5-18 基金资助数量统计表

数据类型	个案数	平均值	标准偏差	标准误差平均值
高被引数据	49	1.47	3.305	0.472
低被引数据	49	0.14	0.540	0.077

表 5-19 基金资助数量独立样本检验

	方差方程的 Levene 检验		均值方程的 t 检验					差值95%置信区间	
	F	Sig	t	df	Sig.(双尾)	均值差值	标准误差值	下限	上限
假设方差相等	29.401	0.000	2.773	96	0.007	1.327	0.478	0.377	2.276
假设方差不相等			2.773	50.562	0.008	1.327	0.478	0.366	2.287

基金的资助代表基金资助机构对此项研究或者数据内容的主题较为感兴趣,认为其创新性较强,所含价值较高。数据被多个基金机构资助,表明此研究数据得到了较多机构的认可和支持,因而可以断定该数据的价值较大。高被引数据的基金资助数量明显大于低被引数据,说明基金资助数量对数据被引产生了较大影响,他人在引用此数据的时候会参考基金

资助数量这一因素,使得数据得到较多的引用。

数据仓储机构分析。数据仓储机构的发文量体现了该机构的科研产出能力,仓储机构的总被引频次体现的是机构的科研产出影响力,仓储机构的数据平均被引频次体现的是数据的平均影响力。采用独立样本 t 检验的方法,对比分析高被引数据和低被引数据所在仓储机构在发文量、总被引频次、数据平均被引频次的异同,并手动统计 243 条数据的来源数据仓储,进而探索仓储机构特征对高低被引数据的影响。

假设 5:高被引数据所在仓储机构发文量与低被引数据所在仓储机构发文量不存在显著性差异;

假设 6:高被引数据所在仓储总被引频次与低被引数据所在仓储机构总被引频次不存在显著性差异;

假设 7:高被引数据所在仓储机构数据平均被引频次与低被引数据所在仓储机构数据平均被引频次不存在显著性差异。

由表 5-20 可知,高被引数据所在仓储机构的发文量、总被引频次均略低于低被引数据所在仓储机构,而仓储机构的数据平均被引频次均值明显高于低被引数据所在仓储机构。t 检验结果如表 5-21 所示,可以看到两种数据集在机构发文量和总被引频次均不存在显著性差异,接受原假设。而高被引数据所在仓储机构数据平均被引频次和低被引数据所在仓储机构数据平均被引频次均值存在显著性差异,拒绝原假设。

表 5-20 仓储机构特征指标统计量表

	数据类型	个案数	平均值	标准偏差	标准误差平均值
仓储机构发文量	高被引数据	49	110.00	76.298	10.900
	低被引数据	49	130.71	69.779	9.968
仓储机构总被引频次	高被引数据	49	513.41	214.143	30.592
	低被引数据	49	519.27	255.371	36.482
仓储机构数据平均被引频次	高被引数据	49	8.8820	7.76551	1.10936
	低被引数据	49	4.4112	3.52896	0.50414

表 5-21 仓储机构特征指标独立样本检验

		方差方程的 Levene 检验		均值方程的 t 检验						
		F	Sig	t	df	$Sig.$(双尾)	均值差值	标准误差值	差值95%置信区间	
									下限	上限
仓储机构发文量	假设方差相等	6.173	0.015	−1.402	96	0.164	−20.714	14.771	−50.034	8.605
	假设方差不相等			−1.402	95.244	0.164	−20.714	14.771	−50.037	8.608
仓储机构总被引频次	假设方差相等	1.436	0.234	−0.123	96	0.902	−5.857	47.611	−100.363	88.649
	假设方差不相等			−0.123	93.170	0.902	−5.857	47.611	−100.400	88.686
仓储机构平均被引频次	假设方差相等	68.594	0.000	3.669	96	0.000	4.47082	1.21854	2.05204	6.88959
	假设方差不相等			3.669	67.015	0.000	4.47082	1.21854	2.03862	6.90302

数据仓储机构的发文量反映了数据仓储机构发表数据的规模和科研产出能力,数据仓储机构的总被引频次比较高说明该机构收录的数据集在所在领域的影响力比较大,被认可程度比较高;平均被引频次越高说明该机构收录的数据集普遍影响力较大,体现了该仓储机构收录数据的价值。分析发现两种数据所在仓储机构的发文量与总被引频次上不存在显著差异,而与仓储机构数据平均被引频次存在显著性差异,说明仓储机构的影响力在一定程度上对数据引用产生了影响。

关键词数量分析。关键词是对本条数据的简要概括,关键词数量帮助作者不同程度地理解该条数据。采用独立样本 t 检验的方法,对高被引数据和低被引数据的关键词数量进行对比分析。来探索高被引数据和低被引数据之间的异同,进而分析高被引数据的成因。

假设8:高被引数据关键词数量和低被引数据关键词数量不存在显著性差异。

从表5-22中可以看出高被引数据关键词数量均值明显高于低被引数据关键词数量均值。t 检验结果如表5-23所示,可以看出两种数据关键词数量的总体均值存在显著性差异,拒绝原假设。关键词提供的数量和覆盖的全面性便于科研人员在大量的数据资源中快速查找和获取到与研究主题相匹配的数据信息。而关键词数量越多则可以使表达的内容越详细、涵盖的范围越全面,更有利于科研工作者对数据本身的理解,减少误读误解的频率。通过上文的研究发现,高被引数据关键词数量与低被引数据关键词数量均值存在显著性差异,数据的关键词数量对被引次数影响较为明显,数据的关键词数量越多,数据越容易被引用。

表5-22 关键词数量统计量表

数据类型	个案数	平均值	标准偏差	标准误差平均值
高被引数据	49	12.39	15.245	2.178
低被引数据	49	5.98	7.264	1.038

表5-23 关键词数量独立样本检验

	方差方程的Levene检验		均值方程的 t 检验						
								差值95%置信区间	
	F	Sig	t	df	Sig.(双尾)	均值差值	标准误差值	下限	上限
假设方差相等	25.626	0.000	2.656	96	0.009	6.408	2.412	1.619	11.197
假设方差不相等			2.656	68.729	0.010	6.408	2.412	1.595	11.221

操作方式分析。操作方式影响着科研人员验证数据和利用数据的方式。

假设9:高被引数据操作方式数量和低被引数据操作方式数量不存在显著性差异。

从表5-24可以看出高被引数据操作方式数量均值高于低被引数据操作方式数量均值。由表5-25的 t 检验结果可知两种数据操作方式数量存在显著性差异,拒绝原假设。数据形成所采取的操作方式,以面对面访谈、电话采访、结构化问卷、物理测量等为主。操作方式体现数据获得的多样性和丰富性,操作方式种类数量较多相对获得的数据更全面,取得的结果更加科学合理。数据获取方式可以为今后相似的科学研究提供方式方法上的借鉴,形成的数据集能更有效地成为未来研究的基础,使得该数据的被引次数较高。因而数据操作方式的多样性对数据引用产生了显著影响。

表 5-24 操作方式数量统计量表

数据类型	个案数	平均值	标准偏差	标准误差平均值
高被引数据	49	1.65	1.821	0.260
低被引数据	49	0.51	1.210	0.173

表 5-25 操作方式数量独立样本检验

	方差方程的 Levene 检验		均值方程的 t 检验						
								差值95％置信区间	
	F	Sig	t	df	$Sig.$（双尾）	均值差值	标准误差值	下限	上限
假设方差相等	18.924	0.000	3.660	96	0.000	1.143	0.312	0.523	1.763
假设方差不相等			3.660	83.471	0.000	1.143	0.312	0.522	1.764

DOI 号分析。DOI 号影响着科研人员获取数据的途径和效率。98 条高被引数据和低被引数据提供 DOI 号与否的分布如表 5-26 所示,对是否提供 DOI 号做 Spearman 相关性分析,见表 5-27。

表 5-26 DOI 号占比表

数据类型	数据数量	提供 DOI 号（占比）	未提供 DOI 号（占比）
高被引数据	49	36(73.47%)	13(26.53%)
低被引数据	49	19(38.78%)	30(61.22%)

表 5-27 斯皮尔曼 Rho 的 DOI 号与被引次数的相关性

		是否提供 DOI 号	被引次数
是否提供 DOI 号	相关系数	1.000	0.372**
	$Sig.$（双尾）		0.000
	N	98	98
被引次数	相关系数	0.372**	1.000
	$Sig.$（双尾）	0.000	
	N	98	98

注:** 表示在 0.01 级别（双尾）,相关性显著。

是否提供 DOI 号与被引次数的 Spearman 相关系数 rs＝0.372,说明是否提供 DOI 号与被引次数之间存在正相关,即随着数据 DOI 号被提供,数据的被引次数会增加。

Spearman 相关的 P 值小于 0.001，说明是否提供 DOI 号与被引次数之间的相关关系具有统计学意义。所以 DOI 号的提供与否对数据被引次数的提高产生了显著影响，提供 DOI 号可以使得数据的被引次数增多。

使用次数分析。

假设 10：高被引数据使用次数和低被引数据使用次数不存在显著性差异。

对获得的两种数据使用次数数据进行 t 检验。

表 5-28 数据使用次数统计量表

数据类型	个案数	平均值	标准偏差	标准误差平均值
高被引数据	49	0.02	0.143	0.020
低被引数据	49	0.04	0.200	0.029

表 5-28 中高被引数据使用次数均值略低于低被引数据使用次数均值。由表 5-29 的 T 检验结果可知高被引数据使用次数和低被引数据使用次数均值不存在显著性差异，接受原假设。

表 5-29 数据使用次数独立样本检验表

	方差方程的 Levene 检验		均值方程的 t 检验					差值 95% 置信区间	
	F	Sig	t	df	$Sig.$（双尾）	均值差值	标准误差值	下限	上限
假设方差相等	1.371	0.245	−0.581	96	0.562	−0.020	0.035	−0.090	0.049
假设方差不相等			−0.581	86.883	0.562	−0.020	0.035	−0.090	0.049

元数据描述方式分析。对数字资源主要使用元数据进行描述。对数据进行描述，能够使数据的重用和验证变得更加简单，同时还可以实现对数据的跟踪，对数据生产者的工作认可以及对奖励学术结构起到重要意义。数据的格式、覆盖所有学科领域准则、数据类型、数据存储地点、相关的数据说明、注明数据是否是可用的，说明如何获取，数据政策，是否有数据政策的例外情况，数据出版格式、许可、引用，文档，元数据，数据可用性描述。使用次数体现的是学术文献/数据的用量级数据，因而其表征行为更加基础和底层，能够反映出科研人员对单篇文献/数据的关注的程度。

表 5-30 数据集使用次数排名前十表

序号	题 目	出版年份	被引次数	使用次数	基金资助机构
1	Life Processes of Finnish Young Adults 2001	2010	0	18	无
2	Dutch Facebook Survey: wave 1 v1.0	2017	0	7	无
3	15Projects.com	2015	0	6	无
4	Project Topics	2015	0	6	无

续表

序号	题目	出版年份	被引次数	使用次数	基金资助机构
5	Epidemiology of Undiagnosed Trichomoniasis in a Probability Sample of Urban Young Adults	2014	1	6	无
6	Presence and absence of reported symptoms by gender and infection with trichomoniasis	2014	1	6	无
7	Estimated prevalence of T. vaginalis infection by race/ethnicity and gender	2014	1	6	无
8	Estimated prevalence of T. vaginalis (Tv) and odds ratios by gender and health behaviors	2014	1	6	无
9	Estimated prevalence of T. vaginalis (TV) infection and odds ratios by gender and sociodemographic characteristics	2014	1	6	无
10	Estimated prevalence of T. vaginalis (TV) and odds ratios by gender and sexual behaviors	2014	1	6	无

使用次数最高的数据集 Life Processes of Finnish Young Adults 2001 是关于芬兰年轻人生活过程和生活满意度的调查。被引次数较高的数据集主题是关于用于社会科学统计的数据可视化、教师调查、教育管理、对选举诚信的看法等此类具有特定人群或者普遍社会问题的调研。这类调研均具有普适性价值,参考意义比较大,因而是被引/使用次数较高的原因之一。

使用次数最高的数据集,其数据描述包含了研究主题、数据集 ID 号、永久标识符、数据类型、社会分类、访问形式、数据生产者、涵盖时间段、收集日期、国家、地理范围、抽样程序、收集方式、研究仪器、反应速度、数据文件语言、数据完整性和限制、引文要求、免责声明、详细资料、相关刊物等详细说明,提供了较为规范的数据引证方式。有的数据集描述时还会附带说明政策,包括政策适用对象,并在显著位置明确表示,希望作者遵守数据政策,并对包括论文出版与数据存储之间合理的时间区间做出规定。

(4) 数据引证行为影响因素

数据集被引次数的原因背后蕴藏着作者、基金支持所带来的影响力,体现出数据本身的价值。以及由于基金的支持使得科研人员需要提交数据管理计划,使得数据的使用更加透明化。仓储机构对于收录数据安全的保障,并且为与数据相关的特殊贡献者(如数据集创建者、数据集传播机构等)给予相应的科研奖励,从而激励更多高质量的数据集被创建及共享,推动被引次数的增加;数据使用次数较高的原因背后蕴藏着数据规范化的参考与引用,数据集以作者(author)、版本(version)、类型(type)、编码(encoding)、发布时间(date/publication)、描述(description)、版权(copyright)、覆盖范围和方法(coverage and methodology)等规范化的形式呈现,增加了数据集的使用次数。

数据本身的价值认可。高被引数据的作者总被引频次、篇均被引频次及基金资助数量与低被引数据存在显著性差异,即这三项对数据被引产生了较大影响。数据总被引频次、篇均被引频次较高反映了大家对该作者所发表数据质量的认可。基金资助数量的多少也证明了基金资助机构对数据质量的评价结果,基金资助数量较多的通常反映出基金资助机构认为其是高质量数据,这类数据往往产生较多次数的引用。基金的资助使得该研究项目在研究初始就要提交数据管理计划,其产生的数据要上传到指定的数据仓储中。基金的资助使得数据的产生、获取和使用过程更加透明化,使得数据本身的价值更高更被认可。数据的价值被认可之后将会产生更多的共享行为促进数据引证的发生。作者维度和基金维度都反映出大家对数据价值的认可。可见数据本身价值的认可是产生数据引证的重要因素。

数据安全的保障。随着数据在机构人员之间的流动性越来越高,特别是《中华人民共和国网络安全法》的发布与执行,数据安全和隐私引起了人们的重视,国家也在制定数据安全相关的标准,为此,数据管理能力成熟度模型(data management capability maturity model, DCMM)也把数据安全作为数据能力的一个重要维度,意图通过评估来提升各机构的数据安全能力状况。243条数据中被引次数较高的数据多来源于国际权威的数据仓储机构,并且这些仓储机构的平均被引频次和H指数较高。数据仓储机构为科研人员提供可操作性较强、技术上无缝的高品质产品和服务。数据仓储的权威和公认性使得数据在收录时经过严格的筛选和检查,对数据的安全和质量进行了一定的保障,促进了数据集的产生创造和被引。与此同时,一些仓储机构会创建句柄系统。作为数字标识符的句柄,当进程创建或使用名称来打开一个对象时,系统将会为它返回一个句柄,该句柄指向进程所创建或打开的对象。之后,该进程将使用句柄来引用该对象。句柄系统采用信息源加密方式对敏感数据进行加密和解密,并结合身份认证和授权管理实现对数据全方位的保护。数据安全的保障是数据产生引用的基金条件和重要前提。

数据获取方便与否。被引次数较高的数据有着更多的关键词、数据操作方式,并且提供了DOI号、有着较为详细的元数据描述方式。关键词的数量、操作方式的种类数量与规范化、全面化的数据描述方式使得科研活动在获得数据时能节省不少时间。FORCE11制定的数据引用原则中,把实现人类和机器可读作为数据引用的前提,强调了数据引用的重要性,并指出数据引用应易于获取、便于识别、具有持久性、可验证、互操作等特点[①]。被引次数较高的数据通过DOI链接到所在数据库均可以看到该条数据集的获取方式、覆盖的时间段和范围等,并且将不同的数据集版本及其每条所对应的永久标识符以及每个版本之间的不同和变化呈现出来。数据文件的语言、数据完整性和限制、引文要求,免责声明等均一一详列出来。包含这些因素的数据集可以将其认作高质量数据,其数据本身的价值对后续的相关研究产生的影响是持续并且可重复性可验证的。关键词数量、数据操作方式数量、DOI号、详细的元数据描述方式有利于保证数据集的公开性与可访问性,提供数据引证所需要的属性描述信息,有利于促进数据共享和数据引证的发生。

(5)数据引证行为实施建议

促进评价体系多元化。研究数据在科学研究中占据重要的基础性地位,却未作为一个维度被系统的纳入科研评价机制中。数据引证是对粒度较细、处于科研素材体系较底层位置的原始数据或者派生数据进行引用,对其进行分析,可以对科研产出情况有一个更基础的认识,从而为科研机构或学者评价提供一个新的视角。2020年2月教育部、科技部印发《关于规范高等学校SCI论文相关指标使用树立正确评价导向的若干意见》的通知,指出SCI的

---

① FORCE11. Joint declaration of data citation principles-FINAL [EB/OL]. [2022-10-10]. https://www.force11.org/group/joint-declaration-data-citation-principles-final.

相关评价指标包括论文数量、被引次数、高被引论文、影响因子、ESI 排名等,不是评价学术水平与创新贡献的直接依据。要建立健全分类评价体系,对不同类型的科研工作应分别建立各有侧重的评价路径。更加从内容角度出发评价数据,数据评价体系的多元化发展可以更好地促使数据引证行为的发生[1]。数据的评价应将量化研究和质化研究相结合,叶鹰提出定性判断学术品质和定量判断学术影响的综合学术评价方法来对高品质论文进行分析[2]。研究数据作为科学研究的基础资源,应作为重要的指标被用于论文评价及学术评价中。给予数据创建者和机构应有的奖励与荣誉,鼓励更多学者及科研机构去构建以及共享数据集,促进数据引证的发生和学术研究的发展。

培养数据伦理意识。数据伦理是在数据收集、分析以及涉及社会科学和生物医学等领域的数据在使用、描述、传播共享过程中所产生的伦理问题[3]。大数据的强大张力使得各领域都更为重视社会发展对大数据的依赖,强调数据的社会和经济价值,但大数据环境下,数据非法获取和保存、数据滥用、数据主体对数据的控制权被削弱、数据垄断、数据偏向引导等事件的频繁发生也使得一些人开始关注到数据伦理问题。但目前来看,我国公民在数据伦理方面还没有形成明确认知,因而要培养公民的数据伦理意识,在进行数据引证时,要在保护隐私的基础上对数据进行合法引用。在运用数据时要对其负责,和使用技术一样。社会倡导在收集公民的数据时,保留用户权利并保障用户隐私,希望确能以负责任的方式来管理他人的数据。当分析数据时,希望保证研究主体对那些提供数据的人做出了公平的推断。数据价值的发挥不应该以伦理的丧失为代价,要有效平衡数据效益与伦理。当提到数据向善时,指的是数据要造福社会,并要通过负责、公平、道德和隐私保护的方式良好地使用数据。因而我们在进行数据引证时,要注意培养数据伦理意识,来保证数据安全。

规范数据引证形式。国际权威的数据仓储机构对本机构收录的数据的引证格式会给出相应的说明与提议,保证了本机构数据引证可以拥有统一、严谨、规范化的数据引证规范。规范化的数据引证形式有利于提高科研人员检索查询数据的效率,从而提升数据利用的价值,加快科学发现和科技创新。对于数据使用及再利用过程中面临的阻碍,需要科研工作者、学术出版与发布机构的共同努力:科研工作者需要加深对数据引证重要性的认识,采用规范的方式引用研究数据;学术出版机构应当给予科研工作者正确的指引,就数据引证给出相应的规范及格式要求,并给出明确的示例供科研工作者参考;数据发布机构,应在数据集发布或被他人取用时,给出与数据集相关的足够的属性描述信息(尽量附上唯一标识符以及访问地址),或者直接给出数据引证示范供使用者参考;并需要保证所发布的数据的质量可靠性,保证数据的安全性、稳定性以及可访问性,对数据的使用给出说明,以防止他人对数据的不正当或不正确使用。精确化、规范化数据引证形式将促进数据引证的健康快速发展。

加强各个环节的数据治理。数据治理各个环节对研究数据的相关操作都直接或间接影响数据最终的效用质量,共同决定了数据的共享程度和引证实施。从数据规划采集开始,需对数据进行全面的规划。数据规划是数据质量评价的宏观框架。数据采集是数据获取的第

---

[1] 教育部科技部. 教育部科技部印发《关于规范高等学校 SCI 论文相关指标使用树立正确评价导向的若干意见》的通知[EB/OL]. [2022-10-10]. http://www.moe.gov.cn/srcsite/A16/moe_784/202002/t20200223_423334.html.
[2] 叶鹰. 高品质论文被引数据及其对学术评价的启示[J]. 中国图书馆学报,2010,36(1):100-103.
[3] FLORIDI L, TADDEO M. What is data ethics? [EB/OL]. [2022-10-10]. http://www.moe.gov.cn/srcsite/A16/. https://roy also ciety publishing.org/doi/pdf/10.1098/rsta.2016.0360.

一步,是把控数据质量的首要环节。高质量的数据采集需要保证数据的真实性、完整性和准确性,进而为科学研究提供数据支持。数据处理是从规模庞大、杂乱无章的数据中选取出符合特定需求与价值的数据。数据清洗、数据脱敏、数据挖掘、格式转换等各个环节,均需采取严格的数据质量标准。并要加强规范化、清晰化的数据描述,建立认可度较高、描述深度可控的元数据体系。在数据的保存环节应注意到保存格式长期适用和限制访问权限等问题。保存的研究数据需要为未来访问提供解释和辩证,为研究数据的评价和未来使用提供便捷。研究数据涉及重大的科学发现以及人类文明的演进,对数据本身的质量要求更高,需要从数据的产生开始,到数据的清洗处理,到数据的共享利用各个阶段进行治理,以保证数据的正确性、科学性,为以后的科学研究提供基础数据。研究数据治理更侧重数据引证和数据评价。数据的合理评价和规范化引用更是数据治理需要重点加强和努力实现的环节。

6 研究数据管理平台建设

伴随信息技术的迅猛发展,依赖新兴数据采集工具与方式,大量珍贵研究数据被采集研究,推进了人文社会科学不断发展。加强数据管理,构建数据管理平台成为人文社科领域内数据驱动研究开展的基础要求。为建成规范、系统和高效的数据管理平台推动人文社科研究,并促成更大范围内的人文社科研究数据共享,华东师范大学构建了系列研究数据管理平台,一方面实现对校内机构知识资源和个性化成果的管理,包括数据采集和管理、数据长期保存、数据收割、数据引证、数据计算分析、数据增值开发与利用;另一方面为教学与科研人员在数据整理、加工、归档、长期保持及知识增值等方面提供服务及实践平台,为促进学校人文社科领域教学与科研的快速发展提供保障。

6.1 人文社科大数据平台

华东师范大学人文社科大数据平台以服务教学、科研为目标,实现对华东师范大学人文社会科学领域各类数据的科学管理,旨在打破传统的学科壁垒,推动各学科数据化研究发展,实现数据的跨学科跨领域流动,支持不同学科、不同领域的交叉研究创新。

6.1.1 平台功能设计

华东师范大学人文社科大数据平台主要由应用服务展示层、管理组件层、技术支撑层、数据存储和计算层、基础设施层、数据安全管理体系、数据规范及管理制度保障等应用功能构成,如图 6-1 所示。

应用服务展示层。应用服务展示层为平台的用户访问界面,主要包括了分类浏览、数据检索、数据下载、门户网站、数据可视化、数据产品。其中分类浏览可根据不同数据类型分别进行数据浏览,数据检索和数据下载实现了各类数据的综合统一检索和下载利用,数据可视化可对数据实现多种可视化分析展示和自动生成多种图表。数据产品则是对数据平台上的数据资源按照不同分类,以产品的设计理念开发不同数据产品,方便用户利用,打造数据品牌。

管理组件层。管理组件层提供平台的基本功能实现,包括数据管理、数据共享交换与收割、数据引证、数据导航与预览、数据监护、版本管理、数据浏览与检索、权限管理、数据采集与清洗等功能组件的实现,是对应用服务展示层的业务逻辑功能实现。

技术支撑层。平台底层软件技术支撑由数据采集工具集成、身份认证系统集成、DOI 和 Handle System 句柄服务、OAI-PMH 收割协议服务、数据可视化引擎等构成,为管理组件层

图 6-1 人文社科大数据平台功能设计图

各功能模块提供通用技术支持,通过代码复用,实现最大程度的系统安全保障,提升运行效率和降低运行维护成本。

数据存储和计算层。数据的存储和计算需要各类软件的支持,数据存储设施层用来存储采集的各类多源异构数据,具备大数据基础架构与服务能力。根据项目的不同要求,能够与平台无缝对接,实现平台数据的分布式存储和高效利用。同时,也可以满足数据量不足以大到需要大数据架构的传统数据库的需求。

基础设施层。基础设施层为平台运行的 IDC 等服务器和网络设备等硬件环境。在云环境下,也可以支持 OpenStack 等云架构,为上层服务提供稳定、安全、高速的运行环境。

数据安全管理体系。数据安全管理体系针对人文社科大数据安全,从数据流的整个过程考虑,如从数据的采集、存储、传输等方面,制定数据库系统和数据的安全保护措施。

数据规范及管理制度保障。平台遵循国际统一的 DDI 数据管理规范标准,将来源多样、结构各异的数据集成进入统一的数据库系统平台。相关标准规范涵盖元数据、数据格式、数据组织、数据存储和传输、数据隐私处理、数据安全、数据销毁等方面,对数据文件的格式和数据文件的组织结构等进行规范化处理,编制数据文档和提供数据的背景信息,让数据变得可发现、可获取、可交互、可重用和可引证。

6.1.2 平台资源管理

人文社科大数据平台基于大数据基础架构与服务能力,集成 HDFS 分布式数据存储、Spark 内存分析引擎、SlipStream 流处理引擎、ElasticSearch 大数据搜索引擎等功能,实现基本的数据存储、检索、预览、管理、引证、共享等数据全生命周期管理过程。

数据存储。数据存储模块主要面向全类型数据(结构化、半结构化、实时、非结构化)的存储、查询,以海量规模存储、快速查询读取为特征。在低成本硬件、磁盘的基础上,采用包括分布式文件系统、行式数据库(分布式关系型数据库、键值数据库、实时数据库、内存数据库)等业界典型功能系统,支撑平台数据处理高级应用。分布式文件系统支撑了安全的PB级以上规模数据在线存储,使安全、低成本、可任意扩容的大数据存储成为可能。行式存储数据库以其独有的小批量数据处理能力、强逻辑性及完善的SQL类接口支持,用于处理结构化数据,应对不同场景的特定数据应用需求。

数据检索。在数据检索模块,所有用户均可检索浏览平台中的所有数据集,以及数据集中的所有研究数据。用户可以检索平台中已发布的数据集提供的数据资源,也可以在单个数据集中检索数据资源。检索模式支持基本检索、高级检索和SQL语句检索。基本检索提供基本检索框输入关键词,进而实现结果检索和二次检索。高级检索提供检索字段类型,能够对特定的字段进行检索。SQL语句检索可自行编制SQL检索语句,对数据进行自由检索。

数据预览。数据预览模块允许由用户自定义,创建不同形式的数据导航集,包括静态导航、动态导航、链接导航,导航层级无限制,将所有数据通过导航以目录的形式进行管理和分类整合。进而支持利用数据沙箱功能实现数据的在线预览,并使用SQL查询语句,可对数据资源本身进行灵活查询和预览。

数据管理。数据管理模块按包含关系和层次划分为数据集、专题和文件三个层级,并设定不同的数据访问角色和权限。数据集管理提供多层级数据对象的创建、自定义设置、发布、访问权限设置、条款编辑和使用数据跟踪功能。专题管理提供专题创建、编辑、撤销、删除和一键恢复功能,也支持专题模版创建和克隆、专题权限设置等功能。文件管理提供各类型文件的上传、分类、描述、删除和修改功能,也提供子集文件设置等功能。

数据引证。数据引证模块采用句柄系统唯一标识数据,可以使用Handle System标识数据集管理,生成全球唯一的数据集标识符,使平台数据能够被直接公开出版物引证。如果用户需要在学术文献中使用人文社科大数据平台上的数据集,可以在学术参考文献中添加handle引用,通过访问带有标识符的URL,快速跳转并精确定位到相关数据集,在完成数字对象标识的同时实现数字对象的定位、引证、溯源、故障追踪,保障数据集发布者的权益,从而进一步增长数据集的价值。

数据共享。数据共享模块支持对不同权限的用户群体实施共享机制,分级别分层次控制对数据的访问权限,并且和研究者个人站点实现无缝链接。同时平台提供标准OAI-PMH协议接口和数据收割管理参数配置,支持与合作机构、部分符合交换规则的数据平台建立数据交换与收割机制,提高平台研究数据体量,提升平台数据整合与共享能力。

6.1.3 平台应用服务

人文社科大数据平台基于平台先进智能的管理流程,长期收集、整理、保存、归集、可视化并共享传播研究数据与成果,利用学术交流数据库、在线分析系统,提供学者、资源、教学科研和学术交流等多位一体的一站式服务,为社会决策、学科建设和人才培养提供数据资源、数据应用和决策支持服务。

当前,人文社科大数据平台上线特色数据集已达千万级,内容覆盖人口、航运、路网、企业、新闻等多个主题领域。平台上包含了华东师范大学自研自建的特色研究数据(图6-2),如上海高校教与学过程与效果调查、百度孤独症贴吧用户发帖回帖、美国新闻从业者招聘、中国科创板企业、上海高新技术企业等数据集,还包括了各学科院系因研究需要而采购的各类数据资源,如全国百度 POI 数据集全国路网数据、OAG Analytics 航运数据、腾讯人口迁移数据、LandScan 全球人口动态数据、上海市建成环境和城市居民行为调查数据、企业资金流数据等数据资源。

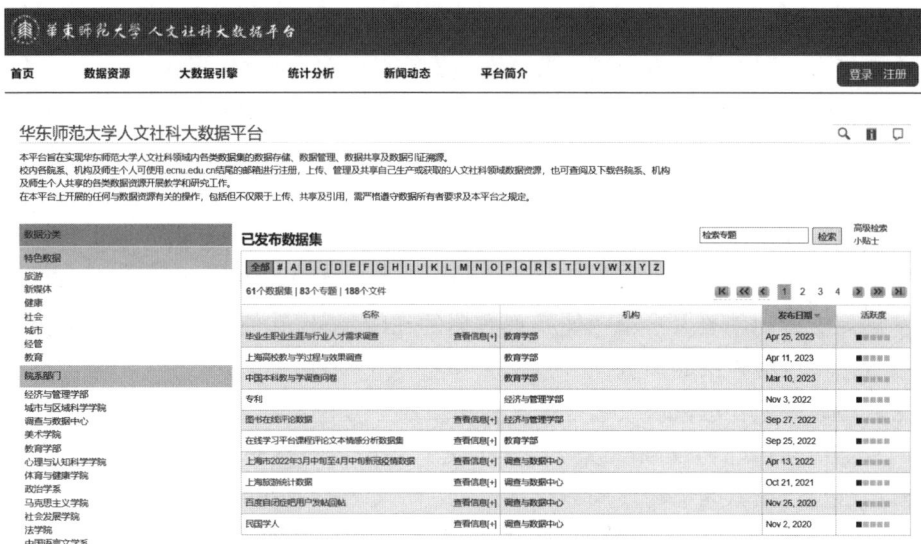

图 6-2　人文社科大数据平台数据集截屏

上海高校教与学过程与效果调查数据集

上海高校教与学过程与调查数据集源自于 2020 年新冠疫情期间"上海高校在线教与学调查(本科生问卷)"(Shanghai online teaching & learning survey-undergraduate, SOTL-U)。该问卷旨在对新冠疫情期间本科生在线学习过程、学习效果以及学习满意度等方面展开调查。共 39 所本科院校的本科生自愿参与线上答题,后经华东师范大学新文科创新平台高校教师与学生发展数据库课题组成员审核剔除因答题时间过短或过长、IP 地址存疑等因素导致的无效问卷,最后获得可用于分析的有效问卷 64 949 份。

调查中详细采集了包括个人及家庭背景、线上课程学习过程以及线上课程学习效果及满意度在内的数据,可描绘在线学习环境中大学生学习过程与效果的真实情况;同时把研究视角深入到元认知、动机、情绪等更深层面的潜在变量,在个体、行为以及环境的相互作用下观察与思考在线学习的动机激发、策略选择、学习调试、学习习惯、影响效果等各方面问题,进而揭示未来对大学生在线学习的有效干预手段,为开展本科生教学提出更为针对性的建议。

上海高新技术企业数据集

上海高新技术企业数据集包含 2000—2022 年上海高新技术企业的工商注册、对外投资、控股企业、软著、专利、裁判文书、失信记录、经营异常记录、行政处罚、融资、竞品和新闻资讯等方面的数据，总计 200 万条数据。具体包括反映企业规模的数据（注册资本、分支机构、主要人员、控股企业）、企业知识产权的数据（品牌信息、专利信息、软著信息、商标信息、网站备案）、企业风险的数据（裁判文书、知识产权出质、行政处罚、股权冻结、严重违法、失信被执行人）、企业发展状况的数据（对外投资、融资信息、企业项目、行政许可）、企业舆情的数据（新闻资讯）等。

该数据集为建立上海高新技术企业画像奠定了一定的数据基础，应用该数据集可以了解上海高新技术企业发展概况，分析上海高新技术企业研发趋势，探寻上海高新技术企业风险因子及问题企业，进行有效防范和管控；对上海高新技术企业发展情况以及企业间关联行为进行分析，可发现重点方向、重点企业，辅助政府相关部门科学决策和施政；对企业裁判文书和新闻资讯的长文本自然语言处理，可挖掘上海高新技术企业的法律风险和新闻正负情感倾向；量化企业的高层领导、持股比例、对外投资等数据，可挖掘上海高新技术企业架构模式；对品牌、竞品、融资、上市等数据进行分析，挖掘上海高新技术企业的未来品牌发展计划和潜在上市可能。

美国新闻从业者招聘数据集

美国新闻从业者招聘数据集包含 2016—2021 年美国新闻界从业者招聘岗位名称、岗位详述、工作性质、薪资待遇、所需专业技能、工作地点、所在州名、所属行业、公司名称、公司网站等核心特征，总计约 2.7 万条数据。该数据集提供了 2016 年美国总统大选以来新闻界的用工特点、用人需求、人才储备、就业压力等较为翔实的数据资源。

通过应用该数据集，可以基于招聘发布的时间和地域信息，分析美国各州对新闻从业者的需求以及不同地域间需求的差异；基于工作性质、所需专业技能、岗位详述等，分析美国新闻行业的准入门槛；基于招聘发布的时间和薪资待遇等信息，分析不同时段新闻从业者薪资待遇的变化情况，结合地域信息，通过呈现不同地域新闻从业者的薪资待遇随时间变化的趋势，以探究造成差异的原缘；基于招聘发布的时间、岗位详述等信息，分析美国新闻业对人才技能的多元要求及变化，从而为我国的新闻领域人才培养提出针对性建议。

人文社科大数据平台重点关注人文社科研究数据的存储与共享，但也通过大数据引擎提供简单的面向结构化数据的分析和可视化，实现对数据的重新编码与子集的抽取、高级统计分析等。其数据分析系统支持对 SPSS(.sav、.por)、STATA(.dta)格式、CSV、TAB、GraphML(.xml)格式的数据资源进行在线分析，包括但不限于列表分析、矩阵分析、回归分析、方差分析、正态分布分析等。通过对数据的重新编码与子集的抽取，应用不同类型的分析模型，对数据进行在线分析，除简单的列表分析、矩阵分析等统计分析，还可以进行回归分析、方差分析等复杂分析，以及条件随机场、神经网络、支持向量机等机器学习领域的分析。

6.2 研究数据中台

华东师范大学研究数据中台通过在云端为用户管理所有底层基础架构,让用户能够避免数据工程问题的困扰,快速连接数据、算力与模型,进行面向研究数据的在线数据分析协作,专注于数据价值的创造和科研成果的探索。进而实现人文社科研究数据管理与共享,打造数据创建、发布、计算、引用、追溯、出版的闭环创新生态,提高学校乃至更大范围内文科研究数据共享水平,为研究数据赋能,更大程度地发挥文科研究数据的深层次价值。

6.2.1 平台系统结构

研究数据中台主要实现文科数据的跨学科、跨领域安全高效应用,在提高数据利用率的同时,实现数据的跨学科和跨领域的应用创新,对内通过科研协作的实现及沙箱环境的创设促进社会科学数据的管理与利用,对外实现数据的出版与开放,使得更广范围的研究者也可以使用平台数据进行分析,提高数据的利用率与机构的影响力。平台系统结构包括四大模块,即平台门户管理模块、挖掘计算引擎模块、模型研发与管理模块、数据管理与出版模块(图 6-3)。

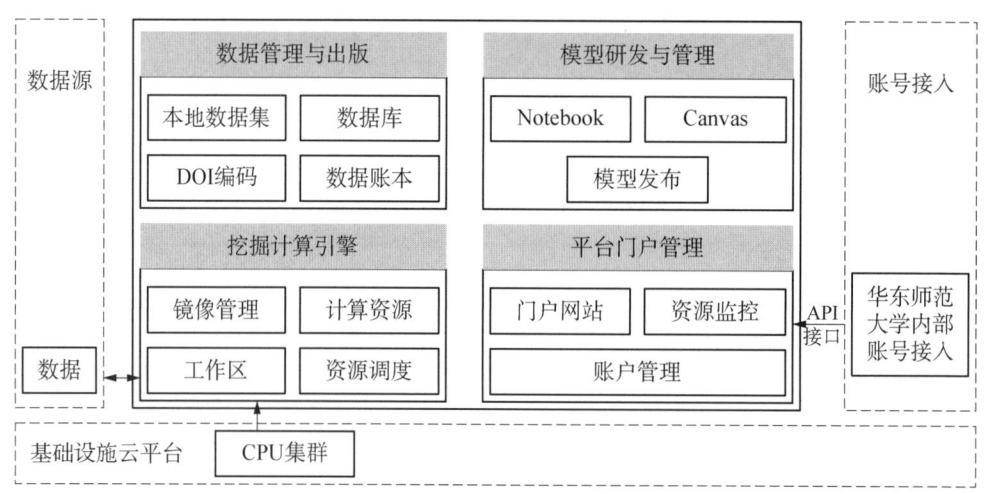

图 6-3　研究数据中台系统结构图

平台门户管理模块。整体的平台可切分成两层,平台使用管理和对外门户展示。平台使用关注于将平台中的资源、资料合理管理及分配给到用户,以此为目标提供基于用户的权限管理机制和基于资源、资料的权限管理机制,并支持用户分组,方便内部通过群组的方式授权数据、代码模块与算力;对外门户展示作为系统整体外部结构,起到对外展示的作用。门户网站提供系统数据预览、内容查询等功能,并根据系统主要用户画像和用户使用习惯进行网站 UI 设计和功能设计。

挖掘计算引擎模块。该模块接入基础设施云平台,以池化形式管理计算资源。通过资源调度可以对不同集群类型的用户工作区大小和镜像版本进行配置,从而匹配不同研究场景的基础环境和中间过程存储空间需求;通过实例管理可以让使用者查看实例运行状态和实例运行项目,并可进行实例的关闭和重启等操作;通过镜像管理能够从镜像仓库中拉取指定的镜像文件并在调度到的容器上构建镜像环境;通过持久化工作区让用户可以利用独立存储空间存储模型编排与研发过程中的各类中间文件；通过离线训练，用户可以指定集群、Notebook、镜像进行离线训练，并实时返回训练结果以及训练过程中的资源使用情况。

模型研发与管理模块。为了满足研究过程的交互性与模型的快速迭代要求，该模型编排与研发模块提供一体化的建模和管理工具，用户可以通过该模块提供的功能在云端进行算法模型的研发和研究项目的管理。在项目创建后，用户可以采用 Notebook 形式建模工具或拖拉拽建模工具进行建模，对代码和拖拉拽项目进行内容、使用权限、描述文档等信息的管理与编辑，实现用户对分析项目从数据接入管理、代码版本管理、项目文件管理、中间数据管理到项目输出管理的全工作流管理。

数据管理与出版模块。该模块提供两种数据类型的接入方式，用户本地数据文件上传和在线访问数据环境两种接入方式，并提供统一的数据源管理方式供模型编排与研发子系统进行接入与权限管理。通过引入 DOI 编码技术，访问带有标识符的 URL，快速跳转并精确定位到相关数据集，记录数据集被他人浏览和引用的历史记录，实现数据的定位、引证、溯源、故障追踪、数据互操作等诸多功能。

6.2.2 平台交互功能

研究数据中台通过数据沙箱机制，保障数据可见不可得，实现数据线上不落地分析与科研协作。通过 DOCKER 容器实现数据加密及隔离，保护敏感数据、版权数据和涉密数据的安全，为用户提供安全稳固的数据使用环境。平台针对不同用户群体的使用需求，提供用户独立分析和群体协作两种方式，应用 Notebook 建模工具和拖拉拽建模工具实现研究项目交互。

在研究项目开发过程中，平台提供以项目维度配置不同权限的协作者，协作者可以按用户群组或者指定用户的形式进行配置。支持协作者将研究项目发布为多个版本，切换不同研究项目版本之间的代码，并在协作成员之间对项目代码进行协作修改、对比与合并。应用 Notebook 建模工具实现多人协作下的云端项目代码编写与运行，应用拖拉拽建模工具实现多人协作下的云端算法组件拖拽编排和运行，并可以在团队范围内进行评论交流。

Notebook 建模工具。为了满足研究过程的交互性与模型的快速迭代，平台的分析界面以 Notebook 形式为主导，针对通信安全、功能拓展性以及用户体验对 Jupyter Notebook 进行重新设计与实现。通过在线 Jupyter Notebook 平台，提供 Notebook 形式的代码级编程工具，实现协作成员在同一界面实时保存和更新针对研究项目的共同深入探索以及模型研发，生成 Notebook 富媒体，获得研究模型成果。平台提供常用算法代码案例，代码内容涵盖数据读取、数据清洗、特征工程等流程的主流算法的代码实现，供个人用户或协作成员分析时快速调用与使用。同时平台支持用户自行配置与个人研究相关的算法代码片段，针对较为复杂的算法应用，可以让用户将脚本文件、预训练模型作为 Notebook 依赖进行管理，并对代码与模型进行实时存储，便于个人用户或协作成员随时查看、调用和修改。除了 Notebook 的基本功能外，为健全个人独立研究及多人协作场景的多方面需求，平台还提供资源使用分析、变量追踪、代码规范化、版本管理等拓展功能。

拖拉拽建模工具。拖拉拽建模工具同 Notebook 建模工具类似，能够实现多人协作下的实时研究项目生成、模型建立、数据读取、数据分析、结果输出等合作需求，但拖拉拽建模工具为零代码和低代码的数据分析工具，大为降低了人文社科研究者应用机器学习和统计技术的门槛。拖拉拽形式的自动化建模工具内置机器学习、算法、可视化等组件，可以将托拉拽建模工具的探索成果自动转化为代码级编程工具的功能，使得熟悉研究内容的成员可与具有算法研发能力的成员建立统一的工作流，让协作成员使用拖拉拽形式配合平台内置的算法组件快速验证数据、探索数据。同时，拖拉拽建模工具提供自定义算法组件功能，协作成员通过该功能可以自定义组件共享，实时合作创建新的组件并使用新组件进行编辑，提升研究效率，快速构建研究模型并产出分析结果。平台同样可以将拖拽建模工具中搭建的模型转换为 Notebook 代码，支持拖拽模型中的算法组件以 Notebook 中的 Cell 为单元进行转换，实现更深层次的交互建模分析。

6.2.3 数据出版服务

研究数据中台的核心功能之一为数据出版服务，在用户使用 Notebook 建模工具和拖拉拽建模工具进行模型建立和数据分析，使用数据中台上传数据集和代码后，将自动获得平台分配的 DOI 链接，后可通过同行评议，实现数据集和代码的出版。用户可以进行权限配置允许其他人应用自己的数据集和代码，实现数据引用。此过程将会在平台记录为数据账本，显示数据集或代码被他人使用的细节和历史记录，形成不可更改的历史账本。平台集成人文社科研究数据，构建完备体系化的数据出版系统和公有链系统，发挥研究数据的再次利用价值，提高研究数据共享与交流水平。

数据出版服务具体而言包括数据文件接入、多源数据库接入、数据分发与管理、数据 DOI 编码与引用和数据账本功能。数据文件接入功能支持用户将本地的结构化数据和非结构化数据进行上传，平台将以数据集的形式进行统一管理，每个数据集都赋以唯一的访问地址进行保存，并提供文档管理功能以便用户对数据背景与数据字典进行描述。多源数据库接入功能提供数据库凭证管理的方式直连系统中的数据库，包括分布式关系型数据库、分布式分析型数据库、分布式表格数据库等数据库类型。用户在连接数据库后，可以进行数据查询、数据聚合、数据写入、数据分析等，数据分析的具体凭证内容将不体现在代码当中，以便代码分享时保障数据库的安全。数据分发与管理功能提供配置与管理不同数据源的访问路径、使用权限、描述文档等信息。对于所有数据源，支持以用户群组的形式共同对数据的使用权限进行统一管理。对于数据集形式的数据源，在挂载分析时可以自动将该数据以只读的形式加载到分析环境中。对于接口形式的数据源，在分析时将自动在环境中嵌入访问凭证，然后进行远程访问，避免出现访问凭证的安全泄漏。数据 DOI 编码与引用功能，在数据集被创建后，为了记录数据集被他人浏览和引用的历史记录，该功能将对数据集生成全球性唯一数据标识符。通过访问带有标识符的 URL，可以快速跳转并精确定位到相关数据集，在完成数字对象标识的同时实现了数据的定位、引证、溯源、故障追踪，实现了数据互操作等诸多功能。数据账本功能，为了将数据集的使用记录管理去中心化，查看数据集的他人使用历史记录，提升数据集历史使用记录的信用度，实现数据集的版权保护、来源追溯等，该功能会将日志记录通过区块链算法的加密，然后通过用户的区块链凭证将历史记录广播到其他区块链节点，做到数据使用的高度信用化，防止数据集侵权。

当前，研究数据中台已实现多个数据集的出版和数据项目的发布，并利用平台数据集开展数据开放竞赛，如四知|大师杯数据联赛系列"数据战'疫'，创新智'汇'：COVID-19 数据竞赛""敬业乐群，科创协同：长三角科创共同体挖掘数据竞赛""老树新芽，数据时用——老

子研究文献知识发现数据竞赛""数据亮剑,拔新领异:上海高新技术企业数据竞赛"。在赛事中期组织的平台使用体验调研中发现,83%的选手认为研究数据中台的工具让数据分析与挖掘、数据与生产资料管理等过程更加简单与高效;86%的选手认为研究数据中台极大简化了研究任务中间成果交接,让多角色协作有了统一媒介;89%的选手认为研究数据中台使数据资源、分析资源更集中,协调管理过程更便捷高效;78%的选手反馈今后会持续使用研究数据中台(或类似平台)开展科研工作。

> **数据战"疫",创新智"汇":COVID-19 数据竞赛**
>
> *数据战"疫",创新智"汇":COVID-19 数据竞赛*是*四知|大师杯数据联赛*的第一期竞赛。本期竞赛围绕COVID-19疫情相关的舆情和研究数据,设置多个热门议题,鼓励高校师生及社会人士以团队或个人形式参赛,针对预设议题进行数据的深入分析和研究,以期在舆情演化、公共卫生事件应对、学术共同体发现和演化等问题领域有创新型的突破。
>
> 本次赛事共设置四个赛题,包括全球疫情舆情演化分析、突发公共卫生事件应对分析、学术共同体与学术交流分析、冠状病毒相关研究演化分析,吸引了共计585名选手、351支队伍报名参赛。选手涵盖北京大学、南京大学、华东师范大学、浙江大学、复旦大学、华中师范大学、武汉大学、美国加州大学等海内外知名高校,以及网易、美团等多家企事业单位。

6.3 文科实验室数据平台

在新文科建设背景下,全国普通本科高校积极开展新文科研究与改革实践项目,鼓励文科内部融通、文理学科交叉,启动高校文科实验室建设和重点研究基地动态评估。华东师范大学建设文科实验室数据平台,为学校文科实验室的孵化与培育提供数据治理、聚合与探索的实验平台,鼓励文科师生将数据驱动的研究范式融入传统文科的研究与教学,推动传统文科的更新升级,突破传统文科思维模式。

6.3.1 数据引擎建设

文科实验室数据平台对海量异构数据可实行数据管理安全可控、知识产权保护、系统安全保障、数据标准化、数据融合、数据分析与处理等,为数据驱动下人文社会科学研究提供平台技术支撑,促进文科实验室的孵化,推动多学科交叉融合的体制机制、科研平台与院系的协同发展机制、科研创新体制及评价机制,助力学科核心竞争力、科研创新能力等提升。平台聚焦大教育、大城市、大健康三个领域的应用,孵化智能教育实验室、大数据治理与城市创新实验室、全球人才与产业创新大数据实验室等,聚力城市创新、智能教育、健康管理、人才画像、产业监测等五大主题领域的数据集的整理和归集工作,梳理相关领域元数据标准、接口规范、共享机制等数据目录与规范,以数据可视化方式展示各主题数据研究成果,打造学校整体综合数据服务平台(图6-4)。

文科实验室数据平台从整体架构设计可以分为包含数据中台和数据后台的数据中台

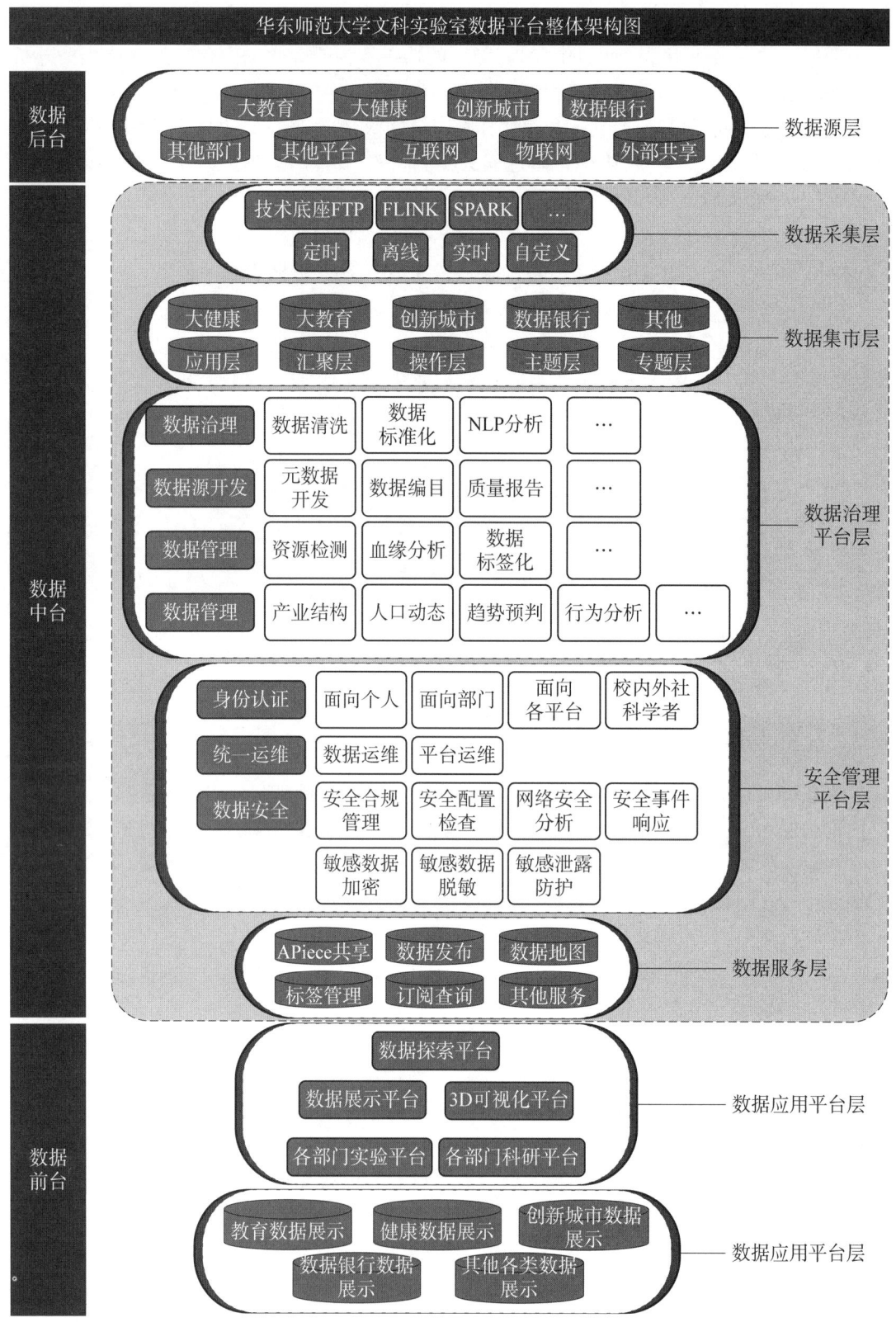

图 6-4 文科实验室数据平台建设架构图

层,以及数据应用服务的数据前台层。

数据中台层包括"数据采集—数据治理—数据服务体系建设—数据安全管理—数据服务"的整体设计流程。数据采集层利用平台提供的各种技术底座实现对不同类型数据的采集需求,支持单机数据仓库、分布式 MPP 数据仓库、HADOOP 大数据离线仓库等多种支持格式,用于存放原始数据,能够满足定时、离线、实时、自定义等各种采集机制。数据集市层内置汇聚层、操作层、主题层、专题层等,根据数据不同应用需求分层次对数据进行保存,其中,汇聚层为数据同步后落地的数据汇聚;操作层根据业务逻辑及数据标准对数据进行清洗、治理、重新主题聚合;主题层为数据加工治理后以主题的形式落地;专题层是数据从主题数据中用于服务应用层特定的数据需求。数据治理平台层对采集来的原始数据做数据治理,包括数据清洗、数据转换、自定义标签、数据质量管理、数据标准化处理、元数据开发、数据模型建模等数据治理工作。安全管理平台层提供多种工具从而实现对于数据资产的有效管理,负责包括身份认证、数据安全管理、数据运维等后台管理工作;数据服务层为前端数据展示、各类数据服务提供应用支撑,包括 APiece 接口开发、数据集市接口开发、各类定制数据服务,为前端数据展示提供各类定制仪表盘模板等。

数据应用层由数据探索平台及数据展示平台两部分构成,是负责将数据中台中的数据资产予以可视化展现的平台,数据应用层不但提供探索平台用于用户对数据做各类探索研究,还能利用可视化平台建立各种实验室研究平台及其他科研应用平台,满足用户对于实验室数据平台各类应用需求。数据探索平台由数据接入层、数据分析层、可视化探索层、应用场景层组成。数据接入层是将数据集市中的数据导入探索平台做深度加工与挖掘分析用的连接层,支持关系型数据库、半结构化数据库、结构文本及离线文本等各种格式数据。数据分析层是对导入数据做深度挖掘分析与加工的处理层,在分析层中用户可对数据进行各种算法模型搭建、数据计算、多表逻辑关联等多种操作。可视化探索层提供拖拽交互工具,用户仅需对需要展示的数据进行简单手动拖拽即可生成报表无需额外开发,探索层还提供了对于报表的多层钻研、图标联动、全局筛选等功能,从而实现单报表多重点击钻取以及多报表联动查看。应用场景提供各种数据大屏模板以及主题模板,用户可直接通过模板库选择需要的大屏展示模板无需额外设计,还可将制作好的报表进行发布共享以及与其他数据平台进行页面嵌套。此外,数据展示平台可实现 2D 数据可视化和 3D 数据可视化。2D 数据可视化将数据从文字变成可视化报表用于数据大屏展示。3D 数据可视化在 2D 数据展示基础上通过增加 3D 数据引擎的方式实现对部分数据的 3D 可视化,满足 3D 动态展示、GIS 展示、视频展示等多场景需求,还可以将已展示的数据及图像进行封装打包与其他平台进行交互和嵌套。

6.3.2 平台数据治理

由于文科实验室数据平台需要对接教育、健康、城市等不同业务数据,汇集到平台的数据都各具特色,缺乏标准、规范、治理的数据无法进一步提升使用的价值。只有确保数据的标准化、规范化、可信可用,才能进一步通过数据运营、数据应用实现文科实验室数据资产管理、发掘数据价值,进而实现数据资产的盘活和有效利用。为了规范数据处理过程,凸显数据业务价值,需要对数据平台的数据进行综合管理,构建标准化、流程化、自动化、一体化的数据治理体系,确保数据架构规划合理、数据加工条理清晰、数据处理可管控、数据知识可传承。

数据治理贯穿于从数据源头输入到数据存储再到数据应用的整个运转过程,涉及数据

"采、存、管、用"的一套体系化的综合建设。因此,文科实验室数据平台在广义层面对数据治理体系的架构进行设计,在狭义层面展开数据标准管理、数据质量管理和数据全生命周期管理。

(1) 广义数据治理

数据治理体系是从流程、政策、标准、技术和人员进行职能协调及定义,平台将在全组织范围内对数据进行权力分治的"采、存、管、用"。

数据采集管理从抽取方式上分为全量抽取及增量抽取,从时间间隔上分为离线抽取与实时抽取。首先利用全量抽取的方式将大健康、大教育、创新城市现有数据完整保存至数据仓库中,确保现有数据的完整性。对增量数据而言,则是根据不同学院对数据时效的要求分别建立不同时间的抽取机制。根据实践调研,研究类、管理类数据采用离线抽取,如城市历史、居民消费、学生成绩等,课堂教学类数据采用实时抽取,如抬头率、课堂行为等。

数据存储管理采用渐进式方式按照数据类型、时效、应用场景等方式将数据保存在数据集市中。在这过程中需要对数据进行脏数据清洗,统一转换不同业务系统格式的数据,形成符合要求的统一数据标准,并且加载至数据集市中。数据标准可依托于学校已有的数据标准制定,如无统一标准则可根据《中华人民共和国教育行业数据标准》管理办法对学校现有数据进行统一标准化处理。

数据管理主要由数据资产管理、数据标准管理、数据接口管理、数据标签管理、数据服务管理、数据权限管理、数据安全管理等功能构成。数据资产管理主要是建立学校数据资产地图、数据资产可视化、数据资产查询与管理等;数据标准管理是建立数据标准模型库,并且对可疑数据进行数据质量管理、数据资源编目、数据质量报告等管理;数据接口管理是针对为满足学校不同业务端口需求而建立的接口进行管理;数据标签管理是对在数据治理过程中为数据所打上的各项标签进行管理;数据服务管理主要是针对各业务端口提供包括数据共享、数据订阅等服务进行统一管理;数据权限管理主要是根据不同访问人员的业务范畴及权限范围为其设置访问权限;数据安全管理是对数据在运转过程中所面临的跟踪数据安全问题进行管理。

平台数据的使用对象包括校内外研究人员、各级用户部门、运维管理人员等各个层次,使用类型包括数据报表、数据模型、元数据提供、数据挖掘等各种层面。因此,在使用数据时需要对使用人员及类型进行划分、归类,建立一套通用的使用标准。对于权限相近以及需求类似的用户,可重复利用已有数据模型或服务接口,从而提高数据使用效率,避免重复建设带来的资源及效率浪费。在此过程中,还需要提供各类数据字典解释、数据模型使用方式、数据接口调取使用方法等各类咨询服务,以助于用户更快、更好、更有效率的使用数据。

(2) 狭义数据治理

数据标准管理。数据标准作为数据应用的基础,其科学管理直接决定了数据使用和分析成果的有效性。数据接口标准上制定统一对外接口调用标准,实现各部门之间、外部研究人员与学校现有其他数据平台的接口调用。信息处理标准,对数据的处理进行标准化,通过定义程序融入标准管理办法实现整体信息处理标准化。数据元标准,通过数据元标准的定制对数据集进行检测和调整,从而确保数据的标准化。数据存储格式标准,对数据的存储制定统一的标准,对存储文件进行统一编码和命名,命名规则遵循会根据标准办法实行。代码标示格式标准,对代码标示格式进行标准化定义,主要是对城市空间的企业规模中的大、中、小型企业的代码,航班中的国内、国外,文体旅的城区、省际、国内、国外等代码标准的统一建立。信息分类编码标准,采用有意义编码用于解读数据的基本属性,如来自哪个系统,为将来数据溯源做准备。

数据质量管理。数据质量管理旨在对数据从计划、获取、存储、共享、维护、应用、消亡生命周期的每个阶段里可能引发的各类数据质量问题,进行识别、度量、监控、预警等一系列管理活动,并通过改善和提高组织的管理水平使得数据质量获得进一步提高。数据质量管理不仅是单纯地对数据质量进行改善,同时还包含了对组织的改善。针对数据的改善和管理,主要包括数据分析、数据评估、数据清洗、数据监控、错误预警等内容。针对组织的改善和管理,主要包括确立组织的数据质量改进目标、评估组织流程、制定组织流程改善计划、制定组织监督审核机制、实施改进、评估改善效果等多个环节。数据质量管理是循环管理过程,终极目标是通过可靠的数据提升数据在使用中的价值。

数据生命周期管理。数据生命周期管理是一种基于策略的方法,是对数据从产生到删除的整个生命周期的管理。管理计划制定上,通过对数据进行调研评估,确保数据全面性和可操作性;数据收集管理上,强调背景信息的采集,了解业务诉求,保证数据的完整性;数据描述及归档管理上,建立规范、清晰的数据字典,明晰数据含义,确保使用人员正确理解数据含义并合理使用数据;数据处理与分析管理上,做好数据变更信息的记录,严格遵守各项数据管理办法,避免数据误用;数据保存管理上,建立长期有效数据保存机制,理清不可替代数据和可再生数据,明确保存对象和保存地点,确保数据完整性;数据共享及使用管理上,建立合理的数据发布与共享机制,根据数据使用人员的属性职能建立个性化权限划分,确保数据不会被泄露;数据销毁上,明确销毁目标,建立数据销毁机制,避免错误销毁数据,确保销毁的数据不可再生和访问。

6.3.3　平台可视应用

文科实验室数据平台作为华东师范大学文科数据成果的终端展示平台,利用展示平台本身自带的各类主题界面模板和各部门偏好需求,以多种丰富形式、更加直观的方式,展示数据探索结果。同时,还设计了方便、灵活的交互方式,使非专业用户更方便、快捷地查看和分析多维模型数据。在平台的数据探索功能下,已完成智能教育主题数据归集与可视化和城市创新主题数据归集与可视化两个项目。智能教育主题数据归集与可视化将教育相关数据采集汇总和关联分析,把跨学科的研究数据和成果进行可视化呈现,为学校智能教育的发展提供数据支撑和平台保障。城市创新主题数据归集与可视化对城市各个领域的数据进行整理归集,并将这些数据通过可视化的形式将城市各方面的发展、特点呈现出来,为相关学者提供城市概貌和新的研究视角。

智能教育数据可视化。智能教育数据可视化的内容为线上线下的各种研究成果展示以及实时的课堂行为数据展示,包括学科分布情况、年级分布情况、学院情况分析、课堂视频数量、课堂视频大小、课程分析情况、课堂关键指标分析情况、课堂时间分布、学生行为特征、课堂基本情况、学生分布情况、课堂时段分布、特征话语人参与分析、课堂中华语指向编码分析、课堂语速分析、课堂音调分析等。以此为基础能够展开高品质课堂诊断与提升研究、三维自适应学习系统分析、儿童脑智发育研究等,如通过对在线教学平台记录的学生学习过程数据和结果数据进行关联分析和深度挖掘,对分析结果进行可视化呈现,可以直观地了解学生的学习状态、学习投入、学习进度、学习效果等数据,为教师做出教学改进,开展教学干预和教学决策而提供参考(图 6-5)。

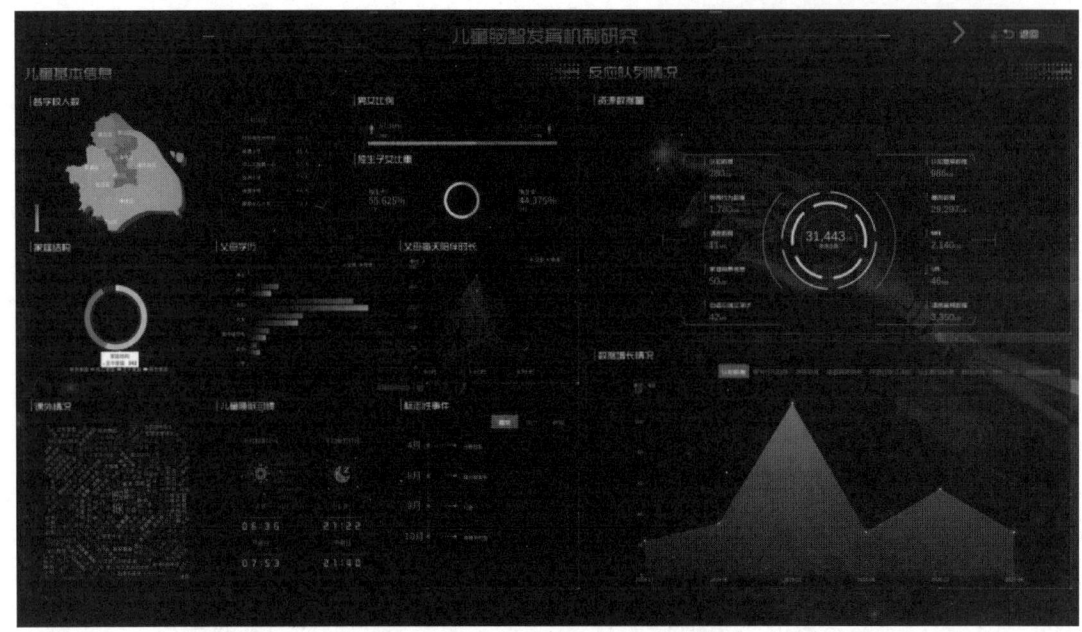

图 6-5　智能教育数据可视化示例图

创新城市数据可视化。城市创新主题整合了城市历史、城市空间、城市文体旅等多主题数据,为创新城市的深入研究和交叉探索提供数据基础。创新城市数据的可视化,主要包括:基于数据仓库中结构化数据的消费趋势、人口变化趋势、酒店价格趋势、经济变化等可视化展示;基于GIS的空间地理数据的交通线路,地图空间、景点分布、经济往来线路等可视化展示;利用3D建模返还历史建筑及重点场景建筑风貌结合图片、视频、相关文献等展现城市历史变化发展变化的可视化展示等(图6-6)。

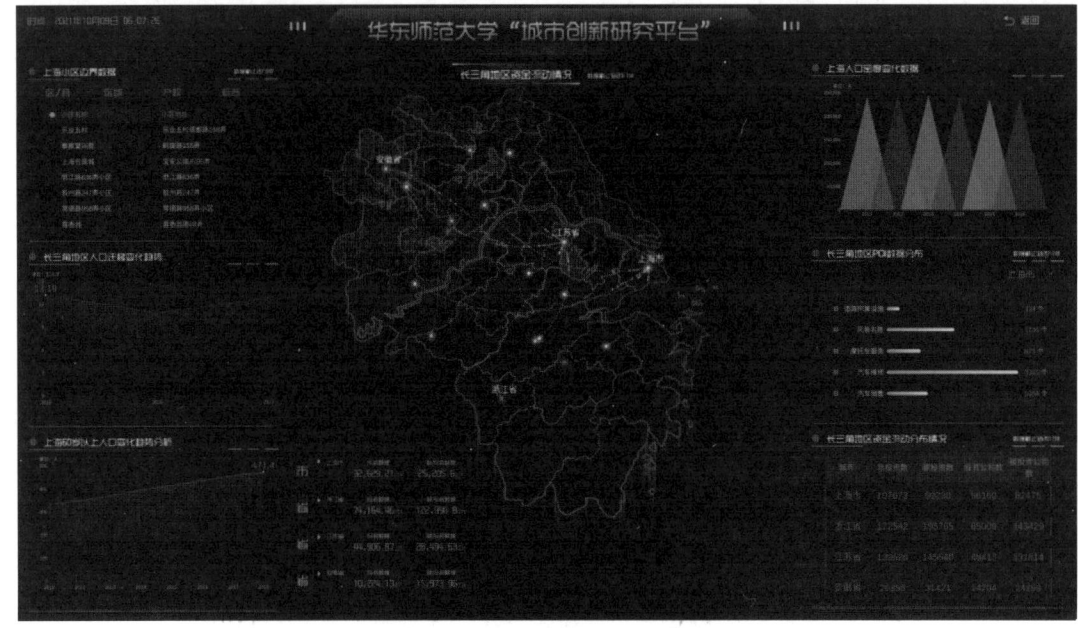

图 6-6　创新城市数据可视化示例图

下编

数字人文技术方法与基础设施

数字人文作为人文与社会科学领域最具代表性的交叉学科之一,使得计算机、文学、历史、图书情报等学科跨越学科藩篱汇集于此,是有效融通现代信息技术和人文社科数据的典型落地实践,也是新文科建设创新性研究工具与方法运用的必然要求。

第7章数字人文技术与方法,聚焦数字人文技术与方法,详细介绍人文资料从实体到实现数字化、网络化整个过程中的数字化技术体系、数据管理技术体系、数据可视化技术体系、虚拟交互技术体系和人工智能技术体系;系统探讨包含数据采集、数据描述、数据处理与保存、数据分析与呈现过程的数字人文通用方法;深入剖析基于文献的技术应用、基于非物质文化遗产的技术应用及基于图像的技术应用的数字人文应用实践。

数字人文的基础设施建设起着举足轻重的作用,是实现人文数据向智慧数据转化的"孵化器"。第8章数字人文基础设施,系统分析数字人文的基础设施,从数字人文平台内涵、平台设计和平台应用概述数字人文基础设施,从数字人文语义支撑平台和数字人文人工智能平台阐述华东师范大学数字人文基础设施的落地实践,从InBooks数字人文工具、近代上海工业文脉电子地图探讨数字人文辅助应用工具,以解决内容难以获取、技术难以掌控、缺乏共享和协作等数字人文研究的难题。

第9章基于学术共同体的研究平台搭建与知识发现,从古、今、中、外多维视角,系统介绍了华东师范大学基于学术共同体的数字人文研究平台建设实践,响应我国学科体系、学术体系、话语体系建设目标。其中,老子思想专题研究平台实现对老子思想源头、内涵、未来和域外影响的相关研究数据的搜集、管理、分析、应用和发布,建立老子思想体系数据库,提升老子思想的传播影响力;民国学人专题数据库为探索民国时期学术共同体学术交流的特点、反映当时中国的学术生态及其历史变迁以及"国学热"现象研究提供研究支撑;世界中国学专题数据库对全球范围内针对中国研究的各类研究成果进行收集、分析、处理、存储和展示,助力构建世界中国学下的话语体系和知识体系。

7 数字人文技术与方法

数字人文产生于数字方法对人文研究的贡献,作为生产方式的方法工具成为数字人文的起因和最具发展潜力的方向,也是新文科建设创新性研究工具与方法运用的必然要求。由此进一步促使人文社科领域的学者具有更强烈、更明确的问题意识,通过跨学科的研究,提出新问题,解决以前无法解决的问题,或为其给出新解或者更优解。

7.1 数字人文技术体系

不断增加的数字化内容和更新迭代的技术,扩大了人文科学的研究对象,丰富了人文学科的研究方法。许多图书馆对馆藏的古籍、刻本资源进行数字化扫描,博物馆对历史文物进行标引建库,各种机构将传统的纸质资源转为数字资源,零散的物件相继变为了结构化的数据。在这样的时代趋势下,人文学科研究者也亟须进一步掌握数字人文新技术,尤其是人工智能技术,来分析和利用这些新的研究对象,适应新的时代挑战。

7.1.1 数字化技术体系

在扫描及捕捉有用字符信息时,光学字符识别(optical character recognition, OCR)技术和工具是一种较为不错的选择。OCR 特指对文本资料的图像文件进行分析识别、获取其中文字及版面信息的过程。OCR 包括通过扫描等光学输入方式将各类文献和历史文物转换成图像文件,再利用文字识别技术将图像信息转化为计算机可识别的文本信息两个步骤。具体流程包括:扫描输入电子版图像,对图像进行预处理(灰度化、二值化、倾斜校正、规范化、平滑化),切分版面和文字,根据空间黑白区域分布提取文字特征,比对识别,最后经人工进行核对和更正后输出结果。OCR 技术大大提升了人文资料数字化的效率,但也存在一定的不足之处,如识别准确率有限,仍需要投入大量人力在后期校对工作上。目前,深度学习在图像识别特征提取上广泛应用,其逐渐替代传统模板匹配的识别方式,成为古籍 OCR 领域新的探索方向。

在拍摄图像还原方面,数字影像则是可资利用的较为先进的技术之一,指用一定的数字图像或视频处理技术手段创作视频图像。在敦煌莫高窟,历经千年风沙和历史岁月的侵蚀,石窟壁画的艺术原貌被严重破坏。以往长期采用传统临摹技术复制壁画图像,存在缺乏保真性及长期保存难的问题。采用数字影像技术和多光谱成像技术,既能完整记录并展现古老壁画,又能最大限度地保护洞窟内的自然环境。

在图形设计与恢复方面,3D 建模技术应用较为广泛且有效。3D 技术的原理在于,人眼在看任何物体时，两只眼睛位置不同导致存在两个视角，这样左右两眼所看的图像会形成视差。这种细微的视差通过视网膜传递到大脑里，就能显示出物体的前后远近，产生立体感。3D建模技术在古城的建模和数字复原、遗址修复、文化遗产教育等物质文化遗产保护领域运用比较广泛。此外，3D建模技术也可以把艺人制作过程中的全部文化状态和整个工艺流程通过三维动画技术完整转化成全媒体的数字文化形态，支持非物质文化遗产的保护、传播和传承。

7.1.2 数据管理技术体系

在对人文资料进行数字化后，相关资料就从物理的人文素材转换成了存储器中的数字数据。但这些数字数据可能存在异构、非结构化等问题，想要数字数据资源为人所用、并极大化其数据价值，还需对数据进行合理的组织与管理。此时需要应用到数据管理技术，包括有文本编码、语义描述、本体建模、数据库设计、数字典藏技术、多媒体搜索、语义搜索、数据看护、名称实体命名、API数据服务等。本节将选取其中部分技术进行简要介绍。

语义网技术是比较重要的语义描述实现技术。语义网发展历程中，数据的共享与复用是其重要理念之一。语义网基于开放世界假定（open-world assumption），即认为"没有明确陈述的事物是未知的，而不是假的"。一方面，这限制了可得结论的数量、增加了推理难度；另一方面，却给语义网递增扩展带来可能，使得语义网内在逻辑更接近于现实世界。在语义网中，知识表示和推理实现的基础为本体。资源描述框架（resource description framework, RDF）作为陈述"对象—属性—值"三元组结构的数据模型，将语义网活动中的对象视作资源，是建立在XML（可扩展标记语言）基础上的描述资源关系的语义网底层框架。由于RDF以及其拓展RDFS（RDF Schema）的表达能力有限，网络本体语言（web ontology language, OWL）被提出，其在平衡推理效率的基础上，丰富了受控词表以进行逻辑描述和推理支持。

基于图像的资源获取是学术研究与文化遗产传播的基础，而在数据库设计方面，传统图像库的建设是封闭的、仓储式的，图像服务器和客户端应用程序紧密耦合，造成了图像库的孤岛和重复建设，与开放共享、知识融合的大环境相背离。国际图像互操作框架（international image interoperability framework, IIIF）的出现给数字人文研究和实践应用带来了翻天覆地的变化，开启了数字人文研究的新时代。IIIF有如下宗旨：①对全世界范围内的图像资源，提供格式统一且种类丰富的图像获取支持，为相关学者提供前所未有的便利；②定义一系列公共的应用编程界面，支持图像存储的互用性；③开发、建设并存档包括图片服务、网络服务器在内的共享技术，提供世界一流的用户观赏、对比、利用和标注图片的体验。

API数据服务上，IIIF官方发布了四类API使用说明文档以助于图像资源的利用与开发，分别面向四大类场景——图像调用、图像呈现、图像授权与图像搜索。经IIIF图像API，实现了图像的深度缩放和在线调用，可通过URI制定所请求图像的来源、区域、大小、角度、质量和格式；经IIIF呈现API，描述资源的结构和布局，可用于多个图像的比较和在线标注；经IIIF授权API，解决在有访问规则条件下，完成不同机构的图像资源访问授权；经IIIF搜索API，实现图像的图像检索、注释检索和文本检索。

7.1.3 数据可视化技术体系

可视化能够简洁地表示复杂的底层数据,从数据中提取有用的信息,掌握信息的含义,并直观地表示结果[①]。数据可视化(data visualization)是一种对数据的建模和表达方法,旨在通过模型表现数据的部分特征和内在规律,使观察者更加容易发现和理解数据的特征和规律,通过可视化的手段促进数据承载信息的有效传达,使数据不仅被看见,还能被接受和理解[②]。柱状图、饼图、折线图、直方图、条形图、面积图、散点图、雷达图、树状图等是常用的统计数据可视化工具和呈现形式。在数字人文出现后,随着数字技术的飞速发展,数据可视化技术也有了进一步的提升。当前,常见的数据可视化形式包括文本分析、聚类分析、关键事技术、知识图谱、地理空间分析、知识地图、历史仿真、场景模拟等。

本节将对其中一些典型技术进行概述。

文本挖掘与可视化继承了自然语言处理和数据挖掘的部分技术与理念,随着计算机技术的突飞猛进,这一领域取得了前所未有的进步和发展,逐渐成为一种主流方法论。文本挖掘可以针对海量的文本进行整体趋势挖掘,具有传统研究中针对单个文本进行解构无法比拟的优势,如针对文学大文本集,可以实现作品中人物性别特征的挖掘。文本挖掘也可以辅助文本内容研究,发现一些隐藏的结论,如人文作品的自动分类中,通过对分类指示词的研究可以拓展对作品研究的思路,对构成作品风格的特征有更深入的认识。文本挖掘方法还可以帮助解决某些人工难以解决的问题,如通过分类、聚类的方法可以对文档作者归属进行研究。具体而言,文本挖掘可以分为简单的初级挖掘和深层的高级挖掘。初级文本挖掘主要是指传统的词频统计与简单文本分析方法,高级文本挖掘包括篇章分析、情感分析、本体构建、人物关系、可视化网络等。词频统计与分析是一种较为初级的文本挖掘分析方法,它通过统计一定长度的语言材料中每个词出现的次数,使用聚类分析、共词分析、社会网络分析等文本分析方法研究词频统计结果,以描绘词汇规律,发现隐藏在文章中的信息。如施建军以鲁迅和瞿秋白的18部作品为例,以131个常用汉字的使用频率作为两个作家的风格特征向量,进行了聚类分析的实验,发现运用聚类方法判断古典文学作品作者的可信度值得商榷[③]。可视化可以将文本挖掘的过程与可视化的呈现相结合,可以更好地展现研究的进展和结论,Yu Bei等通过对文学评论文本集和数据挖掘论文集进行关键词挖掘发现文学研究者事实上也是"数据挖掘者",只不过挖掘的知识和模式不同而已。文学研究者希望发现的是"叙事模式""婚姻模式""情节模式"等,而数据挖掘研究者关心的是更抽象的模式,如"时间序列模式""关联模式""拓扑模式"等[④]。

伴随文本分析、主题分析以及关联呈现的深入发展,知识图谱应运而生。2010年,Google收购了语义数据库Freebase,并改名为知识图谱(Knowledge Graph)。在图情领域,知识图谱被定义为显示科学知识发展进程与结构关系、有助于知识发现的领域知识地图,是

---

① 吴晓伟,龙青云,易艳红,等. 数据可视化素养量表设计研究[J]. 情报杂志,2022,41(7):181-188.
② 程佳军,游宏梁,汤珊红,等. 数据可视化技术在军事数据分析中的应用研究[J]. 情报理论与实践,2020,43(9):171-175.
③ 施建军. 关于以《红楼梦》120回为样本进行其作者聚类分析的可信度问题研究[J]. 红楼梦学刊,2010(5):318-335.
④ YU BEI, UNSWORTH J. Toward discovering potential data mining ap-plications in literary criticism [EB/OL]. [2023-03-29]. https://www.researchgate.net/publication/235712228_Toward_discovering_potential_data_mining_applications_in_literary_criticism.

将既定主题下的抽象科学信息映射入空间结构和图形的网状化可视化方法。知识图谱采用关联数据三元组的方式进行存储,依托于本体和知识库的概念,通过映射并可视化来呈现知识间的关系,能够对多源异构的大数据进行存储、展示与智能推理,对资源的存储、知识关联发现及展示有着无限的应用可能。如陈文彦结合社会网络分析和GIS可视化技术,设计了一种新的地域性非物质文化传承景观的多维可视化方法,并以蔚县剪纸作为实例,分别从"派系传承一维关系""空间传承二维关系""派系与空间传承三维关系",提出用"多维度"的概念进行可视化表达①。刘斌利用G/S模式实现了将现有非物质文化遗产数据和空间数据相结合,并且以HGML(hyper geographic markup language)为基础,建立了应用于非物质文化遗产保护的数据交换标准规范ICHML,实现了对非物质文化遗产异构空间数据的可视化共享②。王伟等学者以湖口青阳腔非物质文化遗产为例,尝试将时间维度传承可视化与空间维度传承可视化结合起来,对基于时空维度的传承可视化进行探讨,实现了一种新的可视化表达方式③。

关键事件技术是研究者针对某个特定的领域或者主题搜集故事或者关键事件,并采用内容分析法对其中有效或者无效的行为进行分类处理,深入分析后得出研究结论的方法。运用关键事件技术对数字人文相关项目的形成与演化中的关键事件进行结构性与连贯性的描述,既可以活态化地展示项目的历史发展,也使研究更具有可视性,可以更好地向公众传播数字人文信息,同时也更有助于对数字人文相关项目进行深层研究。关键事件技术通常用形式化语言将收集到的相对独立的关键事件进行结构性的统一描述,关键事件描述是对事件各属性间关系的描述,反映出对象间的层次,是研究整个非遗项目发展的基础。第一,针对非遗项目的特征,构造该项目属性集,除了包含事件发生的时间、场景、环境等基本属性,还应当包含该项目自身所具有的特殊属性;第二,根据项目的属性集,依次对关键事件进行结构性描述。为保证事件的完整性和真实性,描述应做到充分、清晰和确定。在此基础上,通过图表将得到的关键事件进行直观的展示。第一部分主要通过列表详细展示非遗项目发展过程中的关键事件,包括非遗的特征、传承等内在要素,突出展示项目的演变过程;第二部分主要展示非遗随时间变化的地域变化,突出其发展过程中的空间变化;第三部分主要是个例的展示。随后借助可视化的优势,分析其发展特点与趋势,或者发现其中具有特殊意义或价值的关键事件,得到一些有关该项目发展的结论以及后续发展的一些指导,获得该项目发展的深层信息。如罗军等学者利用关键事件技术对图书馆服务质量进行了实证研究,使用关键事件技术收集读者感知的图书馆服务中的关键事件,对影响图书馆服务质量的关键事件加以分类,归纳出影响服务质量的关键因素群和要素④。钟正和杨慧等采用Agent模型表示虚拟环境中的角色模型,并利用关键事件技术,设计了一种较为简单且能满足故事表现的事件过渡结构,实现交互与自动事件生成及其过渡,并运用故事生成模型构造出故事脚本⑤。

---

① 陈文彦.地域性非物质文化传承景观的多维可视化方法[D].石家庄:河北师范大学,2013.
② 刘斌.基于G/S模式的非物质文化遗产异构数据可视化共享机制研究与实现[D].成都:成都理工大学,2011.
③ 王伟,许鑫,周凯琪.非遗数字资源中基于时空维度的传承可视化研究:以湖口青阳腔为例[J].图书情报工作,2014,58(21):27-34.
④ 罗军.基于CIT的高校图书馆服务质量实证研究[J].图书杂志,2010(5):49-56.
⑤ 钟正,杨慧.基于关键事件的虚拟文化遗产展示[J].系统仿真学报,2011,23(11):2417-2421.

7.1.4 虚拟交互技术体系

在虚拟交互技术上,目前比较火热的方向为虚拟现实技术(virtual reality,VR)、增强现实技术(augmented reality,AR)、混合现实技术(mixed reality,MR)、全息影像技术、脑机交互技术及传感技术[①]等。

本节将对其中一些典型技术进行概述。

VR 是 20 世纪发展起来的一项全新的实用技术。VR 技术使人能够沉浸在计算机生成的虚拟境界中,并能够通过语言、手势等自然的方式与之进行实时交互。一个具体的 VR 项目,通过素材收集、场景建模、交互设计、数据连接、打包发布构建出用户体验感受真实、效果贴近原貌的三维数字化场景,能够使内涵丰富、形式多样的资源得以全面真实地展现。例如建成的数字展览馆,能够通过 VR 技术在互联网实现多方位访问浏览,打破了时间和空间的限制,给人们的参观游览提供了更多选择。

AR 是一种将虚拟信息与真实世界巧妙融合的技术,它将虚拟数字信息叠加在现实环境之中,并通过显示设备将这种虚实融合的场景加以呈现,能有效增强体验者对真实世界环境的感知。可以说,AR 是在 VR 基础上发展起来的新技术。数字圆明园增强现实系统就是一个 AR 应用实例,它可以在残破的圆明园遗址上进行古迹的虚拟复现。在非遗资源产业化开发过程中,AR 技术不仅可以弥补现有数字化手段的不足和缺陷,而且还能对非遗内容进行产业化开发,从而形成规模效应、社会价值和经济效益。但总体来看,VR 和 AR 技术的主要应用领域还是物质遗产领域,在非遗数字化工作中还处于初步发展阶段[②]。

伴随虚拟技术的深入发展,通过数据映射和技术构建,构成与现实世界相对应的虚拟世界,让元宇宙成为现实。元宇宙(Metaverse)是整合多种新技术而产生的新型虚实相融的互联网应用和社会形态。它基于扩展显示技术提供沉浸式体验,基于数字孪生技术生成现实世界的镜像,基于区块链技术搭建经济体系,将虚拟世界与现实世界在经济系统、社交系统、身份系统上密切融合,并且允许每个用户进行内容生产和世界编辑。Roblox 公司的 CEO Baszucki 认为,"元宇宙"具有 8 个基本特征:身份(identity)、朋友(friends)、沉浸感(immersive)、低延迟(low friction)、多元化(variety)、随地(anywhere)、经济系统(economy)和文明(civility)[③]。其中,前 6 个特征是对虚拟现实 3I 属性的强化与延伸。具体到数字人文上,更强调技术上的身临其境、跨越时空、体感交互,理念上强调置身于特定民族、地域和受众的传播情景,以实现极致"在场"。

7.1.5 人工智能技术体系

人工智能(artificial intelligence,AI)是计算机科学的一个分支,其目的在于研究如何利用计算机模拟人的思维和行为,使其具备从事学习、思考、推理、规划和整合等活动的能力。其主要研究领域包括了计算机视觉、机器学习、自然语言处理、自动语音识别、神经网络等内

[①] 梁洁纯,许鑫. 临境图开:元宇宙视域下图书馆"第三空间"建设[J]. 图书馆论坛,2023,43(2):98-107.
[②] 周亚,许鑫. 非物质文化遗产数字化研究述评[J]. 图书情报工作,2017,61(2):6-15.
[③] Roblox 招股书[EB/OL]. [2023-04-19]. https://www.sec.gov/Archives/edgar/data/1315098/000119312520298230/d87104ds1.htm.

容。在数字人文方面,古籍文献资源数字化过程中应用神经网络和机器学习可实现文本内容的自动识别和转化,而通过结合自动语音识别和自然语言处理,更可以实现方言及少数民族语言语音档案的检索,以及无文字濒危语言的汉语标记和翻译等。另外,在人文资源建设方面,机器学习以及神经网络技术还可以用到图像自动分类上。图像自动分类是指利用图像自动分类器将待分类的图像准确分配到预先设定图像类的过程,底层原理主要是将图像内容用图像的视觉特征来进行反映,通过提取图像中的颜色、形状、纹理、轮廓、空间位置关系等底层视觉特征建立索引,利用图像的视觉特征来对目标图像进行相似度匹配,从而获取想要的结果。目前,该技术主要围绕各种分类算法以及算法组合的最优分类选择展开,例如有基于 Kohonen 神经网络与决策树相结合模型的遥感图像自动分类方法、基于 Sugeno 模糊模型的神经网络分类器等①。

伴随人工智能加速引领的技术变革,人工智能生成内容技术(AI-generated content, AIGC)逐渐成为重要的内容生产方式,也将成为产业未来的主要生产力之一。AIGC 不仅是内容生产方式,也是从内容生产者视角进行分类的一类内容,还是用于内容自动化生成的一类技术集合②。通过 AIGC 高效率的生产工具,可以构建知识内容的生成和交互关系,为数字人文中已经应用的虚拟场馆、虚拟馆员、古籍 OCR 识别、VR/AR 体验等人工智能应用全面赋能,带来新的发展机遇。AIGC 核心价值目标可以总结为 3 个词:效率、智能与体验。首先,AIGC 能延伸人类的感知与行动能力,拓展体力与脑力,实现数据采集、数据加工分析、模型构建、算法模拟与内容生成等流程自动化,大幅节约内容生成时间,提高内容生产效率。第二,AIGC 模式下的内容生成,可以自动识别场景,智能抓取数据与训练模型,从而生成个性化内容,可以极大地深化智能交互与拓宽终端场景。第三,AIGC 模式下的内容生产将提高体验与交互性,伴随着互联网转向元宇宙时代,新内容的生产将围绕着形态的迭代与创意驱动两个维度展开。借助于仿真技术、计算机图形学与人工智能手段,AIGC 将给用户在听觉、视觉、触觉与感觉等方面带来更高沉浸式、无交互边界、仿生级感官体验的内容。如 AIGC 可以实现内容之间的跨界互通,2022 年火爆的"天下共元宵"活动便通过文本生成个性化的 AI 图像,并且对模型进行进一步训练与改进,使其具备在 AI 图像基础上再聚合 AI 音频与 AI 视频内容的能力,从而实现 AI 数字媒体的多形态呈现。AIGC 还可以拓展数字场景的应用边界,通过人工智能算法,AIGC 可以根据用户需求,智能生成个性化的数字场景,并且将其生成的数字媒体内容整合成数字剧情,再通过 AR 与 VR 等人机交互设备打通虚拟场景与物理场景边界,促进跨界场景融合与提升用户体验感。

ChatGPT 作为人工智能生成内容技术(AIGC)的最新研究成果,其技术迭代引发新一轮技术升级、产业重构。ChatGPT 是以海量互联网数据为基础,通过深度学习方式来模仿和理解人类语言,能够根据聊天的上下文进行互动,甚至能够撰写文本、邮件、代码、论文等③,实现了大众对聊天机器人(chatbot)从人工智障到互动有趣,再到大为惊叹的印象改

---

① 许鑫,鲍小春.基于机器学习的剪纸图像自动分类研究[J].图书馆杂志,2018,37(7):88-96.
② 人工智能生成内容(AIGC)白皮书(2022 年)[EB/OL].[2023-04-24]. http://www.cbdio.com/BigDa-ta/2022-09/04/content_6170457.htm.
③ 冯志伟,张灯柯,饶高琦.从图灵测试到 ChatGPT:人机对话的里程碑及启示[J].语言战略研究,2023,8(2):20-24.

观①。具体体现为,把用户的认知结构理解为计算关系,将认知过程视为计算活动,从而将认知理解与数据计算深度融合②。ChatGPT 核心技术主要包括其具有良好的自然语言生成能力的大模型以及训练这一模型的关键——基于人工反馈的强化学习(reinforcement learning with human feedback,RLHF),重点解决如何让人工智能模型的产出和人类的常识、认知、需求、价值观保持一致问题③。ChatGPT 在知识体系上,继承了信息科学和认知科学的理论方法,也融合了计算科学、数据科学和基础数学等学科的研究成果;在技术支撑上,其推理能力与之前的人工智能产品相比有很大优势,嵌入了人类反馈强化学习,为超大预训练模型的发展提供了突破性的技术基础,因而具备了理解上下文等认知的先进特征。在人机关系上,改变了用户传统使用习惯,机器通过在交互中模拟人对信息的心理认知过程,一方面使用户主动参与到算法建构中,另一方面也使算法能以更人性、更自然、更个性化方式对用户认知施加影响。在实践应用上,GPT 技术革命的颠覆性特征将全面影响以教育、科学、文化为核心的智力工作,不仅可以编文案、写代码、创作诗歌,甚至还能撰写学术论文,预示其在文本创作乃至未来的影像编辑领域具有巨大的潜力,将极大提升认知对抗中的内容生成能力,其创造力释放将对数字人文等也产生深刻变革。

7.2 数字人文通用方法

无论是研究过程还是研究行为,都离不开数据作为研究对象。基于数据的人文通用方法包括数据采集、数据描述、数据处理与保存、数据分析与呈现,其研究范式是从人文数字化到人文数据化再到人文智慧化。

7.2.1 数据采集

数据是数字人文研究的原材料,在收集到足够的数据之前,任何分析都无从开始。数据采集的开展,需要了解人文社科研究领域的数据来源及数据类型,并根据这些数据类型及研究问题来匹配所适宜的采集方式。

(1) 数据来源

数字人文的数据来源指人文学者为满足其信息需要而获得数据的来源。人们在人文领域进行学术研究和实践工作时所产生的成果和各种原始记录,以及对这些成果和原始记录加工整理得到的成品都是借以获取人文数据的源泉。人文社科数据源内涵丰富,不仅包括各种数据载体,也包括生成和发布人文数据的机构。

数字人文的数据来源可以按照以下不同角度进行分类。

按内容可分为政治数据源、历史数据源、哲学数据源、经济数据源、文化数据源、艺术数据源、教育数据源、语言数据源等。

按存在形式可分为记录型人文社科数据源、实物型人文社科数据源以及智力型人文社

---

① Coursera. What Is an AI?Engineer?[EB/OL].[2023-04-20]. https://www.coursera.org/articles/ai-engineer.
② 刘伟超,周军. 认知情报学研究进展[J]. 情报资料工作,2020,41(6):36-45.
③ RADFORD A, NARASIMHAN K. Improving language understanding by generativepre-training [C/OL].[2023-04-21]. https://www.semanticscholar.org/paper/Improving-Language Understandingby Generative Radford Narasimhan/cd18800a0fe0b668a1cc19f2ec95b5003d0a5035.

科数据源。记录型人文社科数据源包括由传统介质(纸张、竹、帛等)和各种现代介质(磁盘、光盘、缩微胶卷等)记录和储存的数据资源,按记录形式分为文字型、音频型、视频型、代码型等;按载体分为纸质型、感光型、磁性型等;按可公开性分为公开、内部、保密各种级别等。实物型人文社科数据源是指人文社科领域的实物所携带或存在的数据,如各种艺术品等。智力型人文社科数据源存在于人脑之中,有的可以使用语言和文字进行表达与记录,但绝大多数内容难以捕捉,对其进行组织与管理具有较高难度。

按生成过程可分为原始人文社科数据源、加工人文社科数据源。原始人文社科数据源是在人文社科领域中进行社会实践活动或科研活动时直接生产或得到的各种原始数据。加工人文社科数据源是有关单位或个人根据其需要对原始数据进行加工处理后得到的数据源。

(2) 数据类型

数字人文的数据资源可根据数据结构化程度,分为结构化数据、半结构化数据及非结构化数据。结构化数据可以使用关系型数据库表示和存储,表现为二维形式的数据。一般特点是数据以行为单位,每一行可以看成是一个实体(资源)的信息,每一列可以看成是该实体的一个属性信息[1]。书目、索引及文摘数据库、引文索引、各种类型的目录、专藏门户和导航式指南、元数据注册和存储库、归档研究数据集、名称规范档和知识组织系统等[2]都具备结构化数据的特质。半结构化数据可以看成是结构化数据的一种形式,并不符合关系型数据库的数据模型结构,但包含相关标记,可以用来分隔语义元素以及对记录和字段进行分层,也称为自描述的结构。半结构化数据的特点是数据属于同一类实体但可以具有不同的属性,组合在一起时属性顺序并不重要,典型的半结构化数据有 XML 和 JSON,这类数据最有可能存在于自由开放的资源和学术资源中(非专属和非商业)。非结构化数据指没有固定结构的数据,如各种文档、图片、视频/音频等。这类数据庞大且处理复杂,但其所含的信息量大,人文价值有待挖掘。

(3) 采集方法

传统的人文社科数据采集方法包括调查法、观察法以及访谈法等。调查法包括普查和抽查,普查适用于收集区域性或全国性资料,抽查应用范围较为广泛,如大学扩招与教育平等问题[3]、城市居民环保意识问题[4]以及农户农业技术信息获取问题[5]等。观察法是指调查人员直接或利用仪器在现场观察调查对象以此获取数据的方法,如眼动研究[6][7]。访谈法是指通过访员和受访者直接交流来了解受访者的心理和行为的研究方法。根据研究需要,可将访谈记录转化为编码数据,即将文本数据转换为数字或类别,进行归纳和分类,随后使用某种系统或方案对数据进行分析和解释。例如,该方法在教育学领域的应用,包括教育认知

---

[1] 陈涛,单蓉蓉,张永娟,等.数字人文研究的语义支撑平台构建研究:以 ECNU-DHRS 平台为例[J].图书馆杂志,2021,40(3):69-77.
[2] 曾蕾,王晓光,范炜.图档博领域的智慧数据及其在数字人文研究中的角色[J].中国图书馆学报,2018,44(1):17-34.
[3] 李春玲.高等教育扩张与教育机会不平等:高校扩招的平等化效应考查[J].社会学研究,2010,25(3):82-113,244.
[4] 洪大用.中国城市居民的环境意识[J].江苏社会科学,2005(1):127-132.
[5] 张蕾,陈超,展进涛.农户农业技术信息的获取渠道与需求状况分析:基于13个粮食主产省份411个县的抽样调查[J].农业经济问题,2009,31(11):78-84,111.
[6] 闫国利,熊建萍,臧传丽,等.阅读研究中的主要眼动指标评述[J].心理科学进展,2013,21(4):589-605.
[7] 吴丹,刘春香.交互式信息检索研究中的眼动追踪分析[J].中国图书馆学报,2019,45(2):109-128.

研究[1]和课程内容构建研究[2]等。此外,不同人文学科所采用的数据收集方法不同,如,历史学主要采用汇编资料及档案研究两种方法,而教育学主要包括教育测量、心理测量、观察法等采集方法[3]。

除了传统的数据采集方法外,先进的采集工具和新兴的采集方法也是在大数据环境下获取人文社科数据的重要倚赖。一方面,随着互联网的迅速发展,网络数据成为数字人文研究的素材。网络数据的采集方法包括以下几种:一是日志采集方法,日志是一种记录网站服务器与用户之间交互行为的文件,记录来自相关网站上的用户行为信息,可以用来统计访问人数,分析用户网络习惯和心理行为等。常见的日志采集工具有 Chukwa、Flume、Scribe、Kafka 等;二是通过网络爬虫或 API 接口获取数据的方法,常用的开源爬虫工具是基于 Java 的爬虫工具,而对于刚接触爬虫的用户来说,国内诸如八爪鱼、火车头等爬虫软件更能快速上手;三是数据库采集,指直接从人文社科领域的相关数据库获取所需数据,例如,上海图书馆数字人文项目的数据开放平台通过 Restful API 等方式供用户调用数据。此外,在物联网领域,用于数据感知的 MEMS 传感器、光纤传感器、无线传感器等[4]都具备数据获取的能力。另一方面,众包采集也成为数字人文数据采集的主要途径,其采用任务分发的模式,将采集工作分发给用户,以提高数据量和提升效率。

值得注意的是,数字人文的数据采集不同于当下数字环境中所谓的"大数据"采集,而是以研究问题为导向。因此,在进行人文社科数据采集前,需要依据研究问题明确数据要求,包括颗粒度、访问范围、获取方式以及质量指标等。

7.2.2 数据描述

对所采集的数据进行描述的过程就是数据标准化的过程。作为数据标准化的有效工具,元数据能够提升描述结果的互操作性和人文社科数据的可发现性,从而促进人文社科数据的重用。除了了解各类型元数据规范外,还需要掌握数字人文数据描述的过程。

(1) 元数据标准

运用特定的元数据规范并结合 RDF 工具,可以描述资源实体并揭示其结构特征和内容特征。但所采集到的数据由于其类型不同、领域不同、形式不同、时期不同等,往往需要考虑以下问题:元数据标准是否适用于数字人文项目及其所涉及的学科领域?所选择的元数据标准是否遵循领域内已有的相关标准?为了能够对不同类型的数据资源进行描述和处理,不同领域的专业人员研究和制定了用于各个领域和各种场合的元数据标准。通过阅读和总结国内外研究,本节列出目前在国际上比较有影响的 8 种元数据标准[5],如表 7-1 所示。

---

[1] 彭敏,朱德全. STEM 教育的本土理解:基于 NVivo11 对 52 位 STEM 教师的质性分析[J]. 教育发展研究,2020,40(10):60-65.
[2] 张茂聪,张伟. 试论我国危机教育内容的建构:基于 2003 年以来 32 篇核心文献的 Nvivo 分析[J]. 课程.教材.教法,2020,40(3):122-129.
[3] 孟祥保,钱鹏. 数据生命周期视角下人文社会科学数据特征研究[J]. 图书情报知识,2017(1):76-88.
[4] 彭宇,庞景月,刘大同,等. 大数据:内涵、技术体系与展望[J]. 电子测量与仪器学报,2015,29(4):469-482.
[5] 许鑫,张悦悦. 非遗数字资源的元数据规范与应用研究[J]. 图书情报工作,2014,58(21):13-20,34.

表 7-1 常见的元数据标准表

全称	简称	发布机构	发布时间	应用对象	特点
Categories for the Description of Works of Art（艺术作品描述类目）	CDWA	艺术信息任务组	20世纪90年代	主要针对艺术品的需求而设计，描述艺术品的物理形态、保存管理等方面的特点	包含有532个类目和子类目
Visual Resources Association Data Standards Committee（视觉资料核心类目）	VRA	视觉资源学会资料标准委员会	1995年	在网络环境下描述艺术、建筑、史前古器物、照片等艺术类可视化资源	著录单元集合比较简单，比较适合于工艺品、建筑、民间文化等三维实体
Dublin Code（都柏林核心元数据）	DC	联机图书馆中心、美国超级计算应用中心	1995年	描述网络信息资源	包括15个基本数据元素，具有简练、通用、可扩充等特点，但也存在描述深度不够、不够古指等问题
Encoded Archival Description（编码档案描述）	AD	美国档案工作者协会、加州伯克利分校图书馆	1993年	描述档案和手稿资源，包括文本文档、电子文档、可视材料和声音记录	
Federal Geographic Data Committee（地理空间元数据内容标准）	FGDC	美国行政管理和预算局	1990年	描述国家数字地理空间数据的术语及其定义集合	
Government Information Locator Service（政府信息定位服务）	GILS	美国联邦政府	20世纪70年代	描述公共联邦信息资源，为公众提供方便的检索、定位、获取服务	使用基于都柏林核心数据的统一元数据对公开信息等进行标引
Electronic Text Encoding and Interchange（电子文本编码与交换）	TEI	文件符码化协会	1994年	用于电子形式交换的文本编码标准	格式具有很大程度的灵活性、综合性、可扩展性，能支持对各种类型或特征文档进行编码
Machine-Readable Cataloging（机读编目格式标准）	MARC	美国国会图书馆	1970年	描述书目记录数据	目前适用于书目记录数据的系统最完善、字段最复杂、标准最严格的元数据格式

除了广受推崇的都柏林核心元数据外，经常用到的元数据还有描述政府信息的 GLIS (global information locator service)、描述地理空间数据 FGDC/CSDGM 标准、MARC 以及馆藏的 CDWA、CIMI、VRA Core 等。此外，在国内人文研究开展的过程中，根据各类数字资源对象的特征，在通用元数据标准的基础上又制定了许多特定的元数据标准，例如上海交通大学教学参考书元数据标准、北京大学拓片元数据方案、清华大学建筑数字图书馆元数据、中国民族音乐数据库元数据标准等[①]。

---

① 许鑫,刘甜,于霜. Data One 项目及其对我国数据监管工作的启示[J]. 图书与情报,2014(6):109-116.

(2) 人文社科数据描述过程

由于人文社科数据存在类型多样、内容属性复杂，导致一种元数据标准不可能详尽一种资源实体的全部属性，需要重新定义元素以描述最初选择的元数据标准不可直接描述的属性，因此面向人文社科领域的数据描述需要遵循以下过程[①]：首先是在明确实体内容及其属性特征后，选择适用的元数据标准；其次是使用已选元数据标准内的基本元素对实体基本属性进行描述，若并未能详尽实体的属性，就复用其他元数据标准元素或重新定义元素，从而完善语义描述；最后是检查在上述描述过程中是否有属性遗漏未描述，同时核验描述语句是否有误，若有误，则进一步修正完善。

总之，使用元数据标准进行数据描述，虽然建立了人文社科专题数据库的语义基础，但各元数据标准不能完全兼容，各人文社科数据所采用的元数据标准更不尽相同，未解决资源描述的异构性与语义性的问题[②]。

7.2.3 数据处理与保存

为解决上述数据描述后人文社科数据所存在的问题，首要的是将不同结构的数据转换为统一格式的 RDF 结构数据，从而实现语法层上的统一。在此基础上，通过语义关联实现人文社科数据语义层上的统一。同时，还需要考虑数据的存储方式，做好数据长期保存的一系列措施。

(1) 数据处理

数据转换，可以根据不同的数据结构类型（结构化、半结构化和非结构化），采用不同的实现方法。对于结构化数据，通常采用 RDB2RDF 的方法进行转换。W3C 的 RDB2RDF 工作组推荐了两种 RDB2RDF 映射语言，DM(direct mapping)和 R2RML。它们用于定义关系数据库中的数据如何转换为 RDF 数据的各种规则，具体包括 URI 的生成、RDF 类和属性的定义、空节点的处理、数据间关联关系的表达[③]等。DM 即直接映射，将关系数据库表结构和数据直接映射为 RDF 词表。而 R2RML 作为自定义映射语言，通过"逻辑表"（数据库中的一个表、视图或有效的 SQL 语句查询）实现关系数据库表的物理结构上的突破，为不改变数据库原有的结构而灵活地按需生成 RDF 数据打下了基础[④]。采用 RDB2RDF 工具可以实现 RDF 转换，常见的 RDB2RDF 工具包括 D2RQ、db2triples、R2RML Parser 和 Triplify 等，如表 7-2 所示。此外，EXCEL 和 CSV 文件也具有结构化数据的特点，可以使用 OpenRefine 进行 RDF 转换；对于半结构化数据，可以使用一些工具来实现 RDF 转换，称为 RDFizer 实现，如 XML2RDF、XMLWrapper、JSON2RDF；对于非结构化数据，通过实体识别（NER）和 RDFizer 相结合来实现 RDF 转换[⑤]。通常情况下，文本数据是非结构化的，针对此类数据，需要结合自然语言处理技术和实体识别技术抽取出结构化数据，再进行 RDF 转换，在这个过程中可使用 Open Semantic ETL、TextRunner、Deepdive 等工具；对于图像和音视频此类典型的非结构化数据，则需要先通过目标检测识别出资源实体，再进行转换。

---

① 施艳萍,李阳. 人文社科专题数据库关联数据模型的构建与应用研究[J]. 现代情报,2019,39(12):19-27.
② 刘炜,李大玲,夏翠娟. 元数据与知识本体[J]. 图书馆杂志,2004(6):49,50-54.
③ 夏翠娟. RDB2RDF 标准及应用研究[J]. 现代图书情报技术,2013(4):10-17.
④ 李悦,孙坦,赵瑞雪,等. 大规模 RDF 三元组转换及存储工具比较研究[J]. 数字图书馆论坛,2020(11):2-12.
⑤ 朱丽雅,张珺,洪亮,等. 数字人文领域的知识图谱:研究进展与未来趋势[J]. 知识管理论坛,2022,7(1):87-100.

表 7-2 常见的 RDB2RDF 工具表

工具名称	映射语言	配置方式	输入格式	输出格式	是否开源	开发时间
D2RQ	DM	人工配置	Oracle、MySQL SQL-Server PostgreSQL HSQLDB Interbase/Firebird	Turtle、RDF/XML、RDF/XML-ABBREV、Notation3、N-Triples	是	2012 年
db2triples	DM R2RML	人工配置	Oracle、MySQL、PostgreSQL	Turtle、RDF/XML、Notation3、N-Triples	是	2011 年
R2RML Parser		人工配置	Oracle、MySQL、PostgreSQL	Turtle、RDF/XML、Notation3、N-Triples	是	2013 年
Triplify		人工配置	常见关系数据库	RDF、JSON、关联数据	是	2010 年

目前的数据只是实现了数据语法层的统一,为实现资源的分布式融合,即语义层的统一,需要将本地的 RDF 数据集与外部开放的关联数据资源进行关联和链接。不同数据源资源之间的语义关联,通常通过本体对齐和资源关联两步来完成[1]。

本体对齐。不同数据源中的同一实体,在资源创建时往往存在采用的本体不一致的情况,因此需要采用某种统一的本体来兼容这些数据源资源。通常情况下,可以通过将不同数据源资源的类和属性分别对应到某个常用本体中,实现资源的本体对齐。本体对齐的过程包括以下几个步骤[2]:一是导入。根据研究需要和目的,导入待对齐的本体,可以是两个或多个本体。若导入多个本体,则需将所有本体成对进行比较。二是预处理。由于所导入的本体是异构的,需要对其进行归一化处理,包括对本体的格式进行统一和对本体中的词汇进行规范等,以尽量避免语言层异质问题[3]。三是特征提取。首先可调用 Jena 工具包进行解析,从而提取出本体中的所有实体。再是对实体特征的提取,该过程需要考虑所采用的相似度计算方法,如,采用基于结构的方法时,其所需诸如层次及节点个数等特征信息,而采用基于文本的方法时,其所需的特征信息为 label 关键字信息。四是计算相似度。相似度计算的方法可以分为三类:基于文本、基于结构及综合相似度计算方法。基于文本的相似度计算方法实质是基于语言学特征的匹配,主要包括基于编辑距离,基于 Word Net 及基于上下文特征。基于结构的相似度计算方法主要包括基于 Jaccard 系数和基于本体 RDF 图结构的匹配。而综合相似度计算方法是以上两类相似度计算方法的结合,目前国内外本体对齐系统都采用了综合相似度计算方法,如 Falcon-AO 系统,采用了基于 PMO 算法、基于语言学算法及基于结构学算法的组合式相似度计算方法。五是输出。在相似实体对输出之前,需要对结果进行评估。常见的评估方法是使用阈值。

资源关联。不同机构在将实体数据 RDF 结构化的过程中,通常会用各自机构的域名来定义资源的 URI 地址,因此需要对这些资源进行关联操作。可以使用关联发现框架和工具来进行不同资源之间的自动化关联,主要原理是通过机器学习和字符相似度的一些算法来进行资源属性值的对比。目前主流的关联发现框架和工具包括 SILK、LIMES、LDIF、R2R、

---

[1] 陈涛,单蓉蓉,张永娟,等.数字人文研究的语义支撑平台构建研究——以 ECNU-DHRS 平台为例[J].图书馆杂志,2021,40(3):69-77.
[2] 郝伟学,于剑,周雪忠.本体对齐技术概述及其在中医领域的应用探讨[J].世界科学技术-中医药现代化,2017,19(1):63-69.
[3] 卢胜军,真溱.本体匹配基本理论框架研究[J].现代图书情报技术,2007(11):28-32.

RDF-AI 和 LinQuer，如表 7-3 所示。

表 7-3 常见的关联发现框架和工具

工具名称	原理及架构	关联算法	特色	适用范围
SILK	通过给定的两个数据集中数据的属性相似度来计算它们之间的关联关系，包括 SILK-LSL 语言规范和 Silk Sever	字符串相似度算法、基于概念间的距离算法	支持大数据处理和服务端部署以及具有图形化界面的 SILK 工作台	通用的 RDF 链接发现及生成工具，适合各种领域的关联数据集
LIMES	包括三角形不等式和计量空间，由 LIMES 规范语言和 LIMES 控制器组成	基于字符和数值的多种相似度算法	注重效率和性能；有去重功能；支持机器自动学习和后向关联	适合于大规模数据集之间的关联关系发现
LDIF	包括数据采集、Schema 映射、标识识别、质量评估与数据融合等功能模块	在身份解析组件中用户可以将不同的相似性度量应用于实体或相关实体的多个属性值	帮助用户构建完整的流水线	适合于较小数据量之间的关联关系发现
R2R	由 R2R 映射语言规范和 R2R Java API 两部分组成	通过词表间的属性和值的映射关系定义从源数据集到目标数据集之间的关联规则	提供可被应用调用的 API，利用已有的术语词表映射将 Web 上的数据转换到应用的宿主词汇表	适用于术语词表的关联数据集之间的关联关系发现
RDF-AI	包括 5 个相对独立的模块：预处理、匹配、融合、互联、后处理	基于序列对齐的模糊字符串匹配算法、词义相似度算法	提供灵活的配置接口，允许用户定义融合任务的输入和输出	适用于 RDF 数据集
LinQuer	包含 LinQuer 语言、Web 接口、能将 LinQ 查询转换成 SQL 查询的 API、能更容易用 LinQ 查询编写的接口	字符串相似度算法、词义相似度算法	采用模块化和通用化进行构建；提出了一套声明式语言 LinQ	适用于关系型数据之间的关联关系发现

通过上述数据处理后，实现了数据语义上的统一，使得各类人文社科专题数据库间实现数据的关联与共享，打通了不同数据之间的信息"孤岛"，有助于减少重复建设带来的资源浪费，促进人文社科大数据向人文社科智慧数据的转型。

（2）数据保存

在当前数字人文研究的问题不断向深度、复杂、动态演化的趋势下，人文社科数据需要持续化保存，降低其流失和消逝的风险。上述生成的 RDF 数据的存储方法主要有以下三种：文件存储、关系型数据库存储及三元组数据库存储[①]。文件存储适用于归档数据，并提供下载链接；关系型数据库可以通过三元组、水平表、属性表、垂直分割或六重索引等方式进行存储，常见的关系型数据库有 Jena、SW-Store、SDB 等[②]；三元组数据库使用最为广泛，其维护更为容易且支持 RDF 的标准查询语言 SPARQL，常见的三元组数据库有 RDF4J、RDF-

---

① 陈涛,张永娟,刘炜,等.关联数据发布的若干规范及建议[J].中国图书馆学报,2019,45(1):34-46.
② 王鑫,邹磊,王朝坤,等.知识图谱数据管理研究综述[J].软件学报,2019,30(7):2139-2174.

3X、Virtuoso 等。由于目前各存储方式都存在不足,所以需要根据人文社科知识的特点选择数据存储方式,或进行存储方式的组合,以满足对数字人文研究的需要。

在数据保存过程中,除了需要考虑数据存储方式外,还要对存储对象予以重视。一方面是存储对象的选择,在数字人文研究中,不只是正式的数字作品需要保存,过程性的或背景性的数据也应选择合适的方式存储;另一方面,某些类型的数据可能具有商业敏感性或是需要通过知识产权进行保护。总而言之,制定数字人文数据管理计划,定期完成数据备份将有效避免人文社科数据丢失或损坏等风险。

7.2.4 数据分析与呈现

数据分析指对上述实现语义层上统一的人文社科数据进行处理的过程,通过对这些数据的使用来发掘潜藏在其中的人文知识和获得洞察力[1],为人文研究赋能。分析通常与可视化进行联合应用,从而使结果呈现更加形象易读。这与人文社科领域呈现出"视觉转向"的趋势密切相关。

(1) 数据分析

从分析维度来看,数据分析方法可分为文本分析、内容分析、空间分析、时序分析、社会网络分析等[2]。从分析目标来看,通常分为描述性数据分析、探索性数据分析和验证性数据分析。近年来,探索性数据分析被广泛应用于人文社科数据集的深度解析。探索性数据分析是指基于统计原理或相关公式对数据集进行的非拟合性分析。其研究场景包括:发掘测试数据集内隐含的潜在结构,揭示样本之间的内在联系以及筛选或验证变量影响的显著性等。数字人文领域的数据分析,其流程根据具体人文研究对象或问题的差异而不同,但分析原则却相同,即遵循宏观与微观的结合、表面趋势与深层解释的结合、全球视野与本土视野的结合[3]。这意味着人文学者在进行数据分析时不仅需要传统的近距离阅读,而且需要远距离阅读。基于近距离的数据分析方法是指利用统计和定量的分析方法对文本进行仔细阅读。随着数字时代的到来,海量数据集的计算方法促使大尺度研究问题的剖析变得更加可行。Moretti 最早提出"远读"[4],认为"远读让阅读者可以聚焦到比文本更大或更小的领域"。"远读"方法的提出不是为了比较远距离与近距离两种阅读方式的优劣,而是代表两种方式的联结。如,远读多集中于文学研究,当面对由大量文本构成的作品集,按传统的数据分法方法难以多视角、多维度地对数据进行处理,而远读作为新的分析方法,能够从更宏观层面(流派、主题或时代)来审阅作品集。同时,也可以再次抽象到微观层面来钻研,如对特定的词语或短语的使用进行分析。总而言之,"远读"这类专属于数字人文领域的数据分析方法的出现,使得人文研究者对存储于数据库的海量数据有了新的分析思路,也可启发关于语言使用、思想历史和文化生成过程等具有创新性的研究问题的提出。

(2) 结果呈现

无论是语义关联后的数据还是远读分析后的数据结果,都可将可视化作为呈现手段。不同类型的可视化效果作为数字人文研究项目的成果呈现,如 Stefan Jänicke 等人通过梳理

---

[1] 曾蕾,王晓光,范炜.图档博领域的智慧数据及其在数字人文研究中的角色[J].中国图书馆学报,2018,44(1):17-34.
[2] 刘炜,叶鹰.数字人文的技术体系与理论结构探讨[J].中国图书馆学报,2017,43(5):32-41.
[3] 钟远薪.凡是过往,皆为序章:评《数字人文:改变知识创新与分享的游戏规则》[J].图书馆论坛,2020,40(7):20-27.
[4] MORETTI F. Conjectures on world literature [J]. New Left Review, 2000(1):54-68.

2005—2015年关于人文语料可视化研究的文献资料,总结出了以下基于可视化的呈现方式:一是结构图,适用于单篇文本或者整个语料库的层级结构展示;二是热力图,适用于文本内的隐含模式的出现频次揭示;三是标签云,适用于高频词的相对比例展现;四是地图,适用于具备地理属性的研究对象的空间分布呈现;五是时间线,被广泛地用来展示历史数据随时间的动态演化;六是网络图,适用于实体间的复杂关系揭示[①②]。除了二维层面的可视化呈现方式,3D物体,如雕塑等艺术品,也可以进行可视化表征。如,借助CAD软件创建3D物体的数值表征,这些表征在屏幕上从任意角度、距离、固体以及曲线和表面进行可视化呈现[③]。在数字人文实践中,考古学家借助CAD软件建立历史模型,聚焦于重构缺失部件或历史阶段,实现历史遗址再现。目前,除了CAD建模外,AR或VR技术也常被应用于数字人文研究成果的可视化呈现。

人文领域所呈现"视觉转向"趋势不仅是外部载体的可视化,还包括内部论证方式的可视化。在数字环境中,知识交流不再局限于文本,而是跨媒介的传播与分享,数字人文成果呈现已扩展至网页、社区乃至课程等平台。这意味着数字人文需要面向多媒介的论证方式,需要考虑到文字与图片的排列整合,阅读层次结构的创建以及交互模式的选择等问题。新的论证方式将实现混合式和交互式的人文叙述可视化,一方面,图像、文字、动画等媒介融合促使数字人文多元化表达;另一方面,读者可以通过众包等方式参与到人文故事的叙述过程。

总而言之,可视化是数字人文成果呈现的重要手段,更重要的是促使新的论证方式或解释范式的产生。在数字人文论证中,人文学者需要关注文字的符号化表达、概念的图像化表达和叙事的美学体验[④],讲好数字人文"故事"。

7.3 数字人文应用实践剖析

我国数字人文深深扎根于中华优秀传统文化,带有"中国特色、中国风格及中国气派"的特质。传统文化作为我国人文研究的核心,其兼容并包的性质,以开放的姿态接纳数字技术的加入,使其博采众长、历久弥新。数字人文技术在人文研究中的应用,可以按照文化载体的不同,分为基于文化数字资源的技术应用、基于图像数字资源的技术应用、基于非物质文化遗产的技术应用等多种类型。

7.3.1 基于文化数字资源的技术应用

数字人文研究的一个重要内容就是对文本的挖掘和分析,主要通过名称实体识别(NER)、文本分析(词频、共现、关联、向量、关联)、本体建模、机器学习、可视化等技术,实现对大规模文本研究分析和特定文本的深入挖掘。

---

① 王军. 从人文计算到可视化:数字人文的发展脉络梳理[J]. 文艺理论与批评,2020(2):18-23.
② STEFAN JÄNICKE. On Close and Distant Reading in Digital Humanities: A Survey and Future Challenges [EB/OL]. [2023-06-20]. http://www.cs.tau.ac.il/~nachumd/Humanities/Talks/Michelle.pdf.
③ 王丽华,刘炜. 数字人文理论建构与学科建设:读《数字人文:数字时代的知识与批判》[J]. 数字人文研究,2021,1(1):5-15.
④ 张斌,王露露. 档案参与历史记忆构建的空间叙事研究[J]. 档案与建设,2019(8):11-15,40.

（1）文化数字资源多维度聚合

徽州文化被誉为与敦煌学和藏学并列的中国走向世界的三大地方显学之一。其内容丰富，门类众多，是中华民族传统文化传承的典型，也是华夏文化百花园中放射奇光异彩的奇葩。目前，徽州文化被挖掘和整理的历史文献非常丰厚，研究成果洋洋大观，关于徽州文化的数字资源也是百家争鸣、纷繁多样。但同时，徽州文化数字资源又呈现出海量、分散、异构、多粒度的特点。基于徽州文化数字资源的特点，为了有效获取所需要的数据材料、分析并展现所需要的知识信息、从宏观与微观全面把握徽州文化数字资源等目的，可以采用融合关联数据和分众分类的多维度聚类方法对其进行组织，分别称之为关联维度与群聚维度的聚合。

微观层面，徽州文化数字资源较为稳定，但由于分散、异构的特点，宜采用关联维度的聚合方法，注重数字资源的基层数据的描述，有利于关键数据的构建与知识点的组织；宏观层面，鉴于用户关注的热点较为动态且关联度较小，采用分众分类的聚合方法，注重数字资源的全局主线，符合一般用户的认知表述。多维度聚合设计的整体框架，如图7-1所示。

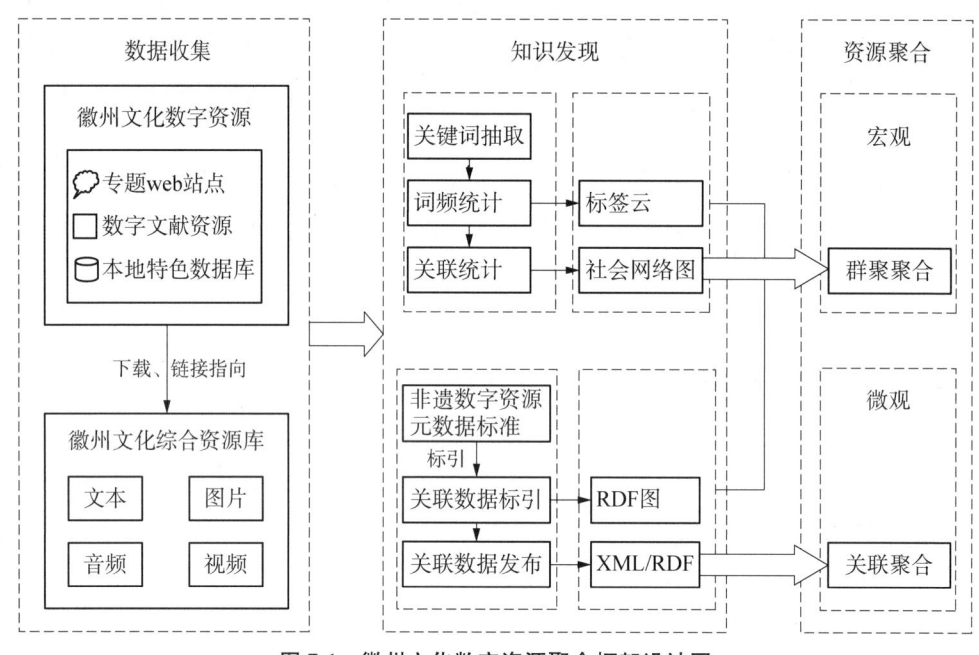

图 7-1　徽州文化数字资源聚合框架设计图

在数据收集模块，通过网络爬虫下载、链接指向等方式搜集专题Web站点、各种数字文献资源和本地特色数据库中的资源，由于数字资源的来源不同，其格式标准与技术应用存在着较大差异，形成含有文本、图片、音频、视频等多种媒体格式的徽州文化数字资源综合资源数据库；在知识发现模块，对收集的数字资源进行数据标引、关键词抽取后，分别产生关联数据聚合的XML/RDF描述与分众分类聚合的标签云及表示标签关系的社会网络图；在资源聚合模块，分别在宏观与微观结构上展现群聚聚合与关联聚合可视化结果。

通过群聚维度的聚合，可以形成具有一定松散耦合关联的知识单元，对于每一知识单元，它们具有一定的独立性又相互具有多重间接联系，使单元内部与单元之间的关系更加清晰,从而可以提高数字资源利用的效率;通过关联维度的聚合,可以解决该知识单元之间分布分散、标准不一、内容异构的问题,统一徽州文化知识单元的数据与技术标准,使用户对徽州文化知识单元的查询更加便捷,让徽州文化知识库的共享成为可能,同时又实现了数字资源在内容上的多维度聚合。总体来说,基于关联维度的关联数据聚合主要支撑了徽州文化数字资源的底层数据,基于群聚维度的分众分类聚合主要掌握徽州文化数字资源知识体系的建构,二者结合起来,实现了将繁杂、无序的徽州文化数字资源整理成为具有系统性与知识体系的知识单元集合,从宏观与微观两个方面构建徽文化数字资源知识库①。

(2) 文化数字资源可视化挖掘

世家之间的联姻交往由来已久,明清时期江南望族之间的联姻尤甚,而家谱作为中华民族历史的三大支柱之一,在姻娅关系研究中具有重要的价值。以《毗陵庄氏族谱》为例,通过对以家谱语料为主的研究,采用案例法、文献考订、数据统计以及社会网络分析法,尝试提取家谱中世家之间的姻娅关系,实现不同世家交往网络的可视化和关系展示,并以此来探究世家之间的联姻情况和世家发展的关系,以期为史学研究提供更多的视野和角度②。

世家姻娅关系可视化。在庄氏家族的中心网络中,以庄氏为主体,也就是网络的中心,其他与庄氏联姻的家族为客体,组成家族中心网络,如图7-2所示。庄氏家族中心网络图中的点表示各个家族,线表示庄氏与各个家族之间的联系。线的粗细表示庄氏与其他家族之间的联姻次数,线越粗表明庄氏与该家族之间的联姻次数越多,关系也更为亲密。从图中可看出最粗的线有3根,分别为西营刘氏、新塘钱氏和武进杨氏。关系最亲近的家族,最粗的

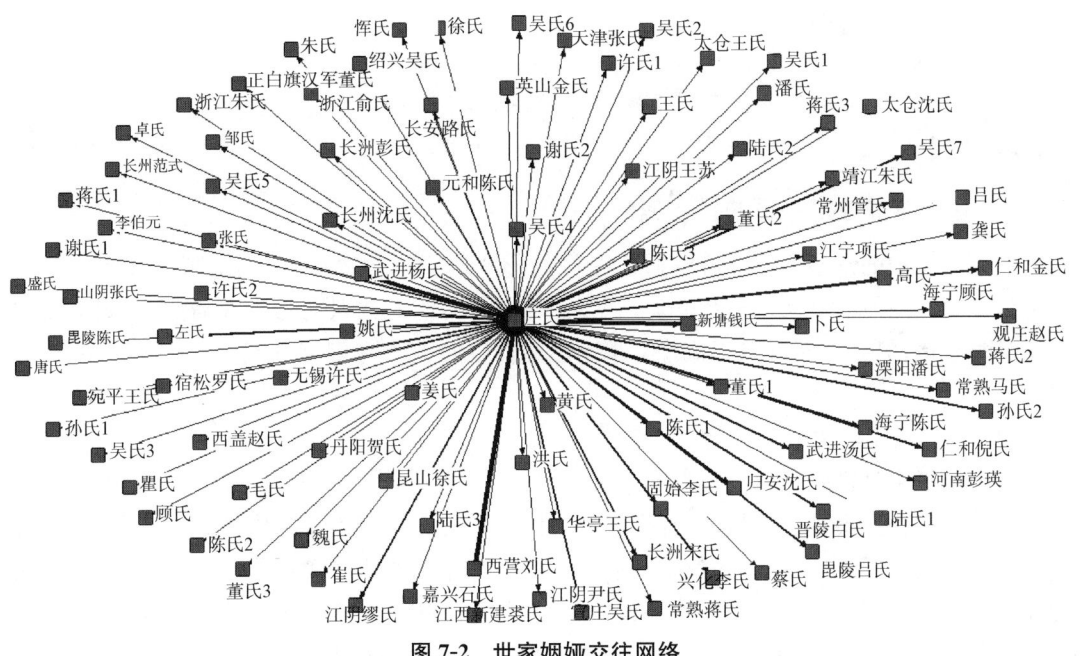

图7-2 世家姻娅交往网络

---

① 王伟,许鑫.融合关联数据和分众分类的徽州文化数字资源多维度聚合研究[J].图书情报工作,2015,59(14):31-36,58.
② 许鑫,陆柳梦.面向数字人文的明清时期江南世家姻娅交往研究:以毗陵庄氏为例[J].图书馆杂志,2021,40(3):86-95.

线为西营刘氏;较为粗的线有十几根,有左氏、毗陵吕氏、归安沈氏、晋陵白氏、海宁陈氏、兴化李氏、宣庄吴氏、仁和金氏等;最后是比较细的线,占据了绝大多数,分布在图的左边,比如宛平王氏、宿松罗氏、西营赵氏等。

姻娅世家交往时间可视化。庄氏家谱中记载的盛事联姻从5世开始一直记录到了第19世,前后四五百年的时间里见证了明清时期毗陵庄氏的兴起、繁荣到衰落的全过程。从时间维度出发,把每一世毗邻庄氏的世家联姻交往情况分开来进行比较分析,如图7-3部分世代可视化示例所示。根据图中节点的多少和节点与节点之间连线的疏密,可以大致将世家之间的姻娅交往分为3个阶段:①5—11世为世家姻娅交往的兴起阶段,世家彼此之间的联姻数量总体呈上升趋势,世家与世家之间的关系也开始密切起来。②12—14世为世家姻娅交往的繁荣阶段,在此阶段,世家与世家之间交往频繁,关系更为复杂紧密,彼此之间相互往来构成一张庞大的姻娅关系网。③15世以后为世家姻娅交往的衰落阶段,可以看出无论是节点数量还是关系的紧密程度都大幅下降了。

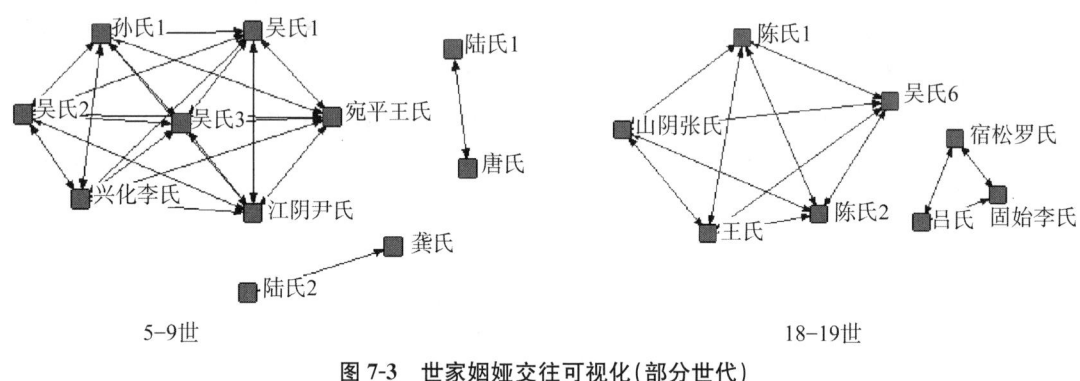

图7-3 世家姻娅交往可视化(部分世代)

7.3.2 基于图像数字资源的技术应用

数字人文中的众多项目都可以通过图像的形式进行记录保存,而利用图像技术来实现对于数字人文图像的自动识别和分类,一方面克服了传统人工识别的不准确性,有效提高图像的分类质量;另一方面可以提高图像检索的精度和效率,更好地满足广大利用者的检索需求。

(1) 图像数字资源的语义标注

民国报纸中越剧广告图像资源的语义标注,是基于图像的人文数字化技术应用典型案例。民国时期上海报刊的崛起,一定程度上映照了近代上海商业与文化的繁荣,而报刊广告是当时文娱活动通告的重要媒介。全国报刊索引数据库现累积有大量的广告影印资料,然而元数据的描述形式难以完全反映图像本身所承载的文字信息,进而限制了资源的进一步利用。此外,越剧民国报纸广告作为小众主题资源,相对而言,受众数目有限且往往有知识背景壁垒,难以吸引大规模的社会标注;且由于报纸本身印刷质量、文字排版布局紧密及纸张酸化等问题,样本数量规模小,机器标注目前达不到很好的效果。而基于语义的图像标注方法,便可以被采用来解决上述困境,其不仅能利于研究学者更直观、清晰地获取报纸图片所提供的信息,还能在文化、商业、传播等多个方面提供信息技术上的支持。如通过对当时报纸刊登广告的标注的实体信息，如艺术家、时间、地点、票价，揭示文化本身蕴涵；如通过插图版面大小、文字排版等肉眼不能直接读取的数字信息，作为越剧不同时期宣传力度的佐证；在商业方面，票价信息、广告次数、广告篇幅等，都可以成为越剧晚近时期商业价值的分析依据。

越剧作为非物质文化遗产，有被传播和传承的需求。在此基础上，提出越剧民国报纸广告的语义描述框架设计如图7-4所示。

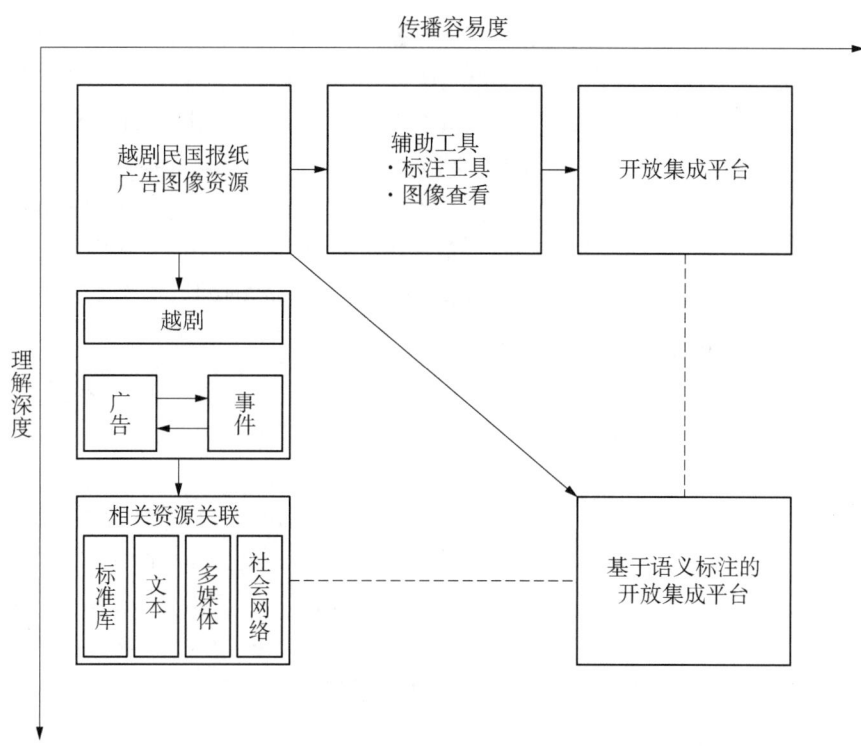

图 7-4　越剧民国报纸广告语义描述框架图

通过图7-4可以发现，纵轴关注资源本身建设，加深语义内容的理解；横轴从用户传播入手，改善用户利用民国越剧广告图像资源的体验。对于本体的构建，可以从底层特征、报纸元数据与越剧广告演出三方面来开展工作。该本体也将适用于其他传统戏剧报纸广告的本体构建。

在整体方案的实现上，首先需要获取一定量的数字图像资源。但大量基于互联网的图像资源以孤岛的方式存储在不同地方，并受限在定制或自建的应用里。而IIIF可以改善图像资源存储分散且利用困难的弊病，运用IIIF技术能够有助于图像资源的利用与开发，IIIF的API标准为跨平台利用图像资源提供了统一的途径。接着可以采用图像资源—语义内涵—用户标注的路线，将采集的越剧报纸广告图像进行预处理，去除重复项上传至服务器后，以URI的形式导入，如图7-5所示。根据上述越剧民国报纸语义本体构建图像资源的元数据字段，并利用标注工具，对报纸上的文本信息进行框选并标注标签。后续将关联信息内容所对应的相关资源的URI。

最后，通过IIIF项目下可扩展的基于网页浏览器的开源图像浏览平台Mirador对标注情况可视化，便可以根据数据进行分析，进而更为准确地揭示图像所涵盖的文本信息，这将有助于人文学者对近代报刊广告资源的更好利用与非遗文化的传播①。

（2）基于机器学习的图像数字资源自动分类

基于图像的技术应用还可以用于剪纸图像自动分类研究。近年来，随着图像处理和模式识别等新兴技术的迅猛发展，基于内容的图像识别研究成为热点并在医学、航天、农业等各行各业获得了广泛的应用。相较于利用人工对图像信息进行手工标注而言，基于计算机来实现图像的自动分类的优点显而易见：一是计算机可以克服人工在图像标注过程中存在的主观倾向性问题，有利于图像标注的标准化和规范化；二是随着图像资源呈现"爆炸式"增长，单纯依靠人工对图像进行标注不但费时费力，而且无法满足公众的实时需要。手工标注的弊端和计算机自动识别的诸多优点使得图像自动识别方面的研究逐渐成为模式识别研究的热点。

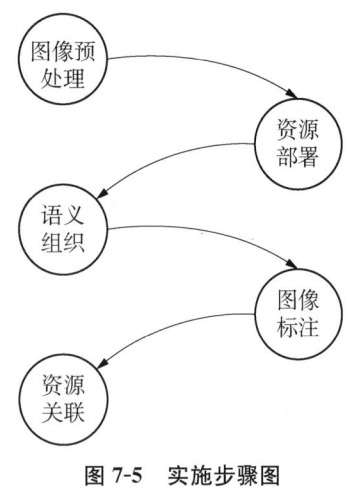

图 7-5　实施步骤图

目前关于计算机技术应用在剪纸方面的研究还比较少，已有研究中，研究重心集中在利用计算机相关技术对已有剪纸纹样和风格进行自动绘制和形象重构。对于应用于剪纸中的机器学习等技术，如果只单纯依照剪纸图像的纹样或形象，来实现对于剪纸图像纹样或形象的绘制或重构，不深入了解剪纸图像背后所蕴含的丰富文化内涵，将会弱化剪纸图像自动分类的意义，更使得后续的剪纸图像分类储存、语义检索无从谈起。因此，不同于简单的图像分类，本节首先对剪纸图像背后的文化内涵进行探究，然后依照剪纸图像的基本文化内涵将图像划分成四大类，利用选择好的视觉特征算法对剪纸图像中的纹理、形状特征进行提取，最后才能结合机器学习中的相关分类算法，努力实现基于剪纸不同文化内涵条件下的图像自动分类。基于这些问题，上述技术的实现首先涉及剪纸图像库的建立，这个过程要对剪纸图像视觉特征的提取和分类，对剪纸文化内涵进行概述以及图形类型的选取界定。对部分剪纸造型和符号内涵的描述，如吉祥如意、婚爱繁衍、招财纳福、延年益寿四大类，可以描述并选取代表性的剪纸艺术造型，如表 7-4 所示。

表 7-4　剪纸图像库中所选取剪纸的描述表

所属大类	剪纸艺术造型	描　　述
吉祥如意	鸡	鸡和"吉"谐音，往往用来表达吉祥如意的意思
	喜鹊	喜鹊被视为是一种报喜鸟，寓意吉祥、喜庆、好运的到来
	羊	古人把羊和祥通用，吉祥也往往会写作"吉羊"，蕴含吉祥之意
婚爱繁衍	葫芦	葫芦多籽，"籽""子"谐音，因此葫芦也被认为是繁衍后代的象征
	老鼠	老鼠的繁衍能力很强，因此也常常被用来寓意多子多福
	鸳鸯	鸳鸯成双成对，常常被用来寓意美好的爱情

---

① 杨佳颖,许鑫.民国报纸广告图像资源的语义标注：以《新闻报》所刊的越剧广告为例[J].图书馆杂志,2021,40(3):96-102.

续表

所属大类	剪纸艺术造型	描述
招财纳福	鱼	鱼同"余"谐音,常常用来寓意"年年有余","鲤鱼"和"利余"同音,暗含"得利余"的意思,因此鱼常常被用来寓意处处得利、生活幸福
	牡丹	牡丹由于有雍容华贵之态,因此常常被用来寓意富贵
	猪	猪由于体态丰盈,浑身是宝,因此被认为是财富的象征
延年益寿	桃	桃象征长寿,常常用作祝寿礼品
	仙鹤	仙鹤在古代被认为是神兽,传说仙鹤可以寿至千年,因此被认为是长寿之王,用来表达延年益寿、长寿之意
	鹿	鹿在古代是神物,被认为可以给人带来长寿,神话中的长寿神常常是骑着梅花鹿出行,因此鹿往往被用来表达长寿的意思

后续整个自动分类技术仿真实验的流程,如图7-6所示。

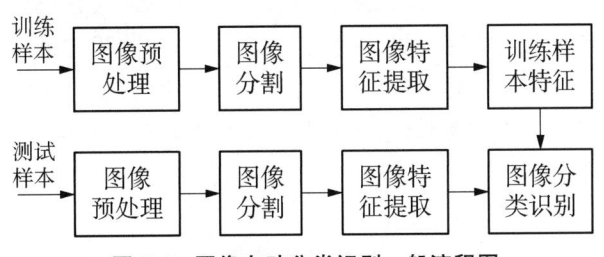

图 7-6 图像自动分类识别一般流程图

经过图像库的建立、图像的预处理,并利用灰度共生矩阵和形状不变矩阵算法对剪纸图像库中图像的纹理、形状特征进行提取,将提取好的图像视觉特征向量放入基于SVM建立的分类器进行相应的学习和测试后,针对测试集中四大类图像的识别情况,如表7-5所示。

表 7-5 剪纸图像分类识别结果表

剪纸内涵	视觉特征	识别率/%
婚爱繁衍	纹理特征	79.17
	形状特征	79.17
	组合特征	91.67
吉祥如意	纹理特征	79.17
	形状特征	87.50
	组合特征	95.83
招财纳福	纹理特征	70.83
	形状特征	83.33
	组合特征	87.50

续表

剪纸内涵	视觉特征	识别率/%
延年益寿	纹理特征	75.00
	形状特征	87.50
	组合特征	91.67

可以发现,利用上述的图像处理技术得到的剪纸图像的识别率达到了75%以上,分类的总体效果达到了实验预期。这说明在针对剪纸图像的分类识别中,基于纹理、形状的组合特征可以有效地提高识别的准确率,合理有效的数字人文图像处理技术能够帮助更好地对剪纸这些文化遗产进行组织管理与保存等[①]。

7.3.3 基于非物质文化遗产的技术应用

面向文化旅游开发的非遗信息资源组织,是基于非物质文化遗产的数字人文技术的典型应用。文化旅游以文化资源为支撑,是旅游者为实现特殊的文化感受,对旅游资源内涵深入体验,从而得到精神和文化享受的旅游类型。文化旅游因其蕴含的广博知识、悠远体验和浓厚关怀获得旅游者青睐,也因其在文化保护与传承、形象塑造与传播方面的突出作用受到政府重视。非遗资源与文化旅游相结合,不仅可以提升旅游品质档次,增强旅游吸引力,也是非遗合理开发与保护的重要举措。

(1) 基于主题图技术的非遗信息资源组织

面向文化旅游需求,需要对非遗信息资源进行再组织,以文化旅游产品的形式提供给游客,让游客在游览的同时,加深对非遗文化的了解,使非遗文化在潜移默化中得到传承。以昆曲为例,可以探索游客在旅游中对文化尤其是非遗文化的实际需求,并以此为根据,借助主题图技术,对非遗信息资源进行再组织,期望为游客提供更好的非遗文化旅游产品,为非遗的开发性保护和传承提供新的思路和方法。

对于基于主题图技术的昆曲信息资源组织的具体实现,首先可以结合领域知识和实际应用,提取昆曲的十个主题类型:事件、人物、地区、景点、历史、民俗、旅游级别、资源类型、经济和非遗传承。接着将相关主题连接起来,形成具有明确语义关系的知识网络。关联具有不同的类型,使得给定的主题可以按照关联类型进行聚合,在此基础上进一步探索信息资源之间的关系。每一个资源实体可以有多个主题,一个主题也与多个资源实体相关联。所以,通过主题之间的关系可以建立起资源实体之间的联系,使得原本分散的资源有序地组织起来。最后,通过主题图,将所有信息资源按照主题词进行组织,这将有助于信息查寻和推送;而主题词之间的关联可进一步描述信息特征,有助于信息的理解。得到的昆曲信息资源所涉及的若干主题及其关联关系,如图7-7所示。

借助主题图来组织昆曲非遗信息资源,能满足游客旅游前期搜索,以及旅游中对文化旅游的信息需求。主题图的组织方式强调昆曲信息资源背后的文化艺术内涵、资源内部的联系,以及其作为非遗资源和政治、经济、民俗、文化等其他资源之间的关系,能展现昆曲信息

---

① 许鑫,鲍小春.基于机器学习的剪纸图像自动分类研究[J].图书馆杂志,2018,37(7):88-96.

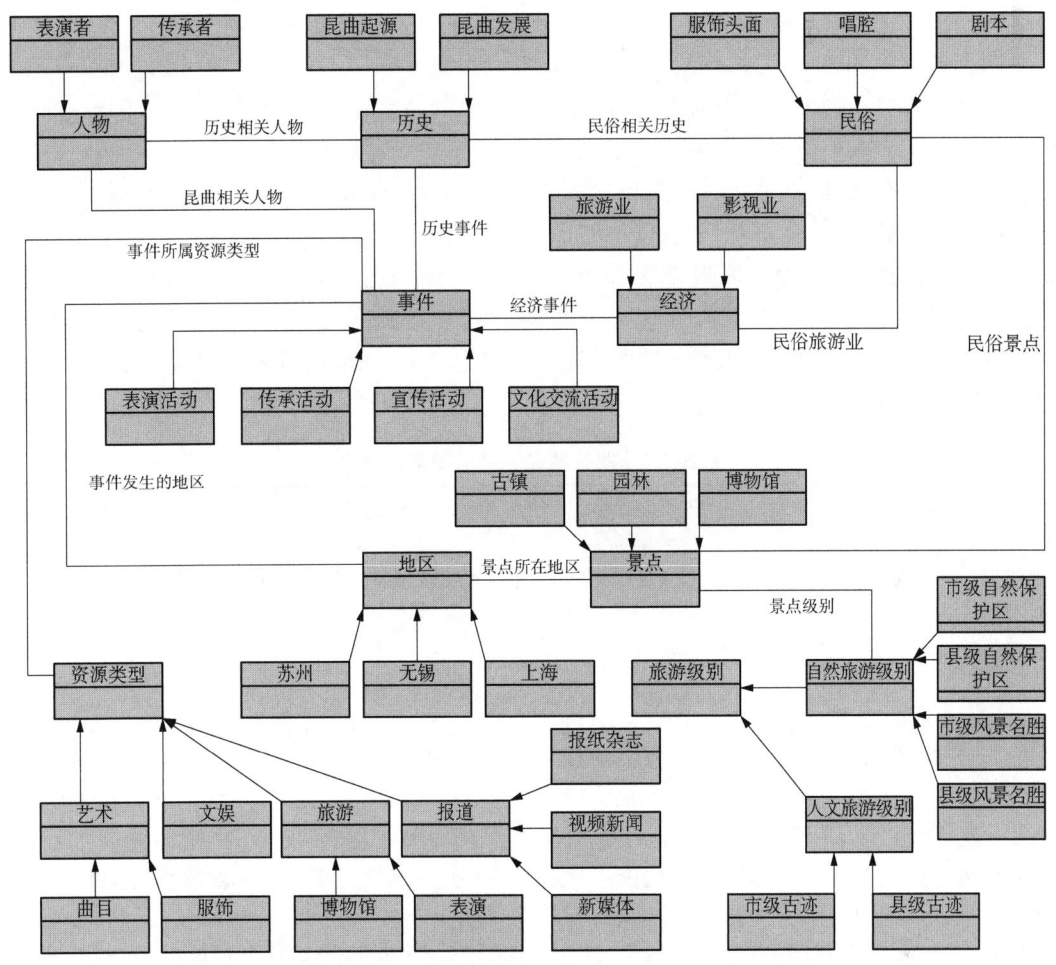

图 7-7 昆曲信息资源主题类型与关联关系图

资源的完整性、丰富性和独特性,从而在旅游开发过程中保证昆曲传承的一致性。利用主题图技术进行昆曲非遗信息资源组织后,可针对用户需求,以主题的形式开发旅游产品,包括昆曲主题公园、昆曲主题展览、昆曲主题活动日等[①]。

(2) 生产性保护视域下的非遗商品挖掘分析

生产性保护视域下的非遗商品挖掘分析,也是基于非物质文化遗产的数字人文技术的典型应用。通过相应的非遗商品在电商平台上的产品数量、店铺数量以及价格平均值等文本分析,可以得出非遗商品的经营情况;对商品标题信息词频统计与高频词分类分析,可以进一步提取出吸引消费者的产品定位信息等;对非遗商品信息进行可视化展示,如构建共现网络,可揭示商品标题信息词汇的内容关联和隐含的寓意;对非遗商品挖掘分析,能够从非遗商品的销售情况中,为政府支持非遗商品的保护与发展提供政策上的建议,为非遗的生产性保护提供新思路[②]。本节以"四大名绣"作为样本数据,通过对淘宝等电商上的商品信息的提取,结合文本挖掘、社会网络分析等方法对所得数据进行对比分析,从而直观展示四种绣

---

① 许鑫,霍佳婧.面向文化旅游开发的非遗信息资源组织:以昆曲为例[J].图书馆论坛,2019,39(1):33-39.
② 许鑫,张素然.生产性保护视域下的非遗商品挖掘分析:以淘宝绣品为例[J].图书馆论坛,2019,39(1):16-23.

品在商品信息上的异同,为非遗商品发展提供借鉴。

四大名绣高频关键词分析。商品标题是商品的信息载体,其中蕴含着吸引消费者的营销模式、产品定位等细节描述,也反映着商品的价值取向和差异,四种绣品相应的商品标题信息如表7-6所示。在刺绣种类上,"双面绣"在绣品中广泛应用。"苏绣"在其他三种绣品的高频词中都有出现,其他三种绣品的卖家将"苏绣"加入商品标题中,可以提高商品被检索到的概率,提高购买转化率,但也反映出这三种绣品影响力欠佳;在商品属性上,"手工"这一商品属性在四种绣品高频词的排名都靠前,说明手工制作是绣品的重要卖点;在商品主题内容上,"牡丹"图案广泛应用于绣品主题,说明客户对牡丹图案的认知度高,且此主题的绣品特别适合家庭或办公场所的装饰;在商品样式风格上,四种绣品的样式风格大体相似,为"装饰画、挂画、摆件"等。

表7-6 四种绣品高频关键词分类

	苏绣	蜀绣	粤绣	湘绣
刺绣种类	双面绣	双面绣、苏绣	双面绣、打籽绣、苏绣、湘绣、蜀绣	双面绣、单面绣、苏绣、蜀绣、粤绣
地理位置	苏州	四川、成都	广州、岭南、南国、广府	湖南、苏州
商品定位	礼品、初学、玄关、卧室、餐厅、书房、商务	礼品、出国、老外、外事、会议、客厅	礼品、出国、外事、老外	礼品、客厅、礼物、高档、送礼、家居、精品
商品属性	手工、成品、DIY、真丝	手工、成品、真丝	手工、DIY	手工、DIY、真丝
商品主题	牡丹、荷花、花鸟	熊猫、牡丹、中国风	中国特色、清代、民国	牡丹、富贵
商品样式风格	挂画、装饰画、手帕、摆件	摆件、围巾、披肩、挂画、钱包	摆件、屏风、绣片	装饰画、挂画、软裱、丝线
其他	包邮、教程、针迹	锦官堂	文化、底稿、代购、清代	底稿

注:数据来源是淘宝中四种绣品的商品标题信息和商品评论信息,地理位置中的"四川、成都、广州、岭南、南国、广府、湖南、苏州"均来自原始数据。

四大绣品商品信息分析。苏绣中心度最高的词语依次是"手工""成品""挂画""客厅",说明在绣品的商品信息描述上,倾向于手工工艺制成的苏绣成品多以挂画形式呈现,且置于客厅中;蜀绣中心度最高的词语依次是"礼品""特色""出国""老外",说明在商品信息的描述中,蜀绣更倾向于外事方面的礼品;粤绣中心度最高的词语依次是"礼品""手工""苏绣""广绣",其中礼品和地域特色有关,且用于外事礼品。DIY和其他绣品的名称关联密切,推测粤绣在DIY方面发展并不成熟;湘绣中心度最高的词语依次是"手工""苏绣""礼品",形成了5个小团体,各个小团体的关键词之间紧密联系。

(3) 非遗民俗生活保护性技术策略

基于非物质文化遗产的数字人文技术还可以用于非遗民俗生活性保护。民俗即民间风俗,指一个国家或民族中民众创造、享用和传承的生活文化。民俗作为一类独特的传统文化现象,因较贴近人们生活,极易被感知、延续、传承与创新,具有基础性、广泛性的渗透和影响。然而,随着社会环境的变迁,民俗文化生存环境受到挑战、渐趋恶化。在坚定文化自信、建设文化强国的当下,重视民俗文化的传承与传播显得尤为重要。为厘清非遗保护及其传

7 数字人文技术与方法

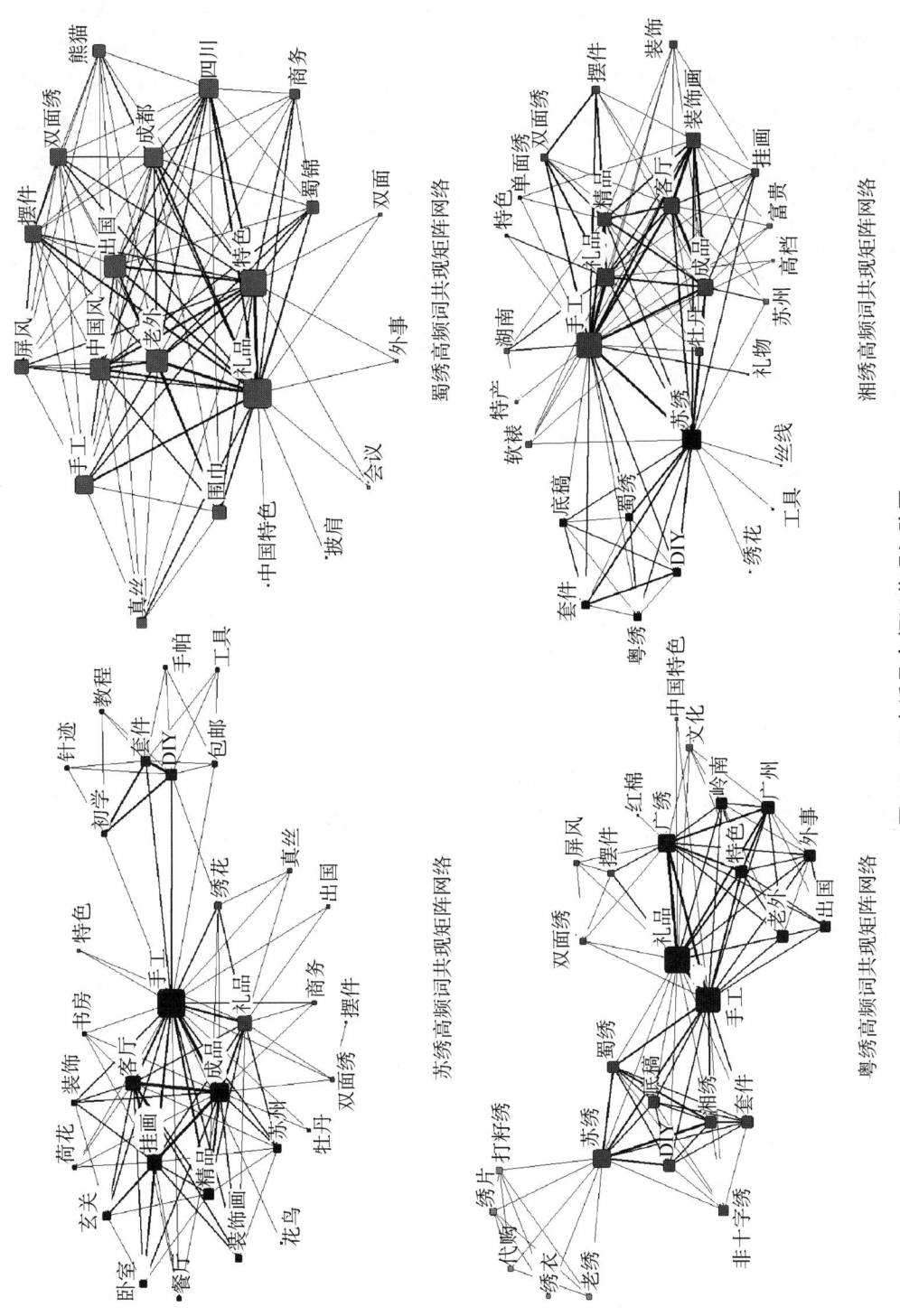

图 7-8 四大绣品高频词共现矩阵图

播、民俗及其传播的内涵、特点等要素,宏观把握非遗民俗传播的特征,需采用中文分词、词性标注等技术,从节气媒体报道数据中提取相关地名信息、识别主题等的文本预处理。此外,还需要借助特征选择方法,以此获取媒体报道中的主题信息。采用时间序列分析、空间分布分析、内容分析等方法,可以进一步梳理民俗在媒体语境下的传播现状;通过绘制节气民俗知识图谱形象表达要点、对比官方宣传与自媒体传播差异等,从而可以剖析存在的问题。经过一系列的数字人文技术分析,最后得到非遗民俗逐步消失的原因,并由此能够提出相关的保护建议措施①。

---

① 姚占雷,盛嘉祺,许鑫.非遗民俗生活性保护的媒体传播及其策略:以二十四节气为例[J].图书馆论坛,2019,39(1):24-32.

8 数字人文基础设施

在数字人文的发展进程中,人文数据是基于人类文化、表达、互动和想象的原始素材的数字化,对数据基础设施有着基于领域的独特要求。同时,数字人文基础设施的构建和应用,不仅是实现人文数据向智慧数据转化的"孵化器",更促进了人文研究范式的转型和变革,是人文研究创新发展的"助推器",有着举足轻重的作用。

8.1 数字人文基础设施概述

数字人文基础设施是一种支持人文科研活动的基础设施,指在数字环境下为开展人文研究而必须具备的基本条件,数字化的文献资源、服务机构、资源库、机构仓储、系统平台、工具软件等都可以算作是数字人文基础设施的一部分。数字人文基础设施的建设将改变并逐步固化新的人文研究范式,实现人文研究范式的全面革新,为新文科建设提供有力的支撑。

8.1.1 数字人文基础设施内涵

数字人文跨学科的研究性质使其适应于基于网络的虚拟研究环境(virtual research environment,VRE),以支持多领域学者进行资源保存管理、合作交流、资源互操作等研究任务,从而促进知识生产和转移[1]。为避免同质项目的重复建设和形成信息孤岛,非常有必要将已有的数字人文内容、工具和平台互联,实现不同数据资源、数字人文工具和平台的协同开发和在线整合。因此,越来越多的数字人文学者提出需要构建基础设施和通用框架,以支持数字人文学者的研究过程。

在数字人文基础设施的概念上,刘炜等[2]认为,数字人文基础设施是在数字环境下为开展人文研究而必须具备的基本条件,包括全球范围内与研究主题相关的文献、数据、软件工具、学术交流和出版的公用设施及相关服务。周晨[3]认为,数字人文基础设施的建设模式可分为两类:一是构建虚拟研究环境,将数字人文视为虚拟学术社区是其构建的前提条件;二是建设实体设施中心,其中比较常见的是数据中心的建设方式。虽然学术界对数字人文基础设施的定义仍未统一,但仍可以总结归纳出数字人文基础设施的一些必备要素,如支持人文学者研究的内容、数据、资料、工具、平台、系统、软件等要素。

---

[1] CHRISTINA M S, MARISTELLA A, MARK S S, et al. Evaluating a digital humanities research environment: the CULTURA approach [J]. International Journal on Digital Libraries, 2014,15(1):53-70.
[2] 刘炜,谢蓉,张磊,等.面向人文研究的国家数据基础设施建设[J].中国图书馆学报,2016,42(5):29-39.
[3] 周晨.国际数字人文研究特征与知识结构[J].图书馆论坛,2017,37(4):1-8.

当前国内的数字人文基础设施建设内容，主要包括以下两个方面。

其一，建设资源数据库以组织和存放人文领域的各类资源。在数据库的资源建设过程中，主要包括将非数字化的人文资料加工转换为数字化的内容，以及将非结构化的数字文本进行规范化标注著录两类情况。目前典型的应用案例，有中国知网中国精品文化期刊文献库、中国精品文艺期刊文献库；国家图书馆的古籍资源库；上海图书馆的中文古籍联合目录及循证平台、名人手稿档案库；为敦煌学资源建立起的"数字敦煌"数据库等。

其二，建设和使用数字人文工具和平台，进行资料查找、文本比对、文本标记、理解和分析数据，以及为跨领域、跨机构的协作研究提供平台等。目前典型的应用案例，主要有使用哈工大语言技术平台（Language Technology Platform，LTP）进行中文信息处理；使用NetMiner、Pajek、UCINET等工具实现社会网络分析；使用Nvivo进行文本定性分析；基于光学字符识别（Optical Character Recognition，OCR）实现对少数民族文字文献的检索；基于地理信息系统绘制中国古代文学数字化地图；基于多个数据源构建汉语知识图谱；基于众包协作的数字人文平台；等等。

随着人工智能等新兴技术的飞速发展，数字人文基础设施的建设在经历了数字化、文本化和数据化后，正尝试向语义化和智慧化发展。当前，已有的数字人基础设施语义化和智慧化程度有限，如台湾大学的数字人文学术研究平台（DocuSky）是在数字人文领域使用率较高的研究平台，但其底层数据没有语义化，无法与关联数据开放云（Linked Open Data，LOD）关联；德国海德堡大学在线地理应用平台heiMAP，使用了语义网技术和模块化结构提供协作服务，但只局限在历史地图和地理数据相关的服务；德国10所机构联合开发的TextGrid，旨在为艺术和人文科学研究人员开发虚拟研究环境，不仅提供数据长期保存，还整合文本数据分析工具和服务支持研究数据整理，该组件的优势是可以进行扩展并为不同领域学者使用，提供语义检索和语义文本挖掘工具，但其技术主体是基于XML的数据库，并非语义化的数据①。人工智能等新兴技术如何应用于数字人文基础设施建设并有效作用于数字人文研究，还有很长的探索之路。

8.1.2 数字人文基础设施建设现状

数字人文基础设施建设较具多样性和繁杂性，并在信息技术的赋能下逐步向数据化建设发展，侧重于人文学者的数据需求和支持数据驱动下的研究过程。因此，数据基础设施成为数字人文基础设施的内核。本节以及下节将以数字人文数据基础设施为着眼点，以Re3data.org中隶属于"Humanities"类目的RDI注册数据为数据源（2022年4月采集），详细分析与阐明数字人文数据基础设施的建设现状与建设模式。

（1）时间分布

本次调研获得了295个数据基础设施的创建时间，并结合其注册时间和更新时间，得到时间分布结果如图8-1所示。从时间分布上看，数字人文数据基础设施的发展历程大致可分为3个阶段：初始阶段（2006年前）、成长阶段（2006—2016年）、转型阶段（2017—2021年）。早期，各图书馆、档案馆及博物馆等文化记忆机构陆续开展数字化工作，如1952年建

---

① 陈涛,单蓉蓉,张永娟,等.数字人文研究的语义支撑平台构建研究：以ECNU-DHRS平台为例[J].图书馆杂志,2021,40(3):69-77.

立的国际音乐资源数据库(répertoire International des sources musicales,由各国家的图书馆和档案馆组成的独立工作组编目书面音乐来源)。直到2006年,《我们的文化共同体》(Our Cultural Common-wealth)及《欧洲研究基础设施建设路线图》(the European Roadmap for Research Infrastructures)相继提出。这促使面向人文研究的数据基础设施建设上升至国家(地区)发展策略。2010年,数字人文领域出现了"Computational Turn(计算转向)"。在这股热潮下,人文学者对计算方法的重要性的认知越发深刻,同时积极参与跨界合作研究[①],并批判性思考数据基础设施如何与人文研究议程协同。基于此,经过2011年的冷却期,建设观念由"重建设、轻使用(We are building it and you will come)"转变为以研究需求为中心[②],使数据基础设施的建设变得稳健。同时各国建设"蓝图"的创建或更新,加速了数据基础设施的建立,如2012年欧洲研究基础设施联盟(CLARIN-ERIC)的成立,加速了旗下的诸如CLARIN-DK-UCPH Repository及CLARIN.SI Repository等数据基础设施的全面铺开。在欧盟《实现欧洲开放科学云》(Realizing the European Open Science Cloud)及美国《联邦大数据研究与开发战略计划》(The Federal Big Data Research and Development Strategic Plan)等计划相继提出的背景下,自2017年以来,各国的建设重点由创建向整合转变,更多地侧重于将面向人文研究的数据基础设施接入到国家级或者全球性的研究数据基础设施中,以实现数据共享、知识融通和研究创新。

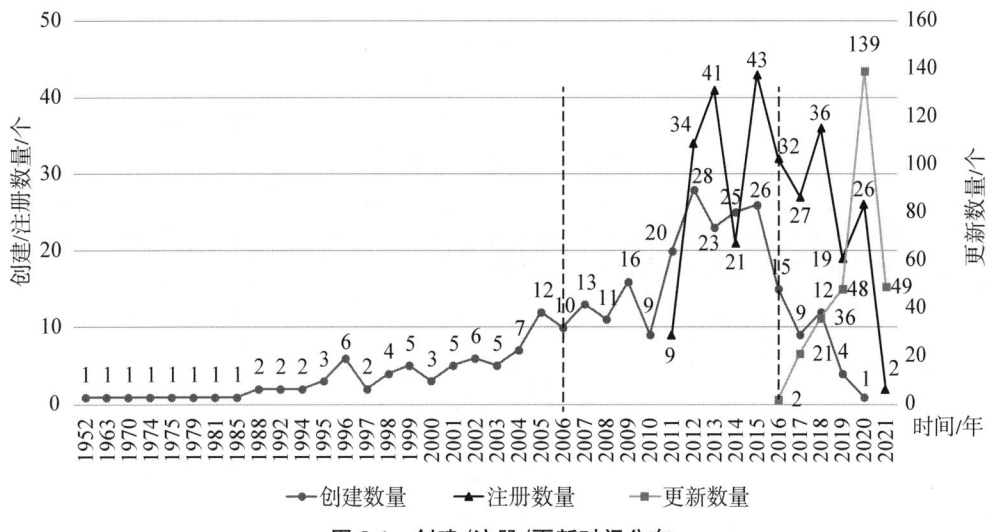

图8-1 创建/注册/更新时间分布

(2) 地域分布

本次调研获得的326个数据基础设施建设涉及48个国家、地区及国际组织,如图8-2所示。地域分布上,德国、欧盟、美国在面向人文研究的数据基础设施方面实力雄厚,建设数量均超过50个。我国虽然积极推进人文研究数据基础设施建设,但成果在国际平台上的可见度较低,共建设4个数据基础设施(含港台地区),分别为复旦大学社会科学数据库(Fudan

---

① BERRY D M. The computational turn: Thinking about the digital humanities [J]. Culture Machine, 2011, 12:1-22.
② ANDERSON S. What are research infrastructures? [J]. International Journal of Humanities and Arts Computing, 2013, 7(1-2):4-23.

University social science data repository)、香港科技大学数据库(DataSpace@HKUST)、香港大学数据库(DataHub Figshare)和台湾调查研究数据档案(survey research data archive)。此外,在 326 个数据基础设施中,37 个国家或国际组织合作建设 106 个数据基础设施,如图 8-3 所示。图 8-3 中,节点代表国家或国际组织,节点的大小代表国家或国际组织的合作次数(即度数中心度 Degree),节点间的连线表示国家或国际组织之间有合作关系,连线的粗细可反映合作强度。从地域合作网络来看,欧盟(Degree 为 62)及德国(Degree 为 48)在多方合作数据基础设施建设中表现最为突出,美国(Degree 为 36)、全球性国际组织(Degree 为 35)及英国(Degree 为 22)次之。结合洲际分布,各国之间的合作具有地域临近

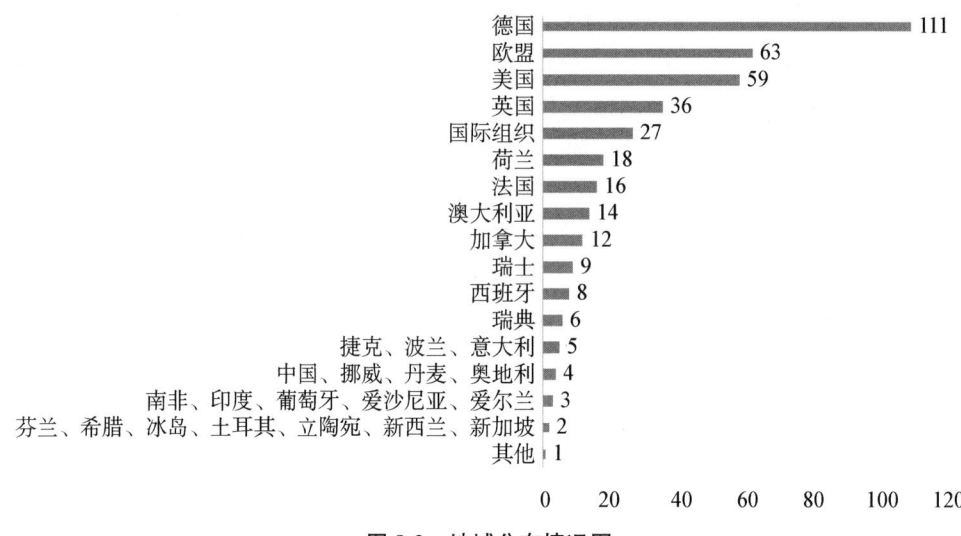

图 8-2 地域分布情况图

数据来源:Re3data.org,"欧盟"是指数据基础设施的责任机构隶属于欧盟,与其成员国划分开来。欧盟旗下的机构与隶属于成员国的机构并不重叠,两者在数据基础设施建设中都作为独立的参与者。因此,在地域分布中,欧盟是一个作为整体参与建设的区域性国际组织。"国际组织"是指全球性国际组织。

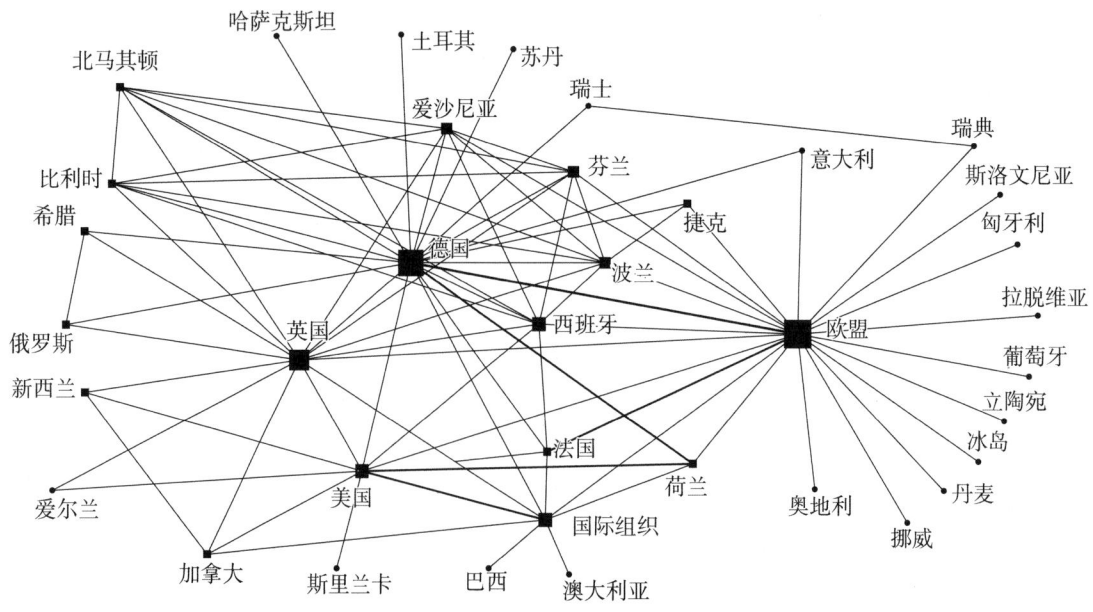

图 8-3 地域合作建设网络图

性,位于同一大洲的国家合作紧密。总之,各国在建设数量上呈现较大差距。德国、欧盟、美国及英国等欧美地区成为面向人文研究的数据基础设施的主导力量。(图中左侧为地域名称,右侧为各地域对应的数据基础设施建设数量。其他包括苏丹、秘鲁、日本、巴西、波黑、俄罗斯、墨西哥、匈牙利、比利时、阿根廷、哥伦比亚、拉脱维亚、斯里兰卡、塞尔维亚、北马其顿、斯洛文尼亚、哈萨克斯坦17个国家。)

(3) 学科分布

使用德国研究基金会学科领域分类,将人文学科划分为八个二级学科,数字人文数据基础设施的学科分布如表8-1所示。在学科分布上,历史和语言学的数据基础设施建设最为积极;其次是美术、音乐、戏剧和媒体研究,古代文化,非欧洲语言和文化、社会和文化人类学、犹太研究和宗教研究;而文学研究、神学、哲学领域的数据基础设施并不多。在其他学科的细分领域中,隶属于社会和行为科学的社会科学及经济学、自然科学中的地球科学(包括地理科学)较为突出,其次是工程科学中的计算机科学,电气和系统工程以及生命科学中的生物学。此外,对人文学科下的二级学科与数据类型之间的关系进行交叉分析,以可视化的形式反映两者之间的相关性如图8-4所示。可以看出,8个学科领域与15种数据类型分别散落于四个象限上。在第一象限上,历史学科倾向于标准办公文档及图像(images),神学与科学统计数据集网络数据(networkbased data)靠近,非欧洲语言和文化、社会和文化人类学、犹太研究和宗教研究与数据库(databases)及科学统计数据较为亲近;在第二象限上,哲学与配置数据(configuration data)联系紧密,文学研究与归档数据(archived data)、结构化文本(structured text)及数据库较为靠近;在第三象限中,仅有语言学坐落于此,与视听数据(audiovisual data)最接近,软件应用(software applications)、源代码(source code)及纯文本(plain text)次之;在第四象限上,美术、音乐、戏剧和媒体研究倾向于原始数据(raw data),古代文化靠近原始数据及结构化图形(structured graphics)。总的来说,人文学科的各细分领域对不同数据类型的关注程度有所差异。这给跨学科领域的人文研究带来了诸如数据类型复杂、格式不一、整合困难等挑战。科学统计数据(scientific and statistical data formats, SSDF),标准办公文档(standard office documents, SOD),其他(Other)。

表8-1 学科领域分布表

学　　科	数量/个
history(历史学)	112
linguistics(语言学)	111
fine arts, music, theatre and media studies(美术、音乐、戏剧和媒体研究,fmtms)	76
ancient cultures(古代文化)	73
non-european languages and cultures, social and cultural anthropology, jewish studies and religious studies(非欧洲语言和文化、社会和文化人类学、犹太研究和宗教研究,nsjs)	47
literary studies(文学研究)	30
theology(神学)	22
philosophy(哲学)	10

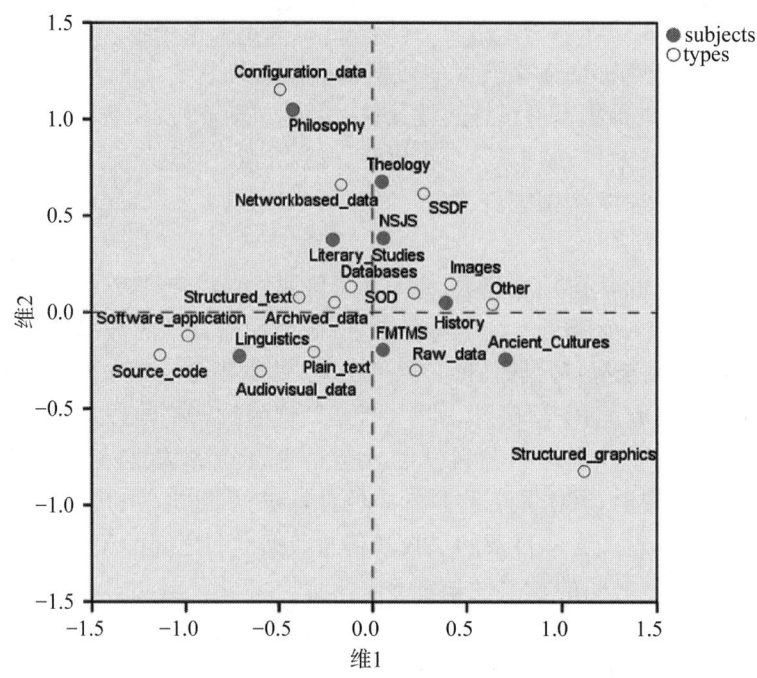

图 8-4　学科领域与数据类型的对应分析图

（4）技术应用情况

数字人文数据基础设施的技术应用情况如表 8-2 所示。技术应用上，数字人文数据基础设施在基础设施方面，主要以 Dataverse、DSpace、Fedora、CKAN、MySQL、Eprints 及 DLibra 等开源软件为基础，如复旦大学社会科学数据库、华东师范大学人文社科大数据平台基于 Dataverse 开展数据共享、交换、发现等服务。在数据接口（API）方面，元数据收割协议（OAIPMH）使用最多，其支持元数据收割和下载；表述性状态传递（REST）次之，其是现实中 Web 服务限制更少的一种 SOA 形式[①]，具有高效、简洁及易扩展性等特点。部分数据基础设施（33 个）提供两种及以上的接口供用户根据需求及场景选择。在永久标识符（PID）方面，最常使用的是数字对象标识符（DOI）系统，HDL（Handles）次之。各机构基于不同方面的考量选择 PID 系统，如 DOI 互操作性较好，而 HDL 数据隐蔽性较好[②]。从技术应用来看，开源软件使各数据基础设施依据自身需求进行二次开发，促进人文研究数据开放与共享进程；从技术应用来看，开源软件使各数据基础设施依据自身需求进行二次开发，促进人文研究数据开放与共享进程；PID 促进人文数据的可发现、可溯源和持久性。

表 8-2　技术应用情况表

软件名称	数量	接口	数量	永久标识符	数量
Unknown	82	OAI-PMH	79	DOI	118
Other	81	REST	31	HDL	84

---

① 胡君，程京，王敏. 基于 XML 的 REST API 设计与实现[J]. 微计算机信息，2010，26(9)：166-167，170.
② 罗鹏程，崔海媛，聂华，等. 高校图书馆持久标识符应用研究[J]. 大学图书馆学报，2017，35(5)：108-116.

续表

软件名称	数量	接口	数量	永久标识符	数量
DSpace	26	Other	30	URN	14
Dataverse	26	SWORD	11	PURL	9
Fedora	17	SPARQL	7	Other	7
CKAN	5	FTP	5	ARK	6
MySQL	4	SOAP	2		
EPrints	3	NetCDF	1		
DigitalCommons	2				
Nesstar	2				
DLibra	1				

8.1.3 数字人文基础设施服务建设

本节以典型数字人文数据基础设施为切入点,通过案例分析深入探索数字人文数据基础设施的服务功能,分析其在数据资源、数据管理、数据服务上的建设现状及特点。

（1）数据资源

数据资源上,通过规模、类型、格式及来源机构四个方面分析数字人文数据基础设施的资源现状,如表8-3所示。规模能反映出数据的丰富性;类型和格式能反映出当前数据基础设施在资源建设方面的重点;来源机构是指在数据基础设施上发布数据的机构,其数量能反映出数据基础设施的影响力。

表8-3 数字人文数据基础设施典型案例的资源现状（2021年10月收集）

名称	资源规模	资源类型/种	支持格式/种	来源机构/个
tDAR	430 423（成果）	10	21	—
DARIAH-DE Repository	277（集合）、1 779（文档）	12	19	21
CLARIN	652 726（成果）	378	171	61
Text Grid Repository	659 519（成果）	4	29	10
Archaeology Data Service	1 400 838（成果）	23	73	30
ORTOLANG	534（资源）、865 446（文件）	4		102
IANUS	15（数据集合）	10	48	6
Collaborative Research Centre 806 Database	511（数据集）	7	13	
META-SHARE	2 937（语言资源）	4	51	28

资料来源:饶梓欣.可持续发展下的数字人文数据基础设施建设现状研究[D].上海:华东师范大学,2022.

从资源规模来看,各数字人文数据基础设施对收录规模的描述不一致。有的以收录条数记录,如tDAR、CLARIN、Text Grid Repository以及Archaeology Data Service;有的以收录内容数量记录,如 DARIAH-DE Repository、ORTOLANG、IANUS、Collaborative Research Centre 806 Database、META-SHARE。根据上述调查,可以看出各数据基础设施的资源规模存在一定差距。

从资源类型来看,各数字人文数据基础设施的资源类型多样。详细分析各资源类型发现,有的是按媒介划分,如 tDAR、DARIAH-DE Repository、Text Grid Repository、Archaeology Data Service 及 IANUS;有的是按主题划分,如 CLARIN(虽然在存储库的页面中显示"按资源类型"的结果为 378 种类型,但按资源类型系列划分,可概述为 12 个语料库系列、5 个词汇资源系列和 4 个工具系列)、ORTOLANG 及 META-SHARE;而 Collaborative Research Centre 806 Database 是按项目组来划分。一方面,在媒介类型上,除了诸如文档、文本、图片、音频、视频、数据集等常见类型外,各数字人文数据基础设施都聚焦于 GIS、3D 及 VR 等类型数据;另一方面,根据主题内容划分,可以看出数字人文数据基础设施的资源包括数据及工具。

从资源格式来看,各数字人文数据基础设施支持多种格式以便用户使用。部分数据基础设施还提供了数据格式的推荐级别,如 tDAR 在《存款人指南》(*Guidelines for Depositors*)中将数据格式推荐级别划分为"preferred file format(首选文件格式)"及"accepted file format(可接受文件格式)";IANUS 在 IT 建议中将数据格式划分为首选格式、可接受格式及不适合使用三种级别。

从来源机构来看,ORTOLANG 的来源机构数量最多,最少的是 IANUS。ORTOLANG 是 CLARIN 的法语节点,并与 DARIAH-DE 达成合作,还是对法国超大型研究基础设施 Huma-Num 提供的一般服务的补充。因此,跨多个基础设施建设项目的 ORTOLANG 开放程度更高,参与的机构数量也就越多。而 IANUS 是专注于考古学和古代研究的国家研究数据中心,其参与机构来自德国的高校和研究所。这在一定程度上说明了相较于国家级数据基础设施,交叉式的数据基础设施能够吸引更多的合作对象,从而扩展资源池。综上,各数字人文数据基础设施的资源建设存在差距,但都具有专业性、跨媒介性和多源等特征。

(2)数据管理

数据管理是数字人文数据基础设施服务的核心功能之一(表8-4)。

表 8-4 数字人文数据基础设施典型案例的数据管理功能(2021 年 10 月收集)

名称	数 据 管 理
tDAR	planning your data contribution(规划数据贡献)、creating & editing resources in tDAR(创建及编辑资源)、preserve & protect data(保存和保护数据)、managing security and access(管理安全性及访问)
DARIAH-DE Repository	planung und erstellung(规划和创建)、auswahl(选择)、ingest/übernahme(摄取/接管)、speicherung/infrastruktur(存储/基础架构)、erhaltungsmaßnahmen(保护措施)、zugriff/nutzung(访问/使用)
CLARIN	depositing services(存储服务)
Text Grid Repository	digital object management(数字对象管理)
Archaeology Data Service	evaluation(评估)、accession(加入)、ingest(摄取)、archive(存档)、preservation transformation(保存转换)、dissemination transformation(传播转换)

续表

名称	数据管理
ORTOLANG	deposition(存储)、work(创建)、publication(发布)、archiving(存档)、consultation(咨询)
IANUS	submission information package(提交信息包)、archival information package(存档信息包)、dissemination information package(传播信息包)
Collaborative Research Centre 806 Database	data management(数据管理)
META-SHARE	contribution of resources(贡献资源)

资料来源:饶梓欣.可持续发展下的数字人文数据基础设施建设现状研究[D].上海:华东师范大学,2022.

数据管理功能具体包括数据规划、数据创建、数据保存、数据访问及使用等功能,基本覆盖了研究数据生命周期。其中,tDAR[①]、Text Grid Repository[②]、Archaeology Data Service[③]、ORTOLANG[④]及 IANUS[⑤]都参照 OAIS 模型实施数据管理,该模型将数据生命周期划分为以下模块:保存计划、数据收集、数据保存、数据管理、访问管理、行政管理[⑥]。而 CLARIN 的存储服务包括识别合适的存储库、资源集成、长期存档、通过 PID 引用等;Collaborative Research Centre 806 Database 的数据管理包括数据整合、归档及发布等工作流程;META-SHARE 的贡献资源包括创建、添加元数据描述及上传等操作。

(3) 数据服务

数据服务是数字人文数据基础设施服务的另一核心功能之一(表 8-5)。

表 8-5 数字人文数据基础设施典型案例的数据管理功能(2021 年 10 月收集)

名称	数据服务
tDAR	search tDAR(搜索)、explore tDAR(探索)、start a project & add data(启动项目并添加数据)、upload & contribute to tDAR(上传和贡献给 tDAR)、share & cite(共享及引用)
DARIAH-DE Repository	searches(搜索)、DARIAH-DE Publikator(发行人)、collection registry(集合注册表)、data modeling environment(数据建模环境)
CLARIN	virtual language observatory(虚拟语言实验室)、content search(内容搜索)、language resource switchboard(语言资源交换机)、virtual collections(虚拟馆藏)、language resource inventory(语言资源清单)

---

① Research data e-infrastructures: framework for action in H2020[EB/OL]. [2022-10-09]. https://indico.cern.ch/event/212498/contributions/427529/attachments/334927/467410/H2020-Framework-4-Action.pdf.
② Digital object management-text grid-DARIAH wiki.[EB/OL][2021-10-09]. https://wiki.de.dariah.eu/display/TextGrid/Digital＋Object＋Management#Digital Object Management-Text Gridandthe Open Archival InformationSystem (OAIS).
③ 陈涛,张永娟,刘炜,等.关联数据发布的若干规范及建议[J].中国图书馆学报,2019,45(1):34-46.
④ BLÜMM M, FUNK S E, SÖRING S. Die infrastruktur-angebote von DARIAH-DE und text grid [J]. Information-Wissenschaft & Praxis, 2015, 66(5-6):304-312.
⑤ GREEN K, NIVEN K, FIELD G. Migrating 2 and 3D datasets: Preserving autoCAD at the archaeology data service [J]. ISPRS International Journal of Geo-Information, 2016, 5(4):44.
⑥ 张培风,张连分.全球科研范式变革下的图书馆科学数据管理服务创新:基于数据管理生命周期的视角[J].图书馆理论与实践,2019(5):39-48.

续表

名称	数据服务
Text Grid Repository	search(搜索)、shelf(架子)、download(下载)、voyant、switchboard(交换机)、annotate(注释)、errata(勘误表)
Archaeology Data Service	search(搜索)、OASIS、ads-easy、download(下载)、cite(引用)
ORTOLANG	diffusion service(扩散服务)、online tools service(在线工具集服务)
IANUS	datenportal(数据门户)
Collaborative Research Centre 806 Database	GIS services(地理信息系统服务)、terrestrial laser scanning(地面激光扫描)、UAV based aerial image acquisition(基于无人机的航空图像采集)、search(搜索)、submit(提交)、statistics(统计)
META-SHARE	search/browse(搜索/浏览)、download(下载)、statistics/reporting(统计/报告)

资料来源:饶梓欣.可持续发展下的数字人文数据基础设施建设现状研究[D].上海:华东师范大学,2022.

数据服务功能是数字人文数据基础设施面向用户的服务,即支持数字人文"学术原语"所定义的研究行为(发现、收集、比较、发布和协作)[1]。

从"发现"来看,浏览和搜索是其最基础的操作,但部分数字人文数据基础设施通过各种功能提高其探索性,如在"浏览"上,explore tDAR(提供按资源创建时间、按资源类型及按地图的浏览服务)、collection registry(作为馆藏目录,除了可访问的数字馆藏外,还包括受保护或离线的馆藏)、language resource inventory(提供易于使用的语言资源目录)、statistics(统计)等功能极大提高了数据的可见度及全面性。

从"收集"来看,数字人文数据基础设施的收集功能呈现出多源聚合及持久性的趋势。如 Text Grid Repository 的"shelf"功能提供了以集合形式编译单个语料库的选项,并可以下载此语料库或与其他工具一起使用。

从"比较"来看,对高度异构的人文数据集进行比较分析是数字人文数据基础设施需要解决的难点之一。DARIAH-DE Repository 的 data modeling environment 是用于对数据进行建模和关联的工具,允许将数据从一个模型自动转换为另一个模型,从而实现不同数据和元数据模式的互操作性,构成了异构数据的比较搜索功能的基础。此外,注释可以被视为比较活动的结果之一,所以"比较"还包括与注释有关的研究行为[1],如 CLARIN 的 language resource switchboard 功能提供匹配的语言处理 Web 应用程序(包括用于自动注释文本语料库的 Weblicht 等工具)。

从"发布"来看,主要包括发布于特定的存储库及共享于研究社区两种方式。如 DARIAH-DE Repository 及 Text Grid Repository 分别通过 DH-publish Service 和 TG-publish Service 将数据发布于存储库并提供长期检索;ORTOLANG 的 Diffusion Service 功能允许存储所有资源以及通过不同的接口分发它们;Archaeology Data Service 及 IANUS 分别通过 Research 及 Datenportal 门户分享数字人文项目及其数据到研究社区。

从"协作"来看,各数据基础设施并没有设置特定的功能强调该研究行为,而是将其融于

---

[1] MEGHINI C, NICCOLUCCI F, FELICETTI A, et al. ARIADNE: A research infrastructure for archaeology [J]. Journal on Computing and Cultural Heritage(JOCCH), 2017,10(3):1-27.

理念中,搭建出"无处不协作"的研究环境。如 tDAR 支持协作工作中的项目成员之间共享数据,甚至可以使用数据工具来集成项目成员的数据集。

8.2 数字人文语义支撑平台

数字人文语义支撑平台的出现,旨在指导数字人文资源的语义化建设和知识研究。平台包含关联数据转换服务(linked data transformation service,LDTS)、关联数据检索服务(linked data query service,LDQS)、关联数据发布服务(linked data publishing service,LDPS)、关联数据推理服务(linked data reasoning service,LDRS)、关联数据知识服务(linked data knowledge service,LDKS)和关联数据计算服务(linked data computing service,LDCS)六大语义服务模块。其中,前三个模块可看成是构建语义应用平台的标准配置,后三个模块则为可选配置。同时,数字人文语义支撑平台还尝试将 GIS、MARKUS、国际图像互操作框架(IIIF)等技术和框架与支撑平台相结合,共同服务于数字人文研究。

8.2.1 平台功能模式

(1)语义平台功能框架

基于语义技术的应用平台通常需要借助语义框架来实现,常用的开源语义框架有 Apache Jena 和 OpenRDF Sesame。语义平台框架从底向上分为基础设施层、语义关联层、知识服务层和应用平台层四层结构,如图 8-5 所示。从结构层次看,基础设施层主要结合一些开源工具和开放本体,将多源异构的数据转换为 RDF 结构的数据,实现资源语法层面的统一;语义关联层需要对同类资源的不同本体进行对齐,建立不同资源之间的语义关联,实现资源语义层面的统一;知识服务层可以结合本体、知识图谱和机器学习方面的理论和算法,提供资源语义相关的知识服务;应用平台层作为资源与用户交互的直接入口,为用户提供更为精准的分析数据,助力科学研究。

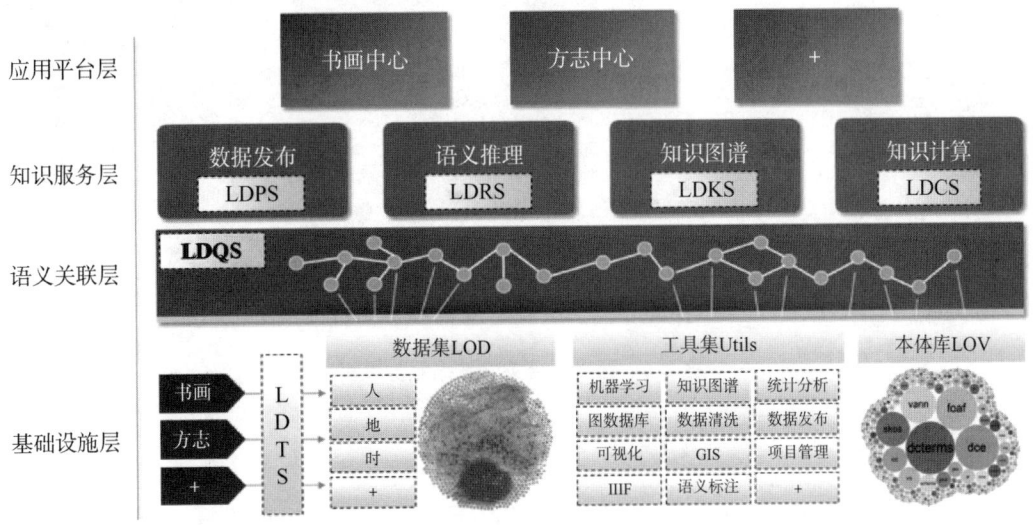

图 8-5 语义平台功能框架

从语义服务看,语义平台的四层结构中包含了六大关联数据模块,这些服务既可以独立开展服务,也可以联合提供服务。关联数据转换模块(LDTS)位于基础设施层,是整个语义平台的基础和根基,为语义关联层提供标准数据支持;关联数据检索模块(LDQS)作为语义关联层的主要服务模块,是整个语义平台的桥梁和心脏,为知识服务层提供链接的语义数据;关联数据发布模块(LDPS)、关联数据推理模块(LDRS)、关联数据知识模块(LDKS)和关联数据计算模块(LDCS)则是整个语义平台的价值体现,为最终的应用平台层提供方法和手段①。

(2) 语义平台模块堆栈

人们熟知的语义网技术堆栈如图 8-6 所示,主要包括超文本网络技术(URI/IRI、HTTP、UNICODE、AUTH)、标准化语义网技术(RDF、RDFS、OWL、SKOS、SPARQL、RIF)和尚未实现的语义网技术(LOGIC、PROOF、TRUST)②。这里将语义平台功能涉及的六大服务功能近似对应到语义网技术堆栈。①LDTS 转换服务对应于技术堆栈的语法层,即实现 RDF 序列化格式;②LDPS 发布服务可对应于技术堆栈中的知识表示结构层,用 RDF 模型展示数据结构;③LDQS 检索服务对应于技术堆栈中的检索层,即用 SPARQL 进行 RDF 数据的获取;④LDRS 推理服务对应于技术堆栈中的 RIF 规则交换层,实现语义推理;⑤LDCS 计算服务可对应于技术堆栈中的逻辑层,提供公理和规则,实现图的运算和逻辑操作;⑥LDKS 知识服务可以对应于最终的应用层,语义平台涉及的众多技术都将为最终的语义知识和服务提供技术支持。

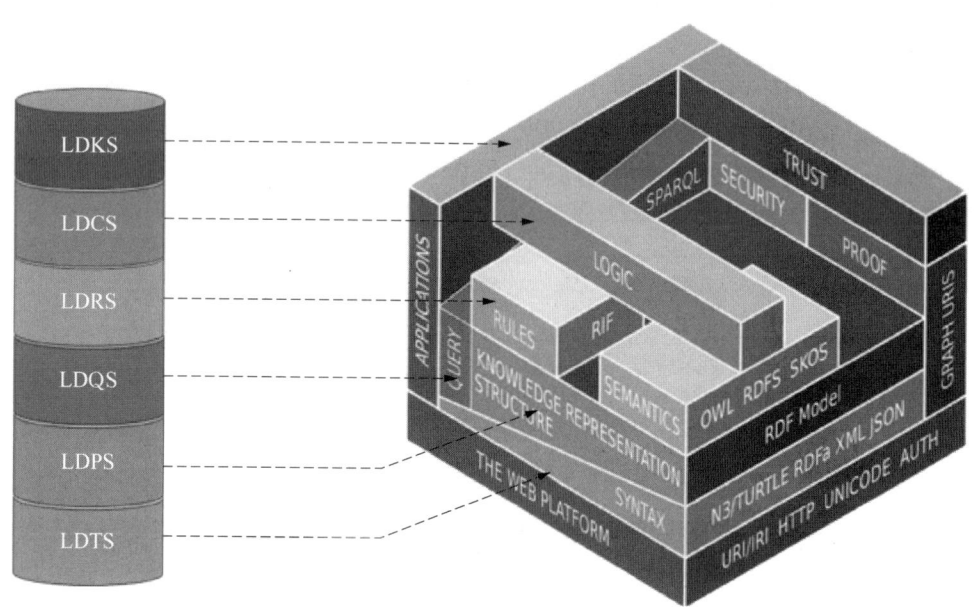

图 8-6 语义平台关联数据服务堆栈

---

① 陈涛,单蓉蓉,张永娟,等. 数字人文研究的语义支撑平台构建研究:以 ECNU-DHRS 平台为例[J]. 图书馆杂志,2021,40(3):69-77.

② The semantic web layer cake [EB/OL]. [2022-10-13]. https://natanael.arndt.xyz/notes/semantic-web-layer-cake.

8.2.2 语义平台服务模块

(1) 关联数据转换模块

高质量的、规范的、结构化数据是构建语义环境的基础,开放数据的五星模型[1]乃至扩展的七星模型为语义环境的数据提供了标准和要求[2]。关联数据转换服务(LDTS)主要将不同结构的原始数据转换为统一格式的 RDF 结构数据,LDTS 可以根据结构化、半结构化和非结构化的数据结构类型,采用不同的实现方法,如图 8-7 所示。可以看出,不管是什么类型的数据,都需要经过类和属性的映射才能转化为 RDF 数据,只是在实现方式上有所区别。

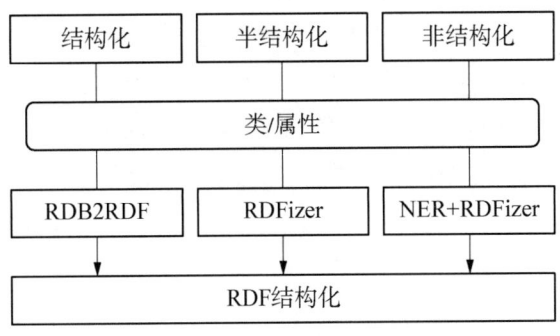

图 8-7　LDTS 转换服务实现方式

结构化数据指可以使用关系型数据库表示和存储,表现为二维形式的数据。一般特点是数据以行为单位,每一行可以看成是一个实体(资源)的信息,每一列可以看成是该实体的一个属性信息。对于结构化数据,通常采用 RDB2RDF 的方法进行转换,如使用 D2R 工具[3]、R2RML 映射语言[4]等。EXCEL 和 CSV 文件也具有结构化数据的特点,可以使用 OpenRefine[5]进行 RDF 转换。

半结构化数据可以看成是结构化数据的一种形式,并不符合关系型数据库的数据模型结构,但包含相关标记,可以用来分隔语义元素以及对记录和字段进行分层,也称为自描述的结构。半结构化数据特点是属于同一类实体可以有不同的属性,组合在一起时属性顺序并不重要,典型的半结构化数据有 XML 和 JSON。对于这类数据,也有一些工具可以用来实现 RDF 转换,称为 RDFizer 实现,如 XML2RDF、XMLWrapper、JSON2RDF。

非结构化数据指没有固定结构的数据,如各种文档、图片、视频/音频等。对于非结构化的文本数据,需要结合自然语言处理和命名实体识别技术,抽取出结构化数据,再进行 RDF 转换,如使用 Open Semantic ETL、TextRunner、Deepdive 等工具。而对于图像和音频视频文件的结构提取,主要先通过目标检测识别出资源实体,再进行转换。

---

[1] SÉBASTIEN M, MURIEL F, SLIM T. 1-5 Stars: Metadata on the openness level of open data sets in Europe [C]. Research Conference on Metadata and Semantic Search (MTSR), 2013:234-245.
[2] 陈涛,张永娟,刘炜,等. 关联数据发布的若干规范及建议[J]. 中国图书馆学报,2019,45(1):34-46.
[3] D2RQ [EB/OL]. [2022-10-13]. http://d2rq.org/.
[4] R2RML: RDB to RDF mapping language [EB/OL]. [2022-10-13]. https://www.w3.org/2001/sw/rdb2rdf/r2rml/.
[5] OpenRefine [EB/OL]. [2022-10-13]. http://openrefine.org/.

（2）关联数据检索模块

经过 LDTS 转换后的数据只是实现了数据语法层的统一,目前的数据还只停留在本地阶段,从开放数据的五星模型来看只是达到四星要求,即将数据转为 RDF 结构。要想达到五星模型标准,需要将本地的 RDF 数据集与外部开放的关联数据资源进行关联(链接),这一步才是关联数据的精髓所在。通过关联不同数据源的资源,可以实现资源的分布式融合,即可以实现语义层的统一。关联数据检索服务(LDQS)可以在已经关联的不同来源的资源中实现分布式资源的联邦检索和数据混搭,而联邦检索正是关联数据区别于传统数据获取方式的最突出优点[1]。

不同数据源资源之间的语义关联,通常通过本体对齐和资源关联两步来完成。

本体对齐。在资源创建时,虽不同数据源中的资源描述系同一实体,但往往采用的本体并非一致,因此需要采用统一的本体来兼容这些数据源资源。可通过将不同数据源资源的类和属性分别对应到某个常用本体中,以实现资源的本体对齐。

资源关联。不同机构在将实体数据进行 RDF 结构化的过程中,往往会用各自机构的域名来定义资源的 URI 地址,这些资源之间就需要进行关联操作。可以使用 LIMES、SILK、LDIF 等工具和框架来进行不同资源之间的自动化关联,主要原理是通过机器学习和字符相似度的一些算法来进行资源属性值的对比。

实现不同资源的关联后,整个 WEB 就成为一个巨大的数据库(web of data),资源之间的获取和融合完全在网络环境中完成,人们不再去关心获取的资源位于何地,存储在哪个服务器中,这也是数据去中心化的思想。关联数据的联邦检索可以方便地从多个关联的资源中进行信息的分布式获取和无缝融合,但是在使用过程中,联邦查询的效率问题对于实时性较强的系统来说,具有一定的挑战性,往往需要从服务器的设置、数据库的配置、SPARQL 的组织等多角度进行优化[2]。

（3）关联数据发布模块

连接、开放、共享将成为大数据时代、人工智能时代、万物互联时代不变的主题。对于语义平台也是如此,LDQS 中实现了与外部数据源的融合,打通了不同数据之间的信息"孤岛"。关联数据的目的简单理解是"用来连接分散的数据源",只有将数据源开放或发布出来成为数据网络中的一个节点,才能真正释放数据的价值,也是数据技术时代的根本推动力。

关联数据发布服务(LDPS)将遵循 W3C 的开放标准(关联数据四原则)进行数据发布。关联数据常用发布方式有:基于静态的 RDF/XML 文件发布、基于数据库的第三方工具转换(D2R 平台、Openlink Virtuoso、Triplify、Pubby 服务器)、基于 API 或 Web Service 的第三方转换(Linked Data API、OAI2LOD Serve 等)、基于 CMS 的 RDFa 方式(Drupal 的 RDF 模块)[3]。静态文件的发布方式常针对小的或者归档数据集,如本体文件的发布、DBPedia 历史版本的归档等;使用 D2R、Virtuoso、Pubby 等方式只是实现了 RDF 数据的 Restful 检索,

---

[1] ALI H, QAISER M, SYEDA SANA E Z, et al. BioFed: Federated query processing over life sciences linked open data [J]. J Biomed Semantics, 2017, 8:13.
[2] OGUZ D, ERGENC B, YIN S, et al. Federated query processing on linked data: A qualitative survey and open challenges [J]. The Knowledge Engineering Review, 2015, 30(5):545-563.
[3] 沈志宏,刘筱敏,郭学兵,等.关联数据发布流程与关键问题研究:以科技文献、科学数据发布为例[J].中国图书馆学报,2013,39(2):53-62.

使用时需要熟悉 SPARQL 查询语言,技术门槛较高,同时也没有完全遵循关联数据四原则,如资源 URI 不能在网络中直接流通,只是作为 ID 存储于数据库中。

这些发布模式太过依赖发布平台和本地环境,使用的工具存在限制数据集大小或不提供技术更新等问题,使得数据同步维护成本增加,同时用户的体验也不好。LDPS 平台基于 LODView 进行二次开发①,通过简单的节点配置,实现多数据源节点的轻量挂接,达到单平台多节点发布,如图 8-8 所示。

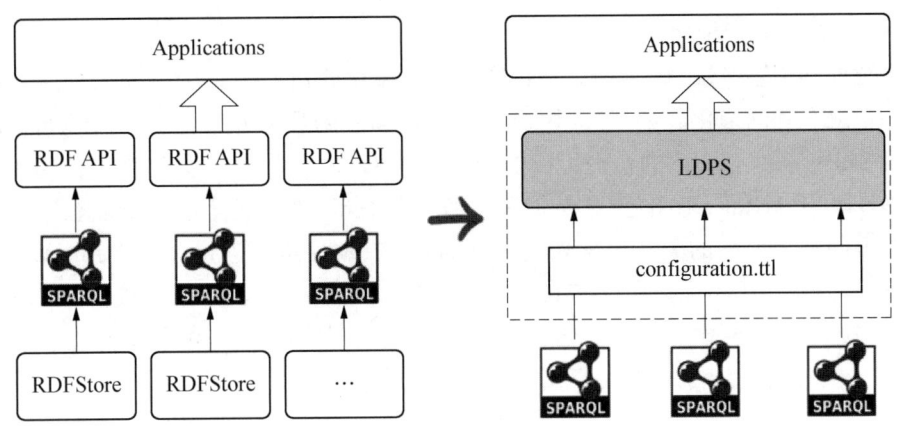

图 8-8　LDPS 实现 OPME 发布

(4) 关联数据推理模块

语义平台区别于传统系统最大的区别体现在数据的智慧性,关联数据采用本体进行知识组织,而本体强大的描述能力和丰富的组织结构为语义推理提供了功能。OWL 是目前最规范(W3C 制定)、最严谨(采用描述逻辑)、表达能力最强(是一阶谓词逻辑的子集)的本体语言,主要基于 RDF 语法,使表示出来的文档具有语义理解的结构基础。关联数据推理服务(LDRS)可根据已存在的三元组依据一定的规则或算法,从结构化数据中挖掘、发现、推演,增强数据集中包含的信息,LDRS 的推理可以从语义逻辑层面和数据存储层面两方面来实现。

与 OWL 相关的常用推理引擎有:CLIPS(或 Jess)、RACER、FaCT++、Pellet、Jena,本节中的整个语义平台主要基于 Apache Jena 框架构建,因此可以使用 Jena 中的推理引擎在语义逻辑层面来构建 LDPS 服务,该层面的推理实现需要具备语义模型的编程能力,技术门槛较高。根据推理机实现的技术不同可以分为基于本体的推理和基于规则的推理:① 基于本体的推理主要用来实现传递属性、对称属性、逆等关系属性的知识推理②。此类推理引擎需要针对具体的本体语言进行推理,因此针对性强、效率高,如 Jena 中提供的针对 RDFS、OWL 的推理引擎,这类推理机制相对容易集成到 LDRS 服务中,以提供基于本体的逻辑推理。② 基于规则的推理方式,则需要根据不同系统、不同用户的需求进行规则的定义,再利用推理机进行推理。Jena 中除了实现本体推理外,还可以利用基于规则的推理引擎实现一般用途的推理,该推理引擎支持基于规则的 RDF 图推理,并提供正向链接、反向链接和混合

---

① 陈涛,刘炜,朱庆华. 中文百科概念术语服务平台 SinoPedia 的构建研究[J]. 中国图书馆学报,2019,44(1):4-18.
② 潘超,古辉. 本体推理机及应用[J]. 计算机系统应用,2010,19(9):163-167.

执行模型。

RDF Schema 和 OWL 模式是 RDF 图,可以将这些模式加载到三元组存储中,在数据存储层面进行语义推理,该层面的推理实现需要具备 SPARQL 操作的能力。这里以 Virtuoso 数据库为例,简要说明在数据存储层面实现 LDRS 服务的流程:①制定规则图,将需要推理的属性关系存储到规则图中(如属性对称关系)。②使用 RDFS_RULE_SET 加载制定的规则图。③使用 SPARQL 进行 RDF 数据获取时,将会根据加载的规则图进行语义推理。

(5) 关联数据知识模块

关联数据知识服务(LDKS)借助知识图谱和可视化等相关技术,将不同知识库中的多源数据集进行融合和图形化展示,帮助用户更好地从关联的数据源中挖掘、分析隐含知识,并提供多维知识服务。LDKS 的实现可以借助于 LODLive 工具,该工具提供了使用关联数据标准(RDF 和 SPARQL)来浏览 RDF 资源,浏览到的资源多少完全取决于能获取多少的关联链接。不同资源之间的关联通常采用 owl:sameAs 属性进行连接,owl:sameAs 是 OWL 的内置属性,经常用于跨标识资源和跨分布式数据集之间的关联数据集成。LDKS 服务可采用专有的 SAMEAS 图(GRAPH)来进行关联链接的存储,图 8-9 和图 8-10 为传统方式进行 SAMEAS 链接和使用 SAMEAS GRAPH 方式的结构对比。

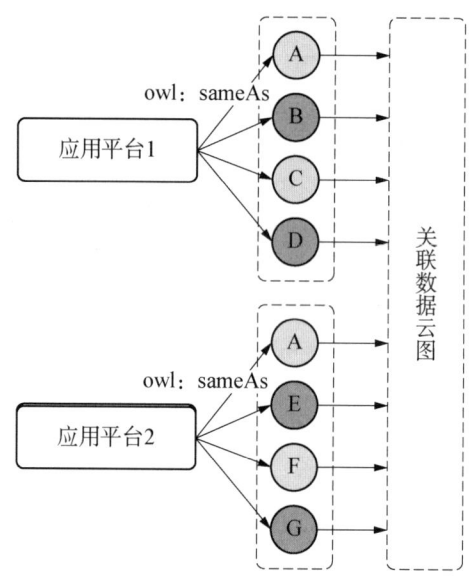

图 8-9　传统方式进行 SAMEAS 链接(1:1)

图 8-9 为传统方式进行 SAMEAS 链接模型,此时 SAMEAS 与每个应用系统相关,如在应用平台 1 与外部资源 ABCD 进行关联,关联的 RDF 三元组信息存储在应用平台 1 的数据库中,关联后可以从关联数据云图中获取关联资源的详细信息;同理,应用平台 2 与外部资源 AEFG 进行关联。在这种方式存在如下问题:①关联的数据源数量有限,仅限于应用平台已知数据源,如应用平台 1 只能关联到 ABCD,并不清楚数据源 EFG 是否可以关联。此时可看成是一个 SAMEAS 输入后有一个对应的一个关联资源 URI 链接输出(1:1)。②关联的数据源维护困难,随着待关联数据源的增加,需要在每个应用平台中维护新的关联信

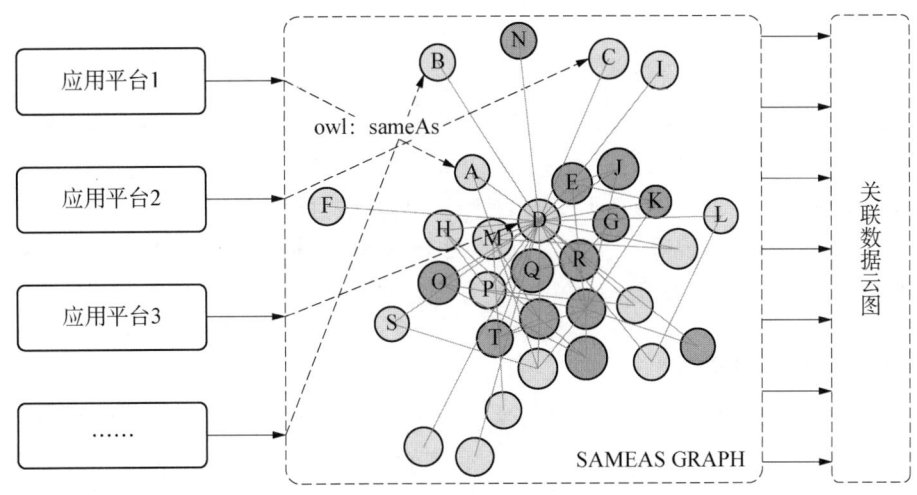

图 8-10 采用 SAMEAS GRAPH 进行链接（1：N）

息，如应用平台 1 中需要和 ABCD 四个数据源进行关联匹配，当增加新的数据源 H，应用平台 1 需要与数据源 H 进行资源的关联匹配。

图 8-10 为采用 SAMEAS GRAPH 进行中转（过渡）的链接模型，最大的区别是将所有的 SAMEAS 关系放入独立的图（GRAPH）中进行存储，这样做的好处有：①关联的资源丰富，应用平台 1 只需要和 SAMEAS GRAPH 中的某一个节点（数据资源）关联，如关联到数据源 A，通过 SAMEAS GRAPH 就可以获取相关联的其他资源 DEMQ，具体能够关联到多少数据源，完全由整个数据网络中的已经关联的其他节点决定，可以最大程度获取更多的关联信息，即一个 SAMEAS 输入可以输出多个关联资源的 URI 链接（1:N）。②关联的运维成本较低，这种方案完全将应用平台级的关联匹配工作交由 SAMEAS GRAPH 来完成，而 SAMEAS GRAPH 中的关联信息又来源于网络，因此可看成是分布式的链接众包模式，也体现了关联数据去中心化的理念和优势。

（6）关联数据计算模块

语义平台中的数据由 RDF 三元组依据本体结构进行组织，数据之间具有一定的智慧和语义能力，为了更好地实现从无序的大数据到有序的知识转变，需要对网络中蕴含的开放知识进行有效的计算，平台将挂接关联数据计算服务（LDCS），以更好地提供 LDRS 和 LDKS 服务。通过 LDCS，可对网络大数据环境下海量碎片化的数据进行自动的、实时的结构化与体系化组织，对知识进行深度语义关联。

知识计算，从过程角度来讲，可包括三个方面的计算：知识获取阶段的计算、知识关联阶段的计算、知识学习阶段的计算①。在知识获取阶段，通过对开放的数据进行结构化与体系化组织，形成少量的知识；在知识关联阶段，通过专家经验或机器学习算法，实现知识的多维语义关联，进一步完善和补充知识；在知识学习阶段，通过不断地学习知识间的关联信息，机器实现对知识的进一步组织和表达，使得知识从人类可读、可理解转化为机器可读乃至机器

---

① 人工智能 2.0 时代的开放知识计算[EB/OL].[2022-10-13]. https://www.shangyexinzhi.com/article/details/id-54360/.

可理解,并将上述过程不断地进行重复与迭代,获取新的知识并更新旧的知识,最终实现机器的自主学习。

RDF 三元组作为很好的知识计算(图)模型,可以非常方便地呈现复杂的显式知识,也可结合图存储、图计算和数据挖掘技术,提升知识计算能力来进一步获得隐式的或推断的知识。图存储可以灵活存储复杂关联关系,支持深度超过 1 层以上的关系进行遍历查找或基于算法进行实时数据关系挖掘;基于图谱的计算主要有属性计算、关系计算、实例计算、图遍历、中心节点分析、路径发现等①。除了图的一些计算外,LDCS 还可以集成深度学习模型和框架助力科研人员快速构建深度学习和语义开发环境。

8.2.3 语义支撑平台实践应用

华东师范大学对于数字人文语义支撑平台的尝试也选择了以语义平台框架和技术为基础。2019 年,华东师范大学完成了数字人文研究支撑平台(digital humanities research support platform, DHRSP)的建设(图 8-11),建成了包括数字方志集成平台(以下称:方志平台)和书画中心两个应用案例。此外,DHRSP 还包含本体平台,以及集成大量的开放数据集和常用的工具集。

图 8-11 数字人文研究支撑平台截屏

方志平台目前已收录 66 000 余种方志,主要来源于超星、CADAL、中国方志库、鼎秀古籍库、瀚堂典籍库和方正方志。书画中心目前已在线展出董其昌、张大千等人共 47 本书画全文,后续会继续增加更多的古现代画册。

表 8-6 中列出了 DHRSP 中使用到的关联数据服务模块,这两个实践平台都采用本体、SPARQL、RDF、OWL、JENA 等语义技术和框架构建,并采用三元组数据库进行持久化存储。在平台构建过程中,两个平台都使用了 LDTS、LDQS、LDPS 和 LDKS 服务,其中书画中心使用了 LDCS 服务。

---

① Alan Fire. 关于图算法和图分析的基础知识概览[EB/OL]. [2022-08-23]. https://www.cnblogs.com/alan-blog-TsingHua/p/10924894. 2019-6-5.

表 8-6　华东师范大学数字人文研究支撑平台

实践项目	LDTS	LDQS	LDPS	LDRS	LDKS	LDCS
方志平台	√	√	√		√	
书画中心	√	√	√		√	√

①在 LDTS 服务中,方志平台原始数据为 CNMARC 格式,平台通过集成 Apache Any23 来实现资源的 RDF 结构化;书画中心原始数据为 EXCEL 格式,平台采用了自主研发的 RDF 转换模块来实现数据的 RDF 结构化。在进行 RDF 转换前,都需要事先进行本体结构设计,DHRSP 本体都基于 BIBFRAME 和 SHLIB 本体,并在上海图书馆本体服务中心(OSC)平台中对外发布;②在 LDQS 服务中,两个平台都使用了 SPARQL 进行检索,并都提供 SPARQL Endpoint 访问方式,这也成为典型的语义平台的标准配置;③在 LDPS 服务中,两个实践平台都通过 SPARQL Endpoint 方式接入到上海图书馆的关联数据服务平台(LDSP)进行数据资源的发布,并对发布的资源提供 RDF/XML、JSONLD、NT、TTL 等都多种序列化格式;④关于 LDRS 推理服务,两个平台目前都没有加入语义推理功能;⑤在 LDKS 服务中,两个实践平台都使用了上海图书馆 LDSP 中的知识图谱服务,其中方志平台使用了传统的 SAMEAS 链接方式,书画中心则尝试使用了 SAMEAS GRAPH 来进行多资源的信息关联,目前已经关联到上海图书馆人名规范库、古籍知识库、SinoPedia 百科知识库、CBDB 关联数据库、DBPedia、WIKIDATA 等;⑥在 LDCS 服务中,方志平台没有在语义中使用 LDCS 服务;书画中心则对书画描述信息中的人物实体进行抽取和识别。

数字人文以其跨学科、跨领域的特点,可以融合关联数据、机器学习、文本挖掘、知识图谱、GIS 等多种信息技术,来推动人文学科研究方法和研究手段的创新。DHRSP 除了使用标准的语义技术外,还对这些新技术在数字人文领域的应用做了有效尝试,这里仅选择典型的 GIS、Markus 和 IIIF 技术进行阐述。

(1) DHRSP 与 GIS 的集成

地理信息系统(GIS)是近些年迅速发展起来的一门空间信息分析技术,目前已广泛应用于多个应用平台,通过 GIS 可以有效地管理具有空间属性的资源信息,能够对资源进行快速和重复的分析测试,便于学者进行科学研究。方志平台和书画中心都使用 GIS 技术,图 8-12 为方志平台 GIS 时空分析示例,通过 GIS 不仅可以查看某些区域的方志,还可以结合时间维度查看这些区域随着时间的变迁,所含方志的演变过程,从而推动人文研究学者对方志与历史、社会、自然之间的变化关系进行研究。此外,还可以结合历史地图,更为精准的展现当时的方志地理分布情况。

(2) DHRSP 与 MARKUS 的集成

Markus[1] 是数字人文领域常用的古籍半自动标记平台,既可以自动标记古籍中出现的人名、地名、官名与时间,也可以根据用户个人需要进行关键词标记;既可以作为在线阅读平台,也可以辅助生成数据库,是数字人文浪潮下一款非常实用的数位工具。方志平台目前含

---

[1] Markus [EB/OL]. [2022-10-13]. https://dh.chinese-empires.eu/markus/beta.

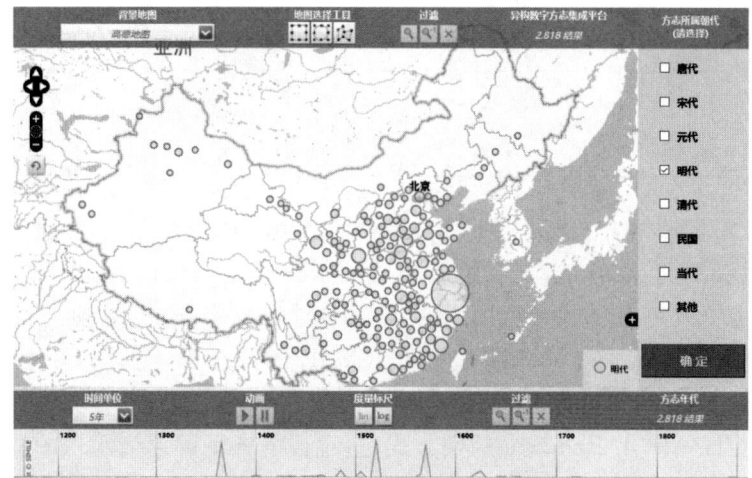

图 8-12　方志平台 GIS 时空分析

有 1426 种方志全文,可结合 Markus 进行标注训练,提取出古籍中的人、地、时等实体信息,如可以根据中国历代人物传记资料库(CBDB)和法鼓佛学人名对方志中的人名进行提取,图 8-13 为方志《光绪宁明州志》采用 Markus 进行标记的示例,其中"光绪"为时间实体,"宁明州"为标注的地名实体。

图 8-13　使用 Markus 对方志内容进行自动标记

(3) DHRSP 与 IIIF 的集成

传统图像库的建设是封闭、仓储式的,图像服务器和客户端应用程序紧密耦合,造成了图像库的孤岛和重复建设,与开放共享、知识融合的大环境相背离,移动访问和高清图像访问需求对图像基础设施提出更高性能的要求,文化遗产机构迫切需要通用的、广泛认可的图像建设框架。国际图像互操作框架(IIIF)的出现开启了数字人文研究的新时代,为数字人文研究带来了翻天覆地的变化,目前已有 50 多家机构成为 IIIF 联盟成员,参与机构达到 100 多家,遍布北美、西欧、亚洲的图书馆、档案馆、艺术馆、博物馆[①]。书画中心中含有大量的书

---

① JEFFREY P E. Digital humanities, libraries, and partnerships, chapter 9: Stitching together technology for the digital humanities with the International Image Interoperability Framework (IIIF)[M]. Chandos Publishing, 2018:125-135.

画图像资源,目前已实现 IIIF 中的图像 API、呈现 API 和检索 API(授权 API 尚未实现),采用 IIIF 技术不仅可以打通系统与外部图像之间的信息孤岛,同时与开放注释数据模型(Open Annotation Data Model,OADM)结合使用,可以对图像中的内容进行标注[①]。图 8-14 为书画中心中《董香光山水册集》画册,不仅可以呈现画册内容,还可以对内容进行标注,并进行全文检索。

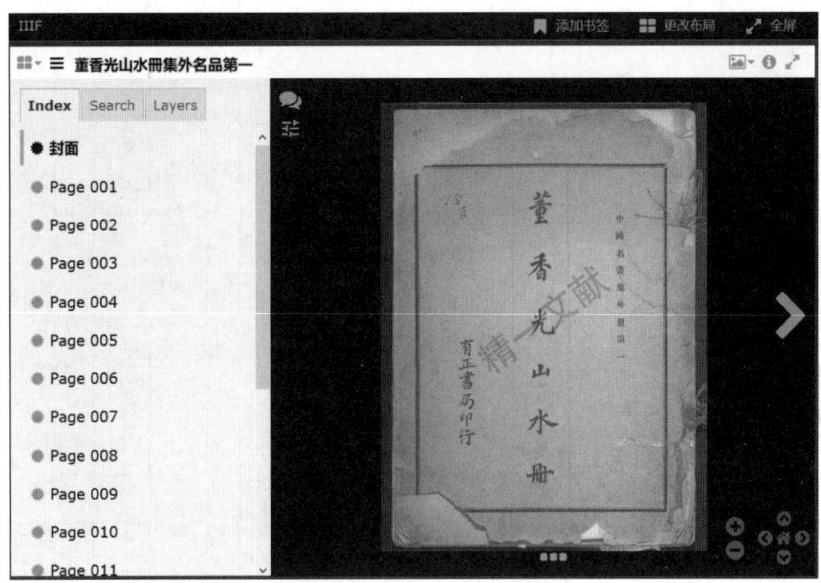

图 8-14　书画中心 IIIF 展示

8.3　数字人文人工智能平台

当前的数字人文实践,主要由各组织和机构单独实施,以专题专项为主要建设模式,存在着难以应对海量多源异构资源数字化需求、重复建设、标准缺位制约数据关联和共享等问题。2019 年,华东师范大学建成并上线了数字人文人工智能平台(digital humanities artificial intelligence platform, DHAIP),打通数字人文研究的各个环节,实现从内容创作、工具使用、智慧拓展的无缝链接,以解决数字人文研究中内容难以获取、技术难以掌控、缺乏共享和协作等人文研究的难题[②]。

8.3.1　平台架构设计

数字人文人工智能平台主要解决计算能力的供应、多类型数据的存取、人工智能技术在数字人文领域的应用,以及直接面向用户的多样化数字人文服务等问题。平台架构,自下而上,主要包括基础层、平台层、服务层和应用层。具体架构如图 8-15 所示。

---

① ROBERT S, PAOLO C, HERBERT VAN DE S. Designing the W3C open annotation data model [C]. Proceedings of the 5th Annual ACM Web Science Conference (WebSci),2013:366-375.
② 邓璐芗,许鑫.数字人文人工智能平台的设计与实现:以 ECNU-DHAI 平台为例[J].图书馆杂志,2021,40(3):78-85.

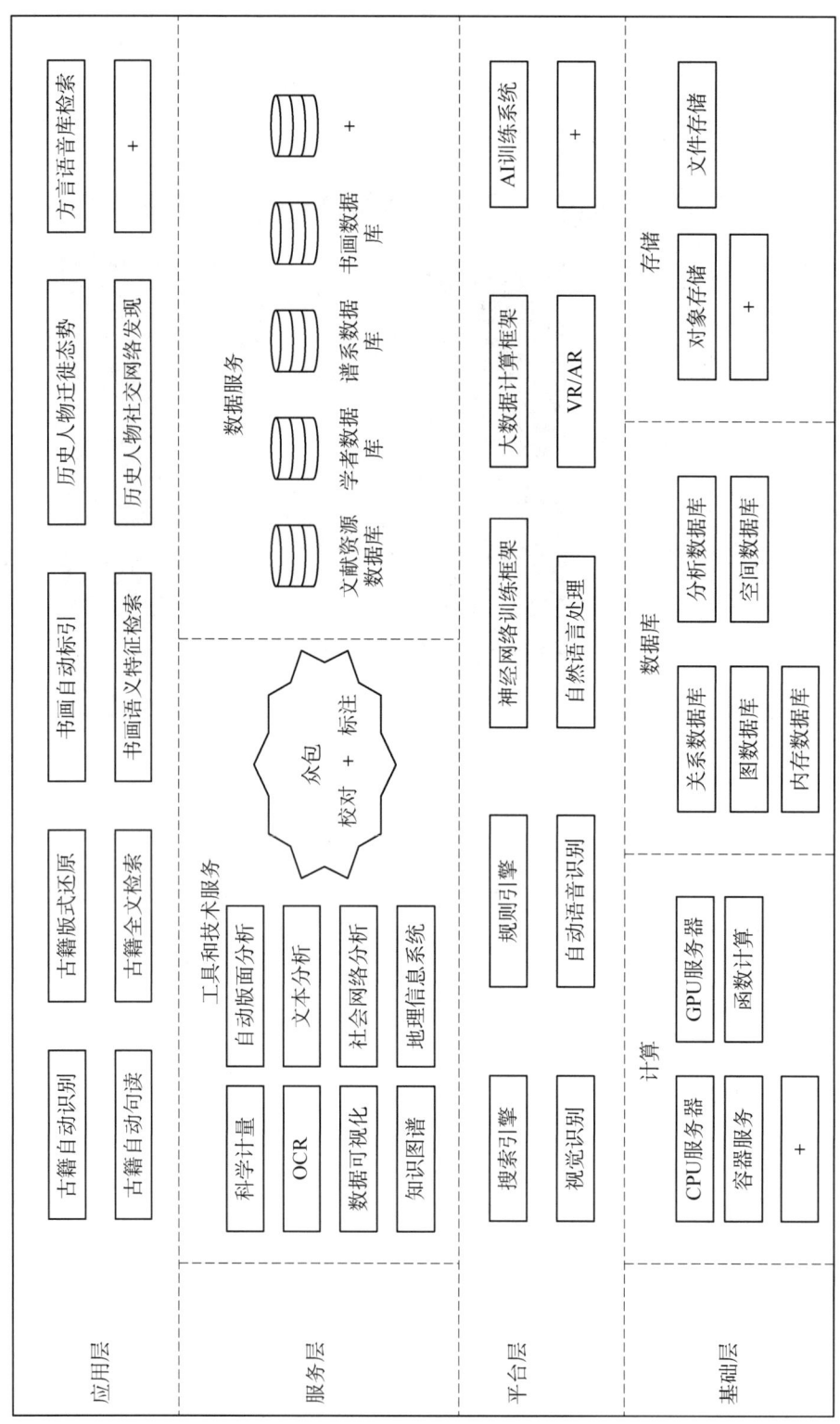

图 8-15 数字人文人工智能平台架构图

(1) 基础层

基础层指在数字环境下开展人文研究而必须具备的基本条件，通常指文献资源、数字人文相关的工具和软件、硬件配置、环境搭建、维护及数据管理规范、数据共享规范等内容。在数字人文人工智能平台的基础层中，主要包括了计算、数据库和存储三大类设施。

计算。计算设施基于虚拟化和容器技术，提供弹性的计算资源。数字人文研究和实践对计算能力的需求具有即时性和海量性的特征，计算设施可以通过弹性地调度计算资源，满足数字人文研究和实践项目中多种业务对计算的运行需求，并且降低使用成本。常用的计算设施包括 CPU 服务器、GPU 服务器、容器服务和函数计算等。

数据库。数据库设施提供了种类丰富的数据库，既有传统的关系型数据库，也有分析型数据库、空间数据库、图数据库、内存数据库等新型数据库，可以为不同的数据提供最适合的查询和存储功能。

存储。存储设施提供对象存储和文件存储功能，具有高扩展性、高可用性，既可以适用于频繁访问的场景，也能应对大容量人文数字文件的存储需求。

(2) 平台层

平台层利用基础层提供的计算和存储资源，搭建了一些通用的人工智能框架和诸多中间件服务，如搜索引擎、规则引擎、神经网络训练框架（如 PyTorch）、大数据计算框架（如 Spark 框架）、AI 训练系统、视觉识别、自动语音识别、自然语言处理、VR/AR 等。通过在平台层搭建的人工智能框架和中间件服务，可以为顶层的应用实现提供技术支撑。比如通过自动语音识别技术和自然语言处理技术的结合，可以实现对方言及少数民族语言语音档案的检索，以及无文字濒危语言的汉语标记和翻译；利用神经网络训练框架和视觉识别技术，可以实现古籍图像资源的文本内容自动识别。

平台层具有如下优点。

减少通用服务的重复建设。专题专项模式下的数字人文项目，每个应用都需独立搭建搜索、神经网络训练框架、大数据计算框架、视觉识别等模块。而平台层集成了数字人文实践项目中通用的功能模块，尤其是复杂的人工智能部分。如此，在数字人文人工智能平台上集成的各个数字人文应用，就无需单独建设这些模块，仅需在平台上调用对应模块即可，可以提高数字人文应用开发和部署的速度，并减少对资源的浪费和占用。

引入最佳实践。数字人文项目的质量受具体项目中开发、实施、运维人员的技术水平，及开发团队管理等诸多因素的影响，项目质量难以控制。而平台层通过反复实践，积累了数字人文项目中各个通用模块的最佳实践。直接使用平台层的模块，可以减少不稳定因素，大大提高各数字人文应用的稳定性和质量。

(3) 服务层

服务层是数字人文人工智能平台为用户进行数字人文研究和实践提供的各种服务，是整个平台的核心部分，主要包括了数据服务、工具和技术服务两大部分。

数据是人文研究的基本元素。各类已建成的数字人文数据库，如各类主题的文献资源数据库、学者数据库、谱系数据库、书画数据库等，部署在数字人文人工智能平台中，可直接为用户研究提供数据服务。在数字人文人工智能平台中，这些数据库既是资源本身，也是机器学习的样本。数字人文人工智能平台通过不断地与现有数据库记录之外的数据和行为进行交互，如获得众包产生的条目、修订和标注的行为，优化其利用的算法和模型。与大多数数据库建成、投入使用后少有更新维护不同的是,在数字人文人工智能平台中,机器学习会不断使用优化后的算法和模型,对已有数据库内的资源进行优化和更新,使得各类数据库可以为人文研究和实践提供最好的数据服务。

工具和技术是已有的、成功的数字人文实践项目除数据外的重要成果之一。数字人文领域工具和技术众多,有传统的工具和技术如科学计量、数据可视化、社会网络分析、地理信息系统等,也有人工智能领域的工具和技术如自动版面分析、OCR、知识图谱等。这些工具和技术,不仅能将人文研究学者从大量繁杂、耗时的资料收集和整理工作中解放出来,还是以数据驱动人文研究开展的基础。比如,科学计量法是从数量关系、变化规律、分布情况等角度进行研究的定量分析方法。人文领域的研究者们,早早就通过统计的方式,推导出了重要的研究成果,如20世纪80年代陈大康利用人工统计《红楼梦》中部分惯用语、虚词和句子在前八十回和后四十回的分布状况,对红楼梦作者统一性问题进行检验[①]。但人工统计的方式笨拙、耗时,数字人文人工智能平台上的科学计量工具,借助计算机运力,可辅助研究者从统计的角度对文献资源中的各类特征进行计量。又如OCR技术,这是基于文献或实物的图像对其中包含的文字进行识别并转换为数字信息的技术,对图像进行处理时需进行图像自动预处理、自动版面分析、自动全文识别等步骤,在其中人工智能有极大应用。

需要特别注意的是,机器学习有其局限性,足够大的训练集对于较高的识别和分类精度具有决定性作用。因此,汲取众人智慧、革新单兵作战和小团队运作科研形式的众包模式被引入到数字人文人工智能平台中,作为对机器学习的补充,目的在于利用群体智慧,对机器难以正确识别和标注的难点内容进行处理,校对和著录的结果也作为平台深度学习模型的样本,攻克自动OCR的难点问题,实现史料文献的高效自动识别输出,进一步提高平台的自动识别和分类组织的能力。

(4) 应用层

数字人文人工智能平台通过引入数字人文相关工具和技术并进行应用,将各种复杂的工具和技术以友好、便于利用的界面呈现给人文研究者,降低人文研究者应用先进技术实践研究新方法、新范式的难度和门槛,最终实现工具和技术的价值;并避免了工具的重复建设,便于将原本浪费在重复建设上的资源运用在探索新问题和深层次问题上。

目前,市面上已有很多数字人文应用实践,包括:古籍自动识别,如国家图书馆的"中国地方志数字化关键技术研究与演示平台设计"项目中就实现了方志古籍的OCR识别,甚至在少数民族语言领域也有古籍自动识别的实践,如汉王数字开发的满文图像识别软件——满文识别通等;古籍自动句读,如基于古汉语BERT的句读和标点工具"古诗文断句",可进行大规模古籍句读的自动预断句;古籍版式还原,如书同文的"点字成金"应用,可在古籍文本识别后实现版式还原,让数字化后的古籍阅读仍然古韵十足;古籍全文检索,如爱如生全文检索版古代典籍数据库、鼎秀古籍全文检索平台、书同文古籍全文检索数据库等;历史人物社交网络发现和历史人物迁徙态势,如上海博物馆"丹青宝筏——董其昌书画艺术大展"中董其昌的交游网络和行迹等。

---

① 赵薇. "数字人文"与现代文学研究中的计量方法[J]. 现代中文学刊,2019(1):72-75.

8.3.2 古籍刻本/抄本 OCR 识别

古籍刻本/抄本 OCR 识别是数字人文人工智能平台业务的核心部分之一，在用户无感知的情况下实现字符切分、字符识别，并快速地返回识别结果。该功能使用便利，大大降低了人文研究文献资源数字化的门槛。

(1) 字符切分

DHAIP 的字符切分采用结合投影切分法和基于统计的粘连预判处理方法。在版面分析过程中，可统计出图像的字宽、字高、字间距等特性，筛选出疑似粘连切分块。对疑似粘连切分块进行切分，得到候选字符基元；使用一元和二元汉字概率转移矩阵刻画字符间的语义信息；使用 Level-Building 动态规划算法求取最优的合并路径。

建立识别距离的评价系统，对基元的不同的组合形式，依据字符识别距离与转移概率矩阵计算各组合形式的识别距离，从而选择距离最优的若干组合形式作为该文字行的候选依次输出。行图像识别距离采用下式表示：

$$D = \omega_1 \sum d_i^1 + \omega_2 (\sum f(p(w_i|w_{i-1})) + f(p(w_1))) \qquad (公式\ 8\text{-}1)$$

其中，D 为识别距离，$\omega_i(i=1,2)$ 为权重；$d_i^1(i=1,2,3,\cdots,N)$（N 为文字行某种切分组合的候选基元的个数）为各基元的识别距离；$w_i(i=1,2,3,\cdots,N)$ 为第 i 个基元的识别结果；$p(w_1)$ 为第一个字符出现的概率，$p(w_i|w_{i-1})$ 为当 $i-1$ 个字符到第 i 个字符的转移概率，概率 p 根据大量语料统计所得；f 为转换函数。针对已切分的基元序列，根据不同的组合方式，将有 Q 种识别结果 $D_i(i=1,2,3,\cdots,Q)$，需从中选择最优的 P 条最佳路径，即识别距离最小的 P 种结果。

为提高计算效率，平台利用 Level-Building 动态规划算法，计算最优候选识别结果。Level-Building 算法的基本思想是对基元组合进行逐层计算，求出当前层的最可能路径，再逐层求出整个过程中若干最可能的路径。具体计算过程为：计算第一层结束的基元范围及各自的距离值，迭代计算 2~L 层的范围与距离值；回溯各个边界基元和对应的距离，得到结果。

(2) 字符识别

传统的字符识别方法需要人工设计识别特征，不适用古籍这类文字笔画复杂、图像污染、字符集大的情况。而基于卷积神经网络(convolutional neural networks, CNN)的字符识别方法不需要人工进行特征设计，通过卷积层及池化层自动抽取特征，这就避免了人为特征提取上的不稳定性以及盲点。与传统特征提取方法不同，卷积神经网络通过卷积核提取特征，每一个神经元和前一层的局部感受区域相连，通过卷积核计算局部特征。以卷积窗口的移动生成特征平面图，每一个特征平面图共享一个卷积核，做到权值共享，降低了权值的数量。

DHAIP 利用卷积神经网络对字符样本进行训练，得到识别模型，将识别模型用于单字的识别。在平台建设过程中，使用约 1 亿张图像、60 亿字符进行古籍刻本 OCR 识别模型训练，古籍刻本图像识别准确率在 95% 以上。识别效果如图 8-16 所示。

在平台建设过程中，使用约 5 万张图像、150 万字符进行古籍手抄本行书识别模型训练，手抄本行书识别准确率达 80%。同时，使用约 1 万张图像、50 万字符进行古籍手抄本草书

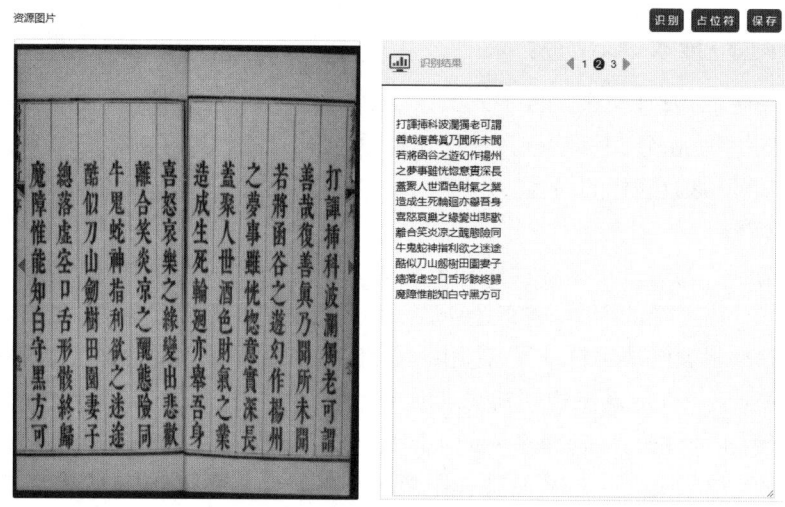

图 8-16　古籍刻本 OCR 字符识别效果

识别模型训练,手抄本草书识别准确率达 70%。识别效果如图 8-17 所示。

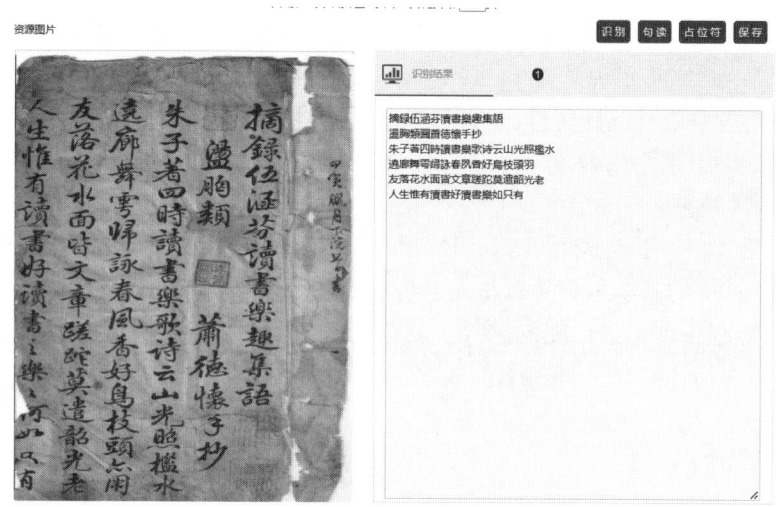

图 8-17　古籍抄本 OCR 字符识别效果

(3) OCR 服务接口

为拓展平台应用范围,在建设过程中,DHAIP 将古籍自动识别核心封装为接口服务,并对外提供服务调用。第三方应用可通过调用 restful 接口服务或 rpc 接口服务,提交古籍图像(jpg/png/tiff),服务端可自动检测图像,经识别后以 json 方式返回识别文本和文字坐标,供第三方应用系统使用,如图 8-18 所示。

8.3.3　古籍内容自动句读

DHAIP 的古籍内容自动句读,是基于深度学习训练来构建古籍全文内容自动句读模型,并将其封装成为服务,供前端的业务系统进行调用,实现对古籍自动句读、自动句读结果

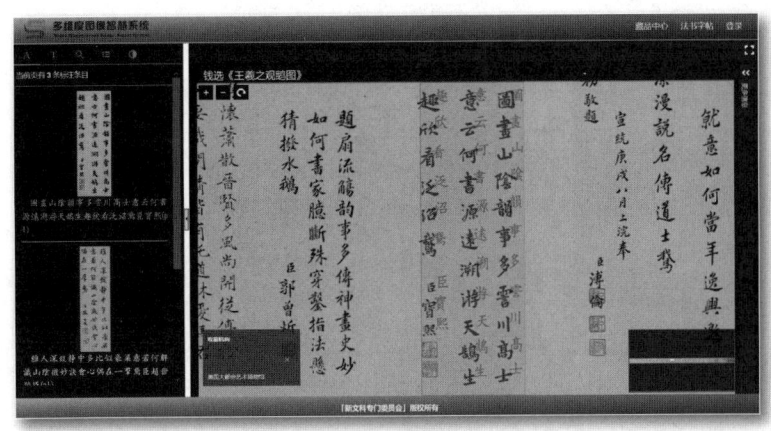

图 8-18　多维度图像智慧系统对平台 OCR 识别能力的调用

的复核、导入导出、编辑修改、统计管理等功能。

（1）预训练语料集构建

为了能更好地提升自动句读的效果，平台需要针对古籍语料训练一个预训练语言模型。为此，平台基于殆知阁古代文献藏书 2.0 版语料库和汉籍电子文献资料库整理出一个规模在 30 亿字以上，总计大于 6GB 的语料集。殆知阁古代文献藏书 2.0 版语料库的文本类别包括易藏、儒藏、道藏、佛藏、子藏、史藏、诗藏、集藏、医藏、艺藏，共计 33 亿字，其中带标点的文言文语料 8 163 988 条（以段落为单位）。汉籍电子文献资料库包括经、史、子、集四部，其中以史部为主，经、子、集部为辅。若以类别相属，又可略分为宗教文献、医药文献、文学与文集、政书、类书与史料汇编等，累计收录历代典籍 1 318 种，73 766 万字，内容几乎包括了所有重要的典籍。对于上述的语料集，平台同时采用一个规模在 4 亿字以上，总计大于 1GB 的语料集作为下游句读任务使用，以及最终的验证测试使用，这部分数据不会加入预训练中。

（2）模型构建

为实现古籍内容自动句读，首先，采用以字为基础的分割，对句子来进行表达。虽然常见的中文 NLP 任务是用词来划分，但 NLP 对于古籍并不合适。对于古汉语来说，每一个字都有很强大的表达意义，强行组词反而对最终的结果有负面影响。因此，平台采用 ALBert 作为预训练语言模型。因为 ALBert 相对于 Bert 模型更小，可降低对计算资源的使用，并且 ALBert 在 NLP 任务的效果上却能超过 Bert。通过在大量的古汉语语料上进行预训练，生成一个针对古籍的 ALBert 语言模型。

（3）古籍内容自动句读应用

在构成古籍内容自动句读模型后，平台将通过古籍导入界面，将文本形式的古籍导入到平台中，或者直接在平台 OCR 识别结果的页面上进行操作，进行全文自动句读。后台的深度学习模型会自动对用户选择的古籍进行句读。自动句读后的结果会保存至数据库中，用户通过查看界面或审核界面可以看到加工后的结果。在用户审核界面，用户可以看到刚经过自动句读后的古籍，并对结果进行增、删、改操作。通过审核确认按钮来提交结果，表示此古籍句读完成。在导出界面，用户可以导出已审核确认的古籍，导出的格式有 txt、excel、 word可以选择。平台古籍全文自动句读效果如图8-19所示。

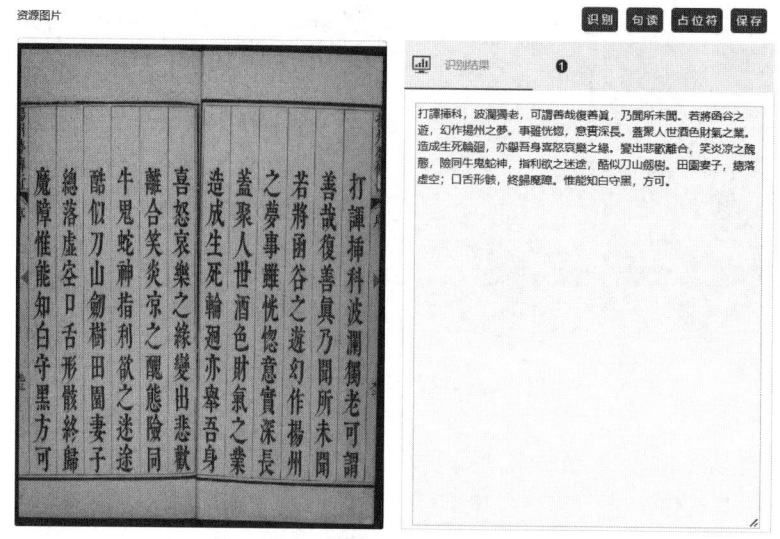

图8-19 古籍全文自动句读效果

8.3.4 基于众包协作的任务机制

因版面缺失和污损、字迹难以辨认、未使用特定字体和书写方式对机器进行训练等因素,会导致机器识别的结果存在一定的误差。因此,DHAIP引入了众包协作模式,使用人的智慧对结果进行校对和修正。目前,DHAIP面向用户的众包全流程包括:古籍数字化众包任务发布、参与者认领、OCR自动识别/句读、人工校对、专家审核、成果输出。并且,人工纠正的结果,将进一步用于机器学习和神经网络训练,不断提升机器自动识别的准确率,其业务流程如图8-20所示。

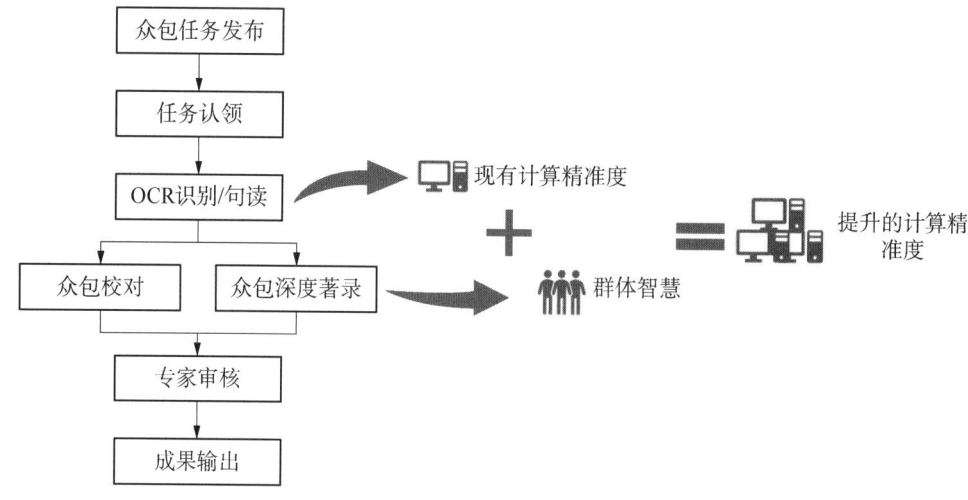

图8-20 DHAIP业务流程图

在校对任务发布时,发布者可对任务关键信息进行标注,如难度、要求完成时间、奖励分值等,除校对外,还可以要求认领者进行元数据著录。众包任务发布后,认领者即可以在平台查看到可供认领的任务列表,查看任务详情,认领任务。在校对时,针对一些难以识别、待考证的字符,平台提供占位符,用于标明文字缺失位置和数量,提示未来进行研究和考证。

8.4 数字人文辅助工具应用

尽管数字人文概念的提出已有二十余年,引起了社会的广泛关注,但是学界对于其定义、边界及其在人文研究当中的效用等方面均存在不少分歧,国内数字人文的研究者也仍以具有技术背景的学者为主,传统的人文学者对其接受度还偏低,这与早期数字人文被称之为"人文计算",主要聚焦于人文科学各领域普遍采用新方法新工具有关。

8.4.1 数字人文文本语义工具

文本挖掘又被称为"文本数据挖掘"或"文本知识发现",一般认为是为了发现知识,从文本数据中抽取隐含的、以前未知的、潜在有用的模式的过程。从目前的研究来看,文本挖掘是数字人文研究中最常用的技术和手段之一。文本挖掘是一个新兴的交叉研究领域,涉及数据挖掘、机器学习、统计学、自然语言处理、可视化技术、数据库技术等多个学科领域的知识和技术。文本挖掘技术包括一系列广泛的文本处理与数据挖掘技术,其完整过程包括预处理、模式挖掘、模式评价等多个步骤。最常用的文本挖掘技术包括文本结构分析、文本摘要、文本分类、文本聚类、关联规则、分布分析与趋势预测、可视化技术等。这些方法的综合运用,为从海量的文本数据中发现新颖、有趣的知识提供了技术手段。

近年来,由于互联网信息的剧增以及大量数字图书馆项目产生的海量数字资源,文本挖掘技术在人文和社科研究领域的应用得到了人们越来越多的关注。研究热点包括作者归属与风格分析、作品情感分析、人物关系挖掘、模式发现与可视化、人文学科领域本体构建等。可以说,在当下的数字人文领域研究中,已有多种文本挖掘技术和方法应用,可以根据研究主题的不同而选用不同的方法。

下述章节将详细分析InBooks、近代上海工业文脉电子地图等数字人文工具开发和实现的过程。

8.4.2 InBooks数字人文工具的设计与实现

当前,阅读推广有与数字人文走向联合的趋势。常见的有,在数字人文背景下,实施经典阅读推广、利用数字人文提高阅读推广的品质、改善图书馆读者服务,乃至重新构建图书馆阅读空间等[①]。2017年,腾讯号称"触手可及、用完即走"的微信小程序上线,这一点与图书馆"以用户为中心"的核心服务理念有着完美的契合点,图书馆也可利用微信小程序来使服务生态更加移动化、集成化和智慧化。基于此,理应诞生一些与图书馆数字人文服务相关的微信小程序,InBooks就是一款具有阅读增强和阅读推广功能的数字人文小

---

① 胡爱民. 数字人文背景下图书馆经典阅读推广服务转型及实现路径研究[J]. 图书馆工作与研究,2018(5):49-52,63.

程序。

图书馆耗资耗力建设起各类特色馆藏,但读者仍以图书阅读为主,特色馆藏的使用频率无法与藏书阅读率相媲美。究其原因,是读者对特色馆藏了解较少,且获取特色馆藏的方式也颇为繁复,阻碍了特色馆藏的传播与使用。因此,InBooks 小程序以图书阅读为切入点,读者在阅读过程中遇到感兴趣的地方,可用手机拍摄书本内容,InBooks 从照片中的文字里提取出关键词,并利用这些关键词构建检索式,向上海图书馆开放数据接口进行查询,返回相应的资源,实现阅读增强。InBooks 把图书当成数字人文馆藏的入口,读者通过拍照,就能随时随地获取数字馆藏资源,延伸了实体书的阅读,增强了读者的阅读体验,同时帮助图书馆进行数字人文资源的推广。

(1) 设计原则

InBooks 遵循"可用、易用、开放、深度"的设计理念,具体包含以下四个设计原则。

普遍可用。作为一款微信小程序,InBooks 对读者的手机性能没有过高的要求。因此,InBooks 能覆盖绝大多数对数字人文馆藏有需求的读者。图书馆也不需要额外购置硬件设施,就可以让读者随时随地获取其数字人文资源。

操作简单。在设计 InBooks 时,将减少应用的学习成本作为目标,强调主要功能,弱化次要功能,让读者不必费时学习使用方法,就可以获取数字人文馆藏资源。不论是哪一类读者,打开 InBooks 小程序,对着书本中不理解或者感兴趣的内容拍照,就能在手机上阅读与内容相关的资料。

拓展性强。InBooks 的系统框架需要具有可拓展的特性,以应对读者的更多要求。InBooks 现有的系统框架可以抽象为"入口"与"内容"两部分,入口是读者抵达信息资源的方式,包括拍摄书本内容、提取照片中文本信息、抽取文本中命名实体、形成检索式、多数据源聚合检索一系列过程;内容是读者获取的数字资源,目前以上海图书馆开放数据为主,包括文本和图片两种类型。在"入口"环节,读者需要与内容匹配程度更高的数字馆藏,如果命名实体识别技术无法满足读者需求,那么可以结合句法分析、主题识别等自然语言处理技术,考虑上下文信息,揭示文本的真实语义,构建更复杂的检索式;在"内容"环节,只需要增加更多内容模板,就能支持音频、视频、图表、地图可视化等数字人文资源类型。受益于"入口＋内容"的系统框架,InBooks 具有较强的拓展性,能够逐个模块增加功能,增进 InBooks 对数字人文资源的查询和展示能力,而读者所要做的只是轻轻一拍。

自生长性。InBooks 在设计时注重系统的自生成能力,每次发起查询时都将检查是否有新增的数据,自动更新实体库和实体关系库。同时 InBooks 记录读者每一次的点击行为,利用用户行为来揭示资源间的相关程度,如通过"许多查询过盛宣怀的读者也查询了轮船招商局",能够发现"盛宣怀"与"轮船招商局"存在较强的关系。通过自动查新与用户行为挖掘,InBooks 具有自生长能力,读者使用次数越多,InBooks 的识别与检索能力越强,对资源间关系的揭示能力也越强。

(2) 系统架构

InBooks 的系统架构包括表示层、业务层和数据层。表示层基于微信小程序实现,包括"拍照检索""知识网络""图书推荐"三项功能,提供交互式的访问界面;业务层支持表示层的功能实现,并将新获取的实体、实体关系以及读者在 InBooks 中的操作行为写入数据库;数据层直接操作与管理数据,包括本地数据库与上海图书馆开放数据源、互联网第三方数据源、用户操作日志等。InBooks 的三层架构如图 8-21 所示。

```
表示层:  微信小程序
         [拍照检索]  [知识网络]  [图书推荐]

业务层:  [文字识别]        [实体与实体关系查询]    [数据查询]
         [命名实体识别]     [读者阅读记录查询]      [图书内容展示]
         [聚合检索]        [知识网络构建]         [聚合检索]
         实体、实体关系、读者操作行为入库

数据层:  本地数据库
         上海图书馆开放数据
         互联网第三方数据源
         用户操作日志
```

图 8-21　InBooks 系统架构图

（3）关键技术

InBooks 小程序中实现的关键技术如下。

文字识别。InBooks 中的文字识别指的是从读者拍摄的照片中提取文本信息，这需要使用 OCR 技术。具体实现上，InBooks 直接采用了成熟的 OCR 模型对读者上传的照片进行文字识别，采用百度 AI 开放平台的通用文字识别接口。该接口对于书本中的印刷文字，有较好的识别能力。在实验中，能识别读者拍摄到的大部分文字。

命名实体识别。InBooks 应用命名实体识别技术从读者拍摄的书本内容中抽取出专有名词，根据这些专有名词构建检索式，从上海图书馆开放数据源检索相应的馆藏资源。InBooks 采用哈工大 LTP 语言云对文本进行命名实体识别。同时，为了提高召回率，InBooks 维护了一套自有实体词表，利用 jieba 分词的自定义词表功能，对文本进行二次命名实体识别，两次识别结果取并集作为最终命名实体识别结果。该方法在实验中能识别出大部分命名实体词。

聚合检索。InBooks 检索的数据源有两类，一类是上海图书馆开放数据，使用上海图书馆开放的 URL 接口访问资源；一类是百度百科、书格等互联网数据源，使用 Python 语言的第三方包 BeautifulSoap 对相关网页进行访问，从 HTML 代码中抽取出结构化的信息。

知识网络生成。InBooks 中实体关系有两种来源，一是从上海图书馆开放数据中获取；二是采用规则模板法，从百度百科的词条正文中抽取结构化的实体关系。以实体词为点，实体关系为线，绘制网络图。从绘图资源消耗、绘图效果方面考虑，最终选用 eCharts 绘制知识网络图。

（4）使用效果

InBooks 小程序实际使用效果如图 8-22、8-23、8-24 系列图所示。

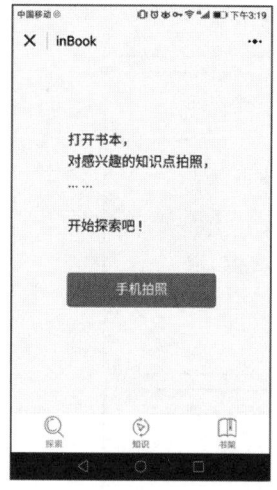
1. 打开inBooks小程序

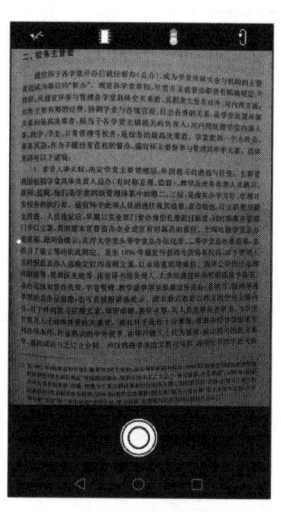
2. 对着书本内容拍照

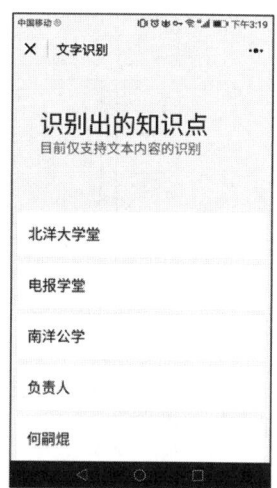
3. 自动识别知识点

图 8-22　拍照识别知识点

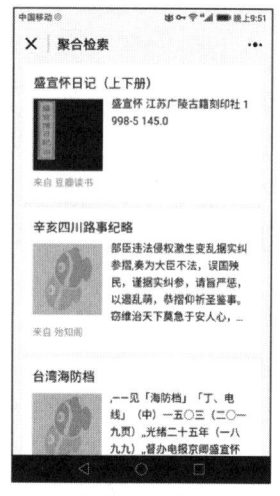
1. 点击知识点进行聚合检索

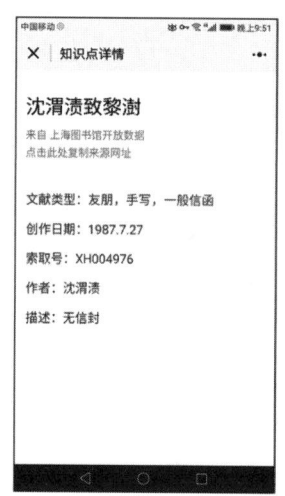
2. 来自上图的检索结果

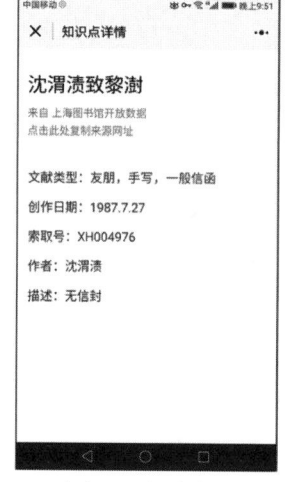
3. 来自第三方数据源的检索结果

图 8-23　聚合检索

此外，在实际测试中，InBooks 在 Android 和 iOS 版微信环境下均可稳定运行。使用书本《盛宣怀与中国近代教育》作为测试样本，进行文字识别准确率测试，结果发现，除标点符号外，所有正文文字均正确识别（图 8-25）。

再选取《盛宣怀与中国近代教育》、《钦商盛宣怀》等 5 本书籍进行命名实体识别准确率测试，其中对比标准为人工标引命名实体词，发现 InBooks 的平均召回率为 82.9%，未召回的大部分是人名实体词，如表 8-7 所示。

8 数字人文基础设施

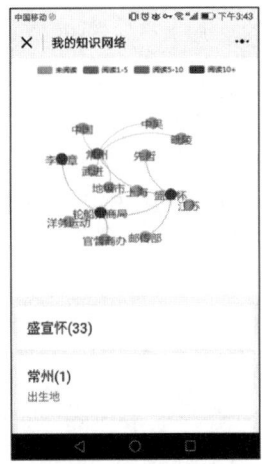

1. 盛宣怀知识网络

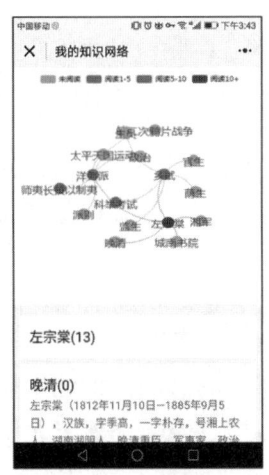

2. 左宗棠知识网络

3. 李鸿章知识网络

图 8-24　个性化知识网络

《盛宣怀与中国近代教育》第99页照片　　　　　　　　文字识别结果

图 8-25　文字识别准确率测试

表 8-7　命名实体识别准确率测试表

来源	人工标引命名实体词	InBooks 识别命名实体词	召回率
《盛宣怀与中国近代教育》，上海交通大学出版社，2016	盛宣怀、电报学堂、谢家富、北洋大学堂、天津、伍廷芳、蔡绍基、烟台、海道道、何嗣焜、西学、铁路学堂	北洋大学堂、电报学堂、南洋公学、海关道、何嗣焜、盛宣怀、烟台、天津、西学	75%
《钦商盛宣怀》，崇文书局，2008	左宗棠、慈禧、大清帝国、崇厚、冲绳县、盛宣怀、李鸿章、养心殿、阿古、俄国、日本、琉球岛、伊犁、	慈禧、大清帝国、左宗棠、冲绳县、盛宣怀、李鸿章、日本、阿古、伊犁、俄国、崇厚	84.6%
《李鸿章传》，北京联合出版公司，2013	李鸿章、沈葆桢、同治、铁甲舰、海安	李鸿章、铁甲舰、沈葆桢、同治、海安	100%
《光绪皇帝》，黄山书社，1985.12	光绪、慈禧、隆裕、乾隆	慈禧、乾隆、光绪	75%
《蒋介石》，新华出版社，1992.1	耶稣、马列主义、法西斯主义、帝国主义、法西斯、国民党、蒋介石、共产党、孙中山、宋庆龄	共产党、法西斯主义、帝国主义、蒋介石、国民党、孙中山、法西斯、宋庆龄	80%

215

综合而言,InBooks可以作为联系普通读者与数字人文资源的一座桥梁,将纸质馆藏与数字馆藏无缝连接在一起,提高了读者的阅读体验,使每一次阅读成为一次探索的过程,也促进了数字人文传播,使更多馆藏资源能被读者所知。此外,InBooks还能帮助读者完善知识体系,为读者生成千人千面的知识网络。随着读者的使用,InBooks可以积累大量用户行为,基于行为数据能够揭示数字资源间潜在的关系,为构建领域知识图谱提供参考①。

8.4.3 近代上海工业文脉电子地图的实现

联合国教科文组织曾提到,信息与传播技术的利用是解决文化遗产信息丢失问题的关键之一。本节以工业遗产为载体,设计实现了一张发布于Web上的专题电子地图"近代上海工业文脉",立足于基本建筑信息上,特别整合了个体经验和专家知识,重建上海近代剧烈变化的社会状况,揭示上海近代工业的文化时空脉络,采集并传播上海近代工业遗产的信息与文化。

(1)"近代上海工业文脉"电子地图建设方案

"近代上海工业文脉"在形式上属于位点地图,以工业遗产的位点为基础来关联其他信息。基于专家知识和个体经验的城市社会生活路径,串联了零散的工业遗产位点。其中,专家知识主要参考出版物《上海城市社会生活史》丛书的系列研究成果,如《辛亥前后上海城市公共空间研究》对开放私园、街头、店铺、茶馆、戏园、车站、码头、会馆等城市公共空间的研究;如《近代上海饭店与菜场》对市民生活密切相关的路径描述;如《上海工人生活研究(1843—1949)》关注研究上海常见的缫丝、纺织、卷烟、火柴等行业工人的衣食住行与组织生活;如《近代上海职员生活史》研究银行、公务、教育、律所等办公场所职员的住房。个体经验来自"近代上海工业文脉"电子地图作品开放功能,访客可以在标记点上自行添加记忆故事。

其次,工业遗产作为历史生产基地,还可以承载工业设备与工艺技术的信息。社会变迁过程中文化常常滞后于技术,工艺技术水平对人们的认识影响巨大,如李鸿章生前认为,中国因有台风无法建20层高楼;他所处时代的技术水平让他无法想象在1930年代的上海,会出现用蒸汽机打桩的"远东第一高楼"。"近代上海工业文脉"电子地图基于《都柏林准则》开始纳入工艺技术,计划关联建筑锚点内相关工艺技术信息,展示近代技术成果,可以是建造技术,也可以是生产技术,如揭示日用品为主的轻工业如何影响上海市民的生活。

最后,为了使工业遗产在现实上具有可及性,地图还实现并承载了一定程度的文旅导览功能。为了吸引用户去实地考察,还关联多种类型的活化文创信息,不限于本地活动、最新上映的工业主题电影等。这些功能的实现可使用RSS订阅、关联数据等技术,如从相关媒体上自动采集所需信息并更新。随着物联网技术发展,未来还可通过现场周边的传感探测设备,提供实时客流、局部天气等等参数,便于用户实地考察前做好充分准备(图8-26)。

"近代上海工业文脉"电子地图在功能上主要有四类。

---

① 周谦豪,戴泽钒,朱奕帆,等.inBooks数字人文工具的设计与实现:基于上海图书馆开放数据的微信小程序[J].图书馆杂志,2019,38(2):41-48,68.

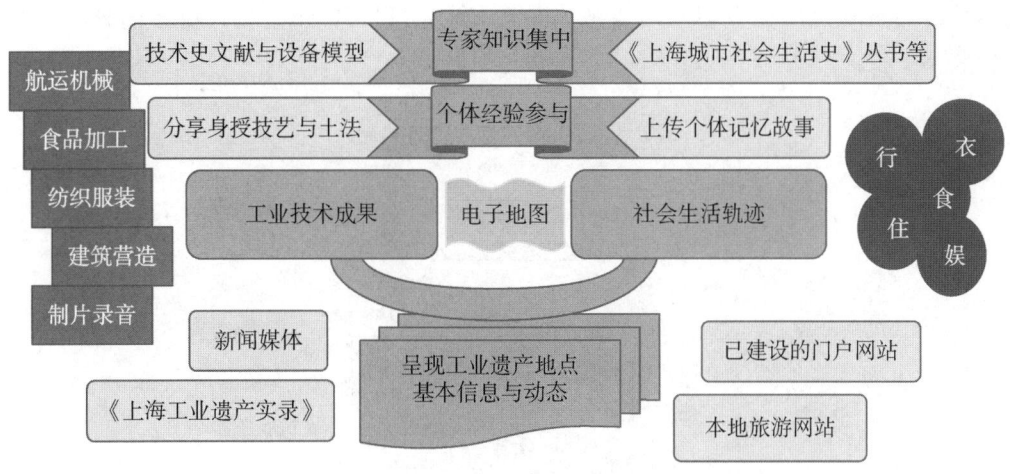

图 8-26 内容规划架构图

一是采集呈现工业遗产基本情况的概览，支持用户按照不同时期浏览位点分布、社会生活路径等视觉符号。以建筑为"锚点"重建上海生活史的时空脉络，提供上海工业遗产的全景俯瞰。在显示细节上，不同工业门类的标记字样或颜色会有所区别。"近代上海工业文脉"电子地图提供多个时期分类按钮，以反映不同时期剧烈变化的历史景象。社会生活路径与区域以折线、多边形与圆形等矢量覆盖物色块的形式添加在图层上，供用户点击显现。

二是通过点击兴趣点，在进一步展开的窗口中，深度阅读多媒体形式的记忆故事与技术成果，结合虚拟现实等技术，可视化呈现工业技术成果，使得工业设备与技术成果展示有良好的教育性与传播性。而记忆故事与当地动态的展现，则接近商业地图应用中的评论功能。

三是通过注册登录模块，支持用户收藏保存兴趣点以及添加发布个体经验，可以使用图片与文字信息。这也是一种众包式的开发方式。还可提供移动端拍照、语音与生成短视频的功能，体现将生活注入文化遗产中的理念。

四是基于地图 API 提供路径规划服务与附近查找服务，帮助用户抵达目的地与解决部分服务需求。路径规划服务提供驾车路线规划、公交路线规划和步行路线规划三种方式。路径规划与周边搜索都具有输入提示功能。

（2）"近代上海工业文脉"电子地图实现

"近代上海工业文脉"电子地图技术流程。在数据准备阶段，除了使用上图等开放平台的数据以外，数据主要来源于上海文物管理委员会编的《上海工业遗产实录》。这本著作是 2007 年第三次全国文物普查开展以来，上海市文物管理委员会对上海市工业遗产进行了系统全面调查所得。从《上海工业遗产实录》中提取信息，按照多个维度存在电子表格中。再利用高德地图 API 的逆地理位置编码，批量转换地点的文本地址为经纬度。而后补充经纬度信息，将已经利用电子表格结构化的建筑信息以 JSON 形式导出。应用系统搭建完毕后，位于服务器端的电子地图应用，可以返回浏览器请求的 HTML 与图形文件来实现地图加载，利用高德地图 JavaScript API（地图应用编程接口）嵌入各个地点的 JSON 数据。地图的交互如缩放、平移操作，或路线规划与附近搜索功能的调用有赖于高德地图 JavaScript API 来获得 GIS 服务。最后,利用 HTML 标签关联更多的外部链接与图片(图 8-27)。

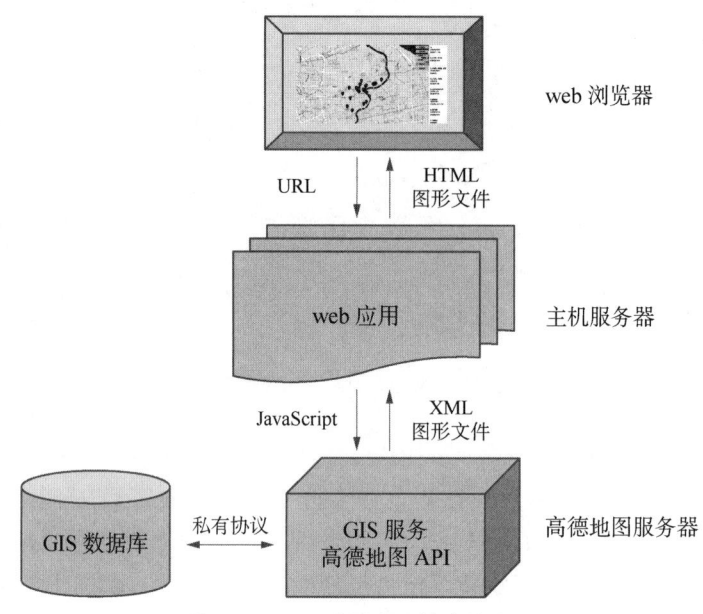

图 8-27 Web 地图实现技术流程图

关键信息可视化实现。信息可视化部分采用 UI 组件库里的标注列表组件。它可以构建一个位于地图右侧的列表,列表的成员对应地图上的标记点,可以联动浏览,并保留标记点上的高级信息窗体功能,使得用户能够更自主选择兴趣标记点详细了解。在可视化实现上较为关键的有两点,如下附有代码。通过截取工业类别字符前两位来修改标记点的标签。为了节约计算资源,只有在 recycledMarker 参数为空时创建新的 Marker,否则只是更新 recycledMarker 并返回。

```
var label=data.用途类别.substring(0,2);
            if (recycledMarker) {
                recycledMarker.setIconLabel(label);
                return;
            }
            return new SimpleMarker({
                containerClassNames: 'my-marker',
                iconStyle: defaultIconStyle,
                iconLabel: label
            });
```

通过建立静态属性模板(utils.template)可以按照字符串格式的 HTML 标签样式显示标记点在信息窗格中的内容,做到比较自由地组织呈现数据。这一功能源自 JavaScript 第三方库 Underscore.js,其附带的 template 模板功能可以使用<%=...%>插入变量,也可以用<%...%>执行 JavaScript 代码,使用<%-...%>进行 HTML 转义。如下代码包含由 JSON 数据源建立的 data 对象,它提供了模板的对应属性,在呈现工业遗产位点信息时提高了代码可读性。

```
var content＝MarkerList.utils.template('<div class="poi-imgbox">'+
                                      '</div>' +
                                      '<div class="poi-info-left">'+
                                      '    <h3 class="poi-title">'+
                                      '<%- data.名称%>'+
                                      '    </h3>'+
                                      '    <div class="poi-info">'+
                                      '<p>所属区:   <%- data.区 %></p>'+
                                      '<p>建筑特点:'+'<%=data.建筑特点 %></p>'+
                                      '<p>用途门类:   <%- data.用途类别 %></p>'+
                                      '<p>创建时间:   <%- data.建筑年代 %></p>'+
                                      '<p>创建人:   <%- data.创建人物 %></p>'+
                                      '<p>经历:<%- data.变迁 %></p>'+
                                      '<p class="poi-addr">地址:<%- data.地址 %></p>'+
                                      '</div>'+'<img src="<%- data.图片链接 %>"/>'+
                                      '</div>'+'<div class="clear"></div>',
                                      { data: data       });
```

"近代上海工业文脉"电子地图实现效果。 电子地图配色设计为古朴风格,初步以 1912 年为界添加"晚清始建""民国始建"两个按钮,用户可用按钮来选择显示对应时期的标记点,以此来挖掘重大历史事件前后的变化。标记点的标签为其工业类别,便于用户浏览观察工业分布,在鼠标悬停与点击下都会发生色彩变化。列表和标记点的选取是联动的,功能运行良好。在信息窗格上的展示内容可以通过 HTML 轻松扩展与变动。此外,电子地图提供的路径规划与附近查找服务,将历史与当下融合在一起,使得工业遗产变为身边可及的地理锚点。具体呈现效果如图 8-28、图 8-29 和图 8-30 所示。

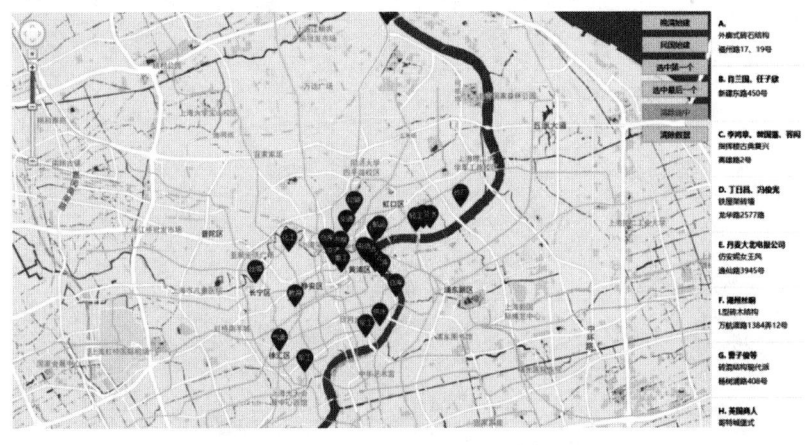

图 8-28 "近代上海工业文脉"界面

图 8-29　点击内容页面

图 8-30　路径规划功能

9

基于学术共同体的研究平台搭建与知识发现

在百年变局和世纪疫情叠加的国际动荡变革期,国际话语权已然成为大国博弈和较量的重要焦点。中国的快速发展取得了举世瞩目的成绩,国际社会对中国的关注度持续升高。随之而来的全球范围内关于中国的知识生产也迅速激增。国外媒体、学者及机构对中国问题的研究越来越多,主要包含两大研究主题:一是对中国历史、文化和语言的研究,通常称"汉学"(Sinology);二是对现当代中国问题的研究,涉及中国的政治、经济、军事、社会等方方面面,称"中国学"(China Studies)[①]。在此时代背景下,华东师范大学注重人文学科中中国话语体系的构建,贯穿古今中外,系统分析全球范围内的各类思想文化的交流碰撞,研究全球范围内中国特色文化知识,显现具有中国特色、中国风格、中国气派的文化软实力,讲好中国故事。

本节将介绍老子思想专题研究平台、民国学人专题数据库及世界中国学专题数据资源的建设经验。

9.1 老子思想专题研究平台

2019 至 2021 年,经多期建设,华东师范大学建成老子思想专题研究平台,其作为对老子思想源头、内涵、未来和域外影响的相关研究数据的搜集、管理、分析、应用和发布的基础平台,包含了各类老子相关的硕博士论文、会议、报纸、期刊等研究成果的文献全文及元数据,支持一手文献数据管理、文献计量分析、老子研究知识图谱构建,为老子思想相关研究提供文献数据支撑、数字化仓储和集成专家学者库。

9.1.1 专题平台建设理念

在大数据视野下挖掘老子思想的源头与涵义,了解老子思想域外传播与接受情况,研究老子思想对当代及未来哲学与科学的意义,研究域外对老子思想的认知和认同,以及老子思想的全球传播路径,进一步探究老子思想的传播规律和影响力,对于加强我国民族文化输出,增强我国在国际舞台上的话语权具有重要意义(图 9-1)。

老子思想专题研究平台分为三个阶段建设。第一阶段以满足基础性应用为目的,实现门户管理平台、资源应用与管理平台、学者专家平台建设。第二阶段以更深入地服务于华东师范大学"历史跨度全球视野中的老子学说及其大数据分析——老子思想的源头、内涵、未

---

① 朱政惠.史学理论与史学史研究的新思考:与海外中国学研究关系的讨论[J].国际汉学,2012(2):15-24.

来和域外影响的考证与解析"课题组成果产出为目的,加大了数据之间的关联,新增文献计量与知识图谱功能,进一步提升数据的应用价值。第三阶段更多地面向文献资源的可视化知识图谱构建以及相应的知识服务模式研究。

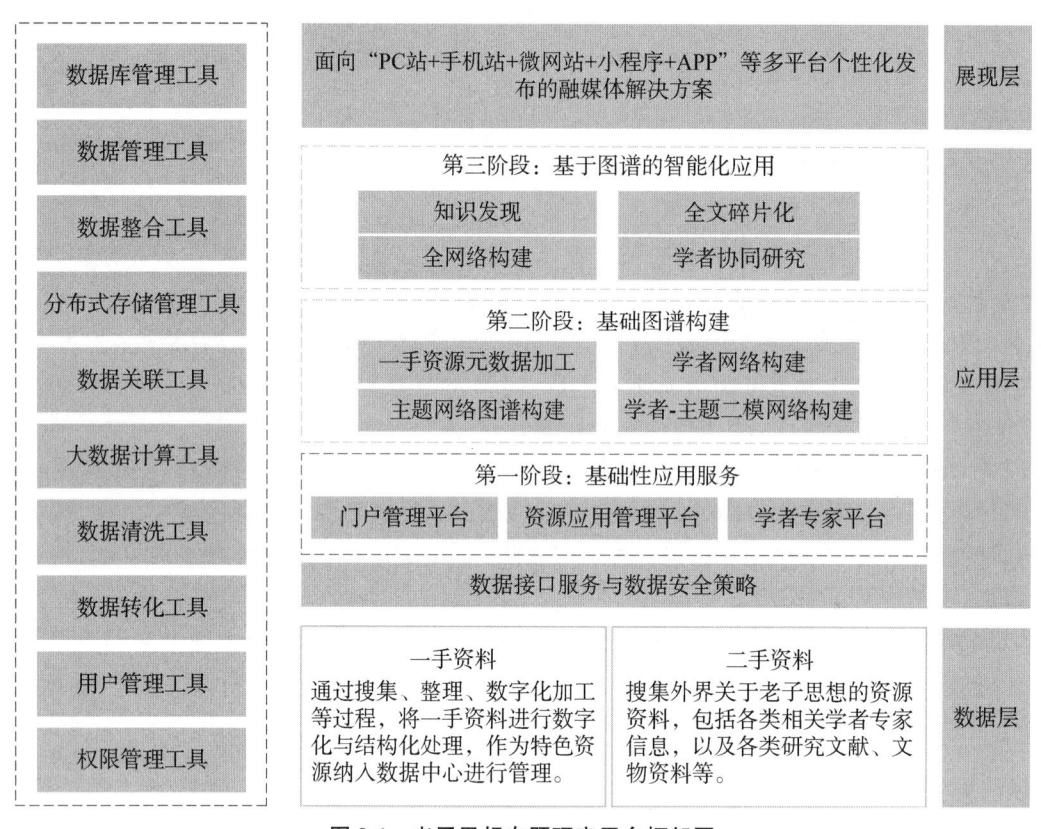

图 9-1　老子思想专题研究平台框架图

（1）第一阶段建设内容规划

数据资源建设。平台获取并集成老子相关期刊文献、博硕士论文、国内外会议文献、报纸文献等数据资源,包含完整数字对象及相应的元数据信息。

检索发现服务。平台提供一手资料和二手文献等数字资源,实现平台内资源的统一检索与全文获取。平台支持全球范围内老子资源的揭示服务,高度整合全球范围内的学术文献、互联网学术资源、技术报告等多样性资源,为平台用户提供更大范围的全球文献资源发现服务,并能够提供相应的全文获取渠道。

成果管理办法。成果管理涉及四方面内容,即成果的上传、审核、管理、发布。平台提供统一的上传入口,设置可配置的审核流程,在发布方式上采用自动发布,即课题组专家上传成果后,审核通过即发布。

学者专家库。平台构建基础的学者专家库,并提供学者专家库的管理维护办法。学者专家的数据获取上,可以通过对老子文献资源的梳理,不断积累关于"老子"的"专项标签",不断发现老子研究方向与热点,从中找到某个主题上的专家,从而找到相关学者形成老子专家库。同时平台也开通学者专家的更新维护入口,可进行专家数据的手动导入。

(2) 第二阶段建设内容规划

数据资源更新。更新老子相关数据资源，包含完整数字对象及相应的元数据信息。

一手数据标引。一手文献资料中涉及书籍的部分，根据实际文献情况按章节进行去重和文献元数据规范化标引，包括但不限于题名、作者、机构、关键词等字段信息。

数据资源跟踪。平台根据不同主题、关键词、期刊、类别进行定制，可按周期进行文献数据的更新动作，以保证与"老子"相关的文献信息能够及时存储到本地。

文献计量分析。平台根据平台存储的数据资源，提供发文统计、合作网络分析、共现分析、被引分析、主题分析等可视化呈现，帮助用户探讨和研究老子思想领域的研究热点及前沿趋势。

(3) 第三阶段建设内容规划

文献数据的语义挖掘。语义挖掘具有馆藏纸质资源的数字化呈现和学校内部已有资源的碎片化两个前提条件。碎片化是将文献资源进行全文拆解，将完整全文内容分解为详细的独立项，拆解后的全文能够满足流式阅读（移动端应用）、挖掘聚类、深度学习等更深层次的应用。

基于文献资源的可视化知识图谱构建。基于大数据智能技术，将各类文献资料、学者专家、人文历史资料进行有效的关联，并形成老子思想的知识图谱，为用户在老子思想研究方面提供深度和高效应用。

智能主题发布。平台根据老子思想研究的各类分支、相关历史人物、资料、学者进行细化专题的智能发布和应用。

用户深度挖掘。平台会积累大量的用户行为数据，进而形成关于用户画像数据和研究学习方面的画像数据。根据用户的行为习惯，平台能够向不同用户智能推荐相应的信息资源。同时对平台内的用户进行挖掘，获取用户研究学习过程中产出的有效成果，让老子思想的研究和学习形成完整的闭环。

9.1.2 老子学说专题学术图谱构建

平台基于现有数据资源，根据题目、学者、机构、关键词和主题等维度的信息，挖掘实体属性和关联关系，构建文献图谱和学者网络等学术知识图谱，构成学者学术体系，并使用图计算进行深度分析，实现学者关联、主题识别等可视化展示。

老子研究主题网络图谱。该图谱对平台中老子思想文献的关键词进行抽取，形成老子思想研究热点的高频关键词集，搭建关键词共现网络，显示主题相关详情和与主题相关的文献，这些文献节点与该主题节点相连，便于用户根据相关主题集成相关文献集，了解相关文献详情和类似文献详情。

老子研究学者网络图谱。该图谱以学者姓名为学者网络节点内容，学者网络节点内容包含学者的 H 指数、发文总量、所在机构等信息。根据学者文献合作情况，形成学者合作网络，学者网络集中体现学者合作、引用、被引关系，合作关系的节点以直线相连，被引关系由被引节点指向引用节点的单向箭头线表示。当合作数、引用数、被引数越多时，相对应的直线或单向箭头线越粗。

老子研究学者—主题二模图谱。该图谱建立学者和主题的关联关系，形成学者—主题图谱。学者若涉及某个主题，则与该主题有连线，连线通过权重标识为该主题在该学者所有涉及主题中的比重。在网络中,指向学者可以显示学者涉及的所有主题,指向主题可以显示涉及该主题的所有学者。

以上三个图谱的结合构成老子研究知识图谱总图,提供主题、学者查询,方便用户更直观地发现不同主题、不同文献、各个学者之间的关系。学者信息可以看到学者之间的合作关系、学者所发文献、学者所关注的主题,题目信息可以看到文献所属主题、文献的作者、机构和关键词以及文献之间的被引关系,主题信息可以看到主题所包含关键词、文献、学者。从而实现以老子思想为中心的交流圈,形成老子思想研究的智库平台(图9-2)。

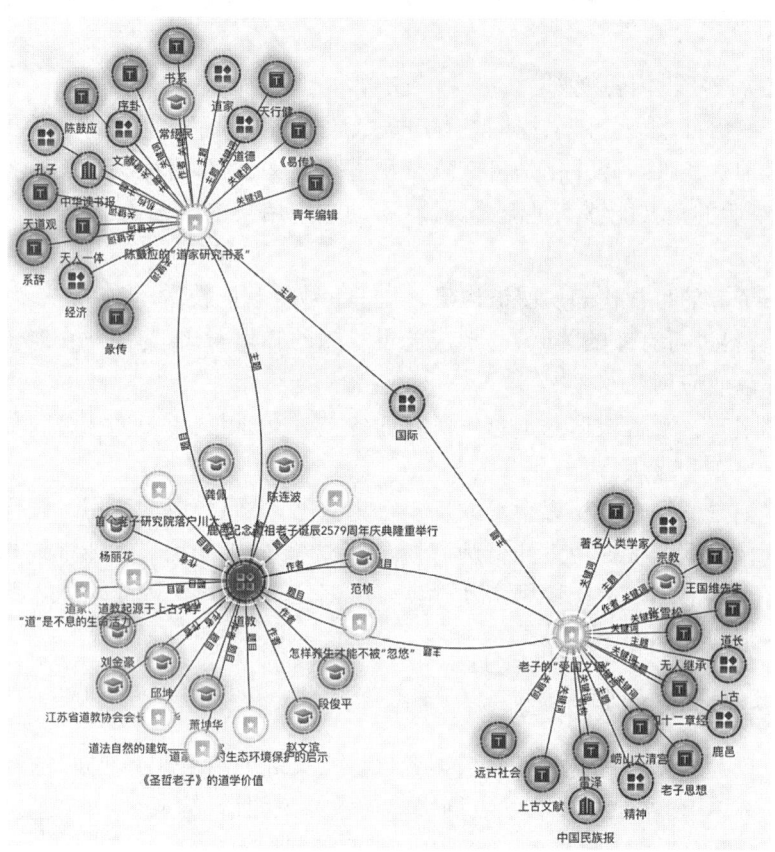

图9-2 基于"道教"的老子研究知识图谱

9.1.3 老子思想专题开放数据竞赛

2020年,华东师范大学基于老子思想专题研究平台开放的共享数据,举办"老树新芽,数据时用——老子研究文献知识发现数据竞赛"。该赛事旨在对老子思想文献进行数据分析,以期促进老子思想在溯源内涵、传播方式、社会管理应用、科学哲学影响、新学科体系构建等研究方面取得进展,进而推广我国传统文化,提升高校学生的传统文化认知与数据分析应用能力,在老子研究学术共同体挖掘、基于道的知识体系构建、学术交流与学术传播特征分析、大尺度可视化时空分布等问题领域有创新型方案和突破性认知。

竞赛共计吸引240名选手报名参赛,其中在职人员为77人、学生参赛人数为163人,构成 205 个参赛团队。参赛选手来自清华大学、复旦大学、南京大学、武汉大学、华东师范大学、同济大学、吉林财经大学、山西医科大学、北京理工大学、华东理工大学等百余所高校,其中以硕士研究生学历占比最大。

赛事设有四个赛题方向,包括老子研究学术共同体挖掘、基于道的知识体系构建、学术交流与学术传播的特征分析、大尺度可视化的时空分布。详细赛题如下。

老子研究学术共同体挖掘:运用作者合作网络和发文机构间关联,识别学者流动特征和学术共同体;描述学术共同体学术知识互动、演化过程分析;通过学者间科研合作情况,进行学术知识互动总结;量化分析不同学术共同体在推进研究中的贡献。

基于道的知识体系构建:研究概况及分析(学术成果概况、知识互动、关键学者等);知识结构的分析(知识结构可视化、知识结构内容);研究热点、前沿的分析(研究热点区域划分、研究前沿的可视化追踪)。

学术交流与学术传播特征分析:挖掘和分析不同地区、机构的学术交流及合作情况;挖掘和分析不同地区、机构的学术传播特征;定量定性分析结合,识别高产作者、核心高产作者分布、权威作者;描述关键学者的研究成果及研究指向;知识图谱研究的核心作者与所有作者合作网络、宏观与微观机构合作网络。

大尺度可视化时空分布:时间分布特征的可视化分析;空间分布特征的可视化分析;分析和总结不同时空下的研究主题与内容的演化过程;研究领域热点演化的可视化分析。

赛题的设置具有跨学科性强和研究推广意义大等特点。在跨学科性上,兼顾了文科、理科的不同知识侧重点,在真正意义上实现文理跨学科综合,可以将数据分析作为工具,与老子相关的传统研究方式、传播学的研究方式等相结合。传统研究方式可以把握研究的方向和基调,数据分析给予相关结论实证支撑,并有助于发现隐藏的不易发现的规律,从而实现跨学科、多学科、前瞻性的综合研究。在研究意义上,学术共同体、学术交流传播等研究可以对老子思想文化现状、国内外传播的规律进行理论分析,可以进一步探究老子思想的影响力,这为未来进一步让老子思想走向国际提供了经验和参考;基于道的知识体系构建,是寻找基于老子思想的学科分类方式,与目前主流的学科分类进行比较,提供新的科学思维方式。

9.2 民国学人专题数据库

民国时期是中国历史上少有的学术发展活跃期,现阶段有不少民国文献数据库,但都是些主题性的专题库,而民国学人专题数据库是把基于领域面向主题的数据库升级为以人作为维度的专题数据库。数据库提供学者组织机构、学术成果合著与引证等多维数据,对探索民国时期学术共同体的学术交流的特点、反映当时中国的学术生态及其历史变迁,以及当今的"国学热"现象与相关人文学术研究提供研究支撑。

9.2.1 专题数据库概况

2019 年,华东师范大学建设了民国学人专题数据库,这是一个用于研究民国时期重要学人和学术社群的专题数据库。该数据库以"学术共同体"为中心,参考了中山大学肖鹏副教授研究团队提出的建议,汇集了民国时期重要学人和学术社群的图书元数据,并实现对接超星发现的跳转,配备有相应的浏览、导航和检索功能,重点提供民国学人和学术社群的影响力报告分析等,由此方便相关领域研究者切入民国时期的学术研究。数据库主要从学术共同体、学者、著作、共同体 TOP100、学者 TOP100 等方面,回顾和梳理对民国时期影响深远的学者及其著作、学术共同体及其相关关系和影响力,完善学者生平经历资料,注重对学者著述阅读的广度和深度,探讨学者群体的学术思想,加强对学术共同体的研究。

民国学人数据库基于互联网资源以及超星图书资源所构建而成,其架构自下而上分为数据层、功能层、服务层、用户层,具体架构框架如图 9-3 所示。

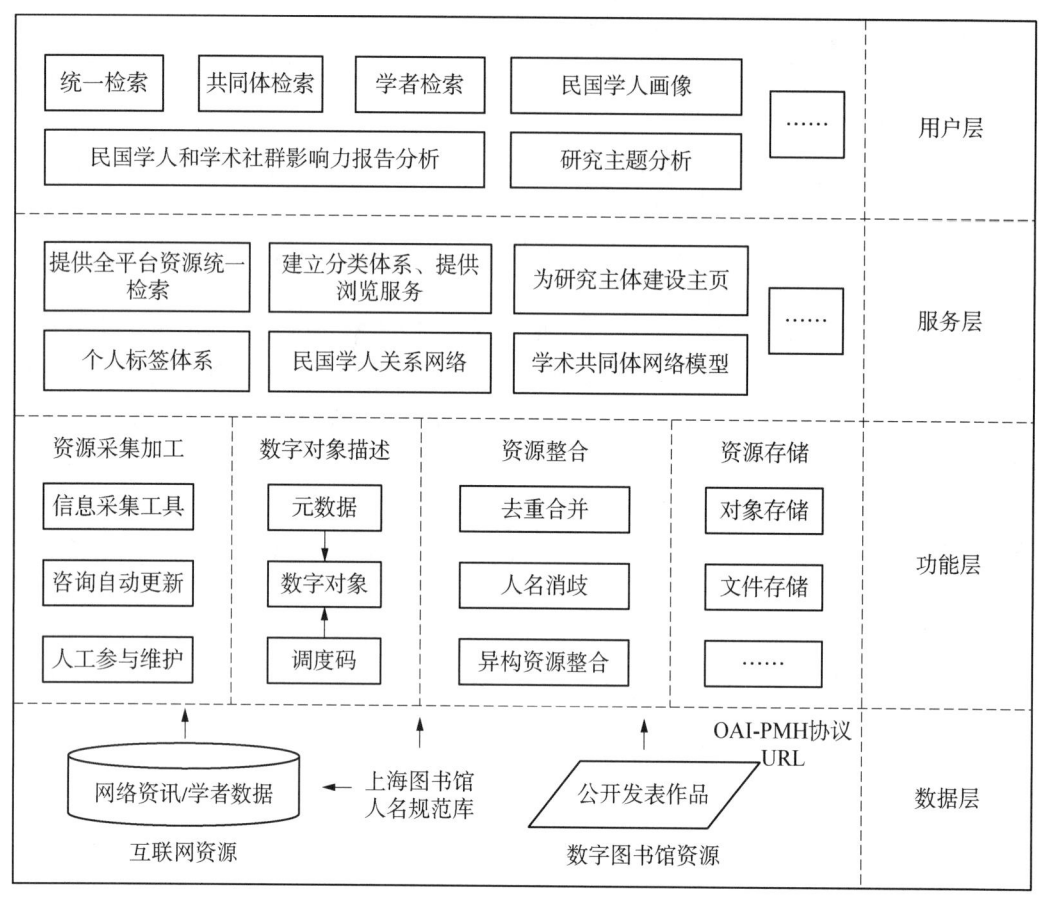

图 9-3 民国学人数据库架构框架图

数据层直接操作与管理数据,以互联网资源(包括机构实体、学人简介、学人肖像、网络资讯等)、超星词典和上海图书馆人名规范库等各种公开数据集(用以补充和校对学者信息)和数字图书馆(包括超星图书资源等)为数据来源,使用信息采集工具访问相关网页,从 HTML 代码中抽取民国相关研究的出版动态、会议报道等信息;使用超星开放的 URL 调度接口,获得超星民国图书资源库中民国学人公开发表的著作;基于 OAI-PMH 协议,收割学术资源元数据,收集出版物等数字化信息,OAI-PMH 协议主要通过指定的命令集合,利用 Internet 和元数据技术,提供数字资源的元数据信息的互操作。数据库的内容框架如图 9-4 所示。

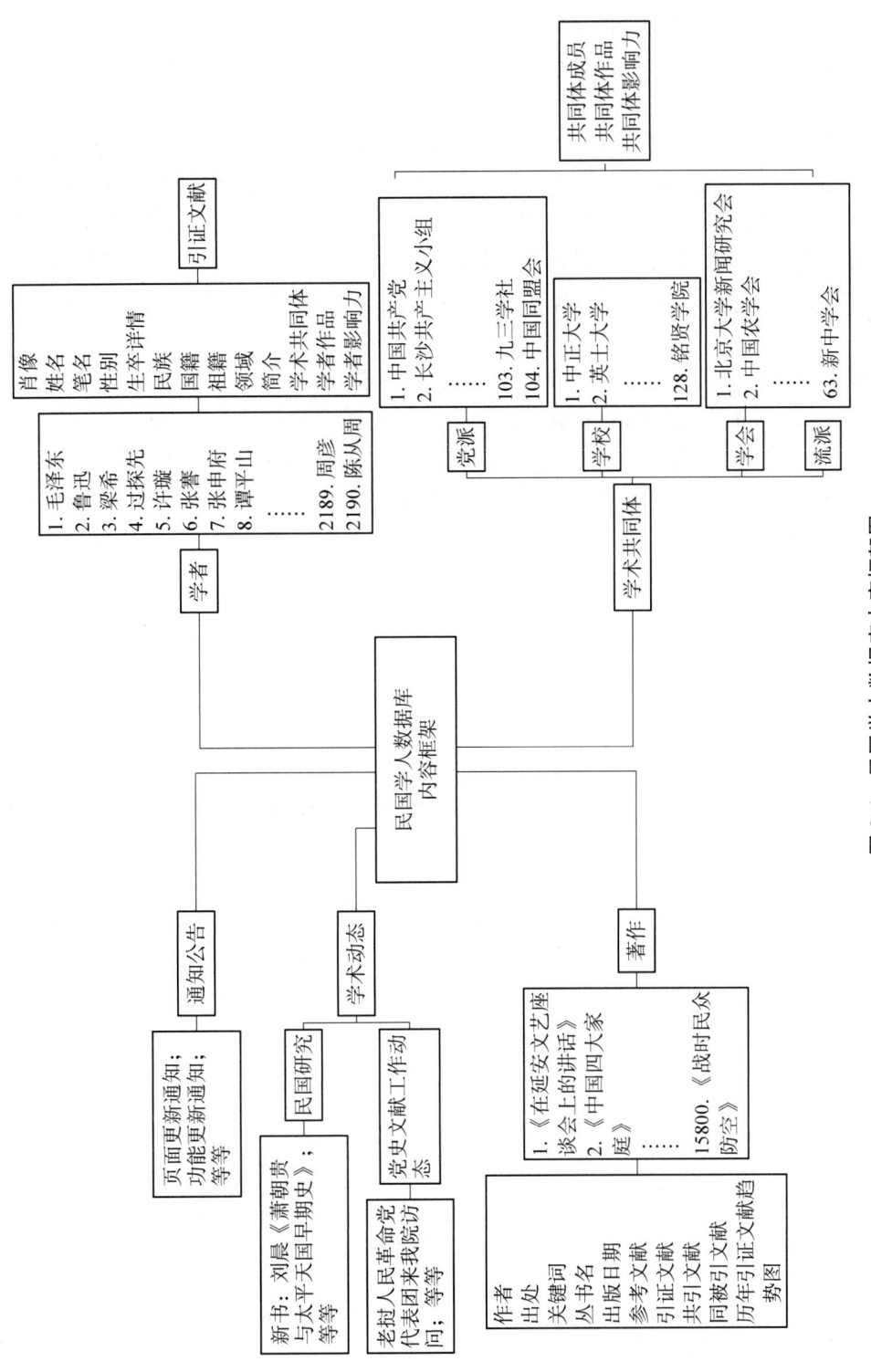

图 9-4 民国学人数据库内容框架图

功能层是对数据的进一步加工，该部分主要包括资源采集加工、数字对象描述、资源整合及资源存储 4 个环节：①资源采集与加工环节。资讯类信息采集后，以自动更新辅以人工参与维护加以利用。②数字对象描述环节。将数字资源按照数字对象的规则加以描述，生成元数据与调度码，共同构成数字对象。③资源整合环节。依据发文、被引阈值等定量指标，或学人身份等定性指标，由华东师范大学、中山大学、超星公司相关专家学者共同组建的研究团队甄选学人数据及对应的图书数据、党派和学会的学术共同体名单数据，再对文献元数据和学人元数据进行提取与加工，突出学人特征，形成可读取、可储存、可关联、可展示的学人元数据。最终收录图书数据约 15.8 万条，人物数据 2 190 条，学术共同体数据 181 条。④资源存储环节。提供对象存储和文件存储功能，针对学术资源多源分布的特点，遵循元数据集中存放、数字对象分布存放原则，可应对频繁访问和数字文件大容量存储的场景和需求。

服务层是在数据整合与存储的基础上，对数据进行进一步组织和挖掘，将依据研究主体（包括民国学人和相关组织）的元数据框架进行集成，形成标签体系，为每一个研究主体建设主页，将以学者为主线的相关史料集中呈现，彼此关联跳转。进而，以文献数据、组织隶属信息、社交网络信息为基础进行挖掘与分析，从不同学者、不同学会学派、不同学术资源间的网状关联中，构成学术共同体网络模型，揭示民国学人关系网络。并根据民国学人特征，对民国学人聚类，挖掘相似学者，揭示学术团队。

用户层提供资源发布与用户检索服务，将民国学人资源最终应用于民国学人检索、共同体检索、民国学人画像（包括研究领域、社交网络、相关共同体的揭示等），并重点提供民国学人和学术社群的影响力报表分析等。

9.2.2 专题数据库功能设计

民国学人数据库的主要功能可以分为通用功能和特色功能两个部分，具体内容如表 9-1 所示。

表 9-1　民国学人数据库的功能设计表

类别	关键功能	说　　明
通用功能	检索功能	支持重要学人、学会学派、学术作品、通知公告、相关资讯的检索
	导航功能	支持数据导航与分面浏览
	信息计量功能	包括学人计量信息和学术共同体计量信息，支持对民国学人相关作品的引证数据进行统计展示
	数据更新功能	提供本数据库相关数据更新和维护的功能
特色功能	影响力报表	在信息计量的基础上，形成学人影响力报表和学术共同体 TOP100 影响力报表，可查询特定学人或学术共同体，能够以可视化和固定模板提供其学术影响力和学术概况分析
	可视化关联图谱	展示相关学者、相关学术共同体等图谱

检索功能。民国学人专题数据库利用统一检索框输入学人姓名、题名、出版社、丛书名、关键词进行检索，还可以从学术共同体、学者控件入口进入，结合首字母和学会共同体类别

(包括党派、学校学会、流派)进行检索(图 9-5)。在学者列表检索结果页面,显示学者个人身份详情、学者作品、学者影响力信息、相关学术共同体以及相关学者的可视化展示。在学术共同体列表检索结果页面,显示有共同体详情、共同体成员概况、共同体作品、共同体影响力、相关共同体的可视化展示。除此之外,在所有可视化节点以及作品的展示上,可以实现节点的跳转,到达相关的作品、学者或学术共同体社群的界面。

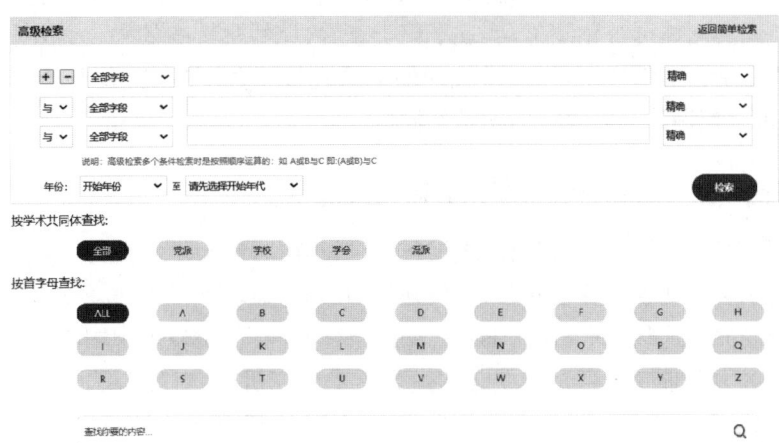

图 9-5　民国学人数据库检索界面

导航与分面浏览功能。数据库提供数据导航与分面浏览功能,如图 9-6 所示。民国学人库页面设置了按作品时间、关键词、出版社三种类型的分类导航,如用户无法确定某一学人姓名时,通过所属学术共同体类型和学人首字母就能够快速查找到所需学人的信息。

图 9-6　民国学人数据库导航与分面浏览页面

信息计量和影响力报表功能。民国学人数据库信息计量根据描述主体的不同可分为学人计量信息和学术共同体计量信息。学人计量信息包括对学人的作品数量、版本/分册书、作品被引数、排名、排名占比进行统计;学术共同体计量信息包括对学术共同体成员内作品数量合集、版本/分册书合集、作品被引数合计、总体排名、排名占比等进行统计。另外依据计量数据,输出共同体 TOP100 影响力报表信息(包含排名、共同体名称、被引数、学者数、重要学者信息)、学者 TOP100 影响力报表信息(包含排名、学者姓名、被引数、作品数、所属共同体信息)。

可视化关联图谱。可视化的信息呈现有助于跨越时间和社群限制,挖掘拥有相似研究领域的潜在学人,亦有助于了解民国时期学人和社群间的关系。在可视化展示方面,民国学人数据库在学者列表展示了相关学术共同体以及相关学者可视化图谱,在学术共同体列表展示了相关组织共同体可视化图谱,实现了聚类查看、控件跳转的效果。另外利用数据库中的学术作品历年引证文献数据,可对学人间的关系进行计算,进一步形成合作、引证等学术关系网络图,可以挖掘到不同表征的学术共同体。

9.2.3 基于民国学人数据资源的学术共同体识别

民国时期,学人通过人脉连挂与组织组建,形成集团力量与学术权势,以统领学界、影响政府,各党派、学会呈现各派各会共存、齐头并进的态势,显示了民国时期联合统一与分化多元交融的复杂局面。这些学术机构、学术社团的组建和演化,展现了中国学术从传统向现代转型过程中的努力和难局。当时建立起的一批学术研究机构,对如今的学术科研仍具有重要的影响,比如承自中华农学社的中国农学会,成立于 1917 年并在 1964 年进行了学会内部调整,是我国历史悠久、影响广泛、享有盛誉的农业科技社团,是中国近现代农业科技发展的亲历者和推动者,内有中国畜牧兽医学会、中国作物学会、中国园艺学会、中国植物病理学会、中国植物保护学会、中国茶叶学会、中国蚕学会、中国热带作物学会等,为国家发展农业和农业科技事业提供了战略性的指导意见。

通过研究民国时期学会社团的发展历程以及学术共同体格局,能以历史的角度更好地考察现存的学会社团组织架构、并对其予以更客观的历史影响力和实力评价,以此更好地把握其发展方向。下文以中国农学会为例,基于民国学人数据库中的数据了解以组织为纽带而维系的学术共同体,并利用学人著作的合著与引证数据,挖掘以合著与引证数据来呈现的学术共同体,接着引入时序分析方法,探究学者的科研行为随时间的变化特点①。

(1) 以组织为纽带而维系的学术共同体

图 9-7 是依据民国学人数据库中的组织关系纽带,如同学会、同社团、同党派等,并以中国农学会成员为中心而衍生出的 6 个共同体社群,包括 21 位民国学者和 27 条从属关系,展现了当时民国学界合组学会的努力和难局。

由图 9-7 可以看出,邹秉文、陈嵘、梁希、张謇维系着多个学会或学派之间的关系,又因为这些学会和学派与其他学者互有联系,其中学会合组、解体与学者背后的派系、教育渊源有着千丝万缕的关系,学术共同体也随之动态变化。根据以上学会党派的演化程度,可以大致分为三个发展阶段:1912—1924 年、1925—1935 年、1935 年以后。

1912—1924 年,组党参政热潮高涨、各学会涌现共存。①在党派组建方面,海内外立宪派领袖梁启超与张謇因国内仿行欧美和日本"立宪"政治的需求而有相同的衔接点。民国初,为了在新的权力分配上争得一席之地,张、梁在组党参政的热潮之中往来更加频繁。

---

① 余华,姚占雷,许鑫. 民国学人专题数据库构建及其学术特征分析:学术共同体视角[J]. 图书情报工作,2021,65(7):38-49.

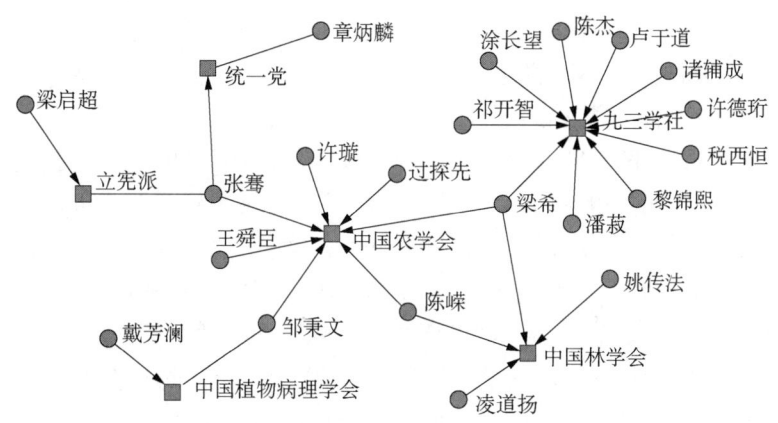

图 9-7　以中国农学会为中心的学术共同体

1912年3月,张謇为了进一步参与南京临时政府的建立,与章炳麟等人一同创立统一党,与原立宪派的预备立宪公会合并而成。尽管张、梁交情深厚,但是梁启超不愿寄人篱下,刚开始不愿加入统一党,于1912春夏之交发起成立民主党。而后,梁启超为促进保守派政党的联合,于1913年加入共和党(以统一党和民社为基础合并而成),共和、统一、民主三个保守派政党合并组成了进步党,国内两大立宪派力量汇集,为他们进一步的合作和交往打下良好的基础。②在学会组建方面,1917年1月,中华农学社(现为中国农学会)由留学归来的王舜成、过探先、陈嵘等人发起成立,张謇任名誉会长。历届会长为陈嵘、王舜臣、许璇、梁希、邹秉文等。由于当时农学社背后的系派分野以及与教育界的渊源关系,造成学会内部成员逐渐凝聚不一。

1925—1935年,学会受内部派系和外部政局动荡影响出现解体和重组。1925—1935年,许璇继任中国农学会会长期间,留日学术背景的会员极其活跃,以陈嵘为代表的英美一系处于较为边缘的位置,先前活动频繁的留美人士,如邹秉文渐趋沉寂。正是由于中国农学会内部的派分加剧促使英美一系谋求自立统系、自我发展。1928年8月,以陈嵘、姚传法等留美林科人士为贯彻"森林救国"的宗旨,取得林学界领袖地位,二人创立并担任中华林学会(现为中国林学会)大会主席①。中华林学会承自中华森林会,由凌道扬创立,后又由于东南政局动荡,经济窘迫,中华森林会在成立五年后走向衰落解体,直到国民政府定都南京后才有了再次发展的契机。除此之外,邹秉文也在戴芳澜的积极支持和赞助下,于1929年成立中国植物病理学会。邹秉文是我国近代植物病理学的开拓者,在植物病理学和农学方面的学术研究和人才培养均建立了不朽功勋,戴芳澜是我国真菌学的创始人,在寄生真菌的分类、形态以及人才培养等方面的研究贡献也很大。

1935年后,科学学会历经多年的解体重组趋于稳定,为争取政治民主的党派学社继续发酵。中国林学会历经了中华森林会、中华林学会和中国林学会三个时期,直至1951年重建中国林学会,梁希时任中国林学会理事长,从此为中国林学会开疆拓土。在此之前,梁希也是九三学社(前身是民主科学座谈会)早期发起人之一。九三学会的成立承自五四运动的思想文化,在民国时期科研中极具分量及地位,他们在相应学科所作出的重大开拓性贡献,

---

① 上官秀玲.中国林学会二十世纪上半叶的历史沿革和发展[J].学会,2002(1):15-18.

不仅在民国时期引领促进现代化早期发展,也奠定了当今各学科研究的基础,从而引领新中国的工业化进程,除了梁希之外,九三学社的代表性人物主要还有祁开智、涂长望、陈杰、卢于道、诸辅成、许德珩、潘菽、黎锦熙、税西恒。

近年来,学者们对民国时期的学术发展脉络较为关注,但也出现了"褒奖有加而分析不足"的情况,将当时有限的、相对的学术自由加以夸张、美化。从以上分析,可以看到民国学术与政治关系密切。从统一党、民主党再到共和党的党派合组过程以及张、梁关系来看,政治因素始终约制又维系着学术发展导向,甚至是学者之间的关系密切程度。通过以上以组织为纽带的学术共同体的深入研究,可以更好地了解民国学术发展的内外机制。所以研究民国学术,要避免局限对某家某派的学术思想和活动逐一论述,又或是只局限于对某一学科的发展作系统的评价,而是要将民国学术发展置于广阔的思想文化背景和社会政治环境中去考察,从而对民国时期学术变迁的外部环境和内部流变做全方位的深度透视。

(2) 以合著与引证数据来呈现的学术共同体

合著是学者学术合作最直接的方式,能明确表示学者之间存在学术交流和联系,而引证关系是另一种表示学者间联系的隐性表示方式,包含引用与被引用。引用大致分为直接引用、共引以及同被引。直接引用和被引用都是反映作者间知识的传递,具有方向性和时序性;共引是指学者间共同引用相同文章的耦合程度,耦合程度越高,则可以在一定程度上判断学者间的研究领域越相似,存在隐性学术共同体关系;同被引相比其他两种引用关系是更为隐性的被动引用行为,存在偶发因素,同被引之间的文献主题往往差异较大,不纳入本节的数据收集范围。综合考虑以上因素,将遵循以下原则来收集学者的图书著作和期刊发文数据,收集原则为:①存在合著、被引用、直接引用、共引关系的作品;②排除非学术作品,比如人物传记、会议纪要等。以邹秉文学者为例,所收集的满足条件的作品共计 27 条数据,具体内容如表 9-2 所示(除《江苏省乙种农校调查报告》作者为王企华及邹秉文外,其他作品作者均为邹秉文)。

表 9-2 邹秉文作品采集情况一览表

序号	作品	年份	类型	刊名
1	植物病理学概要	1916	期刊	科学杂志
2	万国植物学名定名例	1916	期刊	科学杂志
3	种蕈新法	1916	期刊	科学
4	科学与农业	1919	期刊	科学杂志
5	中国菌病之闻见录	1919	期刊	科学杂志和东方杂志
6	南京高等师范学校农科报告民国八年度	1920	图书	
7	吾国新学制与此后之农业教育	1921	期刊	教育与职业
8	对于吾国甲种农校宗旨方法之怀疑	1921	期刊	教育与职业
9	改进吾国农业专门学校办法之商榷	1921	期刊	湖北省农会农报
10	吾国乙种农业学校之现状及其改进办法	1921	期刊	教育与职业
11	读诸先生农业教育意见书书后	1921	期刊	教育与职业
12	江苏省乙种农校调查报告	1921	期刊	教育与职业
13	农业与公民	1922	期刊	东方杂志

续表

序号	作品	年份	类型	刊名
14	民国十之农业教育	1922	期刊	新教育杂志
15	中国农业教育问题	1923	图书	
16	安徽实行新学制后之农业教育办法	1923	期刊	农学
17	新学制实行后之各省农业教育办法	1923	期刊	农学
18	中国农业教育最近状况	1923	期刊	农学
19	江苏实行新学制后之农业教育办法	1923	期刊	农学
20	划定中等农校经费办理模范农业之必要	1924	期刊	教育与职业
21	民国十五之东大农科	1927	图书	
22	解决中国农村问题之途径	1935	期刊	东方杂志
23	战期中贸易委员会之工作概况	1940	期刊	贸易月刊
24	中国之国际贸易政策	1941	期刊	贸易月刊
25	中国农业建设问题	1944	期刊	粮政月刊
26	台湾农业	1947	期刊	农业周讯和台湾农业推广通讯
27	战时出口外汇之管理	1940	期刊	经济汇报

在确定完学者作品的基础上，收集各作品所对应的引证文献数据。因众多节点形成的合作与共引关联数据量十分庞大，在有限的空间内易导致图形重叠、显示混乱、可视效果差，为更好地对所构建的网络进行介绍说明，本节选取邹秉文作为代表节点，其27个作品中共收集有164条被引用的文献数据、无直接引用和共引文献数据，表9-3为其最终确定的部分数据情况。

表9-3 邹秉文作品的合著、直接引用、共引文献数据表（部分示例）

图书/期刊论文题名	年份	类型	作者	引用图书/期刊论文题名	引用年份
植物病理学概要	1916	引证期刊	高希武,王殿轩	农产品保护与检疫处理技术	2011
植物病理学概要	1916	引证期刊	陈集双,姜永厚	外来入侵生物控制	2006
植物病理学概要	1916	引证期刊	周臣,周琰罂	出入境检验检疫报检员手册	2006
植物病理学概要	1916	引证期刊	黄冠胜	中国特色进出境动植物检验检疫	2013
植物病理学概要	1916	引证期刊	岭南大学图书馆	中文杂志索引第1集上	1935
植物病理学概要	1916	引证期刊	中国大百科全书总编辑委员会	中国大百科全书农业2	1998
植物病理学概要	1916	引证期刊	裘维蕃	农园植病谈丛1950—1990	1991
植物病理学概要	1916	引证期刊	王春林	植物检疫理论与实践	2000
植物病理学概要	1916	引证期刊	勤民,张德满,徐兆春,商明清,金扬秀	蔬菜检疫性病害的发生发展与防范对策	2017
植物病理学概要	1916	引证期刊	马军营	浅论留学生与南高师近代学科的建立(1915—1923)	2009

续表

图书/期刊论文题名	年份	类型	作者	引用图书/期刊论文题名	引用年份
植物病理学概要	1916	引证期刊	王宗训	中国植物学发展史略	1983
植物病理学概要	1916	引证期刊	邓铁军	国内外有害生物风险分析（PRA）的研究发展	2004
植物病理学概要	1916	引证期刊	章正	植物种传病害与检疫	2011
科学与农业	1919	引证期刊	邹文卿，高策	民国时期蝗虫研究的科学成就及经验	2013
科学与农业	1919	引证期刊	曲铁华，袁媛	《科学》月刊的创办及对科学教育的弘扬	2009
科学与农业	1919	引证期刊	姚琦	论民国初的科学教育思潮	2008
科学与农业	1919	引证期刊	胡鞍钢	中国资源与经济发展	2005
科学与农业	1919	引证期刊	中国科协发展研究中心课题组编	近代中国科技社团	2014

利用以上数据，构建学者关系多值网络如表 9-4 所示，并导入 Ucinet 软件中，将 149 位学者作为节点，合著和被引关系用边表示，边上的权值表示引用次数的多少，针对满足以上关系的 149 个学者节点以及这些节点之间的关系构建出复杂网络图具体如图 9-8 所示。图中以圆点代表学者，并以学者姓名作为标签；双向箭头表示学者间存在合作关系，单向箭头表示学者间存在引用与被引用关系，箭头指向的一方表示文献引用者，线条越粗表示引用邹秉文的文献次数越多。由于 149 位学者产生了 187 条学者关系对，在有限空间内使图形重叠混乱，为更清晰地显示关联关系，节点位置已进行人工调整，网络图右侧部分表示学者间的合著关系，左侧部分表示与邹秉文学者存在引用与被引用关系的学者。

表 9-4 学者关系多值网络表（部分示例）

	李瑛编	杜慧	韩楚燕	张雪蓉	金扬秀	邹秉文	冯志杰	张德满	商明清	姚树峰	霍益萍
李瑛编	0	0	0	0	0	1	0	0	0	0	0
杜慧	0	0	0	0	0	1	0	0	0	0	0
韩楚燕	0	0	0	0	0	1	0	0	0	0	0
张雪蓉	0	0	0	0	0	3	0	0	0	0	0
金扬秀	0	0	0	0	0	1	0	1	1	0	0
邹秉文	1	1	1	3	1	0	1	1	1	1	3
冯志杰	0	0	0	0	0	1	0	0	0	0	0
张德满	0	0	0	0	1	1	0	0	1	0	0
商明清	0	0	0	0	1	1	0	1	0	0	0
姚树峰	0	0	0	0	0	1	0	0	0	0	0
霍益萍	0	0	0	0	0	3	0	0	0	0	0

通过构建合著与引证关系的复杂网络，能更好地发现和分析学者间的学术研究脉络和关联。图 9-8 根据学者间的关系类别，设有双向合作关系、单向引用和被引用关系。基于这

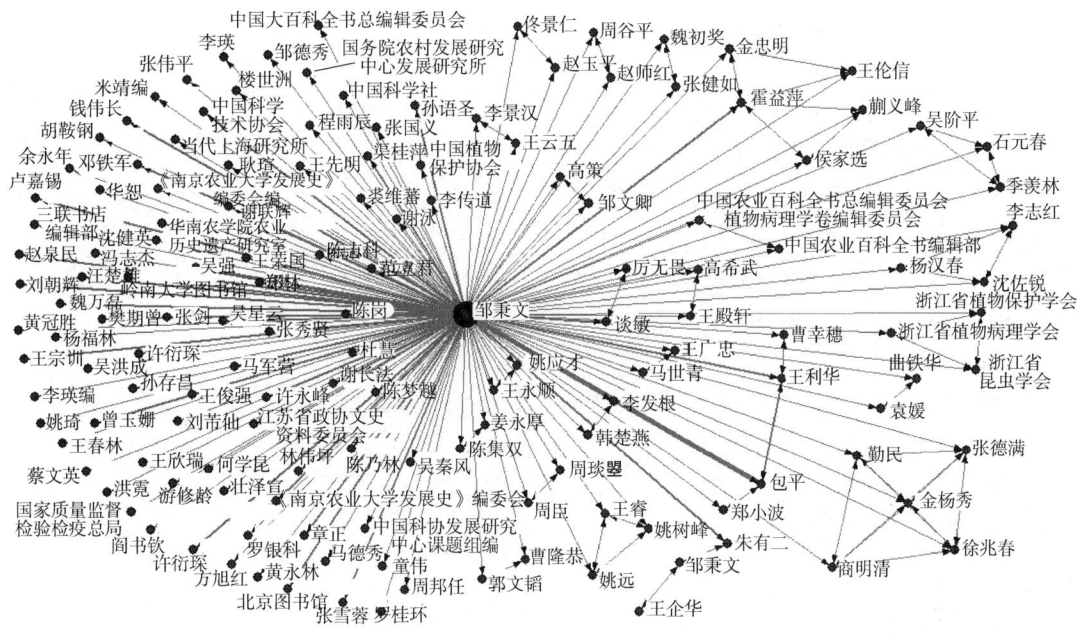

图 9-8　以邹秉文为中心的局部复杂网络图

样的有向网络,可以计算每个节点的出度和入度。入度表示终止于该点的弧的数目,入度越高,可以在一定程度上说明与他有合作意向的人越多,出度表示起始于该点的弧的数目,出度越高,说明该学者的作品受到更多人的关注,比如邹秉文学者出度为196,入度仅为1,说明他倾向独立研究,作品受到较多人的关注。另外从线条的粗细程度上来看,包平、吴强、霍益萍、王利华等人引用邹秉文作品较多,和邹秉文的联系主要在中国农业发展史和中国近代农业教育体系研究。

(3) 引入时序的学术共同体

结合时间维度,将学者按照作品发表时间以 1919—2020 年为跨度,每 10 年进行切分,部分学者作品跨度大于 10 年的,以集中发表的时间域为主,最后将年份区间作为学者属性(attribute)导入 Ucinet 软件,用不同图形对不同属性的节点进行批量标记,这样可以分析出各学者出度与入度的时序变化状况以及学者学术行为随时序的特征演化,如图 9-9 所示(白色方形表示作品大部分发表在 1919—1929 年的学者、黑色三角形表示作品大部分发表在 1929—1939 年的学者,以此类推)。图中各节点已按照时间域从小到大向外发散排序,可以看出随着时序的变化,节点数量是逐渐增多的,白色圆形(1999—2009 年)和黑色圆形(2010—2020 年)节点最为密集,并且在这个局部网络图中的学者合著行为大多发生于 1999—2020 年这个时间段里,这说明越来越多的学者开始关注民国学人的研究,并且现代学者的合作交流更为密切,合作研究倾向大。除此之外,图中相同图形的节点代表同一时期内的小型学术共同体,在这一时期里,他们都对某一学术主题予以关注,如作品集中在 1999—2009 年发表的学者关注留学生归国的教育活动、植物检疫技术、中国农业教育变迁等学术研究主题;作品集中在 2010—2020 年发表的学者则更加关注民国社会改造与乡村建设思潮、农业推广与发展、农学学科发展、中国教育运动等学术研究主题。

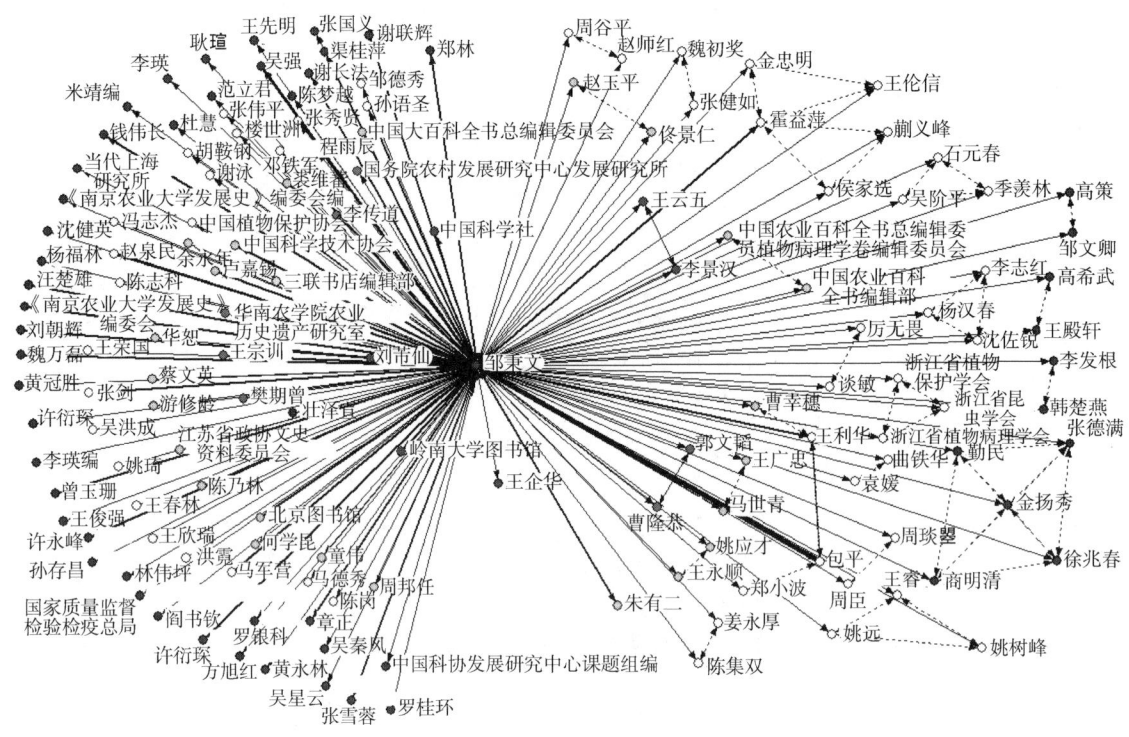

图 9-9 引入时序的学术共同体

综合上文以组织为纽带而维系的学术共同体和以合著与引证数据来呈现的学术共同体，可以认识到民国期间的学术共同体区别于当今课题组和学术协作组织，它是一种精神共同体，同一组织的学者不仅是同事更是同仁。这些学术共同体的形成不仅和学者们之间的共同的思想取向或学术旨趣有关，还受到当时政治背景和组织内部流变的影响。一般来说，学术研究具有一定的延续性，通过对学者的合著与引证关系的梳理，可以把跨越时空的学者联系起来，形成全局学术共同体，又可以将这些学者圈定在某一时期内，构建小型学术共同体，对内部不同研究方向的科研群体的科研行为特点进行总结和探讨。

本节仅提供了以邹秉文学者为例的分析思路，结合其他民国学人的合著与引证数据，可以进一步构建更大范围的全局学术共同体网络图，可以从更多角度对网络图进行研究。比如通过比较各民国学人节点的入度与出度，可以挖掘到在某一主题领域持续被关注的或是比较受欢迎的学人，可以为他们学术的历史影响力提供更客观的评价标准；不同时期的学者所关注的民国学人是否存在不同；相关研究方向和学者所处的时代背景是否有关联等等。这些问题的解答对进一步了解民国时期学术共同体中各学人的定位、为研究者提供更深层次的民国学术主题领域和民国学人关系探讨都将具有积极的参考价值。

总的说来，华东师范大学构建的以人为维度、面向学术共同体的民国学人专题数据库，突破以往以主题汇编民国文献资源的组织方式，利用学者组织机构、学者学术成果、学术成果合著与引证等多维数据揭示学术共同体的演变过程和特点，可以完善民国社会政治经济发展与学人学术发展的内在复杂联系研究，并为综合考察学者间、组织间、学者与组织间关系提供了一个很好的工具，能够服务于现代学者的民国历史文化研究工作。

9.3 世界中国学专题数据资源

世界中国学逐渐发展成为一门新兴学科,其目的在于促进域外和本土研究的互动,真正助力构建中国特色话语体系和知识体系。世界中国学专题数据资源的建设,主要对全球范围内针对中国研究的各类研究成果进行搜集、分析、处理、存储和展示,助力学者更为便利地获取该主题内全面的数据资源开展研究,既是对该主题领域研究重要性和价值的认可,也是促进相关主题研究良性发展的重要举措。

9.3.1 专题数据资源建设方案

世界中国学专题数据资源建设旨在,一方面整合、入库学术研究、智库、新闻媒体及社交网络的相关信息资源,减轻学者获取并利用海量多源异构数据资源的痛苦;另一方面,针对性地以人物为核心,发现并可视化展示人物间关联,有助于依据人物之间的关联规划中国声音的传递路径,支持对国家决策至关重要的舆情进行精准出击或有力回应,为国内学界带来世界中国学研究新的解读与利用方式。

(1) 数据采集

数据资源是数据库的核心,科学合理地选择数据来源并确定采集策略,决定了数据资源是否能够有效地支撑世界中国学领域的各项反研究。对当代中国问题的重视,要求世界中国学专题数据库的数据资源不仅包含学术研究成果,还要重点关注智库、新闻媒体、社交网络等来源的信息资源。学术研究成果通常分布在各类学术数据库中,具有数据字段丰富、规范等特点。智库、新闻媒体等来源的信息,分布广泛、异构情况严重。社交网络信息通常集聚在少数大型社交网络平台之上,信息具有短小等特点。单一化的数据采集策略难以兼顾这些来源广泛、差异性大的信息资源,使得数据采集成为世界中国学专题数据库建设面临的重点和难点问题之一。

这需要针对不同类别信息的特征,分别制定不同的数据采集策略。针对学术研究成果,可先行选取有效检索词在学术数据库进行检索,再基于检索结果使用爬虫工具进行数据爬取;针对智库和新闻媒体信息,可采用通用引擎与主题爬虫相结合的采集方式,选取适当的关键词形成主题词表,利用通用搜索引擎广度优先的抓取策略进行互联网特定信息采集,再使用垂直搜索主题爬虫对重要程度高的权威网站进行深度抓取,实现对信息采集范围和方向的有效控制;针对社交网络信息,其数据采集可采用深度优先搜索方法,先采集帖子或话题的标题、链接、作者等信息,继而进入帖子或话题内部采集回复信息、链接、作者等信息,再进入回复的内部采集楼中楼的回复、作者等信息,如此遍历所有能采集到的相关数据。

(2) 数据加工整合

世界中国学专题数据的数据加工整合阶段,主要包括数据清洗和数据聚合。

数据清洗的要点包括去重、乱码字段及格式清洗、别名统一等。世界中国学研究的目的和初衷之一,在于就域外中国研究的重点关注问题展开对话交流,而人作为对话交流的主体就显得尤为重要。在数据清洗过程中,尤其重视对一人多名情况的处理。英文姓名组织形式多样,如存在全名、去掉中间名、仅中间名缩写、除姓之外均缩写、姓与名之间有间隔(采用圆点或横线间隔)等情况,人物姓名数据如何清洗和呈现是数据清洗的难点。因此,在数据加工整合时,需要统一人物名称,将同一人物的多个别名进行映射。

当前,数据资源聚合总体呈现出由基于外部特征到基于内容的聚合、由粗粒度到细粒度的聚合、由单一维度到多个维度聚合的转变趋势[1],可供应用的技术和方法较多,常见的如主题词表、本体、关联数据、文献计量、分众分类、社会网络分析[2]等方法,也有学者提出基于知识超网络理论的数据资源语义聚合模型等新方法。这些方法各有优劣,需要依据资源的具体情况进行选择。此外,世界中国学研究关注人物、问题及观点三个重要因素。如何将类型多样、结构差异大的各类信息整合到数据库中并有效呈现出人物、问题及观点相关信息,是世界中国学专题数据库建设的关键。考虑到人作为提出问题和发表观点主体的重要性,在数据整合时应以人物为核心,将人物与人物提出问题或发表观点的相关动作(如学术论文和智库文章的发表、社交网络发言及回复)进行关联、组织及呈现,以便后续发现问题和精炼观点的研究推进。

(3) 数据检索利用

在检索方面,检索效果主要体现在准确性和效率两方面。传统以关键词匹配方式进行的检索,其检索过程中易出现"忠实表达""表达差异"和"词汇孤岛"等问题[3],从而影响检索结果的准确性。此外,检索过程中如缺乏推理,会增加用户通过检索获取知识的难度,使得检索的效率低下。为此,不少学者提出了语义检索的概念,如借助实体识别、实体分类、关系抽取、知识存储、知识推理等语义化技术实现灵活的语义检索[4],可以有效帮助用户快速获取所需资源。

在利用方面,可对相对浅层次的信息进行分析并通过直观的可视化界面予以呈现,如关键人物、重要机构、人物之间关联、人物与问题的映射关系、人物与观点的映射关系等,供相关的学者及决策者直观的查阅,他们就可将有限的时间和精力投入更复杂和纵深问题的研究上,从而减轻其负担。目前,可供利用的可视化方法和技术较多,如关联网络、多层网络、知识图谱等,可结合具体数据情况及用户需求进行选择。

(4) 专题数据资源架构

建设世界中国学专题数据库需要解决如下重点问题:①采集、挖掘域外中国问题研究的人物及其问题、观点,并且多维度呈现域外中国研究的全貌;②基于门户网站,提供多样化检索功能,便于查找人物、成果及观点;③通过可视化技术直观地展现人物之间的复杂关联,帮助学者和决策层更为便利地制定信息传递路径和机制。其架构自下而上主要包括基础设施、技术支撑、数据库、数据应用和服务展示,如图9-10所示。

基础设施。世界中国学专题数据资源建设的基础设施包含服务器、数据库、基础网络等内容。数据库可选择 CentOS 作为操作系统,安全、低维护、稳定;数据库类型可选用 PostgreSQL 关系数据库,开源、功能丰富。

技术支撑。世界中国学专题数据资源建设的技术支撑包含数据采集、数据清洗、数据检索、可视化等模块,使用的技术包含 Python 爬虫、Java Web 服务、前端可视化等。

数据库。在世界中国学专题数据资源建设中,可汇聚学术研究、智库、新闻媒体、社交网

---

[1] 毛平,剧晓红.基于知识超网络的人文社科专题数据库数据资源聚合研究[J].信息资源管理学报,2020(5):38-47,54.
[2] 鸿佳,李洁,沈涌.数字资源聚合方法融合趋势研究[J].情报资料工作,2015(5):24-29.
[3] 董慧.基于本体论和数字图书馆的信息检索[J].情报学报,2003(6):648-652.
[4] 蒋婷,孙建军.人文社科专题数据库深度语义化研究[J].信息资源管理学报,2020,10(5):12-22.

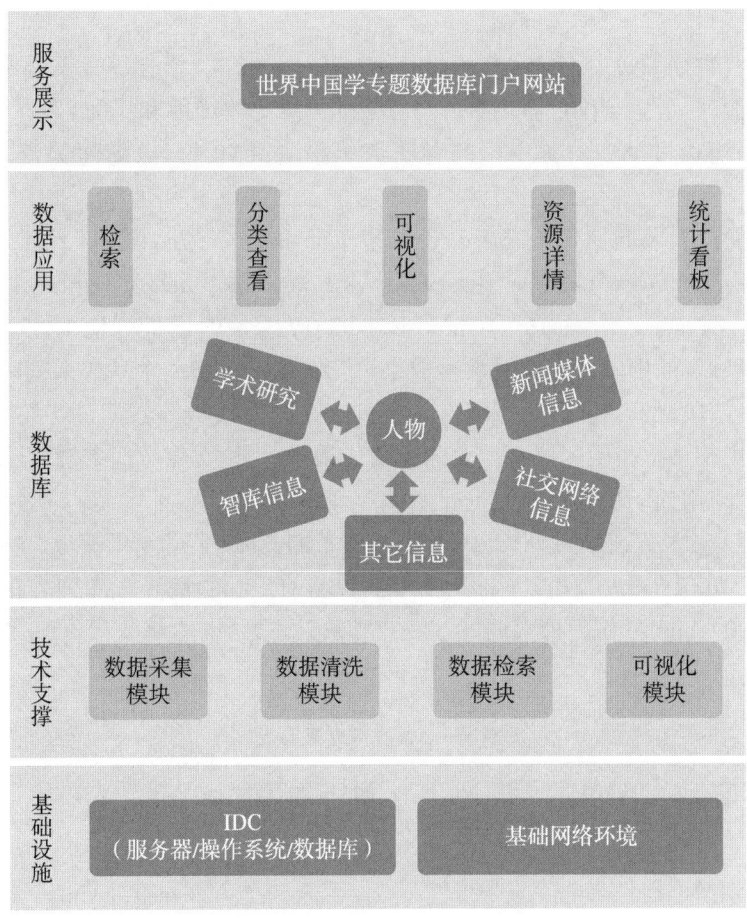

图 9-10 世界中国学专题数据资源建设架构图

络等多来源、多类型的信息,以人物为核心,建立人物与各类信息之间的关联,为更深层次的问题及观点提炼以及信息传播路径的规划奠定基础。

数据应用。世界中国学专题数据资源的数据应用包含数据查看、检索、可视化等功能。这些功能将数据按照图形或文字的方式展示给用户,并且提供选择、检索的方式进行更好地展示。

服务展示。通过世界中国学专题数据库门户网站进行服务展示,通过学者库、论文库、舆情库集合学者相关数据,汇聚所有的数据应用功能。

9.3.2 专题数据资源组织特色

华东师范大学作为国内最早对域外中国问题研究进行反研究的科研机构之一,以支持政策决策、推动世界中国学研究的进一步发展为目的,建设世界中国学专题数据资源,对中国大陆区域外进行中国研究的人物及其相关论文、著作、报告、新闻、智库成果等各类分散资源进行收集、分析、处理、存储和展示。

(1) 数据采集

为同时覆盖"汉学"和"中国学"两大主题领域的域外中国研究成果,选取谷歌学术和智库两大数据来源,其中谷歌学术兼顾了"汉学"和"中国学",而智库则主要针对的是政治、军事、社会、经济、科技等当代中国问题。

有别于传统数据采集中直接采集通过关键词检索的论文、报告等数据资源等方式,在采集所需数据资源时,考虑到降低学者库中学者去重、清洗的难度和压力,选择从检索列表中析出学者信息,再通过学者对其中国问题研究的相关论文、报告、新闻等资源进行扩展和搜集。

首先,在谷歌学术上使用 Chinese military、Chinese investment、Chinese conflict、Chinese language、Chinese internet、Chinese censorship、Chinese population、Chinese government、Chinese traffic、Chinese agriculture、Chinese industry 等检索词进行检索,获得军事、投资、语言、互联网等领域的中国研究相关学术成果;其次,从上述相关学术成果列表中,析出学者信息,获取学者字段;最后,获取学者所有论文列表及被引次数等数据,以 China、Chinese 为检索词从列表中筛选出与中国议题相关的论文成果,作为论文库数据来源①。

针对智库,采用如下步骤获取数据。

第一,参照宾夕法尼亚大学于 2019 年 1 月发布的《2018 年世界智库影响力排名》(*2018 Global Go To Think Tank Index Report*)②,在排名前 100 的世界智库列表中,从第一名开始使用 China 和 Chinese 作为检索词,按顺位选取有检索结果的前 20 个智库作为数据来源,如表 9-5 所示。

表 9-5　智库数据来源表

全球排名	智库	全球排名	智库
1	(美)Brookings	21	(德)SWP-Berlin
9	(美)RAND Corporation	2	(法)French Institute of International Relations, IFRI
7	(英)Chatham House	17	(美)Council on Foreign Relations
33	(韩)Korea Institute for International Economic Policy, LIEP	8	(美)The Heritage Foundation
3	(美)Carnegie Endowment for International Peace	12	(美)Peterson Institute for International Economics
11	(美)Wilson Center	31	(加)Center for International Governance Innovation, CIGI
5	(美)Center for Strategic and International Studies, CSIS	50	(德)German Council on Foreign Relations
47	(意)Italian Institute for International Political Studies	29	(美)Human Rights Watch
10	(英)International Institute for Strategic Studies, IISS	28	(英)European Council on Foreign Relations
64	(澳)Lowy Institute for International Policy	56	(澳)Australian Institute of International Affairs, AIIA

---

① 邓璐芗,许鑫.世界中国学专题数据库建设与应用研究:来自华东师范大学的实践[J].图书情报工作,2021,65(7):50-59.

② 2018 Global Go To Think Tank Index Report[EB/OL].[2022-10-20].https://repository.upenn.edu/cgi/viewcontent.cgi?article=1017&context=think_tanks.

第二,分别进入以上智库官网,使用 China 和 Chinese 作为检索词,搜索相关学者。截至 2019 年 10 月,以上 20 个智库中共有 3 168 位学者,以 China 和 Chinese 作为检索词搜索出的学者 240 名,占比约 7.58%。

第三,进入学者主页,获取学者字段,使用 China 和 Chinese 为检索词从学者的报告、观点、新闻、博客等资源中筛选出与中国相关的部分,作为舆情库数据来源。

(2) 数据加工整合

根据数据的实际情况,进行论文去重、发表日期统一、人物姓名统一、空字符处理、乱码字段纠正及格式清洗、重要计数清洗统计排序等。通过观察发现,学者个人详情页面上通常出现的是全名,而其他各处则经常出现去掉中间名或缩写的情况。因此,在数据清洗时,将人物详情页面上的姓名,与其论文、智库文章中的署名进行匹配并添加映射关系。而针对部分学者出现多字段空值或无论文、智库成果的情况,考虑到此类学者在中国问题研究领域大概率处于边缘位置,故直接去除此类学者。经清洗和整理,共获得学者、论文、舆情信息条目数量如表 9-6 所示。

表 9-6 清洗后的学者、论文、舆情条目数量表

单位:条

学者信息	论文信息	舆情信息
5 321	165 625	4 603

在数据库的建设中,对谷歌学术和智库两类数据来源进行预研究,并结合采集到的论文和舆情数据资源的字段情况,设计学者库表、论文库表和舆情库表,具体如表 9-7、表 9-8 和表 9-9 所示,并分别构建学者库、论文库和舆情库 3 个子库。为建立人物与信息之间的关联,将论文库表与学者库表、舆情库表与学者库表通过字段 scholarid 进行关联。在对已清洗的数据进行入库操作时,根据数据库表间的关联关系,查找人物的 id(字段 scholarid),在插入论文和舆情数据时,使用对应人物的 id 作为填充字段,从而实现了学者库、论文库和舆情库 3 个子库间的联通。

表 9-7 学者库表

序号	字段	说明	序号	字段	说明
1	id	主键	11	refer number	引用次数
2	create time	创建时间	12	refer number year	引用年份
3	image url	头像地址	13	key	唯一标识
4	name	姓名	14	source	来源
5	position	职位与机构	15	gscrsbst	h 指数、i10 指数
6	introduction	简介	16	initials	首字母,排序使用
7	update time	更新时间	17	summary	介绍
8	status	状态	18	refer number ocsd	中国问题研究引用总数
9	validate type	验证方式	19	map relationship	作者关系图谱
10	sphere	领域			

表 9-8 论文库字段

序号	字段	说明	序号	字段	说明
1	id	主键	15	publisher	出版商
2	academic artices	学术搜索的文章	16	refer number url	引用数 url
3	article url	原文链接	17	report number	报告编号
4	author	作者	18	roll number	卷号
5	carw url	采集的 url	19	seminar paper	研讨会论文
6	create time	创建时间	20	source	来源
7	file url	原文地址	21	status	1:正常显示
8	initials	首字母	22	summary	简介
9	institutions	机构	23	title	标题
10	journal	期刊	24	update time	更新时间
11	library	图书	25	refer number class	引用数分类
12	page range	页码范围	26	scholar id	学者 id
13	period number	期号	27	refer number year	引用数年份
14	publish time	出版时间	28	publish time class	发表年份分类

表 9-9 舆情库字段

序号	字段	说明	序号	字段	说明
1	id	主键	8	source	来源
2	author	作者	9	status	正常状态
3	contents	内容	10	subject	主题
4	create time	创建时间	11	title	文章标题
5	link	原文链接	12	type	类别
6	publish time	发表时间	13	update time	更新时间
7	scholar id	学者 id			

9.3.3 基于世界中国学专题数据库的学术特征挖掘

(1) 重要学者发现

在世界中国学专题数据库门户中,可视化地展示了被引次数 TOP10 的学者,分别为 M. F. Zhou、M. Santosh、B. M. Jahn、B. Naughton、J. G. Liou、M. H. Bond、B. Popkin、F. L. Wu、J. He、D. Shambaugh。因为智库来源的学者没有被引次数的相关信息,故被引次数 TOP10 学者全部为论文学者。这些学者的发文数及被引次数历年变化情况,如图 9-11 所示。

经分析还可以发现,这些学者的研究领域主要集中在地质学(4 人)、经济学(1 人)、社会心理学(1 人)、健康与营养学(1 人)、城市发展与治理研究(1 人)、流行病学(1 人)、亚洲国际关系研究(1 人)等领域,领域跨度大,而且地质领域不仅学者较多,相关研究产出也多,被引次数非常高。

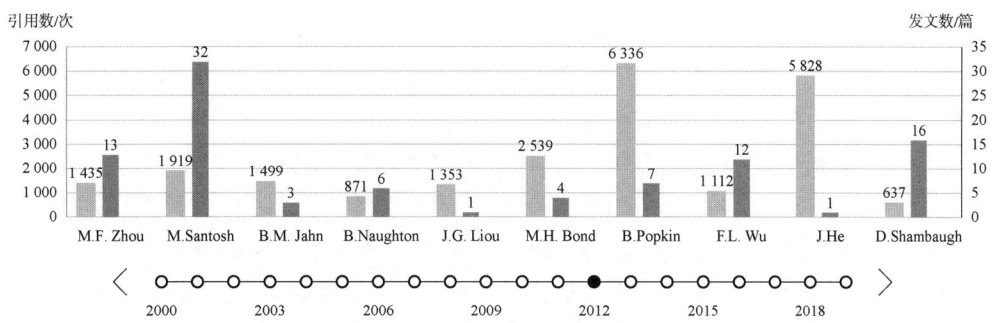

图 9-11 被引次数 TOP10 学者发文数及被引次数历年变化情况（示例）

（2）学者关系图谱可视化

在世界中国学专题数据库中，可视化地展示了学者之间的关系图谱。图 9-12 以来自哈佛大学的学者 A. L. Johnston 为例，展示他本人与其他学者的关联，以及与他发生关联关系的学者之间的关联，如 A. L. Johnston 与 A. Carlson、J. J. Suh、P. Katzenstein 等人有关联，并且 A. Carlson 与 J. J. Suh、P. Katzenstein 3 人间互有关联，这说明 A. L. Johnston、J. J. Suh、A. Carlson、P. Katzenstein 4 人可能存在共同进行研究的情况。

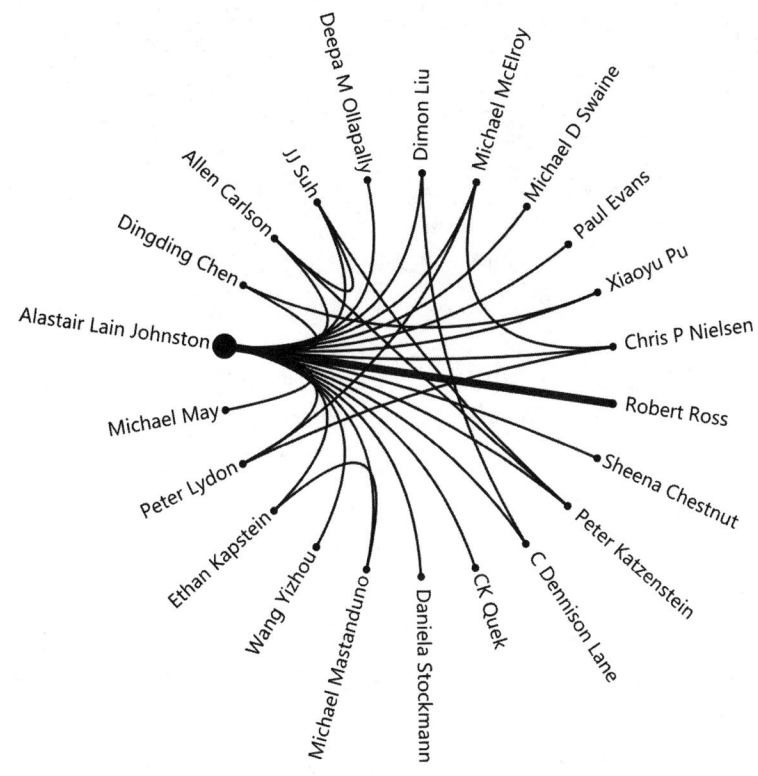

图 9-12 Alastair Lain Johnston 的学者关系图谱

（3）重要研究领域发现

在世界中国学专题数据库中，可视化地呈现了世界中国学相关学者的研究领域，如图 9-

13 所示。通过对学者及其成果所涉领域进行分析发现，economics（经济）、international relations（国际关系）、international business/trade（国际贸易）、political economy（政治经济）、machine learning（机器学习）、climate change（气候变化）、epidemiology（流行病学）等领域是域外学者关注的重点。值得注意的是，被引次数 TOP10 学者中有 4 人从事的是 Geology（地质学）研究，从域外中国研究整体情况来看，则仅是其中的一小部分。分析其原因，可能是因为智库来源学者的关注领域与论文学者差异较大，论文学者关注科学问题较多，而智库学者关注经济、政治问题较多；也可能是因为地质学相关领域研究者的个人研究产出较高，但同领域研究者数量不及经济、政治等领域的学者数量，导致研究产出的总量低于经济、政治等领域。

图 9-13　学者研究领域词云

（4）重要研究机构发现

对世界中国学专题数据库中的论文学者所属机构信息进行分析，如图 9-14 所示。在中国大陆区域外，在学术方面进行中国问题研究的热门机构，包括香港大学（University of Hong Kong）、美国加州大学（University of California）、香港城市大学（City University of Hong Kong）、香港理工大学（Hong Kong Polytechnic University）、新加坡国立大学（National University of Singapore）、美国南加州大学（University of Southern California）、澳大利亚国立大学（Australian National University）、香港科技大学（Hong Kong University of Science and Technology）、澳大利亚莫纳什大学（Monash University）等院校、研究机构。关注中国问题相关学术研究的学者，可以持续关注这些热门的研究机构，跟进其研究进展。

在世界中国学专题数据库中，依据学者数量对数据来源的 20 个智库进行排序及可视化展示，如图 9-15 所示。其中，Brookings（布鲁金斯学会）、RAND Corporation（兰德公司）、Chatham House（查塔姆研究所）位列前三。这三个机构的中国研究学者数占 20 个智库中中国研究学者总数的 39.58%，说明这三个智库拥有较多对中国问题进行研究的学者，需要特别关注。

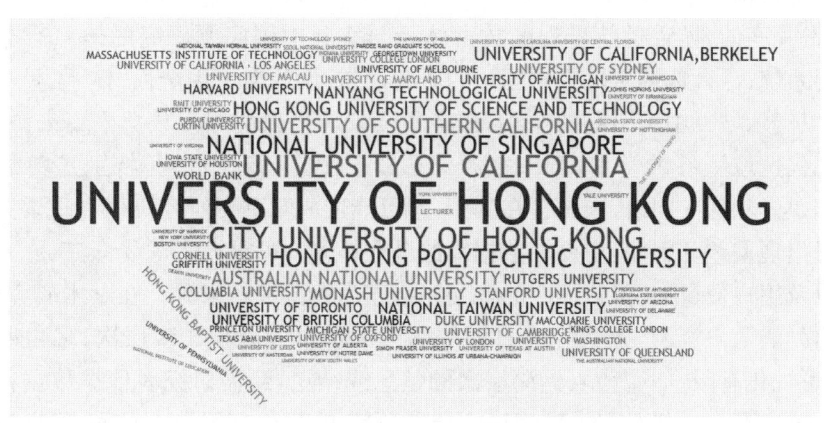

图 9-14　TOP100 学术研究机构

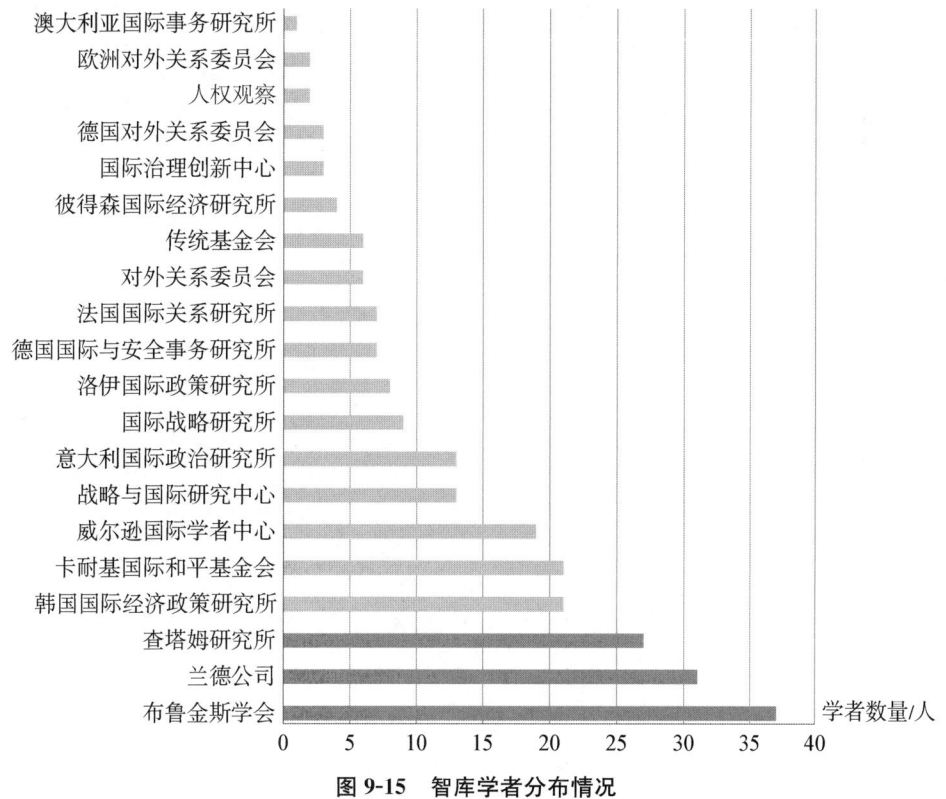

图 9-15　智库学者分布情况

总之,建设世界中国学的专题数据资源,在数据采集、加工整合及检索利用阶段相应解决当代世界中国学研究长期存在的难题,获取、整合和共享域外中国问题研究的知识资源,无论从学术还是现实层面都具有重大的意义。

在世界中国学专题数据资源建设实践中,尝试将智库舆情上升到与学术研究同等的重视程度,同时关注传统"汉学"与当代中国问题的研究,而未生硬地将两类研究割裂开来。这是一次有意义的尝试,除了已有的几类可视化分析,研究者还可以基于专题数据资源开展更多视角、更多方法、更多维度的研究。需要注意的是,该数据资源建设仍存在不足之处需要改进,包括:①数据采集时应用的检索词局限性大,这对于中国问题研究的广泛性和多样性而言,是非常片面的,导致目前呈现的数据体量与实际中国问题研究的体量有非常大的差距。这需要系统、深入地调研世界中国学的研究议题,设计出更为全面、体系、重点突出的检索词列表,以展示域外中国研究的全貌,避免重要议题的遗漏。②数据采集来源单一,如学术研究来源仅选取了谷歌学术,智库来源仅选择了20家智库机构,特别是舆情的重要来源——新闻媒体和社交网络,未包含在其中,这可能造成对重要研究机构和重要人物的识别与实际情况出现偏差。因此,需要对数据来源进行补充。可重点考虑受众广、影响大的域外主流媒体以及用户数量大、覆盖面广的社交网络作为舆情资料来源。在学术研究方面,要考虑非英语语种的学术资源,尤其补充日韩等邻国的学术资源。③多层次、多角度的数据关联、分析及可视化有限,如需获取更深层次的信息或结论,还需研究者依据数据自行进行挖掘和分析,直接服务决策的效果有限。因此,还需开发及应用更多的分析功能和可视化呈现。

结束语

　　数据驱动的新研究范式、信息环境的剧烈变化、《新文科建设宣言》出台的多重背景,带来新文科基本内核与应用场景的变革,拓展了新文科的学术范畴、学科体系与社会使命,新文科的学科建设、学术发展和话语构建已成为一项重要的基础性工作。数据化成为理解社会和社会行为的一种公认的新范式,新文科建设下的数据驱动研究已形成较完善的学术研究基础。人文社科专题数据建设为新文科建设提供开放的文献资料、工具技术、知识图谱等集成化工具服务,人文社科研究数据管理为新文科建设提供诸如数据全生命周期管理、数据管理工具、数据监管服务、数据隐私保护等综合性数据支持,数字人文技术与方法为新文科建设提供具有中国特色、中国风格、中国气派的交叉性、智慧化和应用性的学科服务,使得新文科建设下的数据驱动研究极具研究成长性和发展空间,亦将成为研究者持续深耕的沃土。在此基础上,以人文社科大数据和跨学科的知识整合为基础,建立数据管理和服务平台,应对新科技和产业革命浪潮,服务国家和社会需求,发掘解决社会经济问题的人才,助力新文科建设目标实现。

　　新文科视角下的数据驱动研究需要继续深化"顶天、中坚、立地"的发展基调。"顶天"表示新文科建设要立于国家发展战略和社会发展需要,实现国家认同。根据国家发展战略和社会发展需要,融通现代化信息技术,激发数据管理动能,一方面显现新文科的社会价值、引导新文科建设方向;另一方面协调基于新文科的服务体系、展现人文社科的人文关怀、扩大新文科服务的社会知名度与广泛度,增强社会认知。"中坚"表示新文科建设要归于人才培养和理论实践,实现学科、学术和话语认同。集成数据管理和服务平台,实现从数据到信息再到知识和智慧的升级转化,为管理与决策创造价值,为高端人才培养、创新人才挖掘提供支撑,一方面向上支撑国家发展战略和社会发展需要;另一方面向下连接社会实际认知和社会接纳程度。"立地"表示新文科建设要挖掘人文社科数据内涵,剖析社会实际认知和社会接纳程度,实现社会认同。社会认知一方面通过认知场景显现新文科在国家战略与社会需要中的发展实际,展现新文科建设的辐射程度与人文理念;另一方面通过认知差异,促进新文科建设的理论体系、实践应用、人才培养的逐步升级。

参考文献

[1] ALI H, QAISER M, SYEDA SANA E Z, et al. BioFed: Federated query processing over life sciences linked open data [J]. Journal of Biomed Semantics, 2017, 8(1): 13.

[2] ANDERSON S. What are research infrastructures? [J]. International Journal of Humanities and Arts Computing, 2013, 7(1-2): 4-23.

[3] BAGOZZI R P, YI Y, PHILLIPS L W. Assessing construct validity in organizational research [J]. Administrative Science Quarterly, 1991, 36(3): 421-458.

[4] BERRY D M. The computational turn: Thinking about the digital humanities [J]. Culture Machine, 2011, 12: 1-22.

[5] BJORK B C. A lifecycle model of the scientific communication process [J]. Learned Publishing, 2005, 18(3): 165-176.

[6] BLEI D M, NG A Y, JORDAN M I, et al. Latent dirichlet allocation [J]. Journal of Machine Learning Research, 2012, 3: 993-1022.

[7] BLÜMM M, FUNK S E, SÖRING S. Die infrastruktur-angebote von DARIAH-DE und text grid [J]. Information-Wissenschaft & Praxis, 2015, 66(5-6): 304-312.

[8] BORNMANN L. What do altmetrics counts mean? A plea for content analyses [J]. Journal of the Association for Information Science and Technology, 2016, 67(4): 1016-1017.

[9] CALUMBY R T, TORRES R S, GONÇALVES M A. Multimodal retrieval with relevance feedback based on genetic programming [J]. Multimedia Tools and Applications, 2014, 69(3): 991-1019.

[10] CHAVAN V, PENEV L. The data paper: A mechanism to incentivize data publishing in biodiversity science [J]. BMC Bioinformatics, 2011, 12(6): 2399-2405.

[11] CHAWINGA W D, ZINN S. Global perspectives of research data sharing: A systematic literature review [J]. Library & Information Science Research, 2019, 41(2): 109-122.

[12] CHRISTINA M S, MARISTELLA A, MARK S S, et al. Evaluating a digital humanities research environment: The CULTURA approach [J]. International Journal on Digital Libraries, 2014, 15(1): 53-70.

[13] CLARK T, CICCARESE P, GOBLE C. Micropublications: A semantic model for claims, evidence, arguments and annotations in biomedical communications [J].

Journal of biomedical semantics, 2014, 5(1):1-33.

[14] DANTE M V, FRANCISCO J, GALLEGOS-FUNES, et al. A fuzzy clustering algorithm with spatial robust estimation constraint for noisy color image segmentation [J]. Pattern Recognition Letters, 2013, 34(4):400-413.

[15] ENKE N, THESSEN A, BACH K, et al. The user's view on biodiversity data sharing—Investigating facts of acceptance and requirements to realize a sustainable use of research data [J]. Ecological Informatics, 2012, 11:25-33.

[16] FECHER B, FRIESIKE S, HEBING M. What drives academic data sharing? [J]. PLoS ONE, 2015, 10(2):e0118053.

[17] FORNELL C, JOHNSON M D, ANDERSON E W, et al. The American customer satisfaction index: Nature, purpose, and findings [J]. Journal of Marketing, 1996, 60(4):7-18.

[18] FRIEDMAN R, PSAKI S, BINGENHEIMER J B. Announcing a new journal section: Data papers [J]. Studies in Family Planning, 2017, 48(3):291-292.

[19] GREEN K, NIVEN K, FIELD G. Migrating 2 and 3D datasets: Preserving auto CAD at the archaeology dataservice [J]. ISPRS International Journal of Geo-Information, 2016, 5(4):44.

[20] HAIR J F, RINGLE C M, SARSTEDT M. PLS-SEM: Indeed a silver bullet [J]. Journal of Marketing Theory & Practice, 2011, 19(2):139-152.

[21] HASNAIN A, KAMDAR M R, HASAPIS P, et al. Linked biomedical dataspace: Lessons learned integrating data for drug discovery [C]. International Semantic Web Conference, New York, USA, 2014:114-130.

[22] HASSANZADEH O, MILLER R J. Automatic curation of clinical trials data in LinkedCT [C]. The 14th International Semantic Web Conference, Berlin, 2015:270-278.

[23] INGWERSEN P, CHAVAN V. Indicators for the Data Usage Index (DUI): An incentive for publishing primary biodiversity data through global information infrastructure [J]. Bmc Bioinformatics, 2011, 12(15):228-233.

[24] JEFFREY P E. Digital humanities, libraries, and partnerships, chapter 9: Stitching together technology for the digital humanities with the International Image Interoperability Framework (IIIF) [M]. Oxford: Chandos Publishing, 2018:125-135.

[25] KALLIPOLITIS L, KARPIS V, KARALI I. Semantic search in the world news domain using automatically extracted metadata files [J]. Knowledge-Based Systems, 2012, 27(3):38-50.

[26] KHUSRO S, LATIF A, Ullah I. On methods and tools of table detection, extraction and annotation in PDF documents [J]. Journal of information science, 2015, 41(1):41-57.

[27] KILGOUR FG. A personalized prehistory of OCLC [J]. Journal of the American Society for Information Science & Technology, 1987, 38(5):381-384.

[28] KIM Y, ADLER M. Social scientists' data sharing behaviors: Investigating the roles of individual motivations, institutional pressures, and data repositories [J]. International Journal of Information Management, 2015, 35(4): 408-418.

[29] KIM Y, STANTON J M. Institutional and individual factors affecting scientists' data-sharing behaviors: A multilevel analysis [J]. Journal of the Association for Information Science and Technology, 2016, 50(1): 1-14.

[30] KRATZ J E, STRASSER C. Making data count [J]. Scientific Data, 2015, 2: 150039.

[31] LAFIA S, KUHN W. Spatial discovery of linked research datasets and documents at a spatially enabled research library [J]. Journal of Map & Geography Libraries, 2018, 14(1): 21-39.

[32] LAI J L, YI Y. Key frame extraction based on visual attention model [J]. Journal of Visual Communication and Image Representation, 2012, 23(1): 114-125.

[33] LAWRENCE B. Citation and peer review of data: Moving towards formal data publication [J]. The International Journal of Digital Curation, 2011, 6(2): 4-37.

[34] LIU T Y, ZHANG X D, FENG J, et al. Shot reconstruction degree: A novel criterion for key frame selection [J]. Pattern Recognition Letters, 2004(12): 1451-1457.

[35] MA J, WANG Q, DONG C, et al. The research infrastructure of Chinese foundations, a database for Chinese civil society studies [J]. Scientific Data, 2017, 4: 170094.

[36] MEGHINI C, NICCOLUCCI F, FELICETTI A, et al. ARIADNE: A research infrastructure for archaeology [J]. Journal on Computing and Cultural Heritage(JOCCH), 2017, 10(3): 1-27.

[37] METZE F, DING D, YOIMESSIAN E, et al. Beyond audio and video retrieval: Popic-oriented multimedia suminarization [J]. International Journal of Multimedia Information Retrieval, 2013, 2(2): 131-144.

[38] MORETTI F. Conjectures on world literature [J]. New Left Review, 2000(1): 54-68.

[39] OGUZ D, ERGENC B, YIN S, et al. Federated query processing on linked data: A qualitative survey and open challenges [J]. The Knowledge Engineering Review, 2015, 30(5): 545-563.

[40] PARK H, WOLFRAM D. An examination of research data sharing and re-use: Implications for data citation practice [J]. Scientometrics, 2017, 111(1): 1-19.

[41] PENG T L, ZHANG W J. Robust shot boundary detection from video using dynamic texture [J]. Sensors & Transducers, 2014, 173(3): 104-109.

[42] RADFORD A, NARASIMHAN K. Improving language understanding by generative pre-training [C/OL]. [2023-04-21]. https://www.semanticscholar.org/paper/Improving Language Understandingby Generative Radford Narasimhan/cd18800a0fe0b668a1cc19f2ec95b5003d0a5035.

[43] ROBERT S, PAOLO C, HERBERT VAN DE S. Designing the W3C open annotation data model [C]. Proceedings of the 5th Annual ACM Web Science Conference (WebSci), 2013:366-375.

[44] RUDINAC S, LARSON M, HANJALIC A. Leveraging visual concepts and query performance prediction for semantic-theme-based video retrieval [J]. International Journal of Multimedia Information Retrieval, 2012,1(4):263-280.

[45] SADIQ S, INDULSKA M. Open data: quality over quantity [J]. International Journal of Information Management, 2017,37(3):150-154.

[46] SAYRE F D, BAKKER C J, JOHNSTON L R, et al. Where in academia are ELNs? Support for electronic lab notebooks at top American research universities [C]. Poster presented at the Association of College & Research Libraries Conference. Baltimore: ACRL, 2017.

[47] SÉBASTIEN M, MURIEL F, SLIM T. 1-5 Stars: Metadata on the openness level of open data sets in Europe [C]. Research Conference on Metadata and Semantic Search (MTSR), 2013:234-245.

[48] SHREEVES S L, CRAGIN M H. Introduction: Institutional repositories: current state and future [J]. Library Trends, 2008,57(2):89-97.

[49] SINGHAL A, SRIVASTAVA J. Generating semantic annotations for research datasets [C]. Proceedings of the 4th International Conference on Web Intelligence, Mining and Semantics (WIMS14), New York, USA, 2014:287-289.

[50] SMALL H G. Cited documents as concept symbols [J]. Social Studies of Science, 1978,8(3):327-340.

[51] STUDER R, BENJAMINS V R, FENSEL D. Knowledge engineering: Principles and methods [J]. Data and Knowledge Engineering, 1998,25(1-2):161-197.

[52] SURHONE LM, TENNOE MT, HENSSONOW SF. Uppsala conflict data program [M]. Betascript Publishing, 2011.

[53] TENOPIR C, RICE N M, ALLARD S, et al. Data sharing, management, use, and reuse: Practices and perceptions of scientists worldwide [J]. PLoS ONE, 2020, 15(3):e0229003.

[54] THORVALDSEN G. Historical databases in Scandinavia [J]. The History of the Family, 1998,3(3):371-383.

[55] TONOMURA Y, AKUTSU A, OTSUJI K, et al. VideoMAP and VideoSpaceIcon: Tools for anatomizing video content [C]. Proceedings of the INTERACT'93 and CHI'93 Conference on Human Factors in Computing Systems, 1993:131-136.

[56] VELJKOVIC N, BOGDANOVIC D S, STOIMENOV L. Benchmarking open government: An open data perspective [J]. Government Information Quarterly, 2014,31(2):278-290.

[57] VOLK C J, LUCERO Y, BARNAS K. Why is data sharing in collaborative natural resource efforts so hard and what can we do to improve it? [J]. Environmental

Management, 2014, 53:883-893.

[58] WANG J, KUMAR S, CHANG S F. Semi-supervised hashing for scalable image retrieval [C]. 2010 IEEE Computer Society Conference on Computer Vision and Pattern Recognition, San Francisco, CA, USA, 2010:3424-3431.

[59] WANG X, FANG Z, SUN X. Usage patterns of scholarly articles on Web of Science: a study on Web of Science usage count [J]. Scientometrics, 2016, 109(2):917-926.

[60] YANG Y F, CUI Z M, WU J, et al. Traffic video segmentation and key frame extraction using improved global K-Means clustering [C]. 2010 Third International Symposium on Information Science and Engineering, Shanghai, China, 2010:521-525.

[61] YOO D. Hybrid query processing for personalized information retrieval on the semantic web [J]. Knowledge-Based Systems, 2012, 27:211-218.

[62] YOON A, KIM Y. Social scientists' data reuse behaviors: Exploring the roles of attitudinal beliefs, attitudes, norms, and data repositories [J]. Library & Information Science Research, 2017, 39(3):224-233.

[63] ZAHEDI Z, COSTAS R, WOUTERS P. Do Mendeley readership counts help to filter highly cited WoS publications better than average citation impact of journals (JCS)? [C]. Bogazici University: Proceedings of ISSI 2015 ISTANBUL: 15th international society of scientimetrics and informetrics conference, 2015:16-25.

[64] ZHU Y. Open-access policy and data-sharing practice in UK academia [J]. Journal of Information Science, 2020(1):41-52.

[65] ZUIDERWIJK A, SHINDE R, WEI J. What drives and inhibits researchers to share and use open research data? A systematic literature review to analyze factors influencing open research data adoption [J]. PLoS ONE, 2020, 15(9):e0239283.

[66] ZUO Z, WANG G, SHUAI B, ZHAO L F, et al. Exemplar based Deep Discriminative and Shareable Feature Learning for scene image classification [J]. Pattern Recognition, 2015, 48(10):3004-3015.

[67] 毕强,尹长余,滕广青,等.数字资源聚合的理论基础及其方法体系建构[J].情报科学,2015,33(1):9-14,24.

[68] 曾蕾,王晓光,范炜.图档博领域的智慧数据及其在数字人文研究中的角色[J].中国图书馆学报,2018,44(1):17-34.

[69] 陈大庆.英国科研资助机构的数据管理与共享政策调查及启示[J].图书情报工作,2013(8):5-11.

[70] 陈涛,单蓉蓉,张永娟,等.数字人文研究的语义支撑平台构建研究:以 ECNU-DHRS 平台为例[J].图书馆杂志,2021,40(3):69-77.

[71] 陈涛,刘炜,朱庆华.中文百科概念术语服务平台 SinoPedia 的构建研究[J].中国图书馆学报,2019,44(1):4-18.

[72] 陈涛,张永娟,刘炜,等.关联数据发布的若干规范及建议[J].中国图书馆学报,2019,45(1):34-46.

[73] 陈文彦. 地域性非物质文化传承景观的多维可视化方法[D]. 石家庄:河北师范大学,2013.

[74] 陈雪. 基于语义信息检索的馆藏数字资源优化方法研究[J]. 情报科学,2015,33(12):46-50.

[75] 陈云伟,张志强. 科技评价走出"破"与"立"困局的思考与建议[J]. 情报学报,2020,39(8):796-805.

[76] 成全,许爽,钟晶晶. 馆藏资源元数据语义描述及关联网络构建模型研究[J]. 情报理论与实践,2015,38(4):124-129.

[77] 程佳军,游宏梁,汤珊红,等. 数据可视化技术在军事数据分析中的应用研究[J]. 情报理论与实践,2020,43(9):171-175.

[78] 程煜华,赖茂生. 基于D-S证据理论的信息检索模型研究[J]. 图书情报工作,2017,61(21):5-12.

[79] 邓璐芗,许鑫. 数字人文人工智能平台的设计与实现:以ECNU-DHAI平台为例[J]. 图书馆杂志,2021,40(3):78-85.

[80] 丁华东. 档案与社会记忆研究[M]. 北京:人民出版社,2016:321.

[81] 丁楠,黎娇,李文雨泽,等. 基于引用的科学数据评价研究[J]. 图书与情报,2014(5):95-99.

[82] 方静怡. 数据引证的中国实践:现状、障碍与对策研究[D]. 上海:华东师范大学,2013.

[83] 冯项云,肖珑,廖三三,等. 国外常用元数据标准比较研究[J]. 大学图书馆学报,2001(4):15-21,91.

[84] 冯志伟,张灯柯,饶高琦. 从图灵测试到Chat GPT:人机对话的里程碑及启示[J]. 语言战略研究,2023,8(2):20-24.

[85] 顾立平. 数据级别计量——概念辨析与实践进展[J]. 中国图书馆学报,2015,41(2):56-71.

[86] 郝伟学,于剑,周雪忠. 本体对齐技术概述及其在中医领域的应用探讨[J]. 世界科学技术:中医药现代化,2017,19(1):63-69.

[87] 何超,张玉峰. 基于本体的馆藏数字资源语义聚合与可视化研究[J]. 情报理论与实践,2013,36(10):73-76.

[88] 贺锋,王汝传. 一种基于PKI的P2P身份认证技术[J]. 计算机技术与发展,2009,19(10):181-184,188.

[89] 洪大用. 中国城市居民的环境意识[J]. 江苏社会科学,2005(1):127-132.

[90] 洪正国,项英. 基于Dspace构建高校科学数据管理平台:以蝎物种与毒素数据库为例[J]. 图书情报工作,2013(6):39-42.

[91] 鸿佳,李洁,沈涌. 数字资源聚合方法融合趋势研究[J]. 情报资料工作,2015(5):24-29.

[92] 胡爱民. 数字人文背景下图书馆经典阅读推广服务转型及实现路径研究[J]. 图书馆工作与研究,2018(5):49-52,63.

[93] 胡君,程京,王敏. 基于XML的REST API设计与实现[J]. 微计算机信息,2010,26(9):166-167,170.

[94] 胡兆芹. 新型信息检索模型发展研究[J]. 情报探索,2013(5):81-84.

[95] 华薇娜. 国外人文、社会科学类学术性专题数据库及其发展趋势[J]. 图书情报工作,2004,48(6):59-63.

[96] 黄文碧. 基于元数据关联的馆藏资源聚合研究[J]. 情报理论与实践,2015,38(4):74-79.

[97] 孔祥沛,孙继红. PLS 路径模型在省域高校科技活动综合评价中的实证研究[J]. 科技进步与对策,2010,27(7):122-126.

[98] 李冲,张丽. "洛瑞悖论"与引文分析评价学术的可靠性[J]. 科学学研究,2014(2):184-188.

[99] 李春玲. 高等教育扩张与教育机会不平等:高校扩招的平等化效应考查[J]. 社会学研究,2010,25(3):82-113,244.

[100] 李晓彤,翟军,郑贵福. 我国地方政府开放数据的数据质量评价研究:以北京、广州和哈尔滨为例[J]. 情报杂志,2018,37(6):141-145.

[101] 李欣. 基于概念检索的智能信息检索技术研究[D]. 武汉:华中师范大学,2004.

[102] 李阳,孙建军. 人文社科专题数据库建设规范化管理的若干问题[J]. 现代情报,2019,39(12):4-10.

[103] 李悦,孙坦,赵瑞雪,等. 大规模 RDF 三元组转换及存储工具比较研究[J]. 数字图书馆论坛,2020(11):2-12.

[104] 梁园园. 数字资源的语义丰富化方法研究[D]. 郑州:郑州大学,2017.

[105] 廖嘉琦. 我国情报学近五年研究热点及发展趋势分析:基于 2014-2018 年国家社科基金立项[J]. 情报科学,2020,38(3):160-166.

[106] 刘斌. 基于 G/S 模式的非物质文化遗产异构数据可视化共享机制研究与实现[D]. 成都:成都理工大学,2011.

[107] 刘峰,张晓林. 科学数据元数据标准述评及其通用化设计研究[J]. 现代图书情报技术,2015(12):3-12.

[108] 刘桂锋,濮静蓉,钱锦琳. 研究数据共享影响因素分析及作用阐释[J]. 图书馆论坛,2018,38(11):10-17,26.

[109] 刘伟超,周军. 认知情报学研究进展[J]. 情报资料工作,2020,41(6):36-45.

[110] 刘炜,李大玲,夏翠娟. 元数据与知识本体[J]. 图书馆杂志,2004(6):49,50-54.

[111] 刘炜,谢蓉,张磊,等. 面向人文研究的国家数据基础设施建设[J]. 中国图书馆学报,2016,42(5):29-39.

[112] 刘炜,叶鹰. 数字人文的技术体系与理论结构探讨[J]. 中国图书馆学报,2017,43(5):32-41.

[113] 刘雍,陈振中. 基于 J2EE 和 XML 的数据集成技术研究[J]. 科技信息,2013(5):103-104.

[114] 刘志辉. 基于 Web 服务与 XML 技术的异构数据集成的研究[D]. 大连:大连海事大学,2012.

[115] 卢胜军,真溱. 本体匹配基本理论框架研究[J]. 现代图书情报技术,2007(11):28-32.

[116] 卢祖丹. 研究数据开放共享的经济逻辑与制度安排[J]. 科学学研究,2022,40(9):

1661-1667,1690.

[117] 罗军.基于CIT的高校图书馆服务质量实证研究[J].图书馆杂志,2010(5):49-56.

[118] 罗鹏程,崔海媛,聂华,等.高校图书馆持久标识符应用研究[J].大学图书馆学报,2017,35(5):108-116.

[119] 马建锋,魏强(编).信息组织[M].北京:国防工业出版社,2019:96.

[120] 马珉.元数据:组织网上信息资源的基本格式[J].情报科学,2002(4):377-379.

[121] 马雨萌,郭进晶,王昉.e-Science环境下科学数据语义组织模型框架研究[J].现代图书情报技术,2015(Z1):48-57.

[122] 毛璐,许鑫,邓璐芗.基于研究数据评价的引证优化:高被引数据集特征视角[J].情报科学,2023,41(2):126-134,142.

[123] 毛璐.数据治理视域下的科研数据评价与引证研究[D].上海:华东师范大学,2020.

[124] 毛平,剧晓红.基于知识超网络的人文社科专题数据库数据资源聚合研究[J].信息资源管理学报,2020(5):38-47,54.

[125] 孟祥保,钱鹏.数据生命周期视角下人文社会科学数据特征研究[J].图书情报知识,2017(1):76-88.

[126] 缪亚军,戚巍,钟琪.科学家学术年龄特征研究:基于学术生产力与影响力的二维视角[J].科学学研究,2013,31(2):177-183.

[127] 牟丽君,许鑫.基于NFT的非遗数字资源开发研究[J].农业图书情报学报,2022,34(6):14-23.

[128] 欧石燕,胡珊,张帅.本体与关联数据驱动的图书馆信息资源语义整合方法及其测评[J].图书情报工作,2014,58(2):5-13.

[129] 潘超,古辉.本体推理机及应用[J].计算机系统应用,2010,19(9):163-167.

[130] 彭国莉,吕先竞,刘文君.DCI社会科学数据分析研究[J].西南民族大学学报(人文社会科学版),2015,36(3):231-233.

[131] 彭敏,朱德全.STEM教育的本土理解:基于NVivo11对52位STEM教师的质性分析[J].教育发展研究,2020,40(10):60-65.

[132] 彭宇,庞景月,刘大同,等.大数据:内涵、技术体系与展望[J].电子测量与仪器学报,2015,29(4):469-482.

[133] 邱均平,方国平.高校图书馆语义化馆藏资源深度聚合模式及其应用研究[J].图书馆学研究,2014(21):64-71.

[134] 邱均平,何文静.科学数据共享与引用行为的相互作用关系研究[J].情报理论与实践,2015,38(10):1-5.

[135] 邱均平,余厚强.基于影响力产生模型的替代计量指标分层研究[J].情报杂志,2015,34(5):53-58.

[136] 饶梓欣.可持续发展下的数字人文数据基础设施建设现状研究[D].上海:华东师范大学,2022.

[137] 上官秀玲.中国林学会二十世纪上半叶的历史沿革和发展[J].学会,2002(1):15-18.

[138] 沈志宏,刘筱敏,郭学兵,等.关联数据发布流程与关键问题研究:以科技文献、科学数据发布为例[J].中国图书馆学报,2013,39(2):53-62.

[139] 师荣华,刘细文.基于数据生命周期的图书馆科学数据服务研究[J].图书情报工作,2011,55(1):39-42.

[140] 施建军.关于以《红楼梦》120回为样本进行其作者聚类分析的可信度问题研究[J].红楼梦学刊,2010(5):318-335.

[141] 施艳萍,李阳.人文社科专题数据库关联数据模型的构建与应用研究[J].现代情报,2019,39(12):19-27.

[142] 宋戈,胡文静.国外强制性开放科学数据政策调研与分析[J].图书情报工作,2016,60(9):61-69.

[143] 谭必勇,陈艳.我国开放政府数据平台数据质量研究:以十省、市为研究对象[J].情报杂志,2017,36(11):99-105.

[144] 谭海波,周桐,赵赫,等.基于区块链的档案数据保护与共享方法[J].软件学报,2019,30(9):2620-2635.

[145] 唐晓玲,何天云.基于主题偏好的个性化检索模型研究[J].情报杂志,2011,30(4):133-136,147.

[146] 唐振宇,陈凤岩,冯玉强.基于XML的图书馆网络信息资源整合研究[J].哈尔滨工业大学学报,2007,39(7):1135-1137.

[147] 陶乾.论数字作品非同质代币化交易的法律意涵[J].东方法学,2022(2):70-80.

[148] 田宁.基于关联数据的信息资源整合[J].图书馆学刊,2014(1):7-39.

[149] 王操.一种解决分布式异构信息资源整合的方法研究[J].情报理论与实践,2011,34(3):108-112.

[150] 王杰峰.关联数据在图书馆馆藏数字资源整合中的应用研究[J].农业图书情报学刊,2017,29(6):40-43.

[151] 王军.从人文计算到可视化:数字人文的发展脉络梳理[J].文艺理论与批评,2020(2):18-23.

[152] 王军.基于XML本体描述语言的数字图书馆Web信息资源整合[J].现代情报,2008,27(11):84-86.

[153] 王丽华,刘炜.数字人文理论建构与学科建设:读《数字人文:数字时代的知识与批判》[J].数字人文研究,2021,1(1):5-15.

[154] 王伟,许鑫,周凯琪.非遗数字资源中基于时空维度的传承可视化研究:以湖口青阳腔为例[J].图书情报工作,2014,58(21):27-34.

[155] 王伟,许鑫.融合关联数据和分众分类的徽州文化数字资源多维度聚合研究[J].图书情报工作,2015,59(14):31-36,58.

[156] 王文清,刘春彤,张月祥,等.PUBO:面向出版的数字资源本体建模[J].大学图书馆学报,2015,33(3):88-95.

[157] 王贤文,张春博,毛文莉,等.科学论文在社交网络中的传播机制研究[J].科学学研究,2013,31(9):1287-1295.

[158] 王晓光.加强人文社科数据资源建设与管理[N].光明日报,2018-07-05(11).

[159] 王鑫,邹磊,王朝坤,等.知识图谱数据管理研究综述[J].软件学报,2019,30(7):2139-2174.

[160] 王雪,马胜利,佘曾溱,等.科学数据的引用行为及其影响力研究[J].情报学报,2016,35(11):1132-1139.

[161] 王毅萍,马建玲.国外科学数据影响力研究进展[J].图书情报工作,2017,61(7):118-126.

[162] 王志红,曹树金.视频检索相关性判断的影响因素:基于PLS路径分析的实证研究[J].情报学报,2020,39(9):926-937.

[163] 王忠义,夏立新,石义金,等.数字图书馆中层关联数据的创建与发布[J].现代图书情报技术,2013(5):28-33.

[164] 吴丹,刘春香.交互式信息检索研究中的眼动追踪分析[J].中国图书馆学报,2019,45(2):109-128.

[165] 吴建中.推进开放数据助力开放科学[J].图书馆杂志,2018,37(2):4-10.

[166] 吴金红,张玉峰,王翠波.基于本体的竞争情报采集模型研究[J].情报理论与实践,2007(5):577-580,583.

[167] 吴晓伟,龙青云,易艳红,等.数据可视化素养量表设计研究[J].情报杂志,2022,41(7):181-188.

[168] 夏翠娟.RDB2RDF标准及应用研究[J].现代图书情报技术,2013(4):10-17.

[169] 肖希明,完颜邓邓.基于本体的公共数字文化资源整合语义互操作研究[J].国家图书馆学刊,2015(3):43-49.

[170] 谢娟,龚凯乐,成颖,等.论文下载量与被引量相关关系的元分析[J].情报学报,2017,36(12):1255-1269.

[171] 熊国经,熊玲玲,董玉竹,等.学术期刊评价指标的权重探讨[J].统计与决策,2018,34(4):81-83.

[172] 熊琦."用户创造内容"与作品转换性使用认定[J].法学评论,2017,35(3):64-74.

[173] 徐坤,蔚晓慧,毕强.基于数据本体的科学数据语义化组织研究[J].图书情报工作,2015,59(17):120-126.

[174] 许鑫,鲍小春.基于机器学习的剪纸图像自动分类研究[J].图书馆杂志,2018,37(7):88-96.

[175] 许鑫,霍佳婧.面向文化旅游开发的非遗信息资源组织:以昆曲为例[J].图书馆论坛,2019,39(1):33-39.

[176] 许鑫,江燕青,翟姗姗.面向语义出版的学术期刊数字资源聚合研究[J].图书情报工作,2016,60(17):122-129.

[177] 许鑫,刘甜,于霜.Data One项目及其对我国数据监管工作的启示[J].图书与情报,2014(6):109-116.

[178] 许鑫,陆柳梦.面向数字人文的明清时期江南世家姻娅交往研究:以毗陵庄氏为例[J].图书馆杂志,2021,40(3):86-95.

[179] 许鑫,毛璐.科研数据出版中的数据保护问题研究:基于欧盟GDPR的启示[J].信息资源管理学报,2020,10(2):99-106.

[180] 许鑫,叶丁菱.多维影响力融合视域下的数据论文评价研究[J].情报学报,2022,41(3):275-286.

[181] 许鑫,易雅琪,汪晓芸.元宇宙当下"七宗罪":从产业风险放大器到信息管理新图景[J].图书馆论坛,2022,42(1):38-44.

[182] 许鑫,张素然.生产性保护视域下的非遗商品挖掘分析:以淘宝绣品为例[J].图书馆论坛,2019,39(1):16-23.

[183] 许鑫,张悦悦.非遗数字资源的元数据规范与应用研究[J].图书情报工作,2014,58(21):13-20,34.

[184] 闫国利,熊建萍,臧传丽,等.阅读研究中的主要眼动指标评述[J].心理科学进展,2013,21(4):589-605.

[185] 颜端武,任婷,陶志恒.基于双语词典和歧义消解的中英双语专利信息检索研究[J].情报理论与实践,2018,41(2):138-142,154.

[186] 杨佳颖,许鑫.民国报纸广告图像资源的语义标注:以《新闻报》所刊的越剧广告为例[J].图书馆杂志,2021,40(3):96-102.

[187] 姚占雷,谷俊,许鑫.全生命周期视域下人文社科研究数据管理平台的设计与实现[J].图书情报工作,2021,65(7):25-37.

[188] 姚占雷,盛嘉祺,许鑫.非遗民俗生活性保护的媒体传播及其策略:以二十四节气为例[J].图书馆论坛,2019,39(1):24-32.

[189] 叶丁菱,许鑫.企业科研人员开放科研数据意愿影响因素研究[J].科学学研究,2023,41(6):1066-1075.

[190] 叶鹰.高品质论文被引数据及其对学术评价的启示[J].中国图书馆学报,2010,36(1):100-103.

[191] 于中.开发建设图书馆专题数据库[J].新世纪图书馆,2000(3):42-42.

[192] 余华,姚占雷,许鑫.民国学人专题数据库构建及其学术特征分析:学术共同体视角[J].图书情报工作,2021,65(7):38-49.

[193] 喻丽.我国高校特色文献资源建设与共享:现状、问题及对策[J].图书情报工作,2014,58(14):63-70.

[194] 袁勇,倪晓春,曾帅,等.区块链共识算法的发展现状与展望[J].自动化学报,2018,44(11):2011-2022.

[195] 翟姗姗,许鑫,夏立新,等.语义出版技术在非遗数字资源共享中的应用研究[J].图书情报工作,2017,61(2):23-31.

[196] 翟姗姗,叶丁菱,胡畔,等.融合Altmetrics与引文分析的数据论文学术影响力评价[J].情报学报,2020,39(7):710-718.

[197] 翟姗姗,叶丁菱,许鑫.数据驱动下人文社会科学领域研究态势分析:基于2010—2019年国家社会科学项目的实证研究[J].图书情报工作,2021,65(7):15-24.

[198] 张斌,王露露.档案参与历史记忆构建的空间叙事研究[J].档案与建设,2019(8):11-15,40.

[199] 张蕾,陈超,展进涛.农户农业技术信息的获取渠道与需求状况分析:基于13个粮食主产省份411个县的抽样调查[J].农业经济问题,2009,31(11):78-84,111.

[200] 张茂聪,张伟.试论我国危机教育内容的建构:基于2003年以来32篇核心文献的Nvivo分析[J].课程·教材·教法,2020,40(3):122-129.

［201］张培风,张连分.全球科研范式变革下的图书馆科学数据管理服务创新:基于数据管理生命周期的视角[J].图书馆理论与实践,2019(5):39-48.

［202］张天明.基于本体的中药材数字信息资源知识组织模型研究[D].吉林:吉林大学,2014.

［203］张宇,蒋东兴,刘启新.基于元数据的异构数据集整合方案[J].清华大学学报:自然科学版,2009,49(7):1037-1040.

［204］张玉明,南凯,马永征.基于本体的信息检索模型研究[J].计算机应用研究,2008(08):2241-2244,2249.

［205］赵丹宁,牟冬梅,斯琴.研究型科技文献的实验数据自动抽取研究:以药物代谢动力学文献为例[J].图书馆建设,2017(12):33-38.

［206］赵庆峰,鞠英杰.国内元数据研究综述[J].现代情报,2003(11):42-45.

［207］赵薇."数字人文"与现代文学研究中的计量方法[J].现代中文学刊,2019(1):72-75.

［208］赵星.学术文献用量级数据Usage的测度特性研究[J].中国图书馆学报,2017,43(3):44-57.

［209］赵云华.面向分布式异构平台的信息资源整合方法研究[J].图书馆界,2016(4):81-84.

［210］钟远薪.是过往,皆为序章:评《数字人文:改变知识创新与分享的游戏规则》[J].图书馆论坛,2020,40(7):20-27.

［211］钟正,杨慧.基于关键事件的虚拟文化遗产展示[J].系统仿真学报,2011,23(11):2417-2421.

［212］周晨.国际数字人文研究特征与知识结构[J].图书馆论坛,2017,37(4):1-8.

［213］周明华等.CALIS"十五"全国高校专题特色库建设情况综述[J].大学图书馆学报,2006,24(4):36-41.

［214］周谦豪,戴泽钒,朱奕帆,等.inBooks数字人文工具的设计与实现:基于上海图书馆开放数据的微信小程序[J].图书馆杂志,2019,38(2):41-48,68.

［215］周倩.面向科学数据出版的信息资源开发利用研究:以国防科技领域为例[J].情报理论与实践,2019,42(2):140-144.

［216］周晓晴,曾英姿.专题数据库建设探析[J].四川图书馆学报,2000(2):71-74.

［217］周亚,许鑫.非物质文化遗产数字化研究述评[J].图书情报工作,2017,61(2):6-15.

［218］周宇,廖思琴.科学数据语义描述研究述评[J].图书情报工作,2017,61(12):136-144.

［219］朱丽雅,张珺,洪亮,等.数字人文领域的知识图谱:研究进展与未来趋势[J].知识管理论坛,2022,7(1):87-100.

［220］朱政惠.史学理论与史学史研究的新思考:与海外中国学研究关系的讨论[J].国际汉学,2012(2):15-24.

［221］祝清松.科技文献引文价值测度的改进方法[J].中国科技期刊研究,2016,27(7):793-798.

［222］庄倩,常颖聪,何琳,等.基于关联数据的科学数据组织研究[J].情报理论与实践,2016,39(5):22-26.